WUJI HUAXUE SHIYAN

无机化学实验

李 琳　陈爱霞　主编

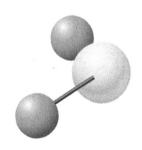

U0366390

化学工业出版社

·北京·

本书共 13 章，主要介绍了无机化学实验基本知识、无机化学实验常用仪器、无机化学实验基本操作、基本操作实验、常数测定实验、元素性质及定性分析实验、无机化合物的制备实验、综合性实验、设计性实验、定量分析实验、开放性实验、微型化学实验、生活化学实验等内容。书后附录部分收集了无机化学实验常用数据、物质的物理常数、常见离子和化合物的颜色、某些特殊溶液的配制方法等内容，便于查阅和使用。

　　本书不仅可供从事化学专业相关的工程技术人员、科研人员和管理人员阅读，也可供高等学校化学工程、环境工程、药学、生物学、食品工程及相关专业的师生参考。

图书在版编目（CIP）数据

　　无机化学实验/李琳，陈爱霞主编. —北京：化学工业出版社，2019.8(2024.3重印)
　　ISBN 978-7-122-34793-0

　　Ⅰ.①无…　Ⅱ.①李…②陈…　Ⅲ.①无机化学-化学实验　Ⅳ.①O61-33

　　中国版本图书馆 CIP 数据核字（2019）第 131746 号

责任编辑：刘兴春　卢萌萌　　　　　　　　　　装帧设计：史利平
责任校对：王鹏飞

出版发行：化学工业出版社（北京市东城区青年湖南街 13 号　邮政编码 100011）
印　　装：北京虎彩文化传播有限公司
787mm×1092mm　1/16　印张 22½　字数 569 千字　　2024 年 3 月北京第 1 版第 6 次印刷

购书咨询：010-64518888　　　　　　　　　　售后服务：010-64518899
网　　址：http://www.cip.com.cn
凡购买本书，如有缺损质量问题，本社销售中心负责调换。

定　　价：68.00 元

《无机化学实验》
编写人员名单

主编：李　琳　　陈爱霞

编者（按姓氏笔画排序）：

李　琳　李东娇　陈爱霞　郑兴芳

杨　杰　胡其图　颜　峰　郭士成

前言

化学是一门以实验为基础的自然科学，化学理论的形成、完善和发展大多建立在实验的基础上，而化学理论又为实验实践提供指导作用。化学实验在化学教学中起着举足轻重的作用，它独立设课且贯穿化学教学的始终。正如著名化学家戴安邦指出："全面的化学教育要求化学既能传授化学知识与技术，更训练科学方法和思维，还培养科学精神和品德。"所以，化学实验课是实施全面化学教育最有效的教学形式。

无机化学实验是理工科院校化学、化工及同类专业开设的第一门化学实验课程，其内容包含无机化学实验基础知识、基本操作、理论验证、元素性质和制备等，在培养学生扎实的实验技能、良好的实验习惯和科学的思维方式等方面起着重要的作用；另外，也为后续课程的学习、科学研究和日后从事化学相关的工作打下良好的基础。

本教材是根据教育部面向化学、应化、化工、生物、药学、环境等相关专业无机化学实验教学大纲的要求，以及教育部对国家级化学实验教学示范中心建设内容中对无机化学实验课的基本要求，结合普通高等院校无机化学实验教学的现状，由临沂大学无机化学教研室的教师在多年无机化学实验教学改革研究的基础上，总结多年实验教学经验，参照同类教材优点，吸收近年来无机化学教学与研究的最新成果编写而成。

本书共 13 章，包括无机化学实验基本知识、无机化学实验常用仪器、无机化学实验基本操作、基本操作实验、常数测定实验、元素性质及定性分析实验、无机化合物的制备实验、综合性实验、设计性实验、定量分析实验、开放性实验、微型化学实验以及生活化学实验等实验内容。其中常数测定实验、元素性质及定性分析实验等在实验项目的选取上覆盖了无机化学重要理论和典型元素及其化合物的变化规律。在内容编排上体现了以无机化学理论体系为主线，适当减少验证性实验的比例，增加无机制备实验和综合性、设计性实验的比例，同时开设了一些开放性、微型化及趣味性实验，既有传统的基础实验，又有反映现代无机化学新进展、新技术及新材料的实验，体现基础性、应用性、先进性和综合性有效结合的特点。

本教材实验内容涉猎广泛，共设置了 59 个实验项目，包括基本操作、常数测定、元素的性质、无机化合物的制备以及综合性、开放性、设计性实验以及微型化学实验和生活化学实验，同时设置了几个与生产生活密切相关的定量分析实验。实验内容的安排上体现了循序渐进的原则：①第 1~3 章是无机化学实验的基础知识，供学生实验前阅读、学习与参考，也是教师教学时选择性讲解和参考的依据；②第 4 章为基本操作实验，通过这些实验项目的训练，可以使学生掌握无机化学实验的实验方法，培养学生的化学实验基本操作技能与技巧，使学生能够正确使用各种基本的化学仪器；③第 5~7 章是基础理论和无机化合物的制备实验，学生通过实验获得物质变化的感性知识，巩固和加深对无机化学基本理论和基础知识的理解，加深对抽象无机化学概念和参数的理解，并通过实验进一步熟悉元素及其化合物的重要性质和反应，掌握一些无机物的定性分析方法；④第 8~10 章，是综合性实验、设计性和定量分析实验，能够培养学生查阅资料、设计实验方案、动手实验、观察现象、测量与记录数据、分析判断、推断结论以及最后的文字表达等技能，可以强化实验能力，培养创新思维，训练科研素质；⑤第 11~13 章，是开放性、微型化学及生活化学实验，以开阔学生视野，增加实验兴趣为目的，培养学生的环境保护意识；⑥附录部分收集了无机化学实验常用数据、物质的物理常数、常见离子和化合物的颜色、某些特殊溶液的配制方法、危险化学品的分类性质及管理等，便于查阅和使用。

　　本书由李琳、陈爱霞主编，胡其图、李东娇、杨杰、颜峰、郑兴芳参编。 全书最后由郭士成审稿、定稿。 本书编写人员皆来自教学一线，在编写无机化学实验讲义方面积累了丰富的经验，在校级精品课程建设方面取得了理想的教学效果。

　　在本教材的编写过程中，我们参考了部分兄弟院校的无机化学实验优秀教材、期刊等资料，虽有参考文献等标注，但恐有遗漏，在此谨致谢忱！

　　限于编者水平和编写时间，书中难免有疏漏和不妥之处，敬请广大读者不吝指正。

编者

2019 年 3 月

目　录

第 6 章　元素性质及定性分析实验　　187

第 7 章　无机化合物的制备实验　　236

第 8 章　综合性实验　　250

第 9 章　设计性实验　　262

第 10 章　定量分析实验　　　　　　　　　　　　　270

第 11 章　开放性实验　　　　　　　　　　　　　　290

第 12 章　微型化学实验　　　　　　　　　　　　　302

第 13 章　生活化学实验　　　　　　　　　　　　　307

附录　　　　　　　　　　　　　　　　　　　　310

第1章

无机化学实验基本知识

1.1 无机化学实验课程的意义

化学是一门以实验为基础的学科，从新元素的发现、新化合物的合成、化学反应规律的研究到新理论、新假设的证实，都离不开对大量实验资料进行分析、概括、综合和总结。同时实验也是自然科学中研究问题最重要、最基本的方法之一。科学史表明，近代自然科学的重大发现和发展，一般来自科学实验。已故中科院院士戴安邦教授指出："实验教学是实施全面化学教育的有效形式。"

化学实验不仅传授知识、巩固和拓展理论知识、掌握实验操作的基本技术、提高学习兴趣，同时还能培养学生创造性思维，提高学生分析问题和解决问题的能力，使其掌握科学研究和科学发明的基本方法，为将来从事科学研究打下基础，为日后在工作中分析解决问题提供更多的思路和途径。

无机化学实验是一门实验性基础课程，是化学及相关专业本科生的必修课。无机化学实验课程设置的目的是使学生加强对化学实验仪器和实验装置的规范操作的认知，扎实地训练化学实验方法与技能技巧。其任务是使学生了解化学实验的类型，具备化学实验常识；正确选择和使用常见的实验仪器设备，了解它们的构造、性能、用途和使用方法；熟悉实验原理和操作，系统地掌握无机化学实验的基本操作方法和实验技能技巧；培养学生认真实验、仔细观察、积极思考、如实记录的实验素养和实事求是的科学态度及科学思维方法。

1.2 无机化学实验的目的和要求

无机化学实验作为高等理工科院校化学及相关专业的一门基础实验课程，对训练学生的动手能力、观察能力，培养学生的分析问题和解决问题的能力起着十分重要的作用，也是学生学习其他化学实验的基础，是化学及相关专业学生必修的一门独立实验课程。

(1) 主要目的

① 掌握物质变化的感性知识，掌握重要化合物的制备、分离和检验方法，加深对基本原理和基本知识的理解，培养用实验方法获取新知识的能力。

② 熟练地掌握无机化学实验的基本操作和基本技能，正确使用无机化学实验中的各种常见仪器，培养独立工作能力和独立思考能力（如在综合性和设计性实验中培养学生独立准

备和进行实验的能力），培养细致观察和及时记录实验现象以及归纳、综合、正确处理科学数据、用文字表达结果的能力，培养分析实验结果的能力和一定的组织实验、科学研究和创新的能力。

③ 培养实事求是和严谨认真的科学态度、良好的科学习惯以及科学的思维方法，培养敬业、一丝不苟和团队协作精神，养成良好的实验室工作习惯和严谨的科学态度。

④ 了解实验室工作的有关知识，如实验室试剂与仪器的管理、实验可能发生的一般事故及其处理、实验室废液的处理方法等。

⑤ 培养学生的辩证唯物主义世界观，使学生初步掌握科学研究的方法，为学生后续课程的学习和从事科研工作打下良好的基础。

（2）具体要求

1）基本操作

① 要求熟练掌握的基本操作。玻璃管的切割，橡皮管的使用，导管的安装和选择，仪器的安装和拆卸，固体和液体试剂的使用，直接加热，间接加热，试管夹的使用，气体发生器的使用，气体收集和净化，搅拌、振荡、溶解，固液分离，一般常用试剂的配制，托盘天平、酒精灯、量筒、试管、烧杯、离心管、滴管、表面皿、蒸发皿、漏斗、研钵、钻孔器、启普发生器等常用仪器的使用。

② 要求一般掌握的基本操作。无机实验常用仪器的洗涤及干燥。玻璃管的加工，冷冻剂、干燥剂的选择，滴定管、移液管、容量瓶的使用，一般常用特殊试剂的配制，分析天平、pH计、比重计、秒表、蓄电池与低压电源、电导率仪、气压仪、电位仪、烘箱等的使用。

2）基本技能

① 实验记录和实验报告的正确书写，无机实验常用仪器和装置图的绘制。

② 应用无机化学基本理论对基本原理和一些物理量进行验证、测定。

③ 进一步熟悉元素及其化合物的重要性质和反应，掌握无机化合物的一般制备和分离方法。

④ 通过较全面综合训练提高系统运用化学知识，独立从事无机化学实验和独立分析问题、解决问题的能力。

1.3 无机化学实验的学习方法

无机化学实验要认真做好3个环节：a.认真预习，心中有数，提高实验效果；b.认真操作，仔细观察，随时做好记录；c.认真归纳，科学分析，撰写实验报告。

（1）实验前必须做好预习

实验课要求学生既要动手做实验，又要动脑筋思考问题，因此实验前必须要做好预习。对实验的各个过程做到心中有数，才能使实验顺利进行，达到预期的实验效果。

预习时应做到：a.认真阅读实验教材、参考教材及参考资料中的相关内容；b.明确实验的目的，理解实验基本原理，回答实验教材中的思考题；c.了解基本操作和仪器的使用，熟悉实验内容，掌握实验关键步骤及应注意的安全知识；d.写出简明扼要的预习报告，内容包括简要的原理、仪器和试剂、步骤，做好实验的关键及应注意的安全事项等。

（2）认真完成实验操作

进行实验时要有科学、严谨的态度，养成做化学实验的良好习惯。实验时应做到以下几点。

① 认真操作，严格遵守实验操作规范，注重基本操作训练与实验能力的培养。

② 对于每一个实验，不仅要在原理上搞清弄懂，更要在操作上进行严格的训练。即使是一个很小的操作也要按规范要求一丝不苟地进行练习。

③ 实验中要细心观察现象，尊重实验事实，及时、如实地做好详细记录。实验数据要准确，并要妥善保存好原始数据。数据不能随意记在纸片上，也不能涂改。对于可疑的数据，如确知原因可用笔标出，否则宜用统计学方法判断取舍，必要时应补做实验进行核实，这是严谨的科学态度的具体体现。实验结束后，实验记录请指导教师签字，留作实验报告的依据。

④ 实验过程中应勤于思考，仔细分析，力争自己解决问题，遇到难以解决的疑难问题时可请教师指点。

⑤ 在实验过程中保持肃静，遵守规则，注意安全，整洁节约。

⑥ 设计新实验或做规定以外的实验时，应先经指导教师允许。实验完毕后洗净仪器，整理好药品及实验台。

（3）认真撰写实验报告

实验报告的书写是一项重要的基本技能训练，是总结实验进行的情况、分析实验中出现的问题和整理归纳实验结果必不可少的基本环节，是把直接和感性认识提高到理性思维阶段的必要一步。它不仅是对每次实验的总结，更重要的是它可以反映出每个学生的学习态度、实验水平和能力，可以初步地培养和训练学生的逻辑归纳能力、综合分析能力和文字表达能力，也是实验评分的重要依据。实验者必须严肃、认真、如实地写好实验报告。

实验报告要求内容实事求是、分析全面具体、条理清晰、文字简练、誊写清楚整洁、结论明确、讨论透彻。

实验报告的格式与要求，在不同的学习阶段略有不同，但基本包括以下几部分内容。

① 实验目的。

② 实验原理：主要用反应方程式或公式表示，语言要简明扼要。

③ 实验仪器与药品：注明实验仪器的厂家、型号、测量精度以及药品的纯度等级。

④ 实验装置：对于制备、测定等实验，要绘制实验装置图。

⑤ 实验步骤：尽量用表格、框图、符号等形式，表达要条理清晰。

⑥ 实验现象和数据记录：表达实验现象要正确、全面，数据记录要规范、完整，绝不允许主观臆造，弄虚作假。

⑦ 实验结果：对实验结果的可靠程度与合理性进行评价，并解释所观察到的实验现象；若有数据计算，务必将所依据的公式和主要数据表达清楚。

⑧ 问题与讨论：对实验结果进行讨论是实验报告的重要组成部分。它可以包括以下几个方面的内容：a. 实验者针对本实验中遇到的疑难问题提出自己的见解或体会；b. 对实验方法、检测手段、合成路线、实验内容等提出自己的意见；c. 实验结果的可靠程度与合理性评价，以及对实验现象的分析与解释等。这对培养创新性思维尤为重要。

下面给出测定、制备、性质等类型的实验报告格式示例，为低年级提供示范。高年级学生可以参照前面的要求，并在教师指导下拟定实验报告格式。

例 1 测定实验类：二氧化碳密度的测定

一、实验目的 （略）

二、实验原理 （略）

三、实验步骤

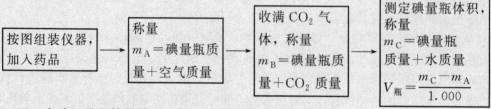

| 按图组装仪器，加入药品 | → | 称量 m_A＝碘量瓶质量＋空气质量 | → | 收满 CO_2 气体，称量 m_B＝碘量瓶质量＋CO_2 质量 | → | 测定碘量瓶体积，称量 m_C＝碘量瓶质量＋水质量 $V_{瓶}＝\dfrac{m_C－m_A}{1.000}$ |

四、实验记录和结果处理，要对计算结果进行误差分析

五、思考题及讨论

例 2 制备实验类：高锰酸钾的制备——固体碱熔氧化法

一、实验目的 （略）

二、实验原理 （略）

三、实验步骤

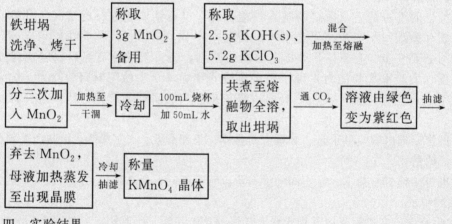

铁坩埚洗净、烤干 → 称取 3g MnO_2 备用 → 称取 2.5g KOH(s)、5.2g $KClO_3$ —混合加热至熔融→

分三次加入 MnO_2 —加热至干涸→ 冷却 —100mL 烧杯加 50mL 水→ 共煮至熔融物全溶，取出坩埚 —通 CO_2→ 溶液由绿色变为紫红色 —抽滤→

弃去 MnO_2，母液加热蒸发至出现晶膜 —冷却抽滤→ 称量 $KMnO_4$ 晶体

四、实验结果

1. 产品外观：

2. 产率：

五、思考题及讨论

例 3 性质实验类：ds 区元素 （铜、银、锌、镉、汞）

一、实验目的 （略）

二、实验步骤

实验内容	实验现象	解释和结论（包括反应式）
(1) 0.5mL 0.2mol·L^{-1}CuSO$_4$＋2mol·L^{-1} NaOH 溶液	淡蓝色沉淀	$Cu^{2+}+2OH^-$══$Cu(OH)_2$
(2) 0.5mL 0.2mol·L^{-1}ZnSO$_4$＋1mol·L^{-1}Na$_2$S	白色沉淀	$Zn^{2+}+S^{2-}$══ZnS

三、思考题及讨论

1.4　实验规则

① 实验前认真预习，明确实验目的，掌握实验原理，熟悉实验内容、方法和步骤以及注意事项，做好实验准备工作。

② 进入实验室必须按要求穿着实验服，严禁穿拖鞋、背心入内。

③ 严格遵守实验室的规章制度，听从教师的指导。实验中要保持安静，不得大声喧哗，不得随意走动；实验时要集中精力，认真操作，积极思考，仔细观察实验现象，如实记录实验现象和实验数据。

④ 爱护公共财物，小心使用仪器和实验室设备，注意节约水、电和煤气。正确使用实验仪器、设备，精密仪器应严格按照操作规程使用。发现仪器有故障应立即停止使用，并及时向指导教师报告。使用后要在登记本上记录使用情况，并经指导教师检查认可。

⑤ 实验台上的仪器、试剂瓶等应整齐地摆放在一定的位置上，注意保持台面的整洁。每人应取用自己的仪器，公用或临时共用的玻璃仪器使用完后应洗净并放回原处。

⑥ 药品应按规定的用量取用，如未规定用量，应注意节约使用；已取出的试剂不能再放回原试剂瓶中，以免带入杂质。取用药品的用具应保持清洁、干燥，以保证试剂的纯洁和浓度。取用药品后应立即盖上瓶盖，以防药品暴露空气中变质或污染，亦防止瓶盖张冠李戴污染药品。放在指定位置的药品不得擅自拿走，用后要及时放回原处；实验中用过又规定要回收的药品，应倒入指定的回收容器中。

⑦ 实验过程中要注意保持环境整洁。火柴梗、废纸等只能丢入废物缸内不能丢入水槽，以免水槽堵塞；废液应倒入指定废液缸，切勿倒入水池。

⑧ 实验室的一切物品不得私自带出室外。

⑨ 实验结束后，应将所用仪器洗净放回实验橱内，橱内仪器应清洁整齐，存放有序；实验室内公共卫生由学生轮流打扫，并检查水、电开关是否关闭，并关好门窗。

1.5　安全守则

在化学实验中会接触各种化学药品、电学仪器、玻璃仪器，化学实验室常常隐藏着爆炸、着火、中毒、灼烧、割伤、触电等事故的危险性。因此，安全教育是贯穿化学实验课始终的重要内容之一，预习时要了解所做实验中用到的物品和仪器的性能以及用途，了解可能出现的问题及预防措施；实验中要遵守实验室安全守则，严格规范操作，确保实验安全。

（1）化学实验安全基础守则

① 严格遵守实验室的规章制度，实验中要规范操作，听从教师指导，保持实验室整洁。

② 一切易燃、易爆物质的操作都要在离火较远的地方进行；一切有毒的或有恶臭的物质的实验应在通风橱中进行。

③ 绝对不允许随意混合各种化学药品，以免发生意外事故。

④ 实验室所有药品不得携出室外。每次实验后，必须洗净双手后才可离开实验室。

⑤ 实验中的废渣、废纸、碎玻璃、火柴梗等应倒入废物桶内或其他规定的回收容器中；废液倒入指定的废液缸；剧毒废液由实验室统一处理；未反应完的金属洗净后回收。

⑥ 在使用煤气、天然气时要严防泄漏，用后要关闭阀门；不要用湿手接触电源；水、电用后应立即关闭水龙头、拉掉电闸；点燃的火柴用后应立即熄灭，不得乱扔。

⑦ 加热试管时，不要将试管口对着自己或别人，也不要俯视正在加热的液体，以免溅出的液体把人烫伤；在闻瓶（管）中的气味时，鼻子不能直接对着瓶口（或管口），而应用手轻轻扇动少量气体进行嗅闻。

⑧ 严禁在实验室内饮食、抽烟或把食具带进实验室。防止有毒药品（如铬盐、钡盐、铅盐、砷的化合物、汞及汞的化合物、氰化物等）进入口内或接触伤口。

(2) 危险品的使用

实验中使用易燃、易爆、有强烈腐蚀性、有毒和放射性等危险品时，一方面要了解危险品的特性，规范操作；另一方面对于剧毒物质要建立严格的管理、取用制度，领用时要登记，用完后要回收或销毁，并将洒落过剧毒物质的桌面、地面擦干净，实验后洗净双手。

① 倾注药剂或加热液体时，不要俯视容器，特别是浓酸、浓碱具有强腐蚀性，切勿使其溅在皮肤或衣服上，眼睛更应注意防护，实验时应配备必要的护目镜；稀释酸（特别是浓硫酸）、碱时，应将它们慢慢注入水中，并不断搅拌，切勿将水注入浓酸、碱中。

② 强氧化剂（如氯酸钾、硝酸钾、高锰酸钾等）及其与红磷、碳、硫等的混合物不能研磨或撞击，以防引起爆炸。

③ 银氨溶液久置后会析出黑色的氮化银沉淀，极易爆炸。因此剩余银氨溶液应及时处理，不能留存。

④ 金属钾、钠等暴露在空气中易燃烧，与水激烈反应，所以金属钾、钠应保存在煤油中，取用时要用镊子夹取。

⑤ 白磷暴露在空气中可自燃，应保存在水中，取用时在水下进行切割，要用镊子夹取。

⑥ 氢气、甲烷等气体与空气混合后遇火会爆炸，因此氢气、甲烷等气体的发生装置要远离明火，点燃氢气、甲烷等气体之前必须检验气体的纯度。进行产生大量氢气、甲烷等气体的实验时，应把废气排至室外，并注意室内的通风。

⑦ 一些有机溶剂（如乙醚、乙醇、丙酮、苯等）极易引燃，使用时必须远离明火、热源，用毕立即盖紧瓶塞，并放在阴凉的地方，最好放在砂土桶内。

⑧ 制备和使用一些有毒气体进行反应时，如氟化氢、硫化氢、氯气、一氧化碳、二氧化碳、二氧化氮、二氧化硫、溴等，以及加热盐酸、硝酸和硫酸等时，均应在通风橱中进行。

⑨ 金属汞易挥发，并可通过呼吸道进入人体内，逐渐积累会引起慢性中毒。为了减少汞的蒸发，可在汞液面上覆盖化学液体：甘油的效果最好，$5\%Na_2S \cdot 9H_2O$ 次之，水的效果最差。一旦出现金属汞洒落，应尽量用毛刷蘸水收集起来，直径大于 1mm 的汞颗粒可用吸气球或真空泵抽吸的捡汞器捡起来；洒落过汞的地方，可以撒上多硫化钙、硫磺粉或漂白粉，或喷洒药品使汞生成不挥发的难溶盐，并扫除干净。

⑩ 可溶性汞盐、铬的化合物、氰化物、砷盐、锑盐、镉盐和钡盐等都有毒，不得进入口内或接触伤口，其废液不能倒入下水道，应统一回收处理。

⑪ 氰化物及氢氰酸毒性极强，致毒作用极快，空气中 HCN 含量达 0.03% 即可在数分钟内致人死亡；内服极少量的氰化物亦可很快中毒死亡。取用氰化物及氢氰酸时必须特别注意。

氰化物极易发生以下变化：

空气中 $$KCN+H_2O+CO_2 \Longrightarrow KHCO_3+HCN \quad 或$$

$$2KCN+H_2O+CO_2 \Longrightarrow K_2CO_3+2HCN$$

潮湿时 $$KCN+H_2O \Longrightarrow KOH+HCN$$

遇酸 $$KCN+HCl \Longrightarrow KCl+HCN$$

所以，氰化物必须密封保存。

氰化物要有严格的领用保管制度，取用时必须戴厚口罩、防护眼镜及手套，手上有伤口时不得进行该项实验。使用过的仪器、桌面均应亲自收拾，用水冲净；手及脸也应仔细洗净。

⑫ 液溴可致皮肤烧伤，溴蒸气刺激黏膜，甚至可使眼睛失明，使用时应在通风橱中进行；当溴洒落时要立即用砂土掩埋。

1.6 事故的预防与处理

实验过程中因各种原因而发生事故后应沉着冷静，立即采取有效措施处理事故。

1.6.1 火灾的预防与处理

（1）火灾的分类

依据物质燃烧的特性，可将火灾划分为 A、B、C、D、E 五类。

A 类：指由固体物质引起的火灾，如木材、煤、棉、毛、麻、纸张等类物质，它们往往具有有机物质的性质，一般在燃烧时产生灼热的余烬。

B 类：指由液体和可熔化的固体物质引起的火灾，如汽油、煤油、柴油、原油、甲醇、乙醇、沥青、石蜡等。

C 类：指由气体引起火灾，如煤气、天然气、甲烷、乙烷、丙烷、氢气等。

D 类：指由金属引起的火灾，如钾、钠、镁、铝镁合金等。

E 类：指由带电物体和精密仪器等引起的火灾。

（2）火灾的预防

引起着火的原因很多，如用敞口容器、加热低沸点的溶剂、加热方法不正确等。为防止着火，实验中应注意以下几点。

① 数量较多的易燃有机溶剂应放在危险药品橱内。实验室不得存放大量易燃、易挥发性物质。

② 切勿用敞口容器存放、加热或蒸除有机溶剂。应根据实验要求和物质的特性，选择正确的加热方法，如对沸点低于 80℃ 的液体应采用水浴加热，不能用明火直接加热；盛有易燃有机溶剂的容器不得靠近火源等。

③ 尽量防止或减少易燃气体的外逸。处理和使用易燃物时应远离明火，注意室内通风，及时将蒸气排出；易燃、易挥发的废物，不得倒入废液缸和垃圾桶中，量大时应专门回收处理，量小时可倒入水池用水冲走，但与水发生剧烈反应者除外。

④ 有煤气的实验室，应经常检查煤气管道和阀门是否漏气。

⑤ 蒸馏或回流液体时应加沸石，以防溶液因过热暴沸而冲出，若在加热后发现未放沸石则应停止加热，待稍冷后再加。如果在过热溶液中加入沸石，会导致液体突然沸腾，冲出

瓶外而引起事故。不要用火焰直接加热烧瓶，而应根据液体沸点高低使用石棉网、油浴、水浴或电热帽（套）等。蒸馏低沸点易燃液体时不能出现明火，可以用事先加热好的热水浴加热。冷凝水要保持畅通，若冷凝管忘记通水，大量蒸气来不及冷凝而逸出，也易造成火灾。蒸馏易燃溶剂（特别是低沸点易燃溶剂）的装置，要防止漏气，接收器支管应与橡皮管相连，使余气通往水槽或室外。

⑥ 在反应中添加或转移易燃有机溶剂时应暂时熄火或远离火源。

⑦ 因故离开实验室时一定要关闭自来水和热源。

（3）火灾的处理

实验室内一旦发生火灾，要根据起火的原因和火场周围的情况，采取不同的扑灭方法。起火后不要慌张，要立即采取以下措施处理：要停止加热，停止通风，关闭电闸，移走一切可燃物，防止火势蔓延，必要时应报火警（119）。

灭火的方法要针对起火原因选择合适的方法和灭火设备。

① 一般的起火，小火用湿布、石棉布或砂土覆盖燃烧物即可灭火；大火可以用水、泡沫灭火器、二氧化碳灭火器灭火。

② 活泼金属如钠、钾、镁、铝、电石、过氧化钠等引起的着火，不能用水、泡沫灭火器、二氧化碳灭火器灭火，只能用砂土、干粉灭火器灭火；有机溶剂着火时切勿使用水、泡沫灭火器灭火，而应该使用二氧化碳灭火器、专用防火布、砂土、干粉灭火器等灭火。

③ 精密仪器、电器设备着火时，首先切断电源，小火可用石棉布或砂土覆盖灭火；大火用四氯化碳灭火器灭火，亦可以用干粉灭火器或 1211 灭火器灭火。不可用水、泡沫灭火器灭火，以免触电。

④ 身上衣服着火时，切勿惊慌乱跑，应立即用湿布或石棉布压灭火焰，或就地卧倒打滚，也可起到灭火的效果。

使用灭火器要根据不同的情况选择不同类型。常用灭火器的适用范围见表 1-1。

表 1-1　常用灭火器及适用范围

灭火器类型	灭火剂主要成分	适宜灭火	不适宜灭火
清水灭火器	清洁的水	木材、棉、毛、麻、纸张等可燃固体	不能扑灭密度比水小的有机物及遇水剧烈作用的化学试剂及带电设备
泡沫灭火器	硫酸铝、碳酸氢钠	汽油、柴油、煤油、原油、沥青、石蜡脂类、石油产品及木材等的初期火灾	不能扑灭密度比水小的有机物及遇水剧烈作用的化学试剂及带电设备
酸碱灭火器	66％ 的工业硫酸和碳酸氢钠水溶液	非油类、非电器类的初期火灾	不能扑救油类物质燃烧的火灾，可燃气体和轻金属火灾及带电场合
四氯化碳灭火器	液态 CCl_4	电器内或电器附近着火，或用于汽油、丙酮等着火	四氯化碳灭火在高温时会产生剧毒光气，不宜在狭小和通风不良的实验室中使用；四氯化碳与金属钠反应会引起爆炸，不宜用
二氧化碳灭火器	液态的二氧化碳汽化降温和隔绝空气灭火	600V 以下带电电器，贵重设备，精密仪器的初期火灾，一般可燃液体以及忌水的化学药品的火灾	电压超过 600V，应先断电后灭火；在室外使用二氧化碳灭火器时应选择在上风方向喷射。在室内窄小空间使用时，灭火后操作者应迅速离开，以防窒息。使用时要尽量防止皮肤因直接接触喷筒和喷射胶管而造成冻伤

续表

灭火器类型	灭火剂主要成分	适宜灭火	不适宜灭火
1211 灭火器	CF_2ClBr 液化气体	油类、有机溶剂、精密仪器、高压电器设备起火	该灭火剂对臭氧层破坏力强,我国已于 2005 年停止生产 1211 灭火剂
干粉灭火器	碳酸氢钠或磷酸铵盐等盐类	可燃液体、可燃气体、带电火灾、一般固体物质火灾	不宜用于轻金属火灾

实验室常备手提式灭火器,其使用方法见图 1-1。

(a) 撕掉小铅块,拔出保险销 　 (b) 紧握喷嘴,对准火焰 　 (c) 压下压把即可喷射

图 1-1　手提式灭火器使用方法图解

1.6.2　爆炸的预防与处理

化学实验过程中有两种情况可能导致爆炸。其中一种情况是某些化学品本身容易爆炸,例如过氧化物、芳族多硝基化合物、干燥的重氮盐、叠氮化物、重金属的炔化物、高氯酸铵、硝酸铵、浓高氯酸、三硝基甲苯等,在受热或受到撞击时均会发生爆炸;有些化学药品混合时会发生爆炸,如高氯酸和乙醇及其他有机物、高锰酸钾和甘油及其他有机物、高锰酸钾或浓硫酸和硫、浓硝酸和乙醇等;许多低沸点易燃有机溶剂的蒸气和易燃气体在空气中的浓度达到爆炸极限时,一旦遇到明火即发生燃烧、爆炸。另一种情况是仪器安装不正确或操作不当时也有可能引起爆炸,例如常压下进行蒸馏或加热回流时体系被密闭等。

常见易燃易爆气体爆炸极限见表 1-2,常见易燃有机溶剂蒸气爆炸极限见表 1-3。

表 1-2　常见易燃易爆气体爆炸极限

气体		空气中的含量(体积比)/%
氢气	H_2	4～74
一氧化碳	CO	12.50～74.20
氨	NH_3	15～27
甲烷	CH_4	4.5～13.1
乙炔	$CH\equiv CH$	2.5～89.0

表 1-3　常见易燃有机溶剂蒸气爆炸极限

名称	沸点/℃	闪点/℃	爆炸范围(体积比)/%
甲醇	64.96	11	6.72～36.50
乙醇	78.5	12	3.28～18.95
乙醚	34.51	−45	1.85～36.50
丙酮	56.2	−17.5	2.55～12.80
苯	80,1	−11	1.41～7.10

为防止爆炸事故的发生,要注意以下问题:a.使用易燃、易爆气体(如氢气、乙炔等)时,要保持实验室内空气通畅,严禁明火,并应防止由于敲击、静电或电器开关等所产生的

火花；b. 量取低沸点易燃溶剂时，要远离火源，蒸馏低沸点易燃溶剂的装置，要防止漏气，接引管支管应与橡皮管相连，使余气通往水槽或室外；c. 氢气、乙炔、环氧乙烷等易燃气体及苯、乙醚、丙酮等低沸点易燃有机溶剂，要防止它们泄漏到空气中，使用上述物质时必须严禁明火；d. 常压操作时应使装置与大气连通，切勿造成密闭体系，减压或加压操作时要用耐压仪器；e. 有些有机药品遇到氧化剂时会发生猛烈燃烧或爆炸，操作时要特别小心，存放药品时应将氯酸钾、过氧化物、浓硝酸、浓硫酸等强氧化剂和有机药品分开存放；f. 对于具有爆炸性的药品（如叠氮化物、干燥的重氮盐、硝酸酯、多硝基化合物等）使用时必须严格遵守操作规程，防止蒸干溶剂或震动；g. 有些实验可能生成具有爆炸性的物质（如硝化甘油等），操作时要特别小心，而有些有机物（如醚、共轭烯烃等）久置会生成易爆炸的过氧化物，必须经特殊处理后才能使用；h. 对于放热量很大的合成反应，要小心地慢慢滴加物料，并注意冷却，同时防止滴液漏斗的活塞漏液而造成事故。

1.6.3　化学中毒的预防与处理

实验中的许多试剂都是有毒的。有毒物质往往通过呼吸吸入、皮肤渗入、误食等方式导致中毒。

（1）化学中毒的预防

① 了解化学物质的性质，包括物理性质、化学性质、活性、着火点、爆炸性、毒性、对健康的危害、撒落和废水的处理方法等。

② 实验中所用的剧毒物质应有专人负责收发，并向使用毒物者提出必须遵守的操作规程，实验后的有毒残液必须做妥善而有效的处理，不准乱丢。

③ 称量任何药品时都应使用工具，不得直接用手接触，有些剧毒物质会渗入皮肤，接触时必须戴橡皮手套。一旦接触化学药品后立即用清水洗手，不能用有机溶剂洗手；切勿让毒品沾及五官或伤口。做完实验后，应洗手后再离开实验室，任何药品不能用嘴品尝。

④ 使用和处理有毒物质，或在反应过程中可能生成有毒或有腐蚀性气体的实验，应在通风橱内进行，或加气体吸收装置，并戴好防护用品，尽可能避免气体外逸。使用通风橱时，不要把头部伸入橱内。

⑤ 使用后的仪器和器皿应及时清洗，实验完毕后应及时处理有毒物质，采取适当方法消除或破坏其毒性。

（2）化学中毒的处理

1）吸入毒气　吸入硫化氢、一氧化碳等有毒气体，应立即将伤者转移至室外，解开衣领和纽扣，呼吸新鲜空气；对呼吸心跳停止者，先清除呼吸道分泌物，并立即进行口对口呼吸及胸外心脏按压，心跳恢复后立即送医。吸入氯气、溴蒸气，可以吸入少量酒精和乙醚的混合蒸气解毒；吸入氯化氢气体，可吸入氨气和新鲜空气解毒；休克者应立即施以人工呼吸，并及时送医院急救。但应注意：硫化氢、氯气、溴中毒不可进行口对口人工呼吸。

2）毒物进入口中　溅入口中而尚未下咽的毒物应立即吐出，并用大量水冲洗口腔。

如果已经吞下毒物，应根据毒物性质进行处理。若是强酸，先饮用大量水，再服用氢氧化铝膏、鸡蛋清或牛奶；若是强碱，先饮用大量水，再服用醋酸果汁、鸡蛋清或牛奶。但不论酸或碱中毒，都不要吃呕吐剂。若是其他毒物，可以把 $5 \sim 10 mL$ 稀 $CuSO_4$ 溶液（约 5%）加入一杯温水中，内服后用手伸入咽喉，促使呕吐，并立即送医院。

1.6.4　受伤的预防与处理

实验室内应备有急救药箱，以备发生事故临时处理之用。急救箱内应备有碘酒、双氧水、饱和硼酸溶液、2％乙酸溶液、饱和碳酸氢钠溶液、75％医用酒精、烫伤油膏、创可贴、消毒棉花、纱布、胶带、绷带、镊子等。

1）一般割伤　先将伤口中的异物取出，用消毒棉棒将伤口清理干净，不要用水洗伤口，伤轻者可涂以紫药水（或碘酒）或贴上"创可贴"包扎；伤势较重时先用酒精清洗消毒，再用纱布按住伤口，压迫止血，并立即送医院治疗。

2）烫伤　被火、高温物体、蒸汽或开水烫伤后，立即将伤处用大量水冲洗，以迅速降温避免深度烧伤。起水泡后不要弄破水泡，若伤处皮肤未破可将碳酸氢钠粉调成糊状敷于伤处，也可用10％的高锰酸钾溶液或者苦味酸溶液洗灼伤处，再涂上獾油或烫伤膏。

3）强酸腐蚀　立即用大量水冲洗，再用饱和碳酸氢钠或稀氨水冲洗，最后再用水冲洗；若酸液溅入眼睛，用大量水冲洗后再用1％$NaHCO_3$溶液冲洗，然后再用水冲洗，禁止用氨水冲洗，并立即送医院诊治。

4）浓碱腐蚀　立即用大量水冲洗，再用2％乙酸溶液或饱和硼酸溶液冲洗，最后再用水冲洗。若碱液溅入眼睛，用3％硼酸溶液冲洗，再用水冲洗，然后立即到医院治疗。

5）溴腐蚀致伤　受溴灼伤后，伤口一般不易愈合，必须严加防范。使用溴时，要预先配置适量20％$Na_2S_2O_3$溶液备用。一旦溴沾到皮肤上，应立即用20％$Na_2S_2O_3$溶液冲洗，再用大量水冲洗，或用多量甘油洗濯伤口，再用水洗。最后涂硼酸凡士林软膏，包上纱布后到医院治疗。如眼睛受到溴蒸气的刺激，暂时不能睁开时，可对着盛有酒精的瓶口注视片刻，然后再处理。

6）白磷灼伤　应立即用1％硝酸银或1％硫酸铜或浓高锰酸钾溶液洗濯伤处，除去磷的毒害后再按一般烧伤的治理方法处置。

7）氢氟酸灼伤　立即用大量水或六氟灵冲洗后，并用葡萄糖酸钙或氧化镁钙软膏涂抹于患部，并送医院治疗。

1.7　"三废"处理

在化学实验室中会遇到各种有毒的废气、废液和废渣（简称"三废"），如不及时妥善处理或销毁就会对周围的环境、水源和空气造成污染，或造成意外事故，威胁人们的身体健康；而且"三废"中的有用或贵重成分未能回收，也会带来经济损失和浪费。因此，化学实验的"三废"处理很重要，我们要增强环境保护意识，对实验室产生的"三废"进行合理处理。

实验过程中产生的"三废"可用下列方法进行处理，危险品废物的处理可查阅相关的手册或资料。

1.7.1　废气

产生少量有毒气体的实验应在通风橱中进行。通过排风设备把少量毒气排到室外，通过室外的大量空气来稀释有毒废气。如果实验时会产生大量有毒气体，必须安装气体吸收或处理装置进行处理。常用的废气处理方法有溶液吸收法和固体吸收法。

（1）溶液吸收法

该法是一种用适当的液体吸收剂处理气体混合物，除去其中有害气体的方法。常用的液体吸收剂有水、碱性溶液、酸性溶液、氧化剂溶液和有机溶液，它们可用于净化含有 SO_2、NO_x、HF、SO_2、SiF_4、NH_3、汞蒸气、酸雾、沥青烟和各种组分有机物蒸气等的废气。

例如二氧化硫、二氧化氮、氯气、氟化氢等酸性气体，可以用氢氧化钠水溶液吸收后排放；碱性气体用酸溶液吸收后排放；硫化氢可以用硫酸铜溶液吸收。

（2）固体吸收法

该法是使废气与固体吸收剂接触，废气中的污染物（吸收质）吸附在固体表面从而被分离出来。此法主要用于净化废气中低浓度的污染物质，常用的吸附剂及其用途见表 1-4。

表 1-4　常用吸附剂及其用途

固体吸附剂	处理物质
活性炭	苯、甲苯、二甲苯、丙酮、乙醇、乙醚、乙醛、汽油、乙酸乙酯、苯乙烯、氯乙烯、恶臭物、H_2S、Cl_2、CO、CO_2、SO_2、NO_x、CS_2、CCl_4、$HCCl_3$、H_2CCl_2
浸渍活性炭	烯烃、胺、酸雾、硫醇、SO_2、Cl_2、H_2S、HF、HCl、NH_3、Hg、HCHO、CO、CO_2
活性氧化铝	H_2O、H_2S、SO_2、HF
浸渍活性氧化铝	酸雾、HCl、Hg、HCHO
硅胶	H_2O、SO_2、NO_x、C_2H_2
分子筛	NO_2、H_2O、CO_2、CS_2、SO_2、H_2S、NH_3、C_mH_n、CCl_4
焦炭粉粒	沥青烟
白云石粉	沥青烟
蚯蚓粪	恶臭类物质

（3）其他处理方法

除上述方法外，实验室中还会用回流法、燃烧法等方法处理一些废气。对于易液化的气体，可以通过冷凝管冷凝液化、回收以除去，如制备溴苯时产生的 HBr 可用此法除去；一些可燃性的有毒气体可以通过燃烧法来除去，如 CO、H_2S 及浓度比较低的苯类、酮类、醛类、醇类等废气的处理一般采用此法。另外，汞的操作室必须有良好的全室通风装置，其通风口通常在墙的下部。

1.7.2　废水

化学实验室产生的废弃物以废液为主。有回收利用价值的废液应收集起来统一进行处理，回收利用。无回收价值的有毒废液应根据溶液的性质分别处理。

实验室应配备收集酸、碱、有机溶剂等废液的回收桶，有害化学废液集中回收和处理时应注意：a.检查回收桶液面高度，控制所收集的废液不能超过容器的 2/3；b.在加新液体前应做相溶性混合实验；c.为防止溢出烟和蒸气，每次倾倒废液之后应盖紧容器；d.做好化学废物收集和处理登记或记录，内容包括废物名称、数量、主要有害特征等有关信息。

废液混合时必须进行安全检查，其方法为：在通风橱中，取目标液 50mL 于烧杯中，插入温度计，慢慢混合化学废液到适当的体积比，如果起泡、产生蒸气或温度上升 10℃ 则应停止混合。该目标物不能倒入废液桶。如果 5min 内无反应可以混合。

废物处理时，要注意使用个人防护工具，如防护眼镜、手套等。能产生有毒蒸气的废液处理应使用通风橱。下面简要介绍实验室废液的具体处理方法。

（1）废酸、废碱液

对于酸、碱含量小的废水，常采用中和处理方法。无硫化物的酸性废水，可用浓度相当的碱性废水中和；含重金属离子较多的酸性废水，可通过加入碱性试剂（NaOH、Na$_2$CO$_3$）进行中和。经过中和处理，使其 pH 值在 6～8 范围内（如有沉淀则先过滤），并用大量水稀释后方可排放。

(2) 含氰化物的废液

氰化物是剧毒物质，含氰废液必须认真处理。少量含氰废液可加入硫酸亚铁使之转变为毒性较小的亚铁氰化物沉淀再排弃，该方法称为铁蓝法。也可用碱将废液调到 pH＞10 后，用适量高锰酸钾将 CN$^-$ 氧化分解。大量的含氰废液用氯碱法处理：将废液用碱调至 pH＞10 后，通入氯气或加入次氯酸钠，充分搅拌，放置过夜，使氰化物分解成二氧化碳和氮气而除去，再将溶液 pH 值调到 6～8 后排放。

$$2CN^- + 5ClO^- + 2OH^- \Longrightarrow 2CO_3^{2-} + N_2(g) + 5Cl^- + H_2O$$

(3) 含砷及其化合物废液

在废液中加入硫酸亚铁，然后用氢氧化钠调节 pH 值至 9，这时砷化合物就与氢氧化铁和难溶性的亚砷酸钠或砷酸钠产生共沉淀，经过滤除去。也可以在废液中加入镁盐，用氢氧化钠调 pH 值为 9.5～10.5，利用生成的 Mg(OH)$_2$ 的吸附作用，与亚砷酸钠或砷酸钠产生共沉淀，搅拌后放置 12h，分离沉淀。另外，还可用硫化物沉淀法，即在废液中加入 H$_2$S 或 Na$_2$S，使其生成硫化砷沉淀而除去。沉淀分离后，将溶液 pH 值调到 6～8 后排放。

(4) 含重金属离子的废液

处理含重金属（Cd、Pb、As 等）离子废液最经济有效的方法是加入 Na$_2$S［或 NaOH、Ca(OH)$_2$ 等］碱性试剂，使重金属离子形成难溶性的硫化物（或氢氧化物），过滤分离，排放废液，少量残渣可埋于地下。

(5) 含铬废液

废铬酸洗液可以用高锰酸钾氧化法使其再生，重复使用。氧化方法：110～130℃下搅拌、浓缩，除去水分后冷却至室温，缓缓加入高锰酸钾粉末，每 1000mL 加入 10g 左右，边加边搅拌，直至溶液呈深褐色或微紫色，不要过量；然后直接加热至有 SO$_3$ 出现，停止加热；稍冷，通过玻璃砂芯漏斗过滤，除去沉淀；冷却后析出红色 CrO$_3$ 沉淀，再加适量硫酸使其溶解即可使用。少量的含六价铬化合物的废液中，加入 FeSO$_4$ 或 Na$_2$SO$_3$，将 Cr(Ⅵ) 还原为 Cr(Ⅲ)，再加入 NaOH（或 Na$_2$CO$_3$）等碱性试剂，调节 pH 值在 6～8 时，使 Cr(Ⅲ) 形成 Cr(OH)$_3$ 沉淀除去。

(6) 含汞及其化合物的废液

先调节 pH 值到 8～10，加适当过量的 Na$_2$S 生成 HgS 沉淀，再加 FeSO$_4$ 与过量 Na$_2$S 反应生成 FeS 沉淀，从而吸附 HgS 共沉淀下来，静置分离。清液汞含量降到 0.02mg/L 以下可以排放。少量残渣可埋于地下，大量残渣可用焙烧法回收汞，但要注意一定要在通风橱内进行。

(7) 实验室有机废液

无机实验室有时有一些有机废液，应根据溶液的性质分别处理。常用的处理方法有氧化分解法、水解法和生物化学处理法。

1）氧化分解法　在含水量低的有机类废液中，对易氧化分解的废液，用 H$_2$O$_2$、KMnO$_4$、NaClO、H$_2$SO$_4$-HNO$_3$、HNO$_3$-HClO$_4$、H$_2$SO$_4$-HClO$_4$ 及废铬酸混合液等物质，将其氧化分解。然后，按上述无机类实验废液的处理方法加以处理。

2）水解法　对有机酸或无机酸的酯类，以及一部分有机磷化合物等容易发生水解的物质，可加入 NaOH 或 $Ca(OH)_2$，在室温或加热下进行水解。水解后，其废液无毒害时，中和、稀释后即可排放。如果含有有害物质，应用吸附等适当的方法加以处理。

3）生物化学处理法　对含有乙醇、乙酸、动植物性油脂、蛋白质及淀粉等稀溶液，可用此法进行处理。

1.7.3　废渣

实验室产生的有害固体废渣虽然不多，但绝不能与生活垃圾混倒，应对有回收价值的废渣收集起来统一处理，加以回收利用，少量无回收价值的有毒废渣也应集中起来分别进行处理或深埋于远离水源的指定地点。因有毒的废渣能溶解于地下水，会混入饮水中，所以不能未经处理就将其深埋。

在不具备独立进行相应处理的条件时，应将"三废"集中收集，交专门的处理机构处理。

下面介绍几种常见固体废渣的处理方法。

① 将钠屑、钾屑及碱金属、碱土金属的氢化物、氨化物悬浮于四氢呋喃中，在不断搅拌下慢慢滴加乙醇或异丙醇至不再放出氢气时，再慢慢加水，澄清后冲入下水道。

② 硼氢化钠（钾）用甲醇溶解后，用水充分稀释，再加酸并放置，此时有剧毒硼烷产生，所以应在通风橱内进行，其废液用水稀释后可冲入下水道排放。

③ 酰氯、酸酐、三氯化磷、五氯化磷、氯化亚砜在搅拌下加入大量水中，用碱中和后再排放。

④ 沾有铁、钴、镍、铜催化剂的废纸、废塑料，干后易燃，不能随便丢入废纸篓内，应趁未干时深埋于地下。

⑤ 重金属及其难溶盐能回收的应尽量回收，不能回收的集中处理。

1.8　实验室用水

在化学实验中，水是不可或缺的，洗涤仪器、配制溶液等都需要用大量的水，而且不同实验对水的纯度要求也不同。实验结果的准确性除了要有良好的实验技术，还受到所使用的化学试剂的纯度与实验仪器的精密度的影响。实验中用来配制化学试剂的水的纯度直接影响结果的准确度，为了取得具有良好实验结果，必须使用水质稳定的纯水作为实验用水。因此，了解水的纯度，掌握净化水的方法及纯度检验方法是每个化学工作者应具有的基本知识，这样才能根据实验的需要正确选用不同纯度的水。

1.8.1　实验室用水的制备方法

水是常用的良好溶剂，溶解能力很强，很多物质易溶于水，因此天然水中含有很多杂质。一般水中的杂质按其分散形态的不同可分为三类，见表1-5。

表 1-5　天然水中的杂质分类

杂质种类	杂质
悬浮物	泥沙、藻类、植物遗体等
胶体物质	黏土胶粒、溶胶、腐殖质体等
可溶物质	Na^+，K^+，Ca^{2+}，Mg^{2+}，Fe^{3+}，CO_3^{2-}，HCO_3^-，Cl^-，SO_4^{2-}，O_2，N_2，CO_2 等

天然水经简单的物理、化学方法处理后得到的自来水（即一般的城市生活用水），虽然除去了悬浮物质和部分无机盐，但仍含有较多的 Na^+、K^+、Ca^{2+}、Mg^{2+}、Fe^{3+}、CO_3^{2-}、HCO_3^-、Cl^-、SO_4^{2-} 等杂质离子，可溶于水的 O_2、N_2、CO_2 等气体及一些有机物和微生物。

自来水中杂质较多，故不适用于一般化学实验。在实验室中，自来水主要用于以下几个方面：a.初步洗涤仪器；b.制备蒸馏水等更高纯度的水；c.实验中加热或冷却用水。

自来水经过适当的物理、化学方法处理后得到不同纯度的水适用于不同的实验过程。一般化学实验室用水常用的制备方法主要有蒸馏法、电渗析法、离子交换法、反渗透（RO）技术和电去离子（EDI）技术等。

(1) 蒸馏法

利用水与杂质的沸点不同，将自来水在蒸馏装置中加热汽化，然后冷凝制得蒸馏水的方法。蒸馏分单蒸馏和重蒸馏，单蒸馏法能去除自来水内大部分的污染物，但挥发性的杂质无法去除，如二氧化碳、氨以及一些有机物。为了使单蒸馏水达到纯度指标，必须通过二次蒸馏，又称重蒸馏。一般情况下，经过二次蒸馏能够除去单蒸水中的杂质，在1周时间内能够保持纯水的纯度指标不变。

另外，蒸馏水的出水管使用前应洗刷干净，用蒸馏水充分冲洗，保持通畅，并将内部洗刷干净，更换新鲜水；在制备蒸馏水的过程中，每个环节都应避免手或其他未经新鲜蒸馏水冲洗过的器具与蒸馏水的接触，弃去头尾蒸出的水，注意出水流量的大小；蒸馏完毕，待冷凝器冷却后需将锅内余水排尽，以防存水产生细菌。在蒸馏前，往蒸馏塔内一次性加入5%明矾100mL，能有效降低重蒸馏水中含氨量。

新鲜的蒸馏水是无菌的，但贮存后细菌易繁殖；此外，贮存的容器也很讲究，若是非惰性的物质，离子和容器的塑形物质会析出造成二次污染。

蒸馏水是实验室最常用的一种纯水，适用于一般化学实验，用于配制各种溶液、洗涤仪器和作为一般化学实验的溶剂等。

蒸馏法虽设备便宜，但极其耗能和费水且速度慢，应用逐渐减少。

(2) 电渗析法

电渗析法是使自来水通过电渗析器，除去水中阴、阳离子。

电渗析器主要由离子交换膜、隔板、电极等组成。其中离子交换膜是整个电渗析器的关键部分。它是由具有离子交换性能的高分子材料制成的薄膜，其特点是对阴、阳离子的通过具有选择性，即阳离子交换膜只允许阴离子透过，阴离子交换膜只允许阴离子透过。所以，电渗析器除去杂质的工作原理是：在外加直流电场作用下，利用阴、阳离子交换膜分别选择性地允许阴、阳离子透过，使一部分离子透过离子交换膜迁移到另一部分水中去，从而使一部分水纯化，另一部分水浓缩，纯化的那部分水即为电渗析水。电渗析法不能除去非离子型杂质，制得的纯水仅适用于要求不高的实验过程。

在电渗析过程中能除去水中大部分电解质杂质，但对弱电解质去除效率低，故电渗析器常与离子交换法配合使用，从而制得较纯的水。

(3) 离子交换法

该法是将自来水通过离子交换柱（内装阴、阳离子交换树脂）除去水中杂质，实现净化。

离子交换树脂是一种人工合成的带有官能团（有交换离子的活性基团）、具有网状结构、不溶性的高分子化合物。通常是球形颗粒物。根据离子交换树脂中可交换化学活性基团的不同，树脂分为阳离子交换树脂和阴离子交换树脂两大类，它们可分别与溶液中的阳离子和阴离子进行离子交换。

阳离子交换树脂含有酸性基团（如$-SO_3H$、$-COOH$），它们的 H^+ 能与溶液中的阳离子互相交换。阴离子交换树脂含有碱性基团（如$-RNH_3Cl$、$-NH_2$），可与溶液中的阴离子互相交换。

离子交换树脂在使用一段时间后需要进行再生处理才能继续使用，即用化学药品使离子交换反应以相反方向进行，使树脂的官能基团回复原来状态，以供再次使用。如上述的阳离子树脂是用强酸进行再生处理，此时树脂放出被吸附的阳离子，再与 H^+ 结合而恢复原来的组成。

离子交换法能除去水中的除 H^+、OH^- 外的其他由电解质电离所产生的全部离子，即去掉溶于水中的电解质物质。纯度很高，出水水质高于蒸馏水塔蒸馏出的蒸馏水水质，一般适用于准确度要求较高的分析工作。

缺点是设备及操作较复杂，且不能除去水中的有机物和非电解质。

（4）反渗透（RO）技术和电去离子（EDI）技术

① 反渗透（RO）技术是一种膜分离技术，它使用的反渗透膜是一类只允许水通过的半透膜，通过人工加压，水分子在压力的作用下通过反渗透膜，水中的杂质被反渗透膜截留排出，从而制得纯水。利用反渗透技术可以有效地去除水中的溶解盐、胶体、细菌、病毒、细菌内毒素和大部分有机物等杂质，其脱盐率很高，平均脱盐率为 $96\%\sim99\%$。商用的反渗透膜一般为醋酸纤维膜及聚氨酯膜两大类。

反渗透法生产的反渗水克服了蒸馏水和去离子水的许多缺点，但不同厂家生产的反渗透膜对反渗水的质量影响很大。

② 电去离子（EDI）技术是一种电渗析与离子交换有机结合的膜分离技术，即用混匀的阴、阳离子交换树脂填充于电渗析淡水室的阴、阳膜之间，这样，离子在电场作用下通过离子交换膜被清除，而加在淡水室两端的电压使水分子分解成 H^+ 及 OH^-，可对离子交换树脂进行连续再生。

电去离子（EDI）技术高效无污染，兼有电渗析技术的连续除盐和离子交换技术深度脱盐的优点，又避免了电渗析技术浓差极化和离子交换技术中的酸碱再生等带来的问题，能连续不断地合成纯水和高纯水。

目前，实验室使用的纯水就是经过反渗透和电去离子技术处理后的水，它的电阻率一般能达到 $1\times10^7\Omega\cdot cm$ 以上。

1.8.2 实验室用水的规格

（1）实验室用水的技术指标

实验室中对用水的质量要求是根据所要制备的标准水样的级别和待测组分的浓度水平，选择与之相适应的纯水级别及制备方法。

从外观看，实验室用水目视观察应为无色透明的液体；从级别看，实验室用水的原水一般应为饮用水或适当纯度的水（见表 1-6）。国际标准化组织（ISO）于 1983 年制定纯水的标准，将纯水分为三个级别。目前国内参照 ISO 纯水标准制定了我国实验室用水规格的国家标准（GB 6682—2008），标准中规定了实验室用水规格、等级、制备方法、技术指标及检验方法。

表 1-6　实验室用水的级别及主要指标

名称	一级	二级	三级
pH 值范围(25℃)	—	—	5.0～7.5
电导率(25℃)/(μS·cm^{-1})	≤0.1	≤1.0	≤5.0
电阻率(25℃)/(MΩ·cm)	≥10	≥1	≥0.2
可氧化物质(以 O$_2$ 计)/(mg·L^{-1})	—	<0.08	<0.40
吸光度(245nm,1cm)	≤0.001	≤0.01	—
蒸发残渣(105±2℃)/(mg·L^{-1})	—	≤1.0	≤2.0
可溶性硅(以 SiO$_2$ 计)/(mg·L^{-1})	<0.01	<0.02	—

注：1. 由于在一级水、二级水的纯度下，难于测定其真实的 pH 值，因此，对一级水、二级水的 pH 值范围不做规定。
2. 一级水、二级水的电导率需用新制备的水"在线"测定。
3. 由于在一级水的纯度下，难于测定可氧化物质和蒸发残渣，对其限量不做规定。可用其他条件和制备方法来保证一级水的质量。

(2) 实验室用水的制备

1) 三级水　是最普遍使用的纯水，用于实验室一般工作。过去多用蒸馏法制备，故通常称为蒸馏水。为节省能源和减少污染，目前多改用离子交换法、电渗析法制取。

2) 二级水　可含有微量的无机、有机或胶态杂质。用于无机痕量分析等实验，如原子吸收光谱分析用水。二级水可用多次蒸馏、反渗透或离子交换后再蒸馏等方法制取。

3) 一级水　基本上不含有溶解或胶态离子杂质及有机物。用于有严格要求的分析实验，包括对颗粒有要求的实验。如高压液相色谱分析用水。可用二级水经过石英设备蒸馏或离子交换混合床处理后，再经 0.2μm 微孔滤膜过滤来制取。

(3) 特殊需求用水的制备

实验过程中，因试剂或仪器特点，对实验用水有某些特定要求，这时一般根据需求在实验室采取合适方法自制。

1) 无氯水　加入亚硫酸钠等还原剂，将自来水中的余氯还原为氯离子，以 N-二乙基对苯二胺(DPD)检查不显色，继用附有缓冲球的全玻璃蒸馏器进行蒸馏制取。

2) 无二氧化碳水

① 煮沸法制备：将蒸馏水或去离子水煮沸至少 10min 或使水量蒸发 10% 以上，加盖冷却至室温即可制得无二氧化碳水。

② 曝气法制备：将惰性气体或纯氮通入蒸馏水或去离子水至饱和，即得无二氧化碳水。制得的无二氧化碳水应贮存于一个附有碱石灰管的橡皮塞盖严的瓶中。

3) 无砷水　一般蒸馏水或去离子水多能达到基本无砷要求。进行痕量砷的分析时，使用的蒸馏水应避免使用软质玻璃(钠钙玻璃)制成的蒸馏器来制备，应使用石英蒸馏器和聚乙烯的离子交换树脂柱管和贮水瓶。

4) 无铅(无重金属)水　需采用氢型强酸性阳离子交换树脂柱处理原水，即可制得无铅纯水。贮水器应预先进行无铅处理，一般用 6mol·L^{-1} 硝酸溶液浸泡过夜后用无铅水洗净后再使用。

5) 无酚水　向水中加入氢氧化钠至 pH 值大于 11，使水中酚生成不挥发的酚钠后，用全玻璃蒸馏器蒸馏制得(蒸馏前可加少量高锰酸钾溶液使水呈紫红色，再进行蒸馏)。

6) 不含有机物的蒸馏水　加少量高锰酸钾碱性溶液于水中，使水呈红紫色，再以全玻璃蒸馏器进行蒸馏制得，整个过程应使水呈红紫色，否则应随时补加高锰酸钾。

1.8.3 实验室用水的贮存

纯水的科学管理和合理使用是纯水纯度的保障，必须保持盛装纯水的容器洁净，且不宜过大。新容器在使用前需用盐酸溶液（20%）浸泡 2～3d，再用自来水涮洗 3 遍，然后再用待装水反复冲洗，并注满待装水浸泡 6h 以上方可盛装。盛装完毕后应及时对容器进行封闭，确保纯水不被污染。各级水均使用密闭的专用聚乙烯容器，三级水也可使用密闭的专用玻璃容器。

各级用水在贮存期间，其沾污的主要来源是容器可溶成分的溶解、空气中二氧化碳和其他杂质。因此，一级水不可贮存，使用前临时制备。二级水、三级水可适量制备，分别贮存于预先经同级水清洗过的相应容器中。各级用水在运输过程中应避免沾污。

1.9 实验数据的表达与处理

化学实验的目的是通过一系列的操作步骤来获得可靠的实验结果或获得被测定组分的准确含量。但在实际测定过程中，即使采用最可靠的实验方法、使用最精密的仪器、由技术非常熟练的人进行实验，也不可能得到绝对准确的结果。即使同一个人在相同条件下对同一个试样进行多次测定，所得结果也不会完全相同，这说明测量误差是普遍存在的。因此，我们在进行各项测试工作时，既要掌握各种测定方法又要对测定结果进行评价，即分析测定结果的准确性、误差的大小及产生的原因，掌握误差出现的规律，以便采取相应措施控制或减小误差，又要对所得的数据进行归纳、取舍等一系列处理，使测定结果尽量接近客观事实。然而，无论是测量工作还是数据处理，都必须如实记录实验数据，建立正确的误差概念。所以，树立正确的误差概念和有效数字的概念，学会科学地记录实验数据，掌握分析和处理实验数据的方法，并以合理的形式报告所得的实验现象和结果，是化学实验课程的重要任务之一。

1.9.1 测量误差

（1）误差的分类

在计量或测定过程中误差总是客观存在的。产生误差的原因有很多，测量中的误差按其性质和来源可分为系统误差、偶然误差和过失误差。

1）系统误差　又称可测误差，是由实验过程中某些固定不变的因素（例如仪器的准确程度、测量方法和试剂纯度等）造成的。当与在不同仪器上或用不同方法得到的另一组结果进行比较时，这种误差就能显示出来。系统误差的特点是在同一条件下重复测定时，总是以相同的大小和正负重复出现，它对测量结果的影响具有单向性，总是偏高或总是偏低，即正负、大小都有一定的规律性。其造成原因主要如下。

① 仪器误差：由于仪器本身不够精密引起的误差。例如，分析天平的量臂不等、砝码数值不准确所引起的误差；移液管、滴定管的刻度未经校正而引起的体积读数误差；温度对容量器皿的容积产生影响；分光光度计波长不准确引起的误差等。

② 试剂误差：由于试剂不纯所导致的误差。如果试剂不纯或者所用的去离子水不合格，引入微量的待测组分或对测定有干扰的杂质，均会造成误差。

③ 方法误差：实验方法本身不够完善所造成的误差。例如，重量分析中由于方法选择不当，使沉淀的溶解度较大或有共沉淀现象而产生的误差；在滴定分析中，反应进行不完全、指示剂终点与化学计量点不符以及发生副反应等，都会造成实验结果偏高或偏低。

④ 主观误差：由于操作者本身的一些主观原因造成的误差。例如，记录某一信号的时间总是滞后，读取仪表时总是偏向一方，判定终点颜色的敏感性因人而异等。又如，用吸量管取样进行平行滴定时，有人总是想使第二份滴定结果与前一份滴定结果相吻合，在判断终点或读取滴定管读数时，就不自觉地受"先入为主"的影响，从而产生主观误差。

从系统误差的来源可以看出，它重复地以固定形式出现，不可能通过增加平行测定次数加以消除。科学的校正方法是通过做对照实验或空白实验、对实验仪器进行校准、改进实验方法、制定标准操作规程、使用纯度高的试剂等措施，对这类误差进行校正。

2) 偶然误差　又称随机误差，是由某些难以控制、无法避免的偶然因素造成的误差称为偶然误差。如测定时温度、大气压、湿度等的微小变动，仪器性能的微小变化，操作人员对试样处理的微小差别等，均会影响仪器读数的准确性；估计仪器最小分度时偏大和偏小；控制滴定终点的指示剂颜色稍有深浅等均会引起误差。由于引起误差的原因有偶然性，所以偶然误差正负和大小也不确定。

偶然误差在实验中是不可避免的，但是它完全遵循统计规律，当进行多次平行测量时，发现绝对值相等的正负误差出现的概率基本相等，小误差出现的概率大，大误差出现的概率小。随着平行测量次数的增多，测量结果的平均值将更接近于真实值。因此，为了减少偶然误差，应该重复多次进行平行实验而取其平均值。

在系统误差和偶然误差之间难以划分绝对的界限，它们有时很难区别。例如，滴定时对滴定终点的观察、对颜色深浅的判断有系统误差，也有偶然误差。

3) 过失误差　过失误差是由于测量过程中操作者粗心大意或违反操作规程所造成的误差。例如，器皿不洁净、读错或记错数据、计算错误、试剂溅失或加错试剂等，这些都属于不应有的过失，会对实验结果带来严重影响，必须注意避免。为此，必须严格遵守操作规程、一丝不苟、耐心细致地进行实验，在学习过程中养成良好的实验习惯。应当注意，过失误差并非偶然误差，在实验中如果发现过失误差，应及时纠正或将所得数据舍弃。

系统误差和过失误差是可以避免的，而偶然误差则不可避免，因此最好的实验结果应该是只含偶然误差。

(2) 误差的表示方法

1) 误差与偏差

① 绝对误差与相对误差：误差有绝对误差与相对误差两种表示方法。

$$绝对误差＝测量值－真实值$$

$$相对误差＝(绝对误差/真实值)×100\%$$

绝对误差描述测量值与真实值之差，与被测量的单位相同，绝对误差的大小与被测量的大小无关。相对误差表示误差在真实值中所占的百分率，无量纲，相对误差的大小与被测量的大小及绝对误差的数值都有关系。具有相同绝对误差的测量值可能具有不同的相对误差，不同次的测量的相对误差可以相互比较。因此，无论是比较各种测量的精度，还是评定测量结果的质量，采用相对误差都更为合理。

误差越小，说明测定的准确度越高。根据误差的表示，绝对误差和相对误差都有正值和负值，正值表示实验结果偏高，负值表示实验结果偏低。

② 绝对偏差和相对偏差：误差是测量值与真实值的比较，但一般来说真实值不易获得，一般以多次测量结果的平均值来代替。测量值与平均值之差称为偏差。偏差有绝对偏差与相对偏差之分，绝对偏差指单次测定值与平均值的差值，相对偏差指相对偏差在平均值 $\bar{x}$ 中占的百分比。

设一组多次平行测量测得的数据为 x_1，x_2，x_3，$\cdots$，x_n，则平行测定结果的平均值为：

$$\overline{x} = \frac{x_1 + x_2 + x_3 + \cdots + x_n}{n} = \frac{1}{n}\sum_{i=1}^{n} x_i \tag{1-1}$$

单次测量值与平均值的绝对偏差为：$d_1 = x_1 - \overline{x}$；$d_2 = x_2 - \overline{x}$；$\cdots$；$d_n = x_n - \overline{x}$

相对偏差：

$$d_r = \frac{d_i}{\overline{x}} = \frac{x_i - \overline{x}}{\overline{x}}$$

平均偏差为：

$$\overline{d} = \frac{|d_1| + |d_2| + |d_3| + \cdots + |d_n|}{n} \tag{1-2}$$

测定结果可记录为 $\overline{x} \pm \overline{d}$，表示测定结果比 $\overline{x}$ 可能大 $\overline{d}$，也可能小 $\overline{d}$。

2）准确度和精密度

① 准确度：准确度即测量的准确性，是指某一测量值或一组测量值的平均值与"真实值"接近的程度。一般以误差来表示，误差越小，说明测量结果的准确度越高；反之亦然。

严格来说"真实值"是无法测知的。在实际工作中，常用专门机构提供的数据，如公认的手册等的数据作为真实值。

② 精密度：精密度是指在相同条件下几次平行测量结果相互接近的程度。精密度常用偏差来表示。

n 次平行测定的标准偏差：

$$S = \sqrt{\frac{d_1^2 + d_2^2 + \cdots + d_i^2}{n-1}} = \sqrt{\frac{\sum\limits_{i=1}^{n} d_i^2}{n-1}} \tag{1-3}$$

偏差越小，则表明精密度越好，说明测定的重现性好。精密度由测量结果的重复性和测得的有效数字位数来体现，重复性越好，有效数字的位数越多，则测量的精密度越高。

评价实验结果的优劣，必须从准确度和精密度两个方面来考虑。一般情况下，真实值是未知的，常常用多次测量的算术平均值来代替。若测量值与平均值相差不大，则是一个精密的测量；一个精密的测量不一定是准确的测量，而一个准确的测量必然是精密的测量。精密度是保证准确度的先决条件，只有精密度高才能得到高的准确度；如果精密度低，测得的结果就不可靠，衡量准确度也就失去了意义。但是，高的精密度不一定能保证高的准确度，有时还必须进行系统误差的校正才能得到高的准确度。

（3）提高测量结果准确性的方法

为了提高测量结果的准确度，应尽量减小系统误差、偶然误差和过失误差。认真仔细地进行多次平行实验，取平均值作为测量结果，是减少偶然误差并消除过失误差的主要途径。但在测量过程中，提高准确度的关键是尽可能地减少系统误差。

1）校正测量仪器和测量方法　用国家标准方法与选用的方法相比较，以校正所选用的测量方法。

对准确度要求较高的测量，要对选用的仪器，如天平的砝码、滴定管、移液管、容量瓶、温度计等进行校准，但准确度要求不高（如相对误差＜1%）时，一般不必校准仪器。

2）空白实验　空白实验是在同样测定条件下，用蒸馏水代替试液，用同样的方法进行实验。其目的是消除由试剂包括蒸馏水和仪器所带进的杂质所造成的系统误差。

3）对照实验　对照实验是用已知准确成分和含量的标准样品代替试样，在同样的测定条件下用同样的测定方法进行测定的一种方法。其目的是判断试剂是否失效，反应条件控制是否适当，操作是否正确，仪器是否正常等。

对照实验也可以用不同的测定方法，或由不同测定人员对同一试样进行测定来互相对照，以说明所选方法的正确性和可靠性。是否善于利用空白和对照实验是分析问题和解决问题能力大小的主要标志之一。

1.9.2 有效数字

在化学实验中，经常要对一些物理量进行测量并根据测量结果进行计算。那么在测量结果的记录时应该采用几位数字，在结果处理中又应该保留几位数字？为了合理地取值并能正确地计算，应该了解有效数字的概念。

(1) 有效数字的概念

有效数字是指在测量中能够测量到的具有实际意义的数字，通常包括全部准确数字和一位不确定的可疑数字。也就是说，在一个数据中除最后一位是不确定的或可疑的外，其他各位都是确定的。例如，50mL 滴定管测量液体体积时可以准确到 0.1mL，估计到 0.01mL，如果观察到液面位于 22.1～22.2mL 正中间，则可记录为 22.15mL。在 22.15 这个数中，22.1 是准确可靠的，小数点后第二位上的 5 是估计的，有一定的误差。

所谓可疑数字，除特殊说明外，一般可理解为该数字上有±1 个单位误差。如用分析天平称量某一称量瓶的质量为 20.0346g，可理解为该称量瓶的真实质量为（20.0346±0.0001）g，即 20.0345～20.0347g，因为分析天平能称准至 0.0001g。

有效数字与数学上的数字含义不同，它不仅表示量的大小，还表示测量结果的可靠程度，反应所用仪器和实验方法的准确度。如需称 KI 5.7g，这不仅说明了 KI 的质量为 5.7g，而且表明用精度为 0.1g 的台秤称量就可以了。若需称取 KI 5.7000g，则必须用精度为 0.0001g 的分析天平称量，有效数字为五位（见表 1-7）。

表 1-7 常用仪器的精度

仪器名称		仪器精度	举例	有效数字位数
托盘天平		0.1g	5.62g	3
电子天平		0.0001g	5.6069g	5
量筒	10mL	0.1mL	7.24mL	3
	100mL	1mL	78.1mL	3
移液管		0.01mL	10.00mL	4
滴定管		0.1mL	50.00mL	4
容量瓶		0.01mL	50.00mL	4

所以记录数据时不能随便写，任何超越或低于仪器准确度的数值都是不恰当的。为了正确判别和写出测量数值的有效数字，必须明确有效数字的位数及常用仪器的精度。

① 非零数字都是有效数字。

② "0" 在数值中是不是有效数字，与 "0" 在数值中的位置有关，应根据以下几种情况具体分析。a. "0" 在数字前，仅起定位作用，不是有效数字。例如 0.00013 中小数点后的 3 个 "0" 都不是有效数字，只有 "13" 是有效数字。b. "0" 在数字中间或在小数的数字后面，则是有效数字。例如 3.07、0.500、0.260 都是三位有效数字。c. 以 "0" 结尾的正整数，它的有效数字的位数不能确定。例如 2700 中的 "0" 就很难说是不是有效数字，这种数应根据实际有效数字情况改写成指数形式。如写作 2.700×10^3，则两个 "0" 均是有效数字，有效数字为四位；若写成 2.70×10^3，则有效数字为三位；若写成 2.7×10^3，则有效数

字为两位。

③ pH 值、pK、lgK 等对数值的有效数字位数仅由小数点后面的位数决定，整数部分是 10 的幂指数，与有效数字位数无关。例如 pH＝7.48 只有两位有效数字，即 $[H^+]=3.31\times10^{-8}mol\cdot L^{-1}$。求对数时，原数值有几位有效数字，对数也应取几位有效数字，如 $[H^+]=0.1mol\cdot L^{-1}$，pH＝1.0；$K_a=4.9\times10^{-8}$，$pK_a=7.31$。

④ 若数值的首位等于或大于 8，其有效数字的位数一般多算一位，如 0.85 实际两位有效数字，可视为三位；98.75 可视为五位有效数字。

(2) 有效数字的运算规则

在实验的过程中，一般都要经过几个测定步骤获得测量数据，然后根据测量数据进行相关的数学运算得出结果。由于各个数据的准确度不一定相同，因此，运算时必须对有效数字进行合理取舍，然后进行相关的数学运算。舍去多余数字的过程称为数字的修约。

1）数字的修约规则　有效数字运算时应遵循先修约再运算的原则，数字的修约规则参见 GB 8170，目前多采用"四舍六入五留双"的规则。

在确定有效数字的位数后，要根据进舍规则对有效数字进行修约。

① 拟舍弃数字的最左一位数字小于 5 时，则舍去，即保留的各位数字不变。

例如，将 12.1498 修约到一位小数，得 12.1；将 12.1498 修约成两位有效位数，得 12。

② 拟舍弃数字的最左一位数字大于 5 时，则进一，即保留的末位数字加 1。

例如，将 1268 修约到"百"数位，得 1.3×10^3；将 1268 修约成三位有效位数，得 1.27×10^3。

③ 拟舍弃数字的最左一位数字为 5，而其后跟有并非全部为 0 的数字时，则进一；而右面无数字或皆为 0 时，若所保留的末位数字为奇数（1，3，5，7，9）则进一，为偶数（2，4，6，8，0）则舍弃。

例如，将 10.502 修约到个位数，得 11；将 1.050 修约到 1 位小数，得 1.0；将 0.350 修约到 1 位小数，得 0.4；将 2500 修约到千位，得 2×10^3。

将 32500 分别修约成两位有效位数字得 3.2×10^4。

④ 拟修约数字应在确定修约位数后一次修约获得结果，而不得多次连续修约。

例如，修约 15.4546，修约到个位。正确的做法为 15.4546→15；不正确的做法为 15.4546→15.455→15.46→15.5→16。

2）数字的运算规则

① 加减运算：进行加减运算时，应以小数点后位数最少的为准，对其他各数进行修约后再进行计算。例如

$$
\begin{array}{r}
0.254 \\
23.2 \\
+\ 1.23 \\
\hline
24.684
\end{array}
\quad\xrightarrow{\text{以 23.2 为基准进行修约}}\quad
\begin{array}{r}
0.3 \\
23.2 \\
+\ 1.2 \\
\hline
24.7
\end{array}
$$

23.2 是三个数中小数点后位数最少者，因此运算结果只保留到小数点后第一位。这几个数相加的结果不是 24.684，而是 24.7。

② 乘除运算：几个测量值进行乘除运算时，它们的积或商的有效数字的位数应以参加运算的各数值中有效数字的位数最少的为标准，即计算结果的准确度应该与相对误差最大的保持同一数量级，不能高于它的准确度。例如

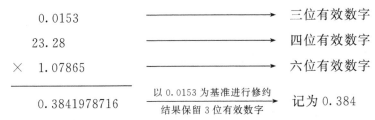

在进行一连串数值的计算时，也可以先将各数修约，然后运算。如上例中三个数字连乘，可先修约为

$$0.0153 \times 23.3 \times 1.08$$

在最后答案中保留三位有效数字。

乘方或开方时，结果的有效数字位数与被乘方或被开方数的有效数字位数相同。

③ 对数运算：在对数运算中，因为对数的整数部分只起到定位的作用，不是有效数字，所以在运算中对数的尾数的位数与相应的真数的有效数字位数相同。例如，34.68（四位有效数字），则其对数值记为 1.5401（四位有效数字）；$c(H^+) = 2.6 \times 10^{-3} mol \cdot dm^{-3}$（两位有效数字），则 pH＝2.59。

需要说明的几点如下。

① 只有在涉及直接或间接测定的物理量时才考虑有效数字，对那些不测量的数值，如 $\sqrt{2}$、$\frac{1}{2}$ 等不连续的物理量及从理论计算出的常数（如 π、e）等属于准确数或自然数，可看作是任意位有效数字，可根据需要修约。

② 对于复杂的计算，在运算未达到最后结果之前的中间各步，可多保留一位，以免多次修约造成误差积累，对结果带来较大影响，但最后结果仍保留应有的位数。

③ 计算平均值时，如参加平均的数值在 4 个以上，则平均值的有效数字可多取一位。

④ 在整理最后结果时，必须按测量结果的误差进行修约，表示误差的有效数字最多用两位，而当误差的第一位是 8 或 9 时，只需保留一位数。测量值的末位数应与误差的末位数对应。例如

测量结果为

$$x_1 = 2003.76 \pm 0.002$$
$$x_2 = 237.764 \pm 0.127$$
$$x_3 = 233776 \pm 878$$

修约后的结果为

$$x_1 = 2003.76 \pm 0.00$$
$$x_2 = 237.764 \pm 0.127$$
$$x_3 = (2.338 \pm 0.009) \times 10^5$$

1.9.3　数据表达

为了表示实验结果和分析规律，需要将实验数据归纳和处理。实验结果的表示方法主要有列表法、作图法和数学方程法三种，在无机化学实验中主要采用列表法和作图法两种方法对实验结果进行处理表达。

（1）列表法

用表格来表示实验数据及计算结果，其方法是将自变量 x 和因变量 y 一个一个对应排

列起来列成表格，以表示出二者之间的关系。列表时应注意以下几点。

① 一个完整的数据表应包括表的序号、名称、项目、说明及数据来源。

② 原始数据表格应记录包括重复测量结果的每个数据，表内或表外适当位置应注明室温、大气压、测量温度、日期与时间、仪器与方法等条件。

③ 将表格分为若干行，每一变量应占表格中一行，每行中的数据应尽量化为最简单的形式。根据物理量＝数值×单位的关系，在每一行的第一列写上该行变量的名称、量纲、公共的乘方因子等，如 $t/℃$，p/kPa 等。

④ 每一行所记数字，应注意其有效数字位数，并将小数点对齐。如果用指数表示数据时，为简便起见，可将指数放在行名旁。

⑤ 自变量的选择有一定的灵活性，通常选择较简单的变量作为自变量，如温度、时间和浓度等。自变量最好是均匀地等间隔递增或递减。如果实际测量结果并不是这样，可以先将直接测量数据作图，由图上读出均匀等间隔增加的一套自变量新数据再作表。

表格法的优点是简单，但不能表示出各数值间连续变化的规律和取得实验数值范围内任意的自变量和因变量的对应关系，故一般常与作图法配合使用。

（2）作图法

利用实验数据作图，可使实验测得的各数据间的相互关系表现得更加直观，并可以根据图上的曲线简便地找到各函数的中间值，还可以显示最大值、最小值或转折点的特性以及确定经验方程式中的常数等。另外，根据多次测量的数据所描绘出来的图像，一般还具有"平均"的意义，并可以发现和消除一些偶然误差。因此作图法在数据处理上是一种重要的方法。作图法获得优良结果的关键之一是作图技术，以下介绍作图要点。

1）坐标纸和坐标轴的选择 在无机化学实验中，常用的是直角坐标纸和半对数坐标纸，后者二轴中有一轴是对数标尺。将一组测量数据绘图时，究竟使用什么坐标纸应该以能获得线性图形为佳。用直角坐标纸作图时，以自变量为横轴，因变量（函数值）为纵轴。坐标轴比例尺的选择一般应遵循以下原则。

① 坐标刻度要能表示全部有效数字，使从图中读出的物理量有效数字与测量的有效数字基本一致。通常可采取读数的绝对误差在图纸上约相当于 0.5～1 小格（最小分度，即 0.5～1mm）。例如，用分度为 1℃ 的温度计测量温度时，读数有 ±0.1℃ 的误差，在作图时选择的比例尺应使 0.1℃ 相当于 0.5～1 小格。

② 图纸中每个小格所对应的数值要方便易读。例如，用坐标轴 1cm 表示数值 1、2、5 或其倍数最方便，而不要采用 3、4、6、8、9。

③ 在前两个条件满足的前提下，还应考虑充分利用图纸上全部面积，使图线分布合理。若无必要，不必把坐标的原点作为变量的零点，可以从稍低于测量值的整数开始，这样可以充分利用图纸，而且有利于保证图的准确度。如若是直线，或近似直线的曲线，则应把它安置在图纸上对角线附近。比例尺选定后，要画出坐标轴，在轴旁注明轴变量的名称及单位。在纵轴的左面和横轴的下面每隔一定距离写下该变量对应的值（一般把数字标在图纸逢 5 或逢 10 的粗线上），以便作图及读数。

2）代表点和曲线的绘制 根据测得数值，在坐标纸上绘制代表点（测得的各数据在图上的点）。图纸上标好代表点后，按分布情况描出平滑曲线（或直线）。描画的曲线（或直线）必须尽可能地接近（或贯串）大多数"代表点"，使各代表点均匀地分布在曲线（或直线）两侧，或者更确切地说，使所有代表点离开曲线距离的平方和为最小，这就是"最小二乘法原理"在绘图过程中的应用（关于"最小二乘法原理"将在后续课程中详细讨论）。这样绘制出的曲线（或直线）能近似地表示出被测物理量之间的变化情况。另外，为了保证曲线所表示的规律的可靠性，在曲线的极大、极小或转折点处应多测一些点。在绘制曲线时如果发现个别"代表点"远离曲线，又不能判断被测的物理量在此区域会发生什么突变时，就要分析是否可能有过失误差，如果确属这一情况，描绘曲线时就可舍去这一点。若同一图上要绘制几条曲线时，则每条曲线的代表点及对应曲线要用不同的符号或不同的颜色来表示（如●▲◆等），并在图上加以说明。

曲线的具体画法：先用淡铅笔轻轻地循各代表点的变化趋势手绘一条曲线，然后用曲线尺逐段吻合手描线，作出光滑的曲线。这里要特别注意各线段接合部的连接。做好这一点的关键是：a. 不要将曲线尺上的曲线与手描线所有重合部分一次描完，一般每次只描 1/2 段或 2/3 段；b. 描线时用力要均匀，尤其是在线段的起始点时要注意用力适当。

3）图名和说明　曲线作好后，最后还应在图上注上图名，说明坐标轴代表的物理量及比例尺，以及主要的测量条件（如温度、压力和浓度等）。

4）作图工具的选择　在处理实验数据时，所需作图工具有铅笔、直尺、曲线板、曲线尺等。铅笔一般以使用中等硬度的为宜，直尺和曲线板应选用透明的，使作图时能全面观察到实验点的分布情况。

也可以借助计算机绘图软件来完成作图，常用的作图软件有 Excel、Origin 等。

第 2 章

无机化学实验常用仪器

在化学实验中离不开各种实验仪器和设备，正确认识和选择、使用仪器，可以更加轻松有效地进行实验工作，这是开展实验、培养学生实践能力的基本要求。

2.1 玻璃仪器

2.1.1 反应器

(1) 试管

1) 规格 试管（图 2-1）有硬质和软质之分，有普通试管和离心试管：普通试管有平口和翻口、有刻度与无刻度、具支试管与无支管、有塞与无塞的分别；离心试管也分为有刻度和无刻度的。

有刻度的普通试管和离心试管按容量分，常用的有 5mL、10mL、15mL、20mL、25mL、50mL 等。

无刻度试管的大小用试管外径与管长的乘积来表示，如 10mm×100mm、12mm×100mm、15mm×150mm、18mm×180mm、20mm×200mm 和 32mm×200mm 等。

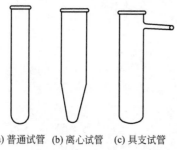

(a) 普通试管 (b) 离心试管 (c) 具支试管

图 2-1 试管

2) 主要用途 a.常温或加热条件下用作少量试剂的反应容器，便于操作和观察；b.收集少量气体；c.翻口试管便于加配橡胶塞，接到装置中；d.具支试管可作气体发生器，也可作洗气瓶或少量蒸馏用；e.离心试管主要用于沉淀分离。

3) 使用方法和注意事项

① 应根据试剂的用量多少选用大小合适的试管。使用试管时，用拇指、食指和中指三指握持离试管口 1/3 处。振荡试管时要用腕力，即腕动臂不动。

② 试管中液体的量不应超过试管容积的 1/2；加热时液体的量不应超过试管容积的 1/3。

③ 盛装粉末状试剂时，要用纸槽送入试管；盛装粒状或块状固体时应将试管倾斜，使粒状或块状物沿试管壁慢慢滑入管底。

④ 给试管加热时，试管外部的水分应擦干，不能手持试管加热，应用试管夹夹持（试管夹的使用方法见 2.3 部分相关内容）。试管夹应夹持在距管口 1/3 处。加热液体时，管口不要对人，并将试管倾斜与桌面成 45°；加热固体试剂时管口应略向下倾斜。

⑤ 试管加热完毕后，应让其自然冷却，要注意避免骤冷以防止炸裂，特别软质试管更容易破裂。

⑥ 离心试管只能用水浴加热，不可直接加热。

（2）烧杯

1）规格　烧杯（图 2-2）的种类和规格较多，分为硬质和软质、低型和高型、有刻度和无刻度等几种；常用的是硬质低型有刻度烧杯。刻度烧杯的分度（体积刻度）并不十分精确，允许误差一般在±5%，所以在烧杯上还印有"APPROX"字样，表示"近似容积"，所以刻度烧杯不能作量器使用。

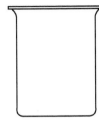

图 2-2　烧杯

烧杯的规格以其容积大小来表示，如 50mL、100mL、200mL、250mL、400mL、500mL、1000mL、2000mL 等规格。

2）主要用途　a.常温或加热条件下用作反应物量较多时的反应容器，反应物易混合均匀；b.溶解物质，溶液的蒸发等；c.容量较大的烧杯可代替水槽或作简易水浴等盛水用器。

3）使用方法和注意事项

① 烧杯所盛溶液不宜过多，不应超过容积的 2/3。加热时，所盛溶液体积不能超过容积的 1/3。

② 加热前要将烧杯外壁擦干，烧杯不能直接加热，必须垫上石棉网后才能加热。更不能空烧，当盛有液体时才可进行加热。

③ 拿烧杯时，要拿外壁，手指勿接触内壁。拿取加热时的烧杯时要用烧杯夹。

④ 需用玻璃棒搅拌烧杯内所盛溶液时，应使玻璃棒在烧杯内均匀旋动，切勿撞击杯壁或杯底"出声"，防止烧杯破损或内壁受玻璃棒摩擦而变得不光滑。

⑤ 烧杯不宜长期存放化学试剂，用后应立即洗净、烘干、倒置存放。

（3）锥形瓶和碘量瓶

1）规格　锥形瓶（图 2-3）也称为三角瓶。分硬质和软质、有塞和无塞、广口和细口及微型几种。带有磨口玻璃塞和水槽的锥形瓶又称碘量瓶（图 2-4）。锥形瓶的大小以容积表示，如 50mL、100mL、150mL、250mL 等规格。

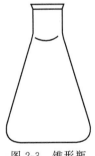

图 2-3　锥形瓶

图 2-4　碘量瓶

2）主要用途　锥形瓶瓶体较长，底大而口小，盛入溶液后重心靠下，以便于手持振荡，是滴定分析中最常用的反应容器，有时也用它装配成气体发生器或洗气瓶使用。碘量瓶喇叭形瓶口与瓶塞柄之间形成一圈水槽，槽中加入纯水便形成水封，可防止瓶中溶液反应生成的气体（如 I_2、Br_2 等）逸失。

3）使用方法和注意事项　a.振荡时，用右手拇指、食指和中指握住瓶颈，无名指轻扶

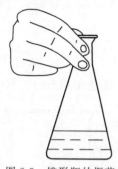

图 2-5 锥形瓶的振荡

瓶颈下部，手腕放松，手掌带动手指用力，顺时针做圆周形摇动（图 2-5）。使用碘量瓶时，要把塞子用中指和无名指夹住；b.锥形瓶内所盛溶液不应超过容积的 1/3；c.所盛液体需要加热时，锥形瓶底下必须垫上石棉网或放在水浴中；d.碘量瓶的磨口塞与瓶是配套的，不能丢失、弄乱。

(4) 烧瓶

1) 规格　烧瓶（图 2-6）分硬质和软质，有平底与圆底、长颈与短颈、细口与粗口、单颈与多颈、普通烧瓶和蒸馏烧瓶的区别。

烧瓶的规格按容量表示，如 50mL、100mL、250mL、500mL、1000mL 等，另外还有微量烧瓶。

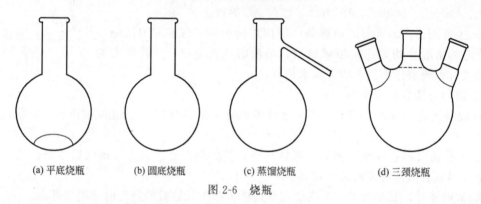

(a) 平底烧瓶　　(b) 圆底烧瓶　　(c) 蒸馏烧瓶　　(d) 三颈烧瓶

图 2-6　烧瓶

2) 主要用途　a.反应物多且需长时间加热条件下的反应器。使用圆底烧瓶作反应器，因盛液是圆形，受热面大，耐压大；b.蒸馏烧瓶可以用于液体蒸馏，亦可以装配气体发生器；c.平底烧瓶可以代替圆底烧瓶，可以用作洗瓶。在有机化学实验特别是在科研上常用标准磨口烧瓶，便于组装。

3) 使用方法和注意事项　a.加热时要固定在铁架台上，下面垫石棉网，使均匀受热，也可以使用电热套或其他热浴加热；b.加热前外壁要擦干；c.加热时，液体量不超过容积的 2/3，不少于容积的 1/3；d.烧瓶放在桌面上时其下面要有石棉网。

2.1.2　容器类

(1) 试剂瓶

1) 规格　试剂瓶（图 2-7）一般都由钠钙普通玻璃制成，为了保证具有一定强度，瓶壁一般较厚。按形状有广口瓶、细口瓶和滴瓶之分；其中广口瓶的瓶口上沿带磨砂的又称为集气瓶。从试剂瓶颜色来分，分为无色、棕色两种。试剂瓶还有具塞和无塞之分；其中有玻

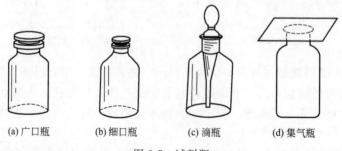

(a)广口瓶　　(b)细口瓶　　(c)滴瓶　　(d)集气瓶

图 2-7　试剂瓶

璃塞者，无论细口瓶或广口瓶，均经磨砂工艺处理，密封度好；无塞者可不作内磨砂，而配以一定规格的非玻璃塞，如橡胶塞、塑料塞、软木塞等，用于碱性溶液的存放。近年来各类的塑料试剂瓶纷纷面市，使试剂瓶品种更加丰富。

滴瓶由带胶帽的磨砂滴管和内磨砂瓶颈的细口瓶组成。

试剂瓶的规格以容积表示，常见滴瓶规格有 15mL、30mL、60mL、125mL 等；常见广口瓶与细口瓶规格有 30mL、60mL、100mL、125mL、250mL、500mL、1000mL 等。

2）主要用途　a.细口瓶用于贮存溶液或液体试剂；b.磨口有塞的广口瓶用于贮存固体药品，无塞口上有磨砂的广口瓶又称集气瓶，用于收集气体，也可以做气体燃烧实验；c.滴瓶用于盛放少量液体试剂或溶液，以便于取用。

3）使用方法和注意事项

① 试剂瓶只用作常温下试剂的存放，不能直接加热。

② 细口瓶的磨口塞不能弄脏、互换，不使用时要洗刷干净，在瓶塞与瓶口磨砂处夹上纸条，防止日久粘连。

③ 根据所盛试剂的理化性质，选择所用试剂瓶。选用试剂瓶的一般原则是：盛装固体试剂选用广口瓶，盛装液体试剂选用细口瓶；盛装见光易分解或变质的试剂选用棕色瓶；盛装低沸点易挥发的试剂时选用有磨砂玻璃塞的试剂瓶；盛装碱性试剂选用带橡胶塞的试剂瓶。若试剂具有上述多项理化指标时，则可根据以上原则综合考虑，选用合适的试剂瓶。

④ 有些特殊试剂，如氢氟酸对玻璃试剂瓶有腐蚀性，应选用塑料瓶存放。

⑤ 集气瓶在收集气体前瓶口要涂少量的凡士林，并用毛玻璃片盖上，转动几下使玻片与瓶口能密封，收满气体后立即用玻片盖住瓶口。

⑥ 做气体实验时集气瓶瓶底应放少许沙子或水。

⑦ 滴瓶的使用方法与注意事项　a.棕色滴瓶用于盛装见光易分解变质的液体试剂；b.滴管要专用，不能互换使用，不准乱放，不得弄乱、弄脏；c.滴瓶不能长期盛放碱性液体，以免腐蚀瓶口的磨砂部位，使滴管与瓶口粘连，日后打不开。

(2) 胶头滴管

1）规格　胶头滴管（图 2-8）简称滴管，由胶帽和玻璃尖嘴管组成。滴瓶上的滴管叫胖肚滴管［图 2-8(b)］。

滴管的规格以管长（mm）表示，常用为 90mm、100mm 两种。

2）主要用途　滴管用于吸取或滴加少量液体试剂。

3）使用方法和注意事项　a.握持方法是用中指和无名指夹住玻璃管部分以保持稳定，用拇指和食指挤压胶头以控制试剂的吸入或滴加量；b.胶头滴管加液时，滴管要垂直，不能伸入容器，更不能接触容器，以免污染试液及撞坏滴管尖；c.用滴管吸液时，应先将胶帽里面的空气赶净后再将滴管管尖放入液面下吸液，不能吸得太满，也不能倒置，防止试剂侵蚀橡皮胶头；也不能平放于桌面上，应插入干净的瓶中或试管内；d.用完之后，立即用水洗净。

(a)赶净胶帽里面的空气再吸液

(b)加液时，滴管要垂直，不能伸入容器，更不能接触容器

图 2-8　滴管及其使用

严禁未经清洗就吸取另一试剂；e.胶帽与玻璃滴管要结合紧密不漏气，若胶帽老化，要及时更换。

（3）称量瓶

1）规格　称量瓶（图 2-9）为带有磨口塞的小玻璃瓶，常用的有高型和低型的两种。

称量瓶的规格以瓶外径×瓶高表示。低型称量瓶常用 25mm×25mm、50mm×30mm 和 60mm×30mm 三种，高型称量瓶常用的有 25mm×40mm、30mm×50mm、30mm×60mm 三种。称量瓶也有按容量（mL）分类的。

2）主要用途　称量瓶是递减法准确称取一定量固体药品时所用的称量器皿。矮型用作测定干燥失重或在烘箱中烘干基准物，高型用于称量基准物、样品。称量瓶配有磨砂盖，以保证被称量物不被污染或散落。

3）使用方法和注意事项　a.称量瓶不能加热；b.称量瓶的盖子是磨口配套的，不得丢失、弄乱，切忌张冠李戴；c.称量瓶使用前必须洗涤洁净、烘干，冷至室温后方可使用，不用时应洗净、烘干，在磨口处垫上纸条放置；d.称量时要用洁净干燥结实的纸条套在称量瓶外壁进行夹取（图 2-10），严禁直接用手拿取称量瓶。

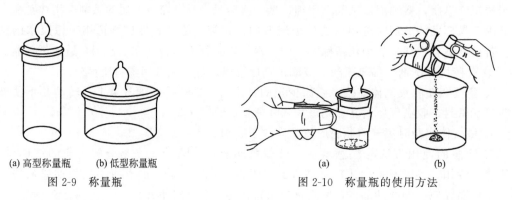

(a) 高型称量瓶　　(b) 低型称量瓶

图 2-9　称量瓶

(a)　　(b)

图 2-10　称量瓶的使用方法

（4）洗气瓶

1）规格　洗气瓶［图 2-11(a)］左侧是带磨口的洗气瓶，右侧是由广口瓶配上橡胶塞和玻璃导管制成的洗气瓶。洗气瓶的规格以容积大小表示，常用的有 125mL、250mL、500mL 几种。

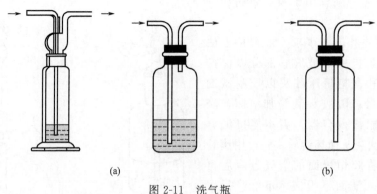

(a)　　　　　　　(b)

图 2-11　洗气瓶

2）主要用途　洗气瓶是除去气体中所含杂质以净化气体的一种仪器，反接时可作为安全瓶或缓冲瓶用。含有杂质的气体通过洗气瓶中的液体试剂时，在通气鼓泡的过程中，杂质被洗去，同时气体中所含少量固体微粒或液滴也被液体试剂阻留下来，而达到净化气体的目的。

3）使用方法和注意事项　a.要特别注意不要把进、出气体的导管连接反（应长管进气，短管出气）；b.使用前应检验洗气瓶的气密性，在导管磨口处涂一薄层凡士林，连接处要严密不漏气；c.应根据净化气体的性质及所含杂质的性质和要求选用适宜的液体洗涤剂。洗涤剂的量一般为没过导管出气口 1cm，不宜太多，以免因压力过大气体出不来；d.洗气瓶不能长时间盛放碱性液体洗涤剂，用后及时将该洗涤剂倒入有橡胶塞的试剂瓶中存放待用，并将洗气瓶用水清洗干净放置；e.洗气瓶亦可作安全瓶或缓冲瓶使用，缓冲气流或使气体中烟尘等微小固体沉降。当洗气瓶作安全瓶或缓冲瓶使用时要注意：瓶是空的，且连接要反接，即短管进气，长管出气 ［图 2-11(b)］。

（5）洗瓶

1）规格和用途　洗瓶（图 2-12）是用来盛放蒸馏水以洗涤沉淀和仪器的容器，也可以装适当的洗涤剂来洗涤沉淀。

洗瓶常用的有吹出型和挤压型两种。吹出型由平底玻璃烧瓶和瓶口装置一短吹气管和一长出水管组成 ［图 2-12(a)］；挤压型由塑料细口瓶和瓶口装置出水管组成。因塑料洗瓶使用方便、卫生，故应用更广泛。洗瓶的规格以其容积表示，常用的有 500mL。

2）使用方法和注意事项　a.不能用洗瓶装自来水洗涤仪器；b.塑料洗瓶不能加热，也不能靠近火源，以防变形，甚至熔化；c.瓶塞不能漏气，否则吹不出水。

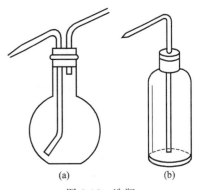

图 2-12　洗瓶

2.1.3　度量仪器

根据需要，可用量筒、量杯、移液管、吸量管、滴定管和容量瓶等度量液体体积。

2.1.3.1　量筒、量杯

1）规格　量筒分为量出式 ［图 2-13(a)］ 和量入式两种 ［图 2-13(b)］，量入式有磨口塞子。在无机化学实验中普遍使用量出式，量入式用得不多。上口大下部小的叫量杯 ［图 2-13(c)］。量筒和量杯的规格以所能量度的最大容量表示，常用的规格有 5mL、10mL、20mL、25mL、50mL、100mL、200mL 等。

2）主要用途　量筒和量杯的精确度不高，在量取体积要求不太精确的液体或配置浓度要求不太精确的溶液时，可用量筒或量杯量取溶液。量杯的精确度比量筒更低。

3）使用方法和注意事项　量筒和量杯外壁刻度都是以 mL 为单位，10mL 量筒每小格表示 0.2mL，而 50mL 量筒每小格表示 1mL。可见量筒越大，管径越粗，其精确度越小，由视线的偏差所造成的读数误差也越大。所以，实验中应根据所取溶液的体积，尽量选用能一次量取的最小规格的量筒。如量取 70mL 液体，应选用 100mL 量筒。

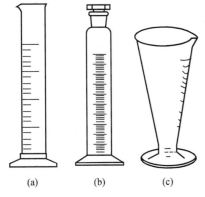

图 2-13　量筒和量杯

向量筒里注入液体时，应用左手拿住量筒，使量筒略倾斜，右手拿试剂瓶，使瓶口紧挨着量筒口，使液体缓缓流入。

使用量筒和量杯应注意以下几个方面的问题：a. 量筒和量杯不可加热，亦不可量取热的液体；b. 不能在量筒里进行化学反应和配制、稀释溶液，亦不能贮存试剂；c. 不能用去污粉和试管刷洗涤量筒；d. 读数时，应将量筒或量杯竖直放置或持直，视线应和液面水平，读取与弯月面最下点相切刻度，偏高偏低都不正确。正确读取量筒刻度值的方法如图 2-14 所示。

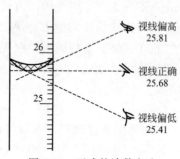

图 2-14　正确的读数方法

2.1.3.2　移液管、吸量管

(1) 规格

移液管和吸量管是用于准确移取一定体积液体的量出式玻璃量器。

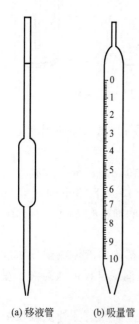

(a) 移液管　　(b) 吸量管

图 2-15　移液管和吸量管

① 移液管 [图 2-15(a)] 中间有一膨大部分且管颈上部刻有一条标线，俗称胖肚吸管，又称"单标线吸量管"，管中流出的溶液的体积与管上所标明的体积相同。常用的移液管有 2mL、5mL、10mL、25mL、50mL 等规格。

② 吸量管 [图 2-15(b)] 内径均匀，管上有分刻度，吸量管一般只用于取小体积的溶液。因管上带有分度，可用来吸取不同体积的溶液，但准确度不如移液管，在同一实验中应使用同一支吸量管的同一部位量取，以减少吸量管带来的测量误差。常用的吸量管有 1mL、2mL、5mL、10mL 等规格。

(2) 使用方法和注意事项

1) 洗涤　移液管和吸量管在使用以前必须洗到整个内壁和下部的外壁不挂水珠。洗涤时先用水洗，如果达不到洗涤要求再用洗液洗。

洗液洗涤方法如下：尽量把吸管中残留的水除干净，然后右手拇指和中指捏住移液管标线上部，插入洗液，左手握住洗耳球；先把球中空气压出，然后将洗耳球嘴顶住移液管上口，慢慢松开左手，借球内负压将洗液吸至移液管球部约 1/3 处，用右手食指按住管口；取出移液管，将其横过来，左右两手分别拿住移液管上下端，慢慢转动移液管，使洗液布满全管，操作时管口要对准洗液瓶口，以防洗液外流；然后将洗液由下端尖口倒回原瓶。如果内壁严重污染，则在移液管上端接一小段乳胶管，再以洗耳球吸取洗液充满移液管，用自由夹夹紧橡胶管，使洗液在移液管中浸泡一段时间。拔去橡胶管，将洗液放回原瓶，然后用自来水冲洗，最后用蒸馏水涮洗内壁。

2) 润洗　洗涤完的移液管和吸量管要用待移取的溶液润洗 2~3 次，以免溶液被稀释。

润洗方法如下：用滤纸将管尖端内外的水吸去，吸入少量待移取的溶液；然后取出吸管，将其横过来，左右两手分别拿住吸管上下端，慢慢转动移液管，使溶液布满全管；最后将溶液由下端尖口放出，弃去。

注意：润洗后的溶液不能倒回原试剂瓶。

3）移液操作　用移液管移取溶液时，右手拇指及中指拿住管颈标线以上部位［图 2-16(a)］，将移液管下端垂直插入液面下 1～2cm 处，插入太深，外壁粘带溶液过多；插入太浅，液面下降时易吸入空气。左手持洗耳球，将溶液吸入吸管内。此时眼睛要注意液体上升，随着容器中液面的下降，移液管逐渐下移。当溶液上升至管内标线以上时，拿去洗耳球，立即用右手食指紧按管口，将移液管下口提出液面，管的末端仍靠在盛溶液器皿的内壁上，稍微放松食指，同时用拇指和中指轻轻捻转吸管，使液面缓慢下降直到溶液的弯月面与标线相切时，立即用食指按紧管口使溶液不再流出。将吸取了溶液的移液管插入准备接受溶液的容器中，将接受容器倾斜而吸管直立，使容器内壁紧贴吸管尖端管口，并成 45°左右。放开食指让溶液自然顺壁流下［图 2-16(b)］，待溶液流尽后再停靠约 10～15s，取出移液管。最后尖嘴内余下的少量溶液，不必吹入接收器中，因在制管时已考虑到这部分残留液体所占体积。

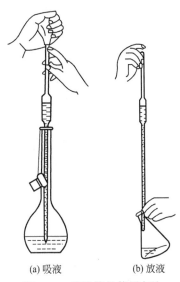

(a) 吸液　　(b) 放液

图 2-16　移液管的使用方法

注意：有的吸管标有"吹"字，则一定要将尖嘴内余下的少量溶液吹入接收容器中。

2.1.3.3　移液器

移液器（微量加样器、移液枪）（图 2-17）也是一种量出式量器，其加样的物理学原理有使用空气垫（又称活塞冲程）加样和使用无空气垫的活塞正移动加样两种。不同原理的微量加样器有其不同特定应用范围。其移液量由一个配合良好的活塞在活塞套内移动的距离来确定，容量单位为 μL（$10^{-3}mL$），主要用于仪器分析、化学分析、生化分析中的取样和加样。

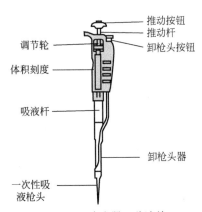

推动按钮
推动杆
调节轮
卸枪头按钮
体积刻度

吸液杆

卸枪头器

一次性吸
液枪头

图 2-17　移液器、移液枪

2.1.3.4　滴定管

(1) 规格

滴定管（图 2-18）是滴定时用来准确测量流出的操作溶液体积的量出式量器。它是具有精确刻度、内径均匀的细长玻璃管。常量分析的滴定管有 50mL 和 25mL，最小刻度为 0.1mL，读数可估计到 0.01mL。还有 10mL、5mL、2mL、1mL 的半微量和微量滴定管。

滴定管分酸式滴定管［图 2-18(a)］和碱式滴定管［图 2-18(b)］两种。酸式滴定管下端有一个玻璃活塞开关，用以控制溶液的滴出速度。酸式滴定管用来盛酸性或具有氧化性的溶液，不宜盛碱性溶液，因为碱性溶液能腐蚀玻璃使活塞黏合。碱式滴定管下端连接有一段乳胶管，管内装有玻璃珠，以控制溶液的流出，乳胶管的另一端接一尖嘴管。碱式滴定管用来盛碱性溶液，但凡是能与乳胶管发生反应的氧化性溶液，如 $KMnO_4$、I_2 等，均不能装在碱式滴定管中。现在市面出现了旋塞以聚四氟乙烯为原料的滴定管［图 2-18(d)］，可以抗酸、抗碱、抗氧化剂，是一种通用滴定管。

滴定管除无色的外，还有棕色的，这种滴定管常用来装见光易分解的溶液，如 $AgNO_3$、NaS_2O_3、$KMnO_4$ 等。

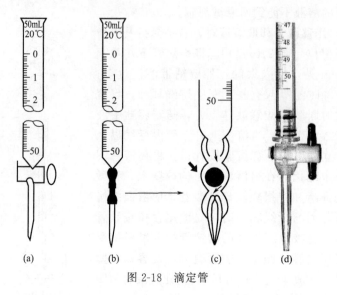

图 2-18　滴定管

（2）使用方法和注意事项

1）检漏　滴定管在洗涤前应检查是否漏水。酸式滴定管的检漏方法是将旋塞用水润湿后插入旋塞槽内，管中充水至"0"刻度，将滴定管垂直固定在滴定管夹上，放置 1～2min，观察液面是否下降，滴定管下管口是否有液珠，旋塞两端缝隙间是否渗水（用干的滤纸在旋塞套两端贴紧旋塞擦拭，若滤纸潮湿，说明渗水）；若无水渗出，将旋塞旋转 180°，再放置 1～2min，观察是否有水渗出。若前后两次均无水渗出，旋塞转动也灵活，即可洗涤使用，否则必须涂油处理。

碱式滴定管应选择合适的乳胶管（长约 6cm）、玻璃珠、尖嘴，组装后应检查是否漏水，滴液是否能够灵活控制。检查方法：装入自来水至一定刻度线；擦干滴定管外壁，处理掉管尖口处水滴，将滴定管垂直夹在滴定管架上静置 1～2min，观察液面是否下降，管尖口处是否有水珠。若漏水，或滴液不能灵活控制，则选择大小合适且比较圆滑的玻璃珠重新装配。

2）旋塞涂油　如果酸式滴定管漏水或者旋塞转动不灵活，则需要涂油以起到密封和润滑的作用，最常用的油脂是凡士林。具体做法是：将滴定管平放在实验台面上，取出旋塞，在旋塞两头涂上薄薄一层凡士林（图 2-19），在旋塞孔的两旁少涂一些，以免凡士林堵住塞孔。或者在旋塞粗的一端和旋塞槽细的一端分别涂凡士林。凡士林不能涂太多，否则易将旋塞小孔堵住；也不能涂太少，否则易漏水或转动不灵活。

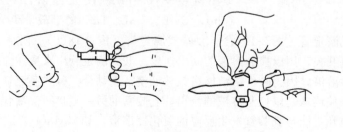

图 2-19　旋塞涂油

涂好凡士林后，将旋塞插入旋塞槽内，插入时塞孔应与滴定管平行。然后向同一方向转动旋塞，直至旋塞内油膜均匀透明为止。若发现转动不灵活或旋塞上出现纹路，表示凡士林涂得不够；若凡士林从旋塞缝内挤出或堵住旋塞孔，表示凡士林涂得太多。遇到这些情况，都必须将旋塞和旋塞槽擦干净重新处理。在涂油过程中，滴定管一定要平放、平拿，不要直立，以免擦干的旋塞槽又沾湿。涂好凡士林后的滴定管应在旋塞小头末端凹槽内套上一个小橡胶圈，以防使用时旋塞松动漏水或脱落摔坏。

涂好凡士林的滴定管要重新试漏。

旋塞为聚四氟乙烯的通用滴定管不需要涂油，可以通过旋转旋塞细端的螺丝调节松紧，防止漏液。

3) 洗涤　酸式滴定管若无明显油污，可直接用自来水冲洗。若有油污，则用铬酸洗液洗涤。洗涤时将酸式滴定管内的水尽量除去，关闭旋塞，倒入滴定管 10～15mL 洗液，右手拿住滴定管上端无刻度的部分，左手拿住旋塞上部无刻度部分，两手平端滴定管，边转动边向管口倾斜，直到洗液布满全管，操作时管口对准洗液瓶口，以防洗液流到瓶外。然后将洗液由两端放出。再后将滴定管先用自来水冲洗，然后用蒸馏水润洗几次。若油污严重，可将洗液倒满整根滴定管浸泡一段时间，然后按上述过程洗涤干净。为防止洗液流出，在浸泡时可在滴定管下方放一烧杯。洗净的滴定管内壁应完全被水均匀润湿且不挂水珠。

碱式滴定管洗涤时不能让铬酸洗液直接接触乳胶管。洗涤时除去乳胶管，用废乳胶头将滴定管下口堵住，倒入约 15mL 洗液，然后用酸式滴定管的洗涤方法洗涤。

4) 润洗　装入滴定液前，应先用该溶液润洗滴定管 2～3 次，以除去滴定管内残留的水分，确保滴定溶液浓度不变。润洗方法：应先将瓶中溶液摇匀，使凝结在瓶内壁的水珠混入溶液，向滴定管中加入该溶液（用量约为滴定管容积的 1/5）润洗，操作手法同洗涤方法。润洗液由滴定管下端放出。重复 2～3 次。

5) 装入滴定溶液　在装入滴定液时，应由贮瓶直接灌入，不得借用任何别的器皿，如漏斗、烧杯等，以免污染或改变滴定液的浓度。用左手拇指、中指、食指自然垂直地拿住滴定管上端无刻度部位，右手拿贮液瓶，将溶液直接加入滴定管至"0"刻度以上，注意检查旋塞附近或乳胶管内有无气泡。如有气泡必须排除，否则会影响溶液体积的准确测量。

6) 排气泡　酸式滴定管排出气泡的方法：右手拿住滴定管上端无刻度部位，将滴定管稍倾斜约 30°，左手迅速打开活塞，使溶液快速冲出以带走气泡；碱式滴定管排气泡：可将乳胶管向上弯曲，出口上斜，用两指用力捏挤玻璃珠右上方，使溶液从尖嘴喷出，气泡即可排出（图 2-20）。排出气泡后，将管内液面位置调节至 0.00mL 刻度处，备用。如果液面不在 0.00mL 时，则应记下初读数。

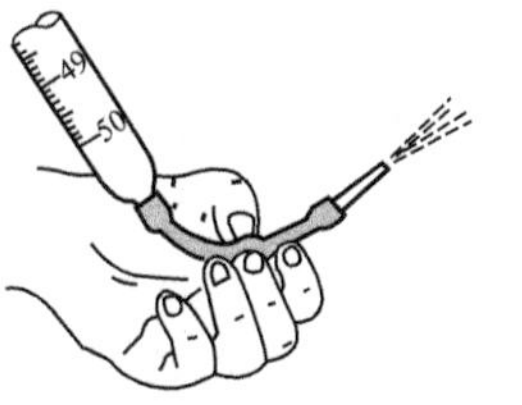

图 2-20　碱式滴定管排气泡

7) 滴定管的读数　常用滴定管的容量为 50mL，每一大格为 1mL，每一小格为 0.1mL，读数必须读到小数点后两位。由于附着力和内聚力的作用，滴定管内的液面呈弯月形。无色溶液的弯月面比较清晰，而有色溶液的弯月面清晰程度较差。因此，两种情况的读数方法稍有不同。

为了正确地读数，应遵守下列原则：

① 装入或放出溶液后，必须等 1～2min，让附在内壁上的溶液流下来，再进行读数，否则将出现误差。每次读数前要检查一下管壁是否挂水珠，管尖是否有气泡。

② 读数时用手拿滴定管上部无刻度处，使滴定管保持自然下垂。对于无色或浅色溶液，应读取弯月面下缘最低点。读数时，视线与弯月面下缘最低点液面成水平 [图 2-21(a)]；对

于有色溶液，如 $KMnO_4$、I_2 溶液，颜色太深时可读液面两侧的最高点。

若为乳白板蓝线衬背滴定管，对无色溶液来说，其读数是以 2 个弯月面相交的最尖部分为准，读数时视线应与此点水平 [图 2-21(b)]。

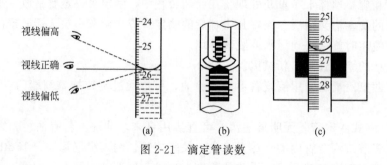

图 2-21　滴定管读数

无论哪种读数方法，都应注意初读数与终读数采用同一标准。

③ 读取初读数前，应将滴定管尖悬挂着的溶液除去。滴定至终点时应立即关闭旋塞，并注意不能让滴定管中溶液有多余流出，否则终读数便包括流出的溶液。因此，在读取终读数前应注意检查出口管尖是否悬有溶液。

④ 为了协助读数，可采用读数卡 [图 2-21(c)]。读数卡可用黑纸或涂有黑长方形（约 3cm×1.5cm）的白纸板制成。读数时，将读数卡放在滴定管背后，使黑色部分在弯月面下约 1mm 处，此时即可看到弯月面的反射层成为黑色，然后读出黑色弯月面下缘的最低点。

⑤ 滴定时，最好每次都从 0.00mL 开始，或从接近"0"的任一刻度开始，这样固定在某一段体积范围内滴定，可减少体积误差。

8）滴定操作　使用酸式滴定管滴定时，用左手控制滴定管的旋塞，无名指和小指向手心弯曲，大拇指在前，食指和中指在后，手指略微弯曲，轻轻向内扣住旋塞，手心空握，以免顶着旋塞末端而使其松动，甚至可能顶出旋塞 [图 2-22(a)]。注意不要向外用力，而应使旋塞稍有向手心的回力，以免推出旋塞造成漏液。通用型滴定管的操作与此类似。

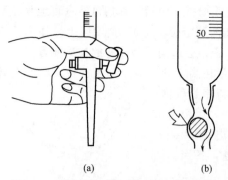

图 2-22　酸式滴定管和碱式滴定管的操作

使用碱式滴定管滴定时，应该用左手的无名指及小指夹住下端的玻璃尖管，然后拇指在前，食指在后，捏住玻璃珠所在部位，向右边挤橡胶管，使玻璃珠移向手心一侧，这样玻璃珠与橡胶管之间形成一条缝隙，溶液即可流出 [图 2-22(b)]。注意不要用力捏玻璃珠，不要使玻璃珠上下移动，也不能捏挤玻璃珠下方的橡胶管，否则空气进入而形成气泡，影响准确读取滴定液的体积。

滴定最好在锥形瓶中进行，必要时也可在烧杯中进行。

若在锥形瓶中进行滴定时，右手拇指、食指和中指拿住锥形瓶的颈部，其余两指辅助在下侧，使瓶底离滴定台高约 2～3cm，滴定管下端滴嘴伸入瓶口内 1～2cm，左手控制滴定管滴加溶液，右手摇动锥形瓶。摇动方法：运用腕力沿同一方向做圆周摇动（注意：不是用胳膊晃动，否则会溅出溶液），使溶液混合均匀，边滴边摇（图 2-23）。

在烧杯中进行滴定时，将烧杯放在滴定台上，调节滴定管的高度，使其下端伸入烧杯内约 1～2cm。滴定管下端应在烧杯中心的左后方处（放在中央影响搅拌，离杯壁过近不利于搅拌均匀）。左手滴加溶液，右手用玻璃棒搅拌（图 2-24）。玻璃棒应做圆周搅动，但不得触碰烧杯壁和底部。当滴至接近终点需半滴半滴加入溶液时，可用玻璃棒下端承接悬挂的半滴溶液于烧杯中。但玻璃棒只能接触液滴，不能接触管尖。滴定过程中，玻璃棒上沾有溶液，不能随便将其拿出。

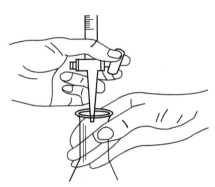

图 2-23 在锥形瓶中的滴定操作

图 2-24 在烧杯中的滴定操作

此外滴定操作还应注意以下几点。

① 最好每次滴定都从 0.00mL 开始，或接近 0 的某一刻度开始，这样可以减少滴定误差。

② 滴定时要站立好或坐端正，眼睛注视溶液滴落点颜色的变化，不要去看滴定管内液面刻度的变化而不顾滴定反应的进行。

③ 滴定过程中，左手不能离开旋塞，而任溶液自流。右手摇瓶时，应微动手腕，使溶液向同一方向旋转，摇瓶速度以使溶液出现一旋涡为宜，摇得太慢，会影响化学反应的进行；摇得太快，会使溶液溅出或碰坏滴嘴。

④ 开始滴定时，滴定速度可稍快些，每秒钟 3～4 滴，但不要太快，以致滴成"水线"状。在接近终点时应一滴一滴地加入，即加一滴摇几下，再加，再摇。最后是每加半滴摇几下锥形瓶，直至溶液出现明显的颜色变化为止。

⑤ 掌握半滴溶液的加入方法。若为酸式滴定管滴定，可轻轻转动旋塞，使溶液悬挂在滴嘴上形成半滴，用锥形瓶内壁将半滴溶液沾落，再用洗瓶吹洗。对于碱式滴定管，加半滴溶液时应先松开拇指与食指，将悬挂的半滴溶液沾在锥形瓶内壁上，再放开无名指和小指，这样可避免管尖出现气泡。

加入半滴溶液时，也可使锥形瓶倾斜后再沾落液滴，这样液滴可落在锥形瓶较向下的位置，便于用锥形瓶内的溶液将其涮至瓶中。避免吹洗次数太多，而造成被滴定溶液过度稀释。

9）滴定结束后，倒掉滴定管中剩余溶液（不能倒回原贮液瓶），先用自来水冲洗干净滴定管，再用蒸馏水或去离子水冲洗 2～3 次，倒挂在滴定管架台上备用。若长时间不用，应将酸式滴定管旋塞与旋塞槽擦干，在中间放一纸片，防止粘连。

2.1.3.5 容量瓶

(1) 规格

容量瓶（图 2-25）是一种细颈梨形的平底瓶，配有磨口玻璃塞或塑料塞，瓶颈刻有环

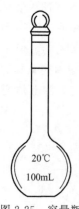

图 2-25　容量瓶

形标线，标有温度和体积，表示在所指温度下（一般20℃）液体充满至标线时的容积。容量瓶是主要用来配制准确浓度的量入式量器，其常用的有 25mL、50mL、100mL、200mL、250mL、500mL、1000mL 等规格。

（2）使用方法和注意事项

1）查漏　容量瓶在使用前应检查是否漏水，如漏水则不能使用。检查方法：装入自来水至标线附近，盖好塞子，左手食指按住瓶盖，其余手指拿住瓶颈标线以上部分，右手用指尖托住瓶底边缘［图 2-26(a)］，将容量瓶倒立 2min，观察瓶塞周围有无漏水现象。如不漏水，将瓶直立，将瓶塞旋转 180°后再试一次，仍不漏水方可使用。配制溶液前必须把容量瓶按容量器皿洗涤要求洗涤干净。

2）配制溶液的操作方法　用固体配制溶液的步骤是：称量（分析天平）→溶解 （小烧杯）→转移溶液（沿玻璃棒）→洗涤烧杯和玻璃棒并将洗涤后的溶液转入容量瓶→加蒸馏水至容量瓶容积的 2/3 处摇匀→定容→摇匀。具体操作如下：

用固体配制准确浓度的溶液时，先将已准确称量的固体置于小烧杯中，加少量蒸馏水或其他溶剂使其溶解，再将溶液转移到容量瓶中。转移溶液时右手拿玻璃棒，使玻璃棒悬空伸入容量瓶口中，棒的下端应靠在瓶颈内壁上，左手拿烧杯，使烧杯嘴紧靠玻璃棒，让溶液沿玻璃棒和瓶内壁流入容量瓶中（图 2-27）。待烧杯中的溶液倒完后，烧杯不要直接离开玻璃棒，应首先扶正烧杯，同时使烧杯嘴沿玻璃棒上提 1～2cm，随后烧杯即可离开玻璃棒，再将玻璃棒放回烧杯中，这样可避免烧杯嘴与玻璃棒之间的一滴溶液流到烧杯外面。然后用洗瓶吹洗玻璃棒和烧杯内壁，再将冲洗液转入容量瓶中，重复 3～4 次。然后慢慢往容量瓶中加入蒸馏水至容量瓶容积的 2/3 左右时，用右手食指和中指夹住瓶塞的扁头，将容量瓶拿起，朝同一方向水平摇动几周，使溶液初步混匀（注意：此时不能倒转容量瓶）。再继续加水至标线下约 1cm 处，稍停 1～2min 待附在瓶颈内壁上的溶液充分流下后，用滴管或洗瓶逐滴加水至弯月面的最下沿与标线相切（小心操作，切勿过标线）。盖好瓶塞，用左手食指按住瓶盖，其余手指拿住瓶颈标线以上部分，右手用指尖托住瓶底边缘（图 2-26），将容量瓶倒转，右手摇动瓶底。如此重复几次，使容量瓶内溶液混合均匀。

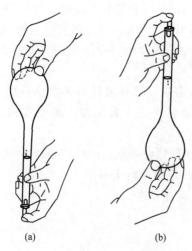

图 2-26　检查漏水和混匀溶液操作

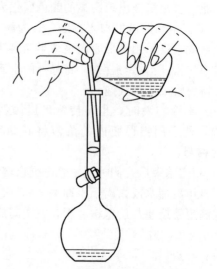

图 2-27　向容量瓶中转移溶液

　　稀释溶液的步骤：吸取浓溶液（移液管或吸量管）→转移至容量瓶→加蒸馏水至容量瓶容积的 2/3 处摇匀→定容→摇匀。具体操作如下：如果是用已知准确浓度的浓溶液稀释成准确浓度的稀溶液，可用移液管或吸量管吸取一定体积的浓溶液于容量瓶中，然后慢慢往容量瓶中加入蒸馏水至容量瓶容积的 2/3 左右，初步摇匀后加水定容、摇匀。

　　3）注意事项　包括：a.用容量瓶由固体配制溶液时，若固体难溶，可在烧杯上面盖上表面皿稍微加热，但必须冷却到室温后才能转移；b.使用容量瓶时不要将其磨口玻璃塞随便取下放在台面上，以免沾污，可将瓶塞系在瓶颈上。若为平头的塑料塞子，则可将塞子倒置在台面上；c.容量瓶与塞要配套使用，除标准磨口或塑料塞外不能调换，为避免塞子打碎、遗失或调换，应用橡皮筋把塞子系在瓶颈上；d.温度对量器的容积有影响，使用时要注意溶液的温度、室温以及量器本身的温度，容量瓶不得在烘箱中烘烤，也不能用其他任何方法进行加热；e.不宜在容量瓶内长期存放溶液（尤其是碱性溶液），配好的溶液如需保存，应转移到试剂瓶中，该试剂瓶应预先经过干燥或用少量该溶液涮洗 2～3 次；f.容量瓶用毕后应立即用水冲洗干净，如长期不用，磨口处应洗净擦干，并用纸片将磨口隔开。

2.1.4　过滤器

(1) 普通漏斗

　　1）规格　普通漏斗又称三角漏斗（图 2-28），大多是玻璃质，但也有搪瓷的。它分为长颈漏斗和短颈漏斗，是用于向小口径容器中加液体或配上滤纸作过滤器而将固体和液体混合物进行分离的一种仪器。漏斗的规格以漏斗口径大小表示，如 40mm、60mm 和 90mm 等。漏斗是圆锥体，圆锥角一般在 57°～60°之间，投影图为三角形，故称三角漏斗。做成圆锥体既便于折放滤纸，又便于在过滤时保持漏斗内液体常具一定深度，从而保持滤纸两边有一定压力差，有利于滤液通过滤纸。过滤后为获取滤液时，应先按过滤溶液的体积选择斗径大小适当的漏斗。

　　2）使用方法和注意事项　包括：a.过滤时漏斗放在漏斗架或铁架台的铁圈上；b.漏斗不能直接加热。若需趁热过滤时，应将漏斗置于铜质的热滤漏斗［见 2.1.4

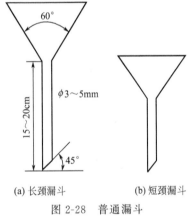

图 2-28　普通漏斗

(a) 长颈漏斗　　　(b) 短颈漏斗

（4）］中进行。若无热滤漏斗使用，可事先把漏斗用热水浸泡预热，然后进行热过滤。热过滤时必须用短颈漏斗。

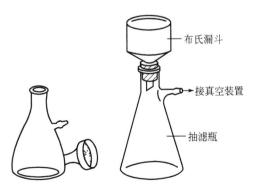

图 2-29　抽滤瓶和布氏漏斗

过滤操作见 3.8.1.2 部分相关内容。

(2) 抽滤瓶与布氏漏斗

　　1）规格　抽滤瓶又叫吸滤瓶，它与布氏漏斗配套组成减压过滤装置（图 2-29）。抽滤瓶用作承接滤液的容器。抽滤瓶的瓶壁较厚，能承受一定压力。抽滤瓶的规格以容积表示，常用的有 250mL、500mL 及 1000mL 等几种。

　　布氏漏斗为瓷质，有许多小孔，漏斗颈插入一单孔橡胶塞，与抽滤瓶相接。布氏漏斗规格以直径（mm）表示。

抽滤瓶与布氏漏斗配套后，利用真空泵或抽气管（又称水流泵、射水泵，俗名水吹子）使抽滤瓶内压力减小，布氏漏斗液面与抽滤瓶之间形成压力差，加快过滤速度。

当要求保留滤液时常在抽气管与抽滤瓶之间再连接一个洗气瓶作安全瓶（或缓冲瓶）（图 2-30），以防止关闭抽气泵时自来水回流至吸滤瓶内导致反吸（或倒吸），污染溶液。安装时应注意安全瓶的长管和短管的连接顺序，不要连错。

2) 使用方法和注意事项　包括：a. 抽滤瓶不能直接加热；b. 如果过滤的溶液具有强酸性或强氧化性，溶液会破坏滤纸，应选用玻璃砂芯漏斗。

减压过滤操作见 3.8.1.2 部分相关内容。

（3）砂芯漏斗

砂芯漏斗（图 2-31）的砂芯滤板是由玻璃粉末高温熔结而成的，可以过滤强酸性或强氧化性溶液，也叫耐酸漏斗。砂芯漏斗的规格以滤板上的孔径（μm）表示，分成 G1～G6 六种规格。砂芯漏斗的规格及一般用途如表 2-1 所列。

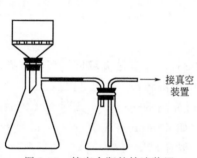

图 2-30　接安全瓶的抽滤装置

图 2-31　玻璃砂芯漏斗

表 2-1　砂芯漏斗的规格及一般用途

滤板代号	孔径/μm	一般用途
G1	20～30	滤除粗沉淀物及胶状沉淀物
G2	10～15	滤除粗沉淀物及气体洗涤
G3	4.5～9	滤除细沉淀物，过滤水银
G4	3～4	滤除细沉淀或极细沉淀物
G5	1.5～2.5	滤除体积大的杆状细菌和酵母
G6	<1.5	滤除 1.5～0.6μm 的病菌

新的砂芯漏斗使用前先用热的浓盐酸或铬酸洗液浸泡，再用蒸馏水冲净，在干燥箱中于 120℃温度下烘干。烘前要除去水滴，防止带水聚热，滤片炸裂。

G1～G4 号砂芯漏斗使用后滤板上附着沉淀物时，可用蒸馏水冲净，必要时可根据不同的沉淀物选用适当的洗涤液先做处理，再以蒸馏水冲净，烘干。干净的砂芯漏斗要保存在无尘的柜或有盖的容器中备用。表 2-2 列出砂芯漏斗的洗涤液可供选用。

表 2-2　砂芯漏斗的常用洗涤液

沉淀物	洗涤液
脂肪、脂膏	四氯化碳或其他有机溶剂

续表

沉淀物	洗涤液
有机物质	铬酸洗液或含少量硝酸钾(或高氯酸钾)的浓硫酸浸泡过夜
蛋白质、黏胶、葡萄糖	盐酸、热氨水或热硫酸和硝酸混合液
氧化亚铜、铁斑	含有氯酸钾的热浓盐酸或其他适宜的无机酸
硫酸钡	100℃浓硫酸或 EDTA-NH$_3$ 溶液(500mL 3%EDTA 二钠盐＋100mL 浓氨水)加热洗涤
汞渣	热浓硝酸
硫化汞	热王水
氯化银	(1＋1)氨水或 10%Na$_2$S$_2$O$_3$ 溶液
铝质或硅质	先用 2%氢氟酸,再用浓硫酸

G5～G6 号砂芯漏斗使用后滤板上附有细菌时,先用硫酸-硝酸-水混合溶液抽滤 1～2次,再在此混合溶液中浸泡 48h,用水和蒸馏水冲净后干燥保存。

砂芯漏斗不得用于过滤碱液,也不应以浓氢氟酸、热浓磷酸作洗涤液。

(4) 热滤漏斗

某些溶质在溶液温度降低时易结晶析出。为了滤除这类溶液中所含的其他难溶性杂质,就需要趁热过滤,这时通常使用热滤漏斗进行热过滤 (图 2-32)。过滤时将普通漏斗放在铜质的热滤漏斗内,在铜质漏斗的夹套内装入热水 (水不要太满,以免加热至沸后溢出),以维持漏斗内溶液的温度。热过滤时选用的普通漏斗颈越短越好,常用短颈或无颈漏斗 (将漏斗颈截去)。以免过滤时溶液在漏斗颈内停留过久,因散热降温析出晶体而堵塞漏斗颈。

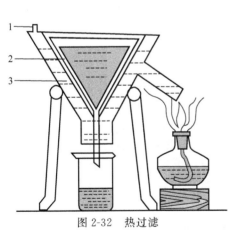

图 2-32　热过滤
1—注水口；2—短颈漏斗；3—热水

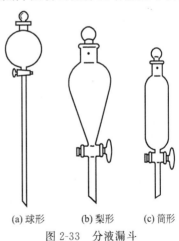

(a) 球形　(b) 梨形　(c) 筒形
图 2-33　分液漏斗

(5) 分液漏斗

1) 规格　分液漏斗 (图 2-33) 常用于互不相溶的几种液体的分离,也用于气体发生器中控制加液。分液漏斗有球形 (圆形)、梨形 (锥形)、筒形几种。其中,梨形及筒形分液漏斗多用于分液操作；球形分液漏斗可用于液体的分离,也可用于加液。漏斗越细长,振摇后两液分层的时间越长,分离越彻底。分液漏斗的规格以容积大小表示,常用的规格有50mL、100mL、125mL、500mL 等。

2) 使用方法和注意事项

① 查漏：分液漏斗在使用前要检查上边的玻璃塞和中间的玻璃旋塞是否漏水。检查方法：向分液漏斗中装少量水，检查旋塞处是否漏水；然后将漏斗倒转过来，检查玻璃塞处是否漏水。待确定不漏水后方可使用，若漏水则应进行防漏处理。

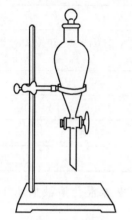

② 涂凡士林：拆下旋塞、擦干，在离旋塞孔稍远处薄薄地涂上一层凡士林（注意：切勿涂得太多或使凡士林进入旋塞孔中，以免沾污萃取液），将旋塞插入槽内，向同一方向转动旋塞，直至旋转自如，旋塞部位呈现透明，再在旋塞尾部凹槽处套上一个直径合适的橡胶圈，以防旋塞在操作过程中松动。重新检查，确认不漏水方可使用。但分液漏斗上端塞子不能涂润滑脂。

③ 分液漏斗内液体的总体积不得超过其总容量的 3/4。盛有液体的分液漏斗要放在支架上（图 2-34）。

④ 其他注意事项：分液漏斗不能加热；长期不用分液漏斗时，应在旋塞与旋塞槽之间放一纸条，防止旋塞与旋塞槽粘连，并用一橡皮筋套住活塞，以免掉出打碎；分液漏斗用于气体发生器中控制加液时，漏斗管应插入液面内（漏斗管不够长可接管）或改装成恒压漏斗。

图 2-34　分液漏斗的支架装置

使用分液漏斗进行萃取操作见 3.8.3.1 部分相关内容。

2.1.5　其他玻璃器皿

（1）表面皿

1) 规格　表面皿（图 2-35）的规格以直径表示，常用的有 60mm 和 100mm 两种。

2) 主要用途　表面皿常用于盖在烧杯口以防止液体损失或固体溅出，也常用于热气流蒸发少量液体，有时用天平称取固体试剂时作容器，也用大小相同的两块表面皿相扣作气室使用。

图 2-35　表面皿

3) 使用注意事项　包括：a. 盖在烧杯上时，凹面要向上，以免滑落；b. 表面皿不可直接用火加热。

（2）干燥管

1) 规格　干燥管（图 2-36）内装固体干燥剂以除去混合在气体中的水分或杂质气体。干燥管有直形单球、直形双球、U 形管、具支 U 形管、带活塞具支 U 形管等多种。其中带活塞具支 U 形干燥管使用非常方便，不用时可将活塞关闭，能防止干燥剂受潮。直形干燥管的规格以管外径和全长表示。例如常用直形单球干燥管为 16mm × 100mm、17mm ×

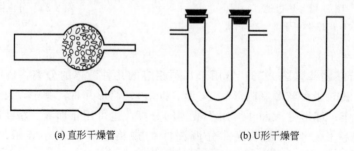

(a) 直形干燥管　　　　　　　　　　(b) U形干燥管

图 2-36　干燥管

140mm 和 17mm×160mm 等几种。

2）使用方法和注意事项　干燥管内一般应盛放固体干燥剂。选用干燥剂时，要根据被干燥气体的性质和要求来选择。干燥剂变潮后应立即更换，用后要将干燥管清洗干净。此外直形干燥管和 U 形干燥管在使用时还应注意以下几个问题。

① 直形干燥管：直形干燥管粗端为气体进口，细端为气体出口。连接时应在粗端配带短管的单孔塞，在细端接乳胶管与其他仪器或导管连接。填干燥剂时，应先在细端内口塞一团疏松的脱脂棉，再从粗端口填充干燥剂（注意：不要填得太紧），填满球部后，再在粗端口内侧塞一团疏松的脱脂棉（棉团的作用：一是堵住干燥剂不至于流洒；二是起过滤作用，使被干燥气体中的固体小颗粒不至于带入干燥剂中；同时也防止干燥剂的小颗粒被带到干燥后的气体中）。干燥管连接在装置中时应固定在铁架台上。

② U 形干燥管：干燥剂填充到 U 形管后，也要在进出口处各塞一团脱脂棉。支管 U 形管填充干燥剂高度不要超过支管。U 形管也要用铁夹固定在铁架台上。

（3）干燥器

1）规格　干燥器又叫保干器，是一种具有磨口盖子的厚质玻璃器皿。干燥器的器体分为上、下两层。中间放置带孔瓷板，瓷板上层（又叫座身）放置盛装欲干燥的物质的坩埚或称量瓶，瓷板下层（又叫座底）放干燥剂。

干燥器分为常压干燥器 ［图 2-37(a)］ 和真空干燥器 ［图 2-37(b)］ 两种。真空干燥器的盖顶具有抽气支管可与抽气机相连抽空。常压干燥器使用较多，其规格以座身上口直径表示，常用的为 100mm 至 400mm 等多种。

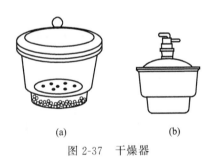

(a)　　　　　　(b)

图 2-37　干燥器

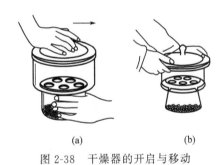

(a)　　　　　　(b)

图 2-38　干燥器的开启与移动

2）主要用途　当有些固体物质易吸水潮解或需要长时间保持干燥时，应放在干燥器中，或者经灼烧后的坩埚和沉淀物不能暴露在空气中，必须放在干燥器中冷却，以防吸收空气中的水分。

3）使用方法和注意事项

① 干燥器的盖子和座身上口磨砂部分需涂少量凡士林，将盖子滑动数次以保证涂抹均匀，当盖住后严密而不漏气。

② 打开干燥器时，左手按住干燥器的下部，右手握住盖顶"玻球"，沿器体上沿向左前方轻轻推开器盖，切勿用力上提 ［图 2-38(a)］。盖子取下后要仰放桌上，使玻球在下，但要注意盖子不要滚动，防止掉落打破。然后用左手放入（或取出）坩埚等，并及时盖上干燥器盖。加盖时，手拿住盖上"玻球"，推着盖好。

③ 搬动干燥器时，必须双手拇指同时按住盖子，以免盖子滑落打碎 ［图 2-38(b)］。

④ 使用干燥器前，首先将其擦干净，烘干多孔瓷板后，将干燥剂（一般为变色硅胶或无水氯化钙）用纸桶装入干燥器底部，应避免干燥剂沾污干燥器内壁上部（图 2-39），然后

图 2-39　向干燥器中装干燥剂

盖上瓷板。

⑤ 加入干燥剂的量不宜太多，约为容器底部容积的 1/2 为宜，如果干燥剂太多则容易沾污坩埚。

⑥ 干燥剂应根据被干燥物的性质和干燥剂的干燥效率来选择，干燥剂要定期更换或活化。重量分析中最常用的干燥剂是无水氯化钙和变色硅胶。常用干燥剂及干燥效率见表 2-3。

表 2-3　常用干燥剂及干燥效率

干燥剂	干燥效率（25℃时在 1L 空气中剩下水蒸气的毫克数）	再生方法
粒状 $CaCl_2$	1.5	炒干
浓 H_2SO_4	3×10^{-3}	蒸发浓缩
变色硅胶	$3 \times 10^{-3} \sim 5 \times 10^{-3}$	110℃烘干
$Mg(ClO_4)_2$ 无水	5×10^{-4}	
P_2O_5	2.5×10^{-5}	

⑦ 待干燥的物质要盛放在容器（如称量瓶、表面皿或坩埚）中，置于干燥器内的带孔瓷板上面，盖好盖子。

2.2　其他器皿

（1）蒸发皿

1）主要用途和规格　蒸发皿（图 2-40）口大底浅，蒸发速度快，所以常用以蒸发、浓缩溶液。蒸发皿有平底与圆底两种，其中平底具柄的又称为蒸发勺。有瓷质，也有玻璃、石英或铂制作的，随蒸发液体性质不同可选用不同材质的蒸发皿。蒸发皿的规格以上口直径表示，常见的有 30mm、40mm、50mm、60mm、80mm、95mm 等。有时也以容积大小表示规格。

图 2-40　蒸发皿

2）使用方法和注意事项　包括：a.蒸发皿能耐高温，但不宜骤冷；b.蒸发溶液时，一般放在石棉网上加热；c.蒸发皿中盛放溶液一般不超过容积的 2/3，若需要蒸发的溶液量多，可先倒入适量溶液蒸发一段时间，然后分次添加，继续蒸发。

（2）坩埚

1）主要用途和规格　坩埚［图 2-41(a)］主要用于固体物质的熔融、焙烧、高温处理、

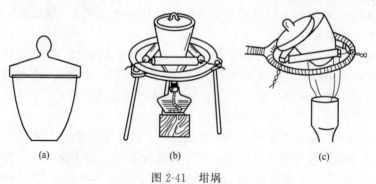

(a)　　　　　　　　(b)　　　　　　　　(c)

图 2-41　坩埚

高温反应等。坩埚有瓷质,也有石墨、石英、氧化铝、铁、镍或铂制品。化学实验用坩埚,应根据物质的性质选用不同材质的坩埚。瓷坩埚和铂坩埚在化学实验中应用最为广泛;氧化铝坩埚主要用于高温固体的加热;石墨坩埚主要用于还原气氛中的处理操作;镍、铜、铁等坩埚可代替铂坩埚用于强碱性体系的熔融。

坩埚的规格以容量表示,常见的有 10mL、15mL、25mL、50mL 等。

2)使用方法和注意事项

① 能耐高温,但不宜骤冷骤热。所以加热时先用弱火再用强火,加热或反应完毕后用坩埚钳取下坩埚时,坩埚钳应先预热,防止因骤冷而使坩埚破裂,取下的坩埚要放在石棉网上冷却,防止烧坏桌面。

② 加热坩埚时将坩埚放在泥三角上直接加热 [图 2-41(b)]。

③ 灼烧时有时将坩埚横着斜放在三个瓷管中的一个瓷管上,半盖着坩埚进行加热,目的是使火焰的热量反射到坩埚内,提高坩埚内的温度 [图 2-41(c)]。

④ 要根据被灼烧固体的性质选用不同材质的坩埚。瓷质坩埚不能用于灼烧 NaOH、KOH、Na_2O_2、Na_2CO_3 等碱性物质,以免腐蚀瓷坩埚。瓷坩埚也不能和氢氟酸接触。

⑤ 铂耐化学腐蚀和耐热性能好,所以可制成坩埚和蒸发皿。但因铂坩埚价格高昂,使用时必须特别注意,不能将易分解的卤化物(如 AgCl、$FeCl_3$ 等)放在铂坩埚中蒸发灼烧,不能用铂坩埚熔融 KOH、KNO_3、Na_2O_2、$KClO_3$ 及碱土金属氧化物或氢氧化物,不能用铂坩埚加热重金属及重金属盐(重金属易与铂形成合金)。

(3)瓷舟

瓷舟(图 2-42)又叫燃烧船、燃烧舟。瓷舟有刚玉、陶瓷等不同材质。根据用途不同,有圆形、方形、长方形、船形等不同形状。瓷舟可以耐高温,用

图 2-42　瓷舟

于马弗炉的高温气氛中处理某些物质。无机化学实验常用船形瓷舟,瓷舟的一端有小孔,可以用带弯钩的铁丝将瓷舟从试管或马弗炉里取出。瓷舟常用的规格有 72mm、77mm、88mm、95mm、97mm 等。

(4)研钵

1)主要用途和规格　研钵(图 2-43)是用来研碎固体物质的仪器,也可用于固体物质的混合。研钵按材质有玻璃、瓷质、玛瑙或铁制几种,要按固体物质的性质和硬度选用不同材质的研钵。研钵的规格通常以内径(mm)大小来表示,常用的有 60mm、90mm 等。

图 2-43　研钵

2)使用方法和注意事项　包括:a.放入固体物质的量不宜超过研钵容积的 1/3,以免研磨时把物质甩出;b.大块物质只能压碎,不能舂碎,以免击碎研钵和杵,或者造成固体物质飞溅;c.易爆物质(如 $KClO_3$ 等)只能轻轻压碎,不能研磨,以免造成爆炸;d.不能加热。

(5)点滴板

点滴板(图 2-44)是带有圆形凹槽的瓷板或厚玻璃板。在凹槽中进行定性反应,适用于 1~2 滴溶液与 1~2 滴试剂混合后不需加热便能产生颜色变化或沉淀的鉴定反应。常见的点滴板有黑色和白色两种,带色反应适于在白点滴板上进行,白色或浅色沉淀反应适于在黑

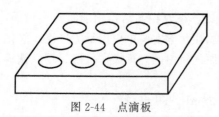

图 2-44　点滴板

点滴板上进行。点滴板有 6 孔、9 孔、12 孔等规格，因此在同一块点滴板上便于做对照实验，便于洗涤。

点滴板不能用于加热反应，不能用于含 HF 和浓碱的反应，用后要洗净。

（6）水浴锅

1) 主要用途　水浴锅（图 2-45）主要用于间接加热，也可用于控温实验。当被加热的物体要求受热均匀且温度不超过 100℃时，可用水浴加热。水浴加热常在水浴锅中进行。水浴锅有不锈钢、铜制和铝制等，盖子由一组大小不同的同心金属圆环组成，可根据被加热的器皿大小选用合适的圆环，原则是尽可能增大容器的受热面积而又不使器皿掉进水浴锅中。利用热水或产生的蒸汽使上面的器皿升温（图 2-46）。

另一种更为方便的水浴加热装置是电热恒温水浴锅，其使用方法和注意事项见 2.6.1 部分相关内容。

图 2-45　水浴锅

图 2-46　水浴加热方法

2) 使用方法和注意事项　包括：a.水浴锅内水量不要超过其容积的 2/3；b.在水浴加热操作中，水浴锅中水的表面略高于被加热容器内反应物的液面，可获得更好的加热效果；c.加热过程中注意补充水浴锅中的水，切勿蒸干。

2.3　其他器具

（1）药匙

药匙（图 2-47）也称角匙，是取用粉末或小颗粒状固体试剂的仪器，有牛角、不锈钢、塑料、瓷等不同材质。一般两端分别为大、小两个勺，按取药量多少而选择应用哪一端。很多不锈钢药匙一端为勺，另一端为方形，可以用于抽滤操作中固体物质的转移。使用时药匙要干净，要专匙专用。试剂取用后，应把药匙洗净、晾干以备下次再用。

（2）燃烧匙

燃烧匙匙头有铜质或铁质，用来检验可燃性或进行固气燃烧反应（图 2-48）。

燃烧匙的使用注意事项：a.放入集气瓶时应由上而下慢慢放入，不要触及瓶壁，以保证充分燃烧并防止集气瓶破裂；b.硫黄、钾、钠等燃烧实验，应在匙底垫少量石棉或砂子，防止腐蚀燃烧匙；c.用完立即洗净匙头并干燥，防止腐蚀、损坏匙头。

（3）自由夹与螺旋夹

自由夹也叫弹簧夹、止水夹或皮管夹［图 2-49（a）］。它们的作用是在蒸馏水贮瓶、制气或其他实验装置中沟通或关闭流体的通路。

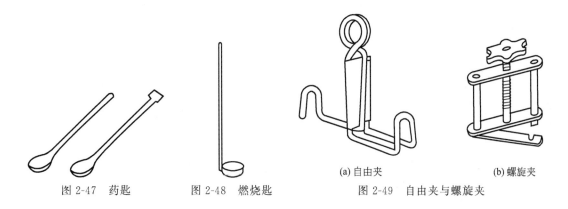

图 2-47　药匙　　　图 2-48　燃烧匙　　　图 2-49　自由夹与螺旋夹

　　螺旋夹 [图 2-49(b)] 也叫节流夹，可以控制流体的流量（医院曾用作输液管的开关）为铁质或铜质制品。使用时，错开底部的铁片把皮管夹住，或者将皮管插入底部的空间，通过螺丝手柄控制液体或气体的沟通或关闭。

　　使用注意事项：a.当需要关闭流体通路时，将夹子放在连接导管的胶管中部；当需要沟通流体通路时，夹子放在玻璃导管上。螺旋夹还可以随时夹上或放下。b.皮管要夹在夹子的中间位置，不要夹偏。使用自由夹时，使单股铁丝一侧朝上或朝向实验者（铁片朝下或朝后），这样能看清楚皮管是否夹偏。c.在蒸馏水贮瓶等装置中、夹子夹持胶管的部位要常变动，以防止胶管黏结。d.实验完毕后，应及时拆卸装置，夹子擦干净放入柜中，以防止夹子弹性减小和夹子锈蚀。

　　（4）试管夹

　　试管夹（图 2-50）是用来夹持试管的仪器，有木制、竹制和金属（钢或铜）等不同质地，形状也不相同。

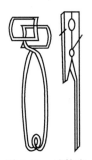
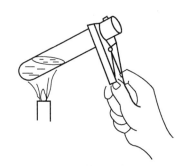
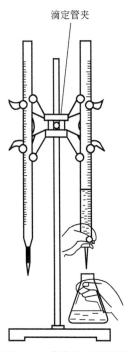

图 2-50　试管夹　　　图 2-51　试管夹的使用方法

　　使用注意事项：a.试管夹应从试管的底部套入，夹持在距管口 1/3 处或中上部；b.夹好后，拇指立即放到长柄与短柄接触的夹角处，拇指尖稍微抵住短柄，不要把拇指按在夹的活动部分（图 2-51）；c.实验结束，从试管底部取下。

　　（5）滴定管夹

　　滴定管夹又称蝴蝶夹（图 2-52），有塑料和铝两种材质，主要用于固定和夹持滴定管。使用滴定管夹时，将其套在滴定台或铁架台的铁杆上，将螺丝拧紧。

图 2-52　滴定管夹的使用

使用注意事项：a.安装时，滴定管夹有爪的一面要朝向实验者，便于观察滴定管是否夹持牢固，也便于观察滴定管中的液面情况；b.滴定管夹的弹簧和爪上的塑料外套要保持完好。

(6) 烧瓶夹

烧瓶夹（图 2-53）又称铁夹，用于成套仪器安装时固定烧瓶，也用于固定冷凝管或大试管。烧瓶夹为铁质或铝质制品。

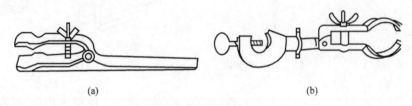

(a)   (b)

图 2-53 烧瓶夹

使用注意事项：a.夹持仪器时，要使"元宝"螺丝朝上或朝着实验者，便于操作；b.夹口处的棉状物或塑料套要完好，防止仪器被夹碎；c.夹持时，螺丝不要拧得太紧，应以仪器不能转动为宜。

(7) 十字夹

十字夹（图 2-54）是用来固定烧瓶夹的仪器。其为铁质或铝质制品，有的旋柄由塑料制成。使用时，一个口夹在铁架台的铁杆上，另一个口固定烧瓶夹。

注意：固定烧瓶夹的口要朝上，防止烧瓶夹掉落。

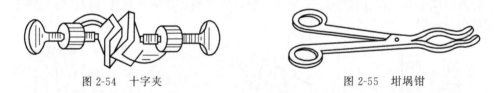

图 2-54 十字夹   图 2-55 坩埚钳

(8) 坩埚钳

坩埚钳（图 2-55）是用来夹持高温下的坩埚及蒸发皿等仪器，一般为镀铬的金属钳，也有由不锈钢材料做成的。

使用注意事项：a.使用时不要和化学药品接触，以免被腐蚀；b.坩埚钳在使用前要检查钳尖是否洁净，如有沾污必须处理（用细砂纸磨光）；c.夹取高温下的坩埚时，用前先在火焰旁预热一下坩埚钳的尖端，再去夹取，避免瓷坩埚因骤冷而炸裂；d.坩埚钳使用后应使尖端朝上，平放在桌子上，以保证坩埚钳尖端洁净。

(9) 泥三角

泥三角（图 2-56）用来盛放加热的坩埚或小蒸发皿，是由铁丝扭成，套有瓷管，有大小之分。

使用注意事项：a.使用前应检查铁丝是否断裂，若铁丝断裂则不能使用，因灼烧时坩埚不稳易脱落；b.为了提高坩埚内的温度，加热时可以将坩埚底横着斜放在三个瓷管中的一个瓷管上，半盖着坩埚进行加热，目的是使火焰的热量反射到坩埚内（图 2-57）；c.灼烧后要小心取下，放在石棉网上，不要摔落。

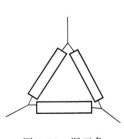

图 2-56　泥三角

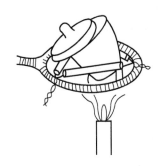

图 2-57　灼烧坩埚

（10）三脚架

三脚架（图 2-58）为铁制品，有大小、高低之分。三脚架是用来放置较大或较重的加热容器，或与石棉网、铁架台等配合（在一套实验装置中）做支撑物。

使用注意事项：a. 放置要平稳；b. 要根据酒精灯的高度选择高度合适的三脚架，一般用氧化焰加热；c. 放置加热容器（除水浴锅外），应垫石棉网，使被加热容器受热均匀。

图 2-58　三脚架

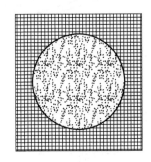

图 2-59　石棉网

（11）石棉网

石棉网（图 2-59）由铁丝编成，中间涂有石棉，有大小之分。加热时，其常垫在平底玻璃仪器与热源中间。由于石棉网中间的石棉是热的不良导体，它可以使受热物体均匀受热，避免因局部高温导致仪器炸裂。

使用注意事项：a. 使用前检查石棉网是否脱落，若有脱落则不能使受热体均匀受热；b. 不能与水接触，否则会使石棉脱落或铁丝锈蚀；c. 不能卷折，否则会使石棉松脆，易损坏。

（12）铁架台与铁圈

铁架台与铁圈（图 2-60）均为铁制品，铁架台有圆形的也有方形的，主要用于固定铁圈、烧瓶夹及滴定管夹等。

铁圈用来放置烧杯或烧瓶等反应容器，铁圈还可代替漏斗架使用。

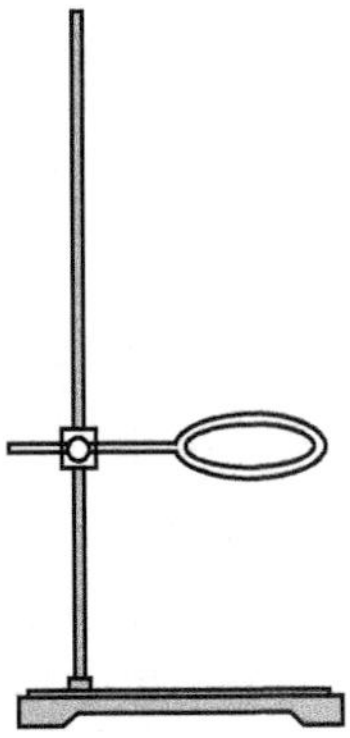

图 2-60　铁架台与铁圈

使用注意事项：a. 仪器固定在铁架台上时，仪器和铁架台的重心应落在铁架台底盘中间，防止铁架台站立不稳而翻倒；b. 加热后的铁圈不能撞击或摔落在地上，避免断裂。

(13) 试管架

试管架（图 2-61）有木质、铝制或有机玻璃（亚克力）等材质，有不同形状和大小，主要用于盛放试管。

使用注意事项：a. 加热后的试管应用试管夹夹住悬放在架上，避免因骤冷或遇架上湿水而炸裂试管，或烫焦木质试管架；b. 试管欲放在试管架上时，试管外壁不能沾有试剂，以免腐蚀试管架。

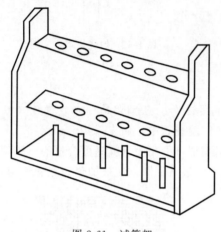

图 2-61　试管架

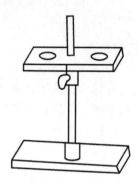

图 2-62　漏斗架

(14) 漏斗架

漏斗架（图 2-62）有木质、有机玻璃（亚克力）等制品，有不同形状和大小，有螺丝可固定于铁架台或木架上，用于过滤时放置漏斗。

固定漏斗架时，活动的有孔板不能倒放，以免损坏。

(15) 钻孔器

钻孔器又叫打孔器，用于塞子的钻孔，由 6 支管口锋利的金属管和 1 支金属实心杆组成。实心杆用于推出打孔器中残留的橡胶，金属管能打出不同的孔径。打孔器的规格以器管口直径（mm）表示。

钻孔器的使用方法和注意事项见 3.10.2 部分相关内容。

------------------------------------- 2.4 毛刷类 -------------------------------------

实验室中常用毛刷来洗涤玻璃或瓷质仪器，按用途分为试管刷、烧杯刷、烧瓶刷、滴定管刷、吸量管刷等（图 2-63）。当仪器的内壁有不易冲洗掉的物质时，可利用毛刷对器壁的摩擦使污物去掉。

使用注意事项：a. 洗涤不同的仪器应用不同的毛刷，通常根据所洗涤仪器的口径大小来选取不同的毛刷，毛刷的横毛宽度与仪器的口径要相近，过大过小都不合适；b. 使用毛刷时，应将毛刷顶端的毛顺着伸入到试管中，用食指抵住试管刷末端，来回抽拉毛刷进行刷洗；c. 毛刷顶部竖毛要完整，避免刷顶撞破仪器；d. 使用毛刷不可用力过大；e. 洗刷试管时不要同时抓住几支试管一起刷洗。

试管刷常见的错误操作见图 2-64。

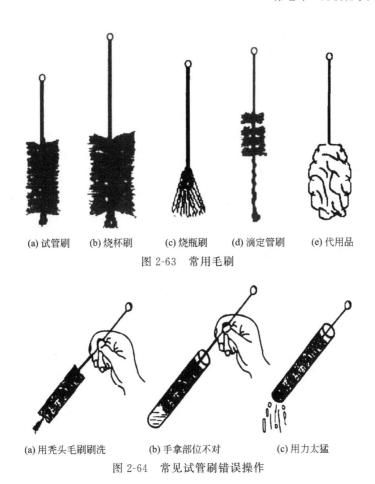

(a) 试管刷　(b) 烧杯刷　(c) 烧瓶刷　(d) 滴定管刷　(e) 代用品

图 2-63　常用毛刷

(a) 用秃头毛刷刷洗　　(b) 手拿部位不对　　(c) 用力太猛

图 2-64　常见试管刷错误操作

2.5　灯具类

化学实验中常用的加热仪器有酒精灯、酒精喷灯、煤气灯、电炉、电加热套等。电炉及电加热套的使用将在 2.6.1 部分中集中介绍，本节将介绍酒精灯、酒精喷灯（座式、挂式）、煤气灯的使用。

(1) 酒精灯

1) 构造　酒精灯（图 2-65）由灯帽、灯芯和灯壶三部分组成，酒精灯的加热温度通常为 400～500℃，适用于加热温度不需太高的实验。

酒精灯的灯焰分为焰心、内焰和外焰三部分（图 2-66）。外焰温度最高，内焰次之，焰心温度最低。若要灯焰平稳，并适当提高温度，可加金属网罩（图 2-67）。

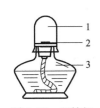

图 2-65　酒精灯

1—灯帽；2—灯芯；3—灯壶

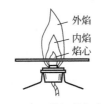

图 2-66　酒精灯的灯焰图

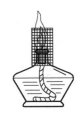

图 2-67　加金属网罩提高温度

2）使用方法和注意事项

① 新购置的酒精灯应先配置灯芯。灯芯一般由多股棉纱线拧在一起，插进灯芯瓷套管中。灯芯不要太短，一般浸入酒精后还要长 4～5cm。

对于旧灯，特别是长时间未用的灯，使用时先取下灯帽，提起灯芯瓷管，用洗耳球或嘴轻轻将灯内聚集的酒精蒸气吹出，再放下灯芯瓷管检查灯芯，剪去灯芯烧焦部分，灯芯以露出灯芯管约 0.8～1cm 为宜 ［图 2-68(a)］。

② 添加酒精，要借助漏斗将酒精注入，以免酒精洒出。酒精加入量约为灯壶容积的1/3～2/3，即稍低于灯壶最宽位置（肩膀处）。燃着的酒精灯需要添加酒精时，必须熄灭灯焰，待灯冷却后再添加酒精。绝不允许酒精灯燃着时添加酒精 ［图 2-68(b)］，否则容易引起火灾，造成事故。

正确(剪去烧焦部分，露出
灯芯管约0.8～1cm)

错误(灯芯不齐或烧焦)

(a) 检查灯芯并修整

正确(酒精量为1/3～2/3灯壶容积)

错误(燃着时不能添加酒精)

(b) 添加酒精

正确(用火柴点燃)

错误(不能用燃着的酒精灯对火)

(c) 点燃

正确(用灯帽盖灭，盖灭后再重盖一次)

错误(不能吹灭)

(d) 熄灭

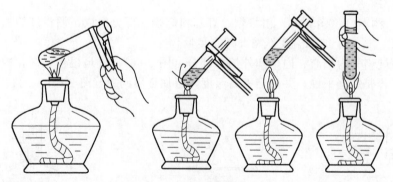

正确(用试管夹夹住，用氧化焰加热)   错误(使用火焰部位不对，不能手拿着加热)

(e) 加热

图 2-68 酒精灯的使用方法

③ 新灯加完酒精后须移动灯芯套管，将新灯芯两端都要放入酒精中浸泡，然后调整灯芯长度，才能点燃。因为未浸过酒精的灯芯，一经点燃就会烧焦。

点燃酒精灯一定要用燃着的火柴，绝不可以用燃着的酒精灯对火 [图 2-68(c)]，否则易将酒精洒出，引起火灾。

④ 熄灭灯焰时，可用灯帽将其盖灭，盖灭后需要再重盖一次，让空气进入灯帽，以免冷却后灯帽内造成负压打不开。绝不允许用嘴吹灭酒精灯 [图 2-68(d)]。

⑤ 加热时若无特殊要求，一般用温度最高的外焰加热。被加热的器具必须放在支撑物（三脚架、铁圈等）上或用坩埚钳、试管夹等夹持，绝不允许手拿仪器加热 [图 2-68(e)]。

⑥ 不用的酒精灯必须用灯帽罩住，以免酒精挥发。

安全指南：酒精易挥发、易燃，使用酒精灯时必须注意安全。万一酒精在灯外燃烧，不要慌张，可用湿布或砂土扑灭。

(2) 酒精喷灯

1）**构造**　酒精喷灯分座式 [图 2-69(a)] 和挂式 [图 2-69(b)] 两种，靠汽化酒精燃烧。酒精喷灯可产生 $700 \sim 1000℃$ 的高温，可用于玻璃管的加工或温度要求较高的实验加热。

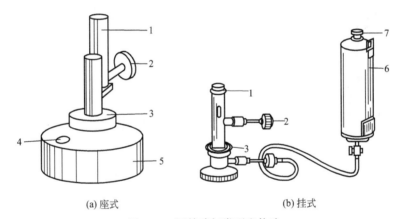

(a) 座式　　　　　　　　　　　　　(b) 挂式

图 2-69　酒精喷灯类型和构造

1—灯管；2—空气调节器；3—预热盘；4—壶盖；5—酒精壶；6—酒精贮罐；7—贮罐盖

2）**使用方法和注意事项**　座式酒精喷灯和挂式酒精喷灯的使用方法相似。

① 使用前先在酒精灯壶或贮罐内加入酒精 [图 2-70(a)]，向挂式酒精喷灯中加酒精时要关好酒精贮罐下方开关，座式喷灯内酒精量不能超过酒精壶容积的 2/3，绝不能在使用过程中续加酒精，以免着火。

② 在预热盘中加满酒精，点燃预热 [图 2-70(b)]。挂式喷灯在预热前应先将贮罐下面的出口开关打开，从灯管口冒出酒精后，将出口开关关闭再预热。

③ 预热盘中酒精燃烧完将灯管灼热后，打开空气调节器，用火柴点燃喷灯。挂式喷灯在点燃前要先将出口开关打开 [图 2-70(c)]。若预热不充分，酒精汽化不好，点燃时会形成"火雨"。此时，应立即关闭空气调节器，待火焰熄灭后再往预热盘中添加酒精预热，点燃。

④ 用完后关闭空气调节器，或用石棉板盖住管口即可将灯熄灭 [图 2-70(d)]。挂式喷灯不用时应将贮罐下面的出口开关关闭。

⑤ 座式喷灯最多使用 0.5h，挂式喷灯也不可将罐里的酒精一次用完。若需继续使用，应将喷灯熄灭、冷却，添加酒精后再次点燃。

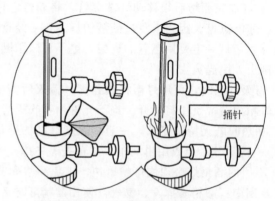

(a) 添加酒精(挂式要关好下口开关再加，座式喷灯内酒精量不能超过壶容积的2/3)

(b) 预热(预热盘中加满酒精点燃预热，可多次试点。但若两次不出气，必须在火焰熄灭后，用捅针疏通酒精蒸气出口，再在预热盘中添加酒精后点燃预热)

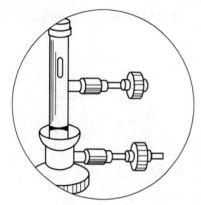
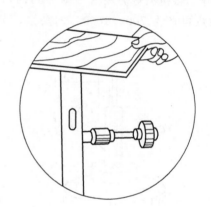

(c) 调节(打开空气调节器，用火柴点燃。挂式要先打开酒精出口开关，打开空气调节器，然后点燃)

(d) 熄灭(可盖灭，也可以旋转调节器熄灭)

图 2-70　酒精喷灯的使用方法

（3）煤气灯

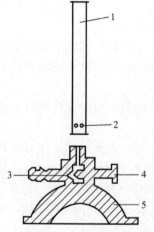

图 2-71　煤气灯构造
1—灯管；2—空气入口；3—煤气入口；4—针阀；5—灯座

1）**构造**　煤气灯是一种使用十分方便的灯具，加热温度可达 1000℃左右，一般在 800～900℃之间，所用煤气的组成不同，加热温度也有差异。煤气灯常用于加热水溶液和高沸点物质，亦可用于灼烧及弯制玻璃管。

它主要由灯管和灯座组成（图 2-71），灯管下部有螺旋与灯座相连，并开有作为空气入口的圆孔。旋转灯管，可关闭或打开空气入口，以调节空气进入量。灯座侧面为煤气入口，用橡皮管与煤气管道相连；灯座侧面（或下面）有螺旋形针阀，可调节煤气的进入量。

2）使用方法和注意事项

① 点燃：将煤气灯上的橡皮导管与煤气罐或实验台上的煤气嘴接好后，按如下操作点燃煤气灯：关闭煤气灯的空气入口，将燃着的火柴放在灯管上方，打开煤气嘴阀门，点燃煤气灯

[图 2-72(a)]。一定要先划火柴再开煤气，否则煤气逸到室内，既浪费煤气又污染环境，而且可能造成火灾或爆炸事故。

② 调节：点燃后就要旋转灯管并拧针阀，调节空气和煤气的进入量，使二者比例合适，从而得到分层的正常火焰 [图 2-72(b)]。空气和煤气的比例不合适，灯焰亦不正常。

③ 加热：在一般情况下，加热试管中的液体时温度不需要很高，这时可将空气量和煤气量调小些；在石棉网上加热烧杯中的液体时需要较高温度，应用较大火焰，应以氧化焰加热 [图 2-72(c)]。

④ 关闭：停止加热时要关闭煤气灯。操作顺序：先关煤气罐或煤气嘴上的总阀；再向里拧紧灯座上的针阀，最后关闭灯座上的空气入口 [图 2-72(d)]。

若此次实验不再用煤气灯，则关闭后将橡皮导管从煤气嘴上拆下，将灯放回原处。

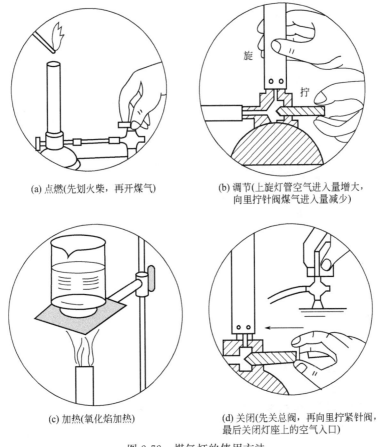

(a) 点燃(先划火柴，再开煤气)

(b) 调节(上旋灯管空气进入量增大，向里拧针阀煤气进入量减少)

(c) 加热(氧化焰加热)

(d) 关闭(先关总阀，再向里拧紧针阀，最后关闭灯座上的空气入口)

图 2-72　煤气灯的使用方法

⑤ 安全注意事项：煤气中含有多种可燃成分如甲烷、乙烯等，其中含有剧毒的一氧化碳气体，使用时绝不能将煤气逸到室内。使用完毕，煤气阀门要关紧。为了能及时觉察是否漏气，一般煤气中都加有带特殊臭味的杂质，一旦发生漏气可以闻到，此时应立即关闭煤气灯，并及时查明漏气的原因并加以处理。

产生侵入火焰时，由于火焰在灯管内燃烧，灯管很热。关闭后切不可用手去拿灯管，以免烫伤。

3) 煤气灯的火焰　调节煤气和空气的进入量，使两者的比例合适，得到分层的正常火焰［图 2-73(a)］。煤气灯的正常火焰分三层：a. 外层［图 2-73(a) 中的 1］煤气完全燃烧，称为氧化焰，呈深蓝色；b. 中层［图 2-73(a) 中的 3］煤气不完全燃烧，分解为含碳的化合物，这部分火焰具有还原性，称为还原焰，呈淡蓝色；c. 内层［图 2-73(a) 中的 4］煤气和空气进行混合并未燃烧，称为焰心，呈绿色圆锥状。正常火焰的最高温度在还原焰顶部上端与氧化焰之间［图 2-73(a) 中的 2 处］。

如果火焰呈黄色或产生黑烟，说明煤气燃烧不完全，应调大空气进入量；如果煤气和空气的进入量过大，火焰会脱离灯管口上方临空燃烧，称为临空火焰［图 2-73(b)］，这种火焰容易自行熄灭；若煤气进入量小而空气比例很高时，煤气会在灯管内燃烧，在灯管口上方能看到一束细长的火焰并能听到特殊的嘶嘶声，这种火焰叫侵入火焰［图 2-73(c)］，片刻即能把灯管烧热，不小心易烫伤手指。遇到后面这种情况，应关闭煤气阀，重新调节后再点燃。

使用煤气灯时若要扩大加热面积，可加鱼尾灯头［图 2-73(d)］。

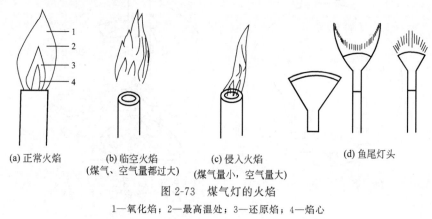

(a) 正常火焰   (b) 临空火焰   (c) 侵入火焰   (d) 鱼尾灯头
(煤气、空气量都过大)   (煤气量小，空气量大)

图 2-73 煤气灯的火焰

1—氧化焰；2—最高温处；3—还原焰；4—焰心

2.6 电器类

2.6.1 电加热装置

常用的电加热装置有电炉、电热板、电加热套、管式炉和马弗炉、电热干燥箱、电热恒温水浴锅等。可根据实验的需要选择使用。

(1) 电炉和电热板

电炉是实验室最常用的电热设备之一（图 2-74）。电炉结构简单，组装和维护都非常方便。电炉的规格一般按所用电阻丝的电功率来分，常用的有 300W、500W、800W、1000W、1200W、1500W、2000W 等。按电炉的式样和用途可分为万用电炉、矩形电炉、

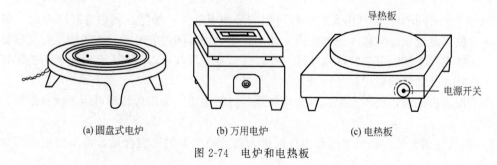

(a) 圆盘式电炉   (b) 万用电炉   (c) 电热板

图 2-74 电炉和电热板

圆盘式电炉等。可根据需要选用合适的型号和规格的电炉。使用时在电炉丝上面先放一块石棉网，再放需要加热的仪器，这样既可增大加热面积，又可使加热更加均匀。加热温度的高低可通过调节电阻来控制。使用电炉时应注意不要把加热的药品溅在电炉丝上，以免损坏电炉丝；耐火炉盘的凹槽要经常保持清洁，及时清除烧灼残留的焦烟物，保持电阻丝导电良好；电炉不宜连续使用过长时间。

电热板［图 2-74(c)］为封闭式电炉。是将电阻发热丝缠绕在云母板等绝缘材料上，以不锈钢、陶瓷等材质做成外层壳体作导热板，通电后表面发热而不带电，加热面是平面，且升温较慢，使用安全方便。因为电热板的电阻发热丝被封闭于电热板的内部，因此为封闭式加热，加热时无明火、无异味，安全性较好，多用于水浴、油浴的热源，也常用于加热烧杯、平底烧瓶、锥形瓶等平底仪器。

（2）电加热套

电加热套（图 2-75）是由玻璃纤维包裹着电炉丝制成的"碗状"电加热器，是一种安全、省电、保温、轻巧方便的电加热仪器设备，加热温度的高低通过控温装置调节，最高温度可达 400℃。电加热套的受热面积大，热效率高，加热平稳，使用方便。电加热

图 2-75　电加热套

套不是明火，加热和蒸馏易燃易爆有机物时，不易引起着火，是有机实验中最常用的一种简便、安全的加热装置。

电加热套有各种型号，其容积大小一般与被加热的烧瓶容积相匹配。有适用于 50mL～5L 各种容积烧瓶的规格。

使用时应注意温度的控制，在蒸馏或减压蒸馏时，随着瓶内物质的减少，容易造成瓶壁过热而烤焦反应物或引发事故。为避免这种情况的发生，实验时常用空气浴加热。具体做法：选用大一号的电加热套，并将电加热套放在升降架上，用降低电加热套的高度，使蒸馏烧瓶外壁与电加热套内壁保持 2cm 左右距离，以防止瓶壁过热。

（3）管式炉和马弗炉

管式炉和马弗炉均属于高温电炉，主要用于高温灼烧或进行高温反应，尽管它们的外形不同，但结构相似，均由炉体和电炉温度控制两部分组成。当加热元件是电热丝时，最高温度为 900℃；如果用硅碳棒加热，最高温度可达 1400℃。炉孔内插入热电偶温度计以指示炉内温度并加以控制，加热温度的高低可通过调节温控器来调节。

管式炉［图 2-76(a)］的炉膛为管式，是一根耐高温的瓷管或石英管。反应物先放入瓷舟或石英舟中，再放进瓷管或石英管内加热，较高温度的恒温部分位于炉膛中部。固体灼烧可以在空气气氛或其他气氛中进行，也可以进行高温下的气、固反应。在通入别的气氛气体或其他反应气体时，瓷管或石英管的两端可用带有导管的塞子塞上，以便导入气体和引出尾气。

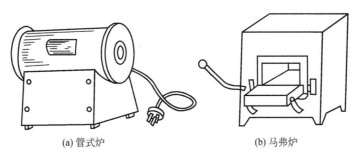

(a) 管式炉　　　　　　　　　　　(b) 马弗炉

图 2-76　高温电炉

马弗炉 [图 2-76(b)] 又称箱式电阻炉，电阻丝藏于箱体中，箱体壁厚，内有保温材料，是一种通用的加热设备。常用于高温碱熔某些难溶金属及矿物质，也应用于重量法分析中将滤纸无焰灰化、灼烧分解有机物、驱赶无机物中可挥发成分等。在马弗炉内不允许加热液体和其他易挥发的腐蚀性物质，如果要灰化滤纸或其他有机成分，在加热过程中应打开几次炉门通空气进去。

高温马弗炉常用的是箱式电阻炉，可调节额定温度达 950℃，甚至更高温度，主要用于重量分析中沉淀的灼烧、灰分测定等。

(4) 电热恒温水浴锅

当被加热的物体要求受热均匀且温度不超过 100℃ 时，可用水浴加热。目前，铜质水浴锅基本不用，大都使用电热恒温水浴锅（图 2-77）。它采用电加热并带有自动控温装置，加热温度易控。电热恒温水浴锅多为长方体型，加入适量水后，通过电源开关、按钮和数字显示控制水浴温度，使用十分方便。电热恒温水浴锅是以水作为传热介质，一般在不超过 95℃ 的温度下使用。

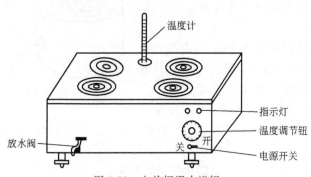

图 2-77 电热恒温水浴锅

电热恒温水浴锅内部由两层构成。内层是用铝板或不锈钢板制成的槽。槽内装水作为加热和传热介质，槽底安装铜管。铜管内装有电阻丝，电阻丝作为加热元件，电阻丝外套瓷管以防与铜管接触而导致漏电，电阻丝两端连接到温度控制器上，用于控制加热电阻丝使槽内水温保持恒定。水箱内装有测温元件，通过面板上的控温调节钮调节温度。水浴锅的外壳常用薄钢板制成，表面加以烤漆用于防腐，内壁装设有绝缘材料，水浴锅的前面板有电源开关、调温旋钮和指示灯等。水槽一侧有放水阀，外壳上面板上有插入水中的温度计用于测量水温。

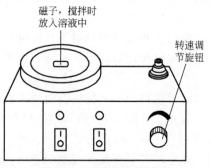

图 2-78 磁力加热搅拌器

(5) 磁力加热搅拌器

磁力加热搅拌器（图 2-78）是一种能够集加热与搅拌为一体的电磁加热装置，它是通过电磁效应驱动搅拌子进行搅拌和电磁的热效应进行加热。磁力加热搅拌器可在密闭的容器中进行调混工作，全封闭式加热盘可作辅助加热之用，是使用十分理想与方便实验室加热与搅拌的工具。

磁力加热搅拌器的底盘设置加热装置、温度控制器和温度传感器，可根据实验要求对温度进行调整。

磁力加热搅拌器附有磁力搅拌子，磁力搅拌子是由聚四氟乙烯和优质磁钢精制而成。搅拌器通过不断变换基座两端的极性来推动磁力搅拌子转动，达到搅拌的目的。磁力搅拌子耐高温、耐磨、耐化学腐蚀，磁性强，分为不同的型号，小到 0.5cm 大到 3cm 的都有，可根据溶液体积的大小来选用不同规格的磁子。

使用时首先将磁力搅拌子沿着器壁轻轻滑入容器的底部，并将仪器放到磁力加热搅拌器加热盘的正中间，打开电源，调节调速旋钮，由慢至快调节到所需速度，以使溶液形成一旋涡为宜。如果需要加热，打开加热开关，调节加热温度。实验完毕，关闭电源开关，置调速旋钮和控温旋钮至最低点位置，切断电源。

使用磁力加热搅拌器应注意：a.磁力搅拌子要沿器壁轻轻滑入容器底部，不可用力扔进容器，以免打碎容器。实验结束，要将磁力搅拌子洗净收回，不能乱扔；b.调节搅拌速度时，应由慢到快，不能高速挡启动，以免磁力搅拌子跳动；c.实验时要将仪器放到加热盘的正中间，如果磁力搅拌子跳动，应关闭电源，置调速旋钮至最低点位置，重新打开电源开关，由慢到快调节转速。

2.6.2　干燥设备

（1）电热干燥箱

电热干燥箱（图 2-79）也叫烘箱，用来干燥玻璃仪器或烘干无腐蚀性、加热时不分解的物品。挥发性易燃物或刚用酒精、丙酮淋洗过的玻璃仪器切勿放入烘箱内，以免发生燃烧或爆炸。电热干燥箱的品种、型号、规格很多。按最高恒温温度有10～200℃和10～300℃两种；按电功率分有 1kW、2kW、4kW、5kW 等。

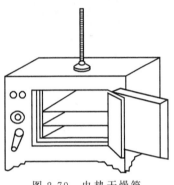

图 2-79　电热干燥箱

电热干燥箱的型号很多，生产厂家为突出其附加功能，常常标以不同的名称，如市场上常见的电热干燥箱有电热恒温干燥箱、电热鼓风干燥箱、电热恒温鼓风干燥箱、电热真空干燥箱等。但它们的结构基本相似，主要由箱体、电热系统和自动恒温控制系统三部分组成。近年来生产的电热干燥箱自动恒温系统多采用差动棒式温度控制器。感温元件是由一支热膨胀系数很大的黄铜管和一支热膨胀系数很小的玻璃棒组成，通过触点之间的接触和分离来接通或切断电热丝的加热，使干燥箱内温度保持恒定。干燥箱的温度可由面板上的温度调节旋钮来设定。温度指示器有两种：一种是数字显示式，直接在显示屏上显示干燥箱内温度；另一种是利用插在干燥器顶部的温度计读数来调节温度控制旋钮达到所需的温度值。

图 2-80　气流烘干器

（2）气流烘干器

气流烘干器（图 2-80）是用来吹干容器的设备。用气流吹干器吹干容器特别是对小口容器比用烘箱干燥效率更高。

使用注意事项：a.玻璃容器应套在气流烘干器的出气管口，吹干前应尽量控干水；b.带有刻度的计量仪器只能用冷风吹干不能用热风吹干；c.实验结束应立即关掉气流烘干器的电源。

2.6.3　电动离心机

电动离心机（图 2-81）是用来快速分离固体和溶液的设备，特别适用于被分离的溶液和沉淀的量很少的分离。操作时，将待分离的沉淀和溶液装入离心试管，把离心试管放入离心机的管套内，打开离心

图 2-81　电动离心机

机，利用高速旋转产生的离心力及沉淀物与溶液间存在的密度差使密度较大的沉淀集中在试管底部，上层为清液。

使用离心机进行固液分离的操作及注意事项见 3.8.1 部分相关内容。

2.6.4 循环水真空泵

(1) 循环水真空泵的构造

循环水真空泵（图 2-82）又叫水环式真空（抽气）泵，是一种循环水式抽真空泵。它以循环水为工作流体，利用流体射流技术产生负压而进行工作，可以用于真空回流、真空干燥、减压过滤等；也可以为反应装置提供冷却水循环。

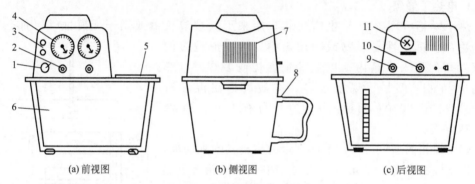

(a) 前视图　　　　　　　　(b) 侧视图　　　　　　　　(c) 后视图

图 2-82　循环水真空泵的构造

1—电源开关；2—抽气嘴；3—电源指示灯；4—真空表；5—水箱小盖；6—水箱；7—散热窗；
8—放水软管；9—循环水进水嘴；10—循环水出水嘴；11—循环水开关

(2) 使用方法和注意事项

① 准备工作。将循环水真空泵平放于工作台上，首次使用时，打开水箱上盖注入清洁的凉水（亦可经由放水软管加水），当水面即将升至水箱后面的溢水嘴下高度时停止加水，重复开机可不再加水。每星期至少更换一次水，如水质污染严重，使用率高，则需缩短更换水的时间，保持水箱中的水质清洁。

② 抽真空操作。将需要抽真空的设备的抽气套管紧密套接于本机抽气嘴上，关闭循环水开关，接通电源，打开电源开关，即可开始抽真空操作，通过与抽气嘴对应的真空表可观察真空度。

③ 当循环水真空泵需长时间连续操作时，水箱内的水温将会升高，影响真空度，此时可将放水软管与水源（自来水）接通，溢水嘴作排水出口，适当控制自来水流量，即可保持水箱内水温不升，使真空度稳定。

④ 当需要为反应装置提供冷却循环水时，在上述操作的基础上，将需要冷却的装置的进水、出水管分别接到循环水真空泵后部的循环水出水嘴、进水嘴上，转动循环水开关至 ON 位置，即可实现循环冷却水供应。

2.7　称量仪器

天平是化学实验室中最常用的称量仪器。天平的种类很多，按天平的平衡原理，可将天平分为杠杆式天平和电磁力式天平两类；根据天平的精度，天平可分为常量天平（0.1mg）、微量天平（0.01mg）、超微量（0.001mg）天平等，根据分度值的大小有时也将它们分别称为万分之一天平、十万分之一天平和百万分之一天平。万分之一天平的分度值为 0.1mg，即可称出 0.1mg 质量或分辨出 0.1mg 的质量差别。选用何种天平进行称量，需视实验时对称量的精度要求而定。

托盘天平和电光分析天平是化学实验中最常用的称量仪器。近几年来，因电子天平操作简单方便、精确度高而逐渐代替电光分析天平。

2.7.1　托盘天平

托盘天平（又叫台秤）常用于一般称量，台秤一般能称至 0.1g，用于对精度要求不高的称量或精密称量前的粗称。

（1）台秤的构造

由横梁、托盘、指针、刻度盘、游码标尺、游码、平衡调节螺丝、天平底座组成（图 2-83）。

（2）使用方法和注意事项

1）调整天平的零点　称量物品前，要先调整天平的零点。将游码拨到游码标尺"0"处，检查天平的指针是否停在刻度盘的中间位置，若不在中间，可调节天平托盘下侧的平衡调节螺丝。当指针在刻度盘中间位置左右摆动大致相等时，则托盘天平处于平衡状态，停摇时，指针即可停在刻度盘中

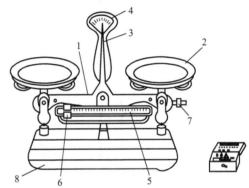

图 2-83　托盘天平的构造
1—横梁；2—托盘；3—指针；4—刻度盘；5—游码
标尺；6—游码；7—平衡调节螺丝；8—天平底座

间。该位置即为台秤的零点。零点调好后方可称量物品。

2）称量　称量时，天平左盘放称量物，右盘放砝码（10g 或 5g 以下的质量，可用游码），用游码调节至指针正好停在刻度盘中间位置，此时天平处于平衡状态。此时指针所停位置称为停点。零点与停点相符时（零点与停点之间允许偏差 1 小格以内），右盘上的砝码的质量与游码上的读数之和即为被称物的质量。

3）使用注意事项　包括：a.不能称量热的物品；b.被称量物品不能直接放在台秤盘上，应放在称量纸、表面皿、烧杯或其他容器中，而吸湿性强或有腐蚀性的药品（如氢氧化钠、高锰酸钾等）必须放在玻璃容器中快速称量；c.砝码必须用镊子夹取，不能用手拿；d.称量完毕立即将砝码放回砝码盒内，将游码拨到"0"位处，把托盘放在一侧或用橡皮圈将横梁固定，以免托盘天平摆动；e.保持台秤的整洁，托盘上不慎撒入药品或其他脏物时应立即将其清除、擦净后方能继续使用。

2.7.2　电光分析天平

电光分析天平一般能精确称量到 0.001g。常用的分析天平有等臂双盘天平（包括半自动电光天平和全自动电光天平）和单盘天平。这些天平在构造上虽然有些不同，但其基本原理都是根据杠杆原理设计制造的。目前国内使用最为广泛的是半自动电光天平。但因电光分析天平操作较为复杂，近几年来逐渐被电子分析天平所代替。本节以双盘半机械加码电光分析天平为例，介绍其构造、使用方法和注意事项。

（1）构造

有底板、立柱、横梁、玛瑙刀、刀承、悬挂系统和读数系统等必备部件，还有制动器、阻尼器、机械加码装置等附属部件。不同的天平其附属部件不一定配全。双盘半机械加码电光分析天平的构造如图 2-84 所示。

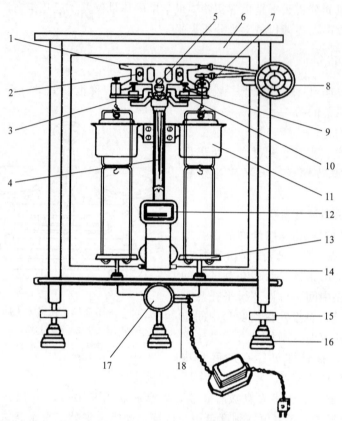

图 2-84　双盘半机械加码电光分析天平构造

1—天平横梁；2—平衡螺丝；3—吊耳；4—指针；5—支点刀；6—框罩；7—圈码；
8—指数盘；9—承重刀；10—折叶；11—空气阻尼筒；12—投影屏；13—秤盘；
14—盘托；15—螺旋脚；16—垫脚；17—升降旋钮；18—调屏拉杆

1）横梁　横梁（图 2-85）是分析天平的主要部件，是由质轻、坚硬、耐腐蚀、不易变形的铝铜合金制成，起平衡和承载物体的作用。横梁上配置的部件很多，如横梁中间刀口向下的支点刀和横梁两边刀口向上的承重刀，它们是用天然玛瑙或人造宝石制成；吊耳，用以承挂托盘；指针，横梁中间有一长而垂直的指针，其下端有透明的刻度标尺，可通过光学读数装置进行准确读数；平衡调节螺丝，两端各有一个，用以调节天平空载时的零点。另外，还有灵敏度调节螺丝等。

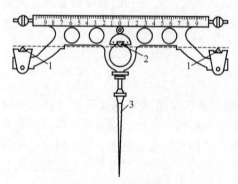

图 2-85　天平横梁

1—承重刀；2—支点刀；3—指针

2）立柱　天平正中是天平的立柱，它是空心柱体，垂直固定在底座上，是横梁的起落架。柱的上方嵌有玛瑙平板，并与梁的支点刀相接触，柱上部装有能升降的托梁架，在天平不摆动时托住天平横梁，使刀口脱离接触，减少磨损。

3）悬挂系统

① 吊耳（图 2-86）：两把边刀（承重刀，图 2-85 中 1）通过吊耳承受秤盘和砝码或被称量物体。吊耳中心面向下，嵌有玛瑙平板，并与横梁两端的玛瑙刀口接触，使吊耳及挂盘能自由摆动。

② 空气阻尼器：空气阻尼器是由两个特制的金属圆筒构成，外筒固定在立柱上，内筒比外筒略小，悬于吊耳钩下，两筒间隙均匀，没有摩擦。当启动天平时，内筒能自由地上下移动。由于筒内空气阻力的作用，使天平横梁能较快地停止摆动，达到平衡。

③ 秤盘：秤盘悬挂在吊耳钩上，供放置砝码和被称量物体用。

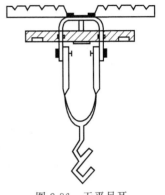

图 2-86　天平吊耳

吊耳、空气阻尼筒、秤盘一般都有区分左右的标记，常见的标记为左边"1"，右边"2"。在组装时应按左右位置配套。

4）读数系统　天平的读数系统为光学读数装置。指针固定在天平横梁中央，指针下端装有缩微标尺。天平工作时，指针左右摆动。利用电灯做光源，通过聚光管照射到指针下端的缩微标尺上，然后通过光学放大装置放大读数并反射到投影屏上，投影屏中央有一条垂直刻线，标尺投影与刻线重合处即为天平的平衡位置。标尺中间为零，左负右正。

5）天平升降枢　天平的升降枢在天平台下正中，是天平的制动系统。它连接托梁架、托盘和光源。使用天平时，开启升降枢，托梁随即降下，梁上的三个刀口与相应的玛瑙刀承接触，托盘下降，吊耳和天平盘自由摆动，天平进入了工作状态，同时也接通了光源，在投影屏上看到标尺的投影。停止称量时，关闭升降枢，则天平梁与盘被托住，刀口与玛瑙平板离开，光源切断，投影屏变黑，天平进入休止状态。

6）机械加码装置　天平的机械加码装置主要由砝码承受架、加码杆和指数盘等几部分组成。转动加码指示盘，可往天平梁上加环码。全自动电光天平的砝码分为两种，一种是毫克砝码，另一种是克砝码，可以根据需要转动指数盘自由组合添加砝码。全自动电光天平的砝码加减全由机械加码装置完成。而半自动电光天平只能机械添加毫克码，1g 以上的砝码还是手工加减。机械加码操作方便，并能减少因多次取放砝码而造成的砝码磨损，也能减少因多次开关天平而造成的气流影响。

7）天平箱及水平调节脚　天平箱用以保护天平不受灰尘、热源、潮湿、气流等外界条件的影响。天平箱下装有三只水平调节脚，前面两只调节脚是供调节天平水平位置的螺旋脚，后面一只调节脚是固定用的。

8）砝码　每台天平都有一套配套的砝码。为了便于称量，砝码的大小有一定的组合形式，通常以 5、2、2、1 或 5、2、1、1 组合，并按固定的顺序摆放在砝码盒中。

砝码是衡量质量的标准，它的精度如何直接影响称量的准确度。目前我国将砝码分为五等，普通分析天平一般用三等砝码。

砝码在长时间使用后其质量有可能有些改变，所以必须按使用的频繁程度定期送计量部门检定。

（2）使用方法

1）称前检查　在使用天平前，要检查天平是否放置水平，圈码盘是否指示在 0.00 位置，圈码是否齐全，两盘是否空着，并用天平刷将天平清扫一下。

2）调节零点　电光天平的零点是指天平空载时，缩微标尺上的"0"刻度与投影屏上的标线相重合的平衡位置。接通电源，开启升降枢，此时可看到标尺在投影屏上的投影在移动，当标尺稳定后，若"0"刻度与标线不重合，当偏离较小时可拨动调屏拉杆，移动投影屏的位置，使其相合，即可调定零点；若偏离较大时（屏幕的位置已移动到尽头），则需关闭天平，调节横梁上的平衡螺丝，再开启天平，继续拨动调屏拉杆，直到调定零点，然后关闭天平，准备称量。

3）称量　称量前先把预称量的物体放在托盘天平上粗称，然后将称量物放入左盘并关好左门，在右盘上加入砝码至粗称数据的克位。选择砝码应遵循"由大到小，折半加入，逐级试验"的原则。试加砝码时，应半开天平，观察指针的偏移和投影屏上标尺的移动情况。根据"指针总是偏向轻盘，投影标尺总是向重盘移动"的原则，以判断所加砝码是否合适以及如何调整。克组砝码调定后，关上右门，再依次调定百毫克组及十毫克组圈码，每次从折半量开始调节。十毫克圈码组调定后，完全开启天平，平衡后，从投影屏上读出十毫克以下的读数。克组砝码数、指数盘刻度数及投影屏上读数三者之和即为称量物的质量。

（3）使用注意事项

① 称量前先将天平罩取下叠好，放在天平箱上面，检查天平是否处于水平状态，盘上若有污垢，用软毛刷清扫干净，检查和调整天平的零点，检查砝码是否缺少。

② 旋转升降旋钮时必须缓慢小心，轻开轻关。取放称量物、加减砝码和圈码时，都必须关闭天平以托起天平横梁，以免损坏玛瑙刀口。

③ 天平的前门不得随意打开，它主要供安装、调试和维修天平时使用。称量时应关好侧门。

④ 化学试剂和试样都不得直接放在秤盘上，应放在干净的表面皿、称量瓶或坩埚内；具有腐蚀性的气体或吸湿性物质，必须放在称量瓶或其他适当的密闭容器中称量。不能称量热的或冷的物体。

⑤ 天平的载重不能超过天平的最大负载。在同一次实验中，应尽量使用同一台天平和同一组砝码，以减少称量误差。

⑥ 取放砝码必须用镊子夹取，严禁手拿。旋转圈码指数盘时，应一挡一挡地慢慢转动，防止圈码跳落互撞。试加减砝码和圈码时应慢慢半开天平试验。

⑦ 为了防潮，在天平箱内应放置有吸湿作用的干燥剂。称量完毕，关闭天平，取出称量物和砝码，将指数盘拨回零位。检查砝码是否全部放回盒内原来的位置和天平内外的清洁，关好侧门，切断电源，最后罩上天平罩，将座凳放回原处。

2.7.3　电子天平

电子天平传感器的工作原理是基于电磁力平衡。一般分析天平的分度值为 0.1mg，即可称出 0.1mg 质量或分辨出 0.1mg 的质量差别。微量分析天平的分度值为 0.01mg，超微量分析天平的分度值更低，为 0.001mg。分析天平的最大载荷一般为 $100\sim200g$。

目前电子天平的种类很多。按电子天平传感器的工作原理可以将电子天平划分为电磁力平衡式、电感式、电阻应变式、电容式等。电磁力平衡式电子天平的结构复杂，但精度很高，可达到百万分之一以上，是目前国际高精密度天平普遍采取的一种形式，也是高等学校教学和科研主要使用的电子天平。

　　若按精度又可以把电子分析天平分为常量电子天平、半微量电子天平、微量电子天平和超微量电子天平。常量电子天平的称量一般在 $100\sim200g$，其分度值小于（最大）称量的 10^{-5}；半微量天平的称量一般在 $20\sim100g$，其分度值小于（最大）称量的 10^{-5}；微量天平的称量一般在 $3\sim50g$，其分度值小于（最大）称量的 10^{-5}；超微量天平的称量是 $2\sim5g$，其标尺分度值小于（最大）称量的 10^{-6}。

　　电子天平是最新一代的天平，可直接称量，全量程不需砝码，放上被称物品后，在几秒钟内即可达到平衡。电子天平具有称量速度快、精度高、使用寿命长、性能稳定、操作简便和灵敏度高的特点，其应用越来越广泛，并逐步取代机械天平。

（1）基本结构

　　电子天平（图 2-87）的基本构造如下所述。

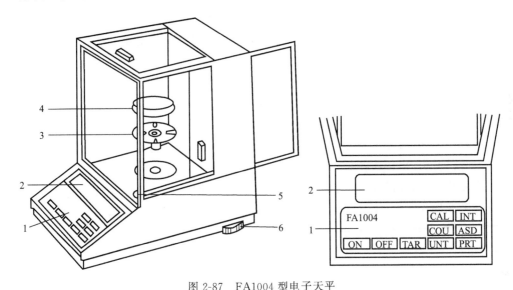

图 2-87　FA1004 型电子天平

1—键盘；2—显示器；3—托盘；4—秤盘；5—水平仪；6—水平调节脚

ON—开机键；OFF—关机键；TAR—清零或去皮键；CAL—校准功能键；INT—积分时间调整键；

COU—点数功能键；ASD—灵敏度调整键；UNT—量制转换键；PRT—输出模式设置键

　　1）机壳　电子天平的机壳为优质合金框架，其作用是防止电子天平受到外界灰尘污染物等的损害，也是电子元器件的基座。在机壳的上部有一个可以移动的天窗，左、右各有一个可以移动的侧门，天窗和侧门供称量或清理天平内部时方便使用。

　　2）气泡平衡仪（水平仪）　水平仪位于天平侧门里左侧一角，用来指示天平是否处于水平状态。电子天平底座的下部有 3 个水平调节脚（前 1 后 2），是电子天平的支撑部件，同时也是电子天平的水平调节器。调节天平的水平时，旋动后面的水平调节脚，使水平仪里面的气泡位于水平仪圆圈内。

　　3）秤盘　秤盘大部分是由金属材料制造，秤盘安装在天平的传感器上，是电子天平在称量时用的承担装置。大部分称盘是圆形或方形。在使用中要注意清洁和卫生，随时用毛刷除去洒落的药品或灰尘，不要随便更换秤盘。

　　4）传感器　电子天平传感器是电子天平最关键的部件之一，它安装在秤盘的下方。传感器很灵敏，精度也很高，在日常使用中要保持电子天平称量室的干燥清洁，切勿在称量时撒落样品而影响传感器的正常运作。

5）显示器　电子天平的显示器通常有两种：一种是液晶显示器；另一种是数码管的显示器。其用途是把输出的数字信号显示在显示屏上。

（2）FA1004 型电子天平的使用方法

1）水平调节　天平安装好后，先观察水平仪，如水平仪的小气泡偏移，需要调节水平调节脚，使小气泡位于水平仪圆圈内。

2）开启天平　接通电源，轻按 ON 键，显示器亮，同时天平进行自检，约 2s 后进入称量模式。如显示"0.0000g"，稍预热后即可称量；如需对天平进行校正，则需预热 1h 后再操作。

3）量制设置　按住 UNT 不松手，显示屏会循环显示不同质量单位的符号，如"g"等，当显示所需要的符号时松手，即为设置某量制单位。

4）天平校准　新安装好的天平或存放较长时间未使用的天平，在使用前应进行校准。此外天平位置移动、环境发生变化，或为了能够准确称量，在使用前也应对天平进行校准。FA1004 型电子天平采用外校准，校准由 TAR 键清零及 CAL 键、100g 校准砝码完成。有些分析天平具有内校准功能。自动校准的方法是按 TAR 键，稳定地显示"0.0000g"后，按一下 CAL 键，天平将自动进行校准，屏幕显示出"CAL"，表示正在进行校准。"CAL"消失后，表示校准完毕，即可进行称量。

5）称量　按 TAR 键，显示"0.0000g"后，打开电子天平侧门，将被称物品轻轻放在称盘上，关闭侧门，待显示屏上的数字稳定并出现质量单位后，即可读数。

6）去皮称量　若需清零、去皮重，将称量瓶或表面皿等放在秤盘正中间，轻按一下 TAR 键，天平将自动校对零点，然后逐渐加入待称物质，直到所需重量，显示屏所显示的数值即为所需物品的质量。

若称量过程中秤盘上的总质量超过最大载荷，则天平仅显示上部线段，此时应立即减小载荷。

7）称量结束后　应及时移去物品，关上侧门，按 OFF 键关闭电源，若有较长时间不用，则应拔下电源插头。

（3）使用注意事项

包括：a.电子天平应放置在牢固平稳的水泥台或木质台面上，避免震动；b.天平应避免光线直接照射，室内要求清洁、干燥及较恒定的温度，防止腐蚀性气体的侵蚀；c.不要将天平置于暖气附近、阳光直射处、打开的门窗附近及空气对流处；d.天平箱内要保持清洁干燥，定期放置和更换变色硅胶以保持干燥；e.称量时应从侧门取放物质，读数时应关闭箱门，以免空气流动引起天平摆动，顶窗仅在检修或清除残留物质时使用；f.挥发性、腐蚀性、强酸强碱类物质应盛于带盖称量瓶内称量，防止腐蚀天平；g.称量物体不得超过天平的最大量程；h.称量完毕，应将天平关闭，关好天门，罩上天平罩，切断电源，并检查天平周围是否清洁；i.若长时间不使用，则应定时通电预热，每周一次，每次预热 2h，以确保仪器始终处于良好状态。

2.8 测量仪器

在无机化学实验中经常要用到温度计、气压计、比重计、秒表、酸度计、电导率仪、分光光度计等测量仪器。本节将对这些仪器做简要介绍。

2.8.1 温度计

温度计是用于测量温度的仪器。温度计的种类很多，如普通温度计、数字式温度计、热敏温度计等。实验室中常用的是普通水银温度计。

根据水银温度计的用途和测量精度不同，分为普通温度计、精密温度计和高温水银温度计 3 种。普通温度计的刻度线每格为 1℃ 或 0.5℃，量程一般为 0～100℃、0～200℃、0～300℃ 等；精密温度计的最小刻度为 0.1℃，也有最小刻度为 0.02℃ 或 0.01℃ 的，一般量程为 0～50℃；高温水银温度计用特殊配料的硬质玻璃或石英作管壁，并在其中充以氮气或氩气，温度最高可以测到 750℃。

正确选用温度计主要根据实验要求选择温度计的测温精度和温度计的量程。例如，要测量温度为 50℃，要求测量精度为 1%，则测量的绝对误差为 50℃×1%＝0.5℃，应选择最小刻度小于 0.5℃、量程为 0～100℃ 的温度计。

使用注意事项：a. 应选择适合测量范围的温度计，严禁超量程使用；b. 测液体温度时温度计的水银泡部分应完全浸入液体中，但不得接触容器壁，测蒸汽温度时水银泡应在液面以上，测蒸馏馏分温度时温度计水银球的上沿应与蒸馏头侧管口的下沿恰好在一条水平线上；c. 读数时，视线应与水银温度计水银液柱凸面最高点或酒精温度计红色凹面最低点水平；d. 禁止用温度计代替玻璃棒搅拌液体，用完后应用水冲洗、擦拭干净，装入温度计盒内，远离热源存放。

2.8.2 气压计

无机化学实验室中经常要测量气体的压力，常用的压力计有福丁式气压计、U 形压力计等，目前市场上出现了数字式压力计，因其读数方便、准确度高得到广泛应用。

(1) 福丁式气压计

福丁式气压计是实验室里常用的气压计，它是一种水银柱平衡大气压力、水银柱高度指示大气压力的测量大气压力的仪器。

1）构造　福丁式气压计根据结构分为动槽式和定槽式两种（图 2-88），本节主要介绍动槽式水银气压计。

福丁式气压计的外形 ［图 2-89(a)］，外层为一黄铜管，铜管上部有一长方形孔 ［图 2-89(b) 中 8］可以观察水银柱的高度。铜管内有一长约 90cm 的玻璃管 ［图 2-89(c) 中的 15］，内盛水银，其上端封闭，下部开口端插在水银槽 ［图 2-89(c) 中的 17］ 中。

在黄铜管上装有刻度标尺 ［图 2-89(a) 中的 5］、游标 ［图 2-89(b) 中的 9］、控制游标的螺旋 ［图 2-89(b) 中的 7］和附属温度计 ［图 2-89(a) 中的 3］等。

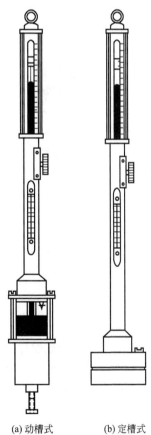

(a) 动槽式　　(b) 定槽式
图 2-88　动槽式与定槽式气压计

气压计的下部外层由一铜管和一短玻璃筒 ［图 2-89(c) 中的 16］ 构成，内装气压计的水银槽。水银槽的下部为一羊皮制的袋 ［图 2-89(c) 中的 13］，在黄铜管的下部装有水银面调节螺旋 ［图 2-89(c) 中的 12］，旋转调节螺旋，可以使皮袋折上或者放下以改变槽中水银面高度。

在水银槽的上部装有一象牙针，尖向下，其垂直尖端为黄铜管标尺刻度零点。在读气压时，必须先使槽中水银面恰好与针尖相接触 [图 2-89(c) 中的 14]。

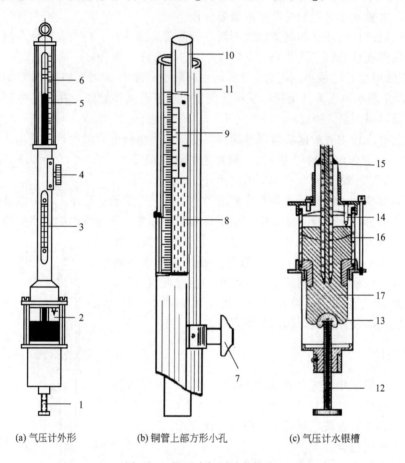

(a) 气压计外形　　　　(b) 铜管上部方形小孔　　　　(c) 气压计水银槽

图 2-89　福丁式气压计的构造

1—水银面调节螺旋；2—水银槽；3—附属温度计；4—控制游标螺旋；5—刻度标尺；6—游标；
7—控制游标螺旋；8—铜管上部方形孔；9—游标；10—玻璃管；11—铜管；12—水银面
调节螺旋；13—羊皮袋；14—象牙针；15—玻璃管；16—玻璃筒；17—水银槽

2) 使用方法

① 首先观察附属温度计，记录温度。

② 调节水银槽中的水银面。旋转水银面调节螺旋，使槽内水银面升高，这时利用水银槽后面的白瓷片的反光可以看到水银面与象牙针的间隙，再调节螺旋至间隙恰好消失为止。

③ 调节游标。移动控制游标的螺旋，使游标的底部恰与水银柱的凸面顶端相切。

④ 读数方法。读数标尺上的刻度单位有 mmHg 和 kPa 两种。以 mmHg 为刻度单位的读数方法如下。

整数部分的读数方法：先看游标的零线在刻度标尺的位置，如果恰好与标尺上某一刻度相吻合，则该刻度即为气压计读数。如游标零线与 760 刻度线相吻合 [图 2-90(a)]，气压读数即为 760.0mmHg；如果游标零线在 761～762 之间，则气压计读数的整数部分为 761

［图 2-90(b)］，小数部分由游标确定。

小数部分的读数方法：从游标上找出一条与标尺上某一刻度相吻合的刻度线，此游标读数即为小数部分。图 2-90(b) 中气压读数为 761.4mmHg。

以 kPa 为刻度单位的气压计读数方法同上，图 2-90(c) 的读数为 101.16kPa。

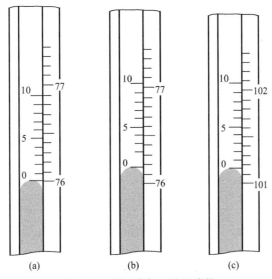

图 2-90　福丁式气压计的读数

⑤ 读数后，转动气压计底部的水银面调节螺旋，使水银面下降到与象牙针完全脱离。

⑥ 做好仪器误差、温度、海拔高度和纬度等的校正。

3）大气压值校正　水银气压计的刻度是以 0℃、纬度 45°的海平面高度为标准的。从气压计上读出的数值至少需要经过仪器误差校正后才能使用。而在精密测量中，还需要根据温度、纬度、海拔高度等进行校正。

① 仪器误差的校正。大气压强的读数值应首先对仪器误差加以校正。仪器误差是由仪器本身不精确而造成读数上的误差。仪器在出厂时都有仪器误差的校正卡片。若校正值是正值则加在气压计的读数上，若负值则减去这个值。

② 温度影响的校正。温度的改变引起水银密度的变化及铜套管的热胀冷缩而影响读数，因此精密的测量需要做温度校正。因为水银的膨胀系数比铜管的大，所以若温度高于 0℃，经仪器误差校正后的气压值应减去温度的校正值，而温度低于 0℃，应加上温度校正值。校正后的值相当于 0℃水银柱高度。一般铜管均由黄铜制成，气压计的温度校正值可用下式表示：

$$p_0 = \frac{1+\beta t}{1+\alpha t} p = p - p\, \frac{(\alpha-\beta)t}{1+\alpha t} \tag{2-1}$$

式中，p 为气压计读数，mmHg（1mmHg＝133.32Pa，下同）；p_0 为将读数校正到 0℃时的值，mmHg；t 为气压计的温度，℃；$\alpha = 0.0001819$，是水银在 0～35℃ 之间的平均体膨胀系数；$\beta = 0.0000184$，是黄铜的线膨胀系数。

表 2-4 是根据式(2-1) 计算得到的 $p\, \dfrac{(\alpha-\beta)t}{1+\alpha t}$ 值（以 mmHg 为单位）。若温度 t 或气压计读数 p 不是整数，可以采用四舍五入或插入法。

表 2-4　气压计读数的温度校正值

温度 /℃	读数/mmHg				
	740	750	760	770	780
15	1.81	1.83	1.86	1.88	1.91
16	1.93	1.96	1.98	2.01	2.03
17	2.05	2.08	2.10	2.13	2.16
18	2.17	2.20	2.23	2.26	2.29
19	2.29	2.32	2.35	2.38	2.41
20	2.41	2.44	2.47	2.51	2.54
21	2.53	2.56	2.60	2.63	2.67
22	2.65	2.69	2.72	2.76	2.79
23	2.77	2.81	2.84	2.88	2.92
24	2.89	2.93	2.97	3.01	3.05
25	3.01	3.05	3.09	3.13	3.17
26	3.13	3.17	3.21	3.26	3.30
27	3.25	3.29	3.34	3.38	3.42
28	3.37	3.41	3.46	3.51	3.55
29	3.49	3.54	3.58	3.63	3.68
30	3.61	3.66	3.71	3.75	3.80

③ 海拔高度和纬度的校正。重力加速度随高度和纬度而改变，因此水银的重量受到影响。若考虑高度 H 和纬度 λ 对气压的影响，则校正值等于已校正到 0℃ 的水银柱高度乘以以下校正系数：$(1-2.6\times10^{-3}\cos2\lambda-3.14\times10^{-7}H)$。此项校正值很小，在一般实验中可不计算。

（2）U 形压力计

U 形压力计是化学实验中应用较多的压力计。其优点是结构简单，使用方便，能测量微小压力差。缺点是测量范围较小，示值与工作液的密度有关，也就是与工作液的种类、纯度、温度及重力加速度等有关，且结构不牢固，耐压强度较差。

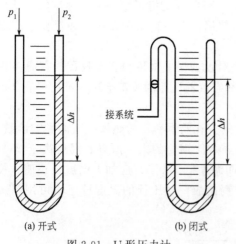

U 形压力计由两端开口的 U 形玻璃管及垂直放置的刻度标尺构成，管内盛有适量工作液作为指示液 [图 2-91(a)]。

U 形管的两个支管分别连接于两个测压口，液面高度差 Δh 与压差（p_1-p_2）有如下关系：

$$p_1-p_2=\rho g\Delta h \tag{2-2}$$

式中，ρ 为 U 形管中工作液的密度；g 为重力加速度。

这样压力差（p_1-p_2）的大小即可以用液面高度差 Δh 来度量。显然，选用工作液的密度越

（a）开式　（b）闭式

图 2-91　U 形压力计

小，测量的灵敏度越高。常用的工作液有油、水、汞等。若 U 形管的一端与大气相通，则可测量系统的压力与大气压的差值。

当测量低于 20kPa（相当于 150mmHg）的压力时，常用闭式 U 形汞压力计。闭式 U 形管压力计封闭端上部为真空，图 2-91（b）中 Δh 即代表压力。与开式 U 形压力计相比较，闭式 U 形压力计使用时不必测量大气的压力。

使用 U 形管压力计测量气压时要注意，由于 U 形管的两支管内径不完全相同，因此 Δh

值不能用一边液体的高度变化乘以 2 来确定，以免引起读数误差。

（3）数字式压力计

U 形管压力计测量系统的压力，虽然方法原理简单、形象直观，但由于汞的污染以及不便于远距离观察和自动记录等，逐渐被数字式电子压力计所取代。数字式电子压力计具有体积小、精密度高、操作简单、便于远距离观测和能够实现自动记录等优点，目前已得到广泛的应用。可用于测量负压及真空（－101.3～0kPa）的 DP-AF 精密数字压力计、可测绝压或实时显示大气压的 DP-AF 精密数字气压计即属于此类压力计。

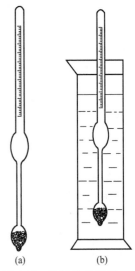

2.8.3　比重计

比重计是用来测定溶液相对密度的仪器。它是一支中空的玻璃浮柱，上部有标线，下部为内装铅粒的重锤 [图 2-92(a)]。

比重计通常分为重表和轻表两种：重表用来测量相对密度大于 1 的液体；轻表用来测量相对密度小于 1 的液体。实验时应根据溶液相对密度的不同而确定选用轻表还是重表。

测量液体相对密度时，要根据液体的密度选择合适量程的比重计，然后将预测液体注入干净的大量筒中，再将洁净干燥的比重计轻轻放入液体中。为了避免比重计在液体中上下沉浮和左右摇摆以致与量筒壁碰撞而打破比重计，在浸入时应用手扶住比重计上端，并让它浮在液面上，待比重计不再摇动时才能读数。读

图 2-92　比重计的使用方法

数时不能使比重计的浮泡与量筒的内壁接触，且视线要与凹液面最低处相切。测量相对密度的方法如图 2-92(b) 所示。

用完比重计要洗净、擦干，并放回盒内。

2.8.4　秒表

秒表是用来准确测量时间的仪器。它有各种规格，实验室常用的一种秒表其秒针旋转一周为 30s，分针旋转一周为 15min（图 2-93）。这种表有两个指针，长针为秒针，短针为分针，表面上也相应地有两圈刻度，分别表示秒和分的位置。这种表可准确到 0.01s。秒表的上端有柄头，用它旋紧发条，控制表的启动和停止。

图 2-93　秒表

使用秒表时，先旋紧发条，用手握住表体，用拇指或食指按柄头，按一下表即走动，需停止时再按一下柄头，秒针、分针都停止，即可读数。第三次按柄头，秒针、分针即返回零点，恢复原始状态，可再次计时。

2.8.5　酸度计

酸度计也称 pH 计或离子计，主要用来准确测量溶液中某离子的活度。它主要由电极和电位差测量部分组成。当采用离子选择电极时可测定溶液的 pH 值，若采用其他的离子选择电极，则可以测量溶液中某相应离子的浓度（实为活度）。

酸度计除可以测量水溶液的酸度外，还可以粗略地测量氧化还原电对的电极电势，也可

以配合磁力搅拌器进行电位滴定。酸度计被广泛应用于化工、食品加工、环保等领域的分析化验。

（1）基本原理

酸度计的工作原理是将两个电极浸入待测溶液中形成原电池，通过精密电位计测量两个电极之间的电势差来实现对溶液中相应离子的浓度（实为活度）的测量。其中两个电极：一个是指示电极（也称为测量电极），其电极电位与测定离子的浓度（实为活度）有关；另一个电极的电极电位与测定离子浓度无关，电极电位是一固定值，称为参比电极。

参比电极一般为饱和甘汞电极［图 2-94(a)］，或 Ag/AgCl 电极。如饱和甘汞电极是由金属 Hg、Hg_2Cl_2 和饱和 KCl 溶液组成，其电极反应为：

$$Hg_2Cl_2 + 2e^- \rule[0.5ex]{1em}{0.4pt}\rule[0.3ex]{1em}{0.4pt} 2Hg + 2Cl^-$$

Ag/AgCl 电极是由表面覆盖有氯化银的多孔金属银浸在含 Cl^- 的溶液中组成，其电极反应为：

$$AgCl + e^- \rule[0.5ex]{1em}{0.4pt}\rule[0.3ex]{1em}{0.4pt} Ag + Cl^-$$

参比电极的电极电位不随溶液 pH 值的变化而变化，在一定温度和浓度下是一定值，但与 Cl^- 浓度有关。25℃时，饱和甘汞电极的电极电位为 +0.241V，Ag/AgCl 电极的标准电极电位为 +0.222V。

pH 指示电极［图 2-94(b)］通常是一支对 H^+ 具有特殊选择性的玻璃电极。它的主要部分是头部的玻璃球泡，它是由特殊的敏感玻璃膜构成。球泡内装有 $0.1mol \cdot L^{-1}$ HCl 的内标准缓冲溶液，内置 Ag/AgCl 内参比电极。薄玻璃膜对 H^+ 有敏感作用，当它浸入被测溶液内，被测溶液的 H^+ 与电极玻璃球泡表面水化层进行离子交换，玻璃球泡内层也同样产生电极电势。由于内层 H^+ 浓度不变，而外层 H^+ 浓度在变化，内外层的电势差也在变化，因此该电极电势随待测溶液的 pH 值不同而改变。

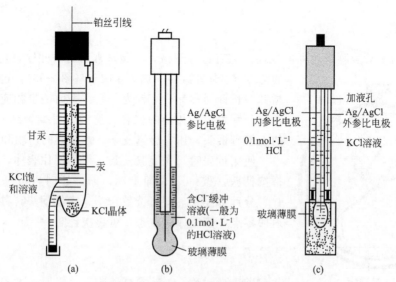

图 2-94　饱和甘汞电极和玻璃电极

$$E_{玻} = E_{玻}^{\ominus} + 0.059 \lg[H^+] = E_{玻}^{\ominus} - 0.059 \text{pH}(\text{V}) \tag{2-3}$$

将玻璃电极和外参比电极一起浸在被测溶液中组成原电池，可表示如下：

玻璃电极(指示电极)｜待测溶液‖参比电极

将玻璃电极和外参比电极与精密电位计连接，即可测定电池电动势 E。

$$E = E_正 - E_负 = E_{参比} - E_玻 = E_{参比} - E_玻^{\ominus} + 0.059\text{pH}(\text{V})$$

所以
$$\text{pH} = \frac{E + E_玻^{\ominus} - E_{参比}}{0.059} \tag{2-4}$$

式中，$E_{参比}$ 与 $E_玻^{\ominus}$ 均为定值，所以根据测得的电动势可以确定 pH 值。酸度计通过精密电位计测量电池的电动势 E，把电动势以 pH 值表示出来，可以直接读出溶液的 pH 值。

现在，实验室中大多使用一种复合电极测定溶液的 pH 值。复合电极［图 2-94(c)］是将作为指示电极的玻璃电极和作为参比电极的 Ag/AgCl 电极组装在两个同心玻璃管中，其主要部分是电极下端的玻璃球和玻璃管中的一个直径约为 2mm 的微孔陶瓷。当复合电极插入溶液时，微孔陶瓷起盐桥作用，将待测溶液和参比电极的饱和 KCl 溶液沟通，电极内部的内参比电极（另一个 Ag/AgCl 电极）通过玻璃球与待测试液接触。两个 Ag/AgCl 电极通过导线分别与电极的插头连接。内参比电极与插头顶部相连接，为负极；参比电极与插头的根部连接，为正极。复合电极不易损坏，且使用方便。

（2）EUTECH-pH700 酸度计的使用方法

酸度计的型号较多，目前实验室广泛使用的有上海雷磁 pHS-3B、pHS-3C 型、梅特勒 320-SpH 型、优特 pH 510、pH 700 等。以 EUTECH-pH 700 酸度计为例，介绍其外形结构（图 2-95）及使用方法，该酸度计键盘功能如表 2-5 所列；其他型号酸度计在使用前应认真阅读使用说明书。

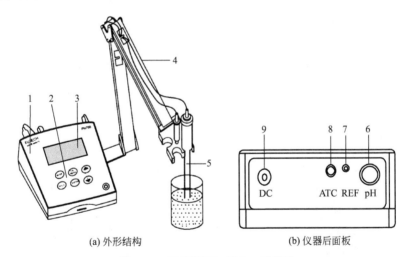

(a) 外形结构　　　　　　　　　　　(b) 仪器后面板

图 2-95　EUTECH-pH 700 酸度计

1—机箱；2—键盘；3—显示屏；4—多功能电极架；5—电极；6—测量电极插座；
7—参比电极插口；8—温度自动补偿探头插口；9—电源插座

表 2-5　EUTECH-pH 700 酸度计键盘功能

按键	测量模式	校正/设定模式
电源开关	开、关仪器，当仪器开后会自动回到关机前的模式	
CAL/MEAS	在测量和校正两个模式之间转换。在设定（SETUP）模式下，按 CAL/MEAS 键可转换到测量模式	

续表

按键	测量模式	校正/设定模式
MODE	在可提供的 pH/mV/温度/离子浓度测量模式之间转换	在 pH 校准模式下从 pH 转换到温度
MI/▲	MI 键可以滚动输入测量值到仪器的存储器中	▲可在 mV 校准模式下滚动选择数值;在校准模式下选择温度值和离子选项;在设定(SETUP)模式下滚动到下一个程序
MR/▼	MR 可以提取存储器中的测量值,并可以滚动全部存储值	▼可在 mV 校准模式下滚动选择数值;在校准模式下选择温度值和离子选项;在设定(SETUP)模式下滚动到下一个程序
HOLD	在显示屏上锁定测量值,再按一下得到当前读数	
ENTER	在存储模式下进入功能选项	确认和输入校准时选定的值

EUTECH-pH 700 酸度计显示器为双行数字显示屏幕上能够显示仪器的设定参数、测量值和标准参数等。如图 2-96 所示。

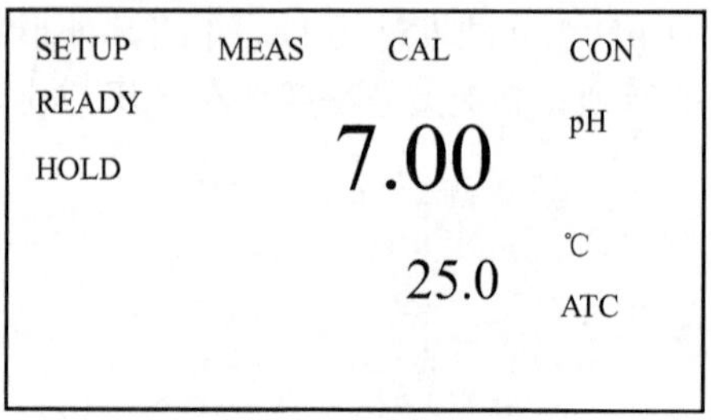

图 2-96　EUTECH-pH 700 酸度计显示器
MEAS—测量模式;SETUP—功能设定模式;CAL—pH/ORP 校准;READY—完成校准后准备就绪;HOLD—继电器和电流输出工作状态被锁定;ATC—处于温度自动补偿模式

使用 EUTECH-pH 700 酸度计要注意校正、测量及电极的维护和保养 3 个环节。

1) 校正　EUTECH-pH 700 酸度计的控制器预设了 5 种标准缓冲溶液 pH 值（1.00、4.00、6.86 或 7.00、9.00 和 10.00），仪器可以进行两点或多点校准，以确保在测量范围内测量结果的准确性。

使用自动温度补偿功能，只需把温度探头插入 ATC 接口，在 LCD 显示器上将有显示。

多点校正步骤:

① 用 "MODE" 键选择 pH 模式。

② 浸泡电极：用去离子水浸泡液浸泡电极（不要擦拭电极以免玻璃表面产生静电）。

③ 把电极浸入缓冲溶液中然后按 CAL 键，LCD 将显示 "CAL"，进入校正模式。当测量 pH 数据稳定后将显示 "READY"。

④ 当显示 "READY" 时，按 ENTER 键，以确定校正。此时仪器被校正到所显示的缓冲溶液的 pH 值。然后仪器显示屏第二栏将自动滚至下一个缓冲溶液选项。如果是一点校正，可直接按 CAL/MEAS 键返回测量模式。

⑤ 当滚动到第二种标准缓冲溶液时，用▲键或▼键选择相应的缓冲溶液（pH 值为 4.00 或 7.00、10.00），把电极浸入第二种标准缓冲溶液。当测量数据稳定后显示 "READY" 时，按 ENTER 键确认。如果是两点校正，此时按 CAL/MEAS 键返回测量模式；如果需要三点校正，则不必按 MEAS 键，按上述方式进行第三点校正，校正结束后按 CAL/MEAS 键返回测量模式，进行测量。

2) 测量　包括: a. 使仪器处于 MEAS（测量）状态; b. 用前先用自来水浸泡活化电极，同时去掉电极上的污染物，用滤纸吸干或用待测溶液洗一次; c. 将电极浸入待测溶液中，轻轻摇动烧杯，使溶液均匀，然后让溶液静置; d. 当出现 "READY" 数据稳定时，可读出溶液的 pH 值。

注意：仪器在校准和测量时均需要进行温度补偿。温度补偿有自动补偿和手动补偿两种方式。自动补偿时，通过用"MODE"及"▲"或"▼"滚动屏幕直到屏幕显示"Set ℃"，按"ENTER"确认，选择"ATC on"，再按"ENTER"确认。使用自动温度补偿功能（ATC 状态）进行校准时，必须将温度探头浸入样品溶液内。手动温度补偿时，通过用"MODE"及"▲"或"▼"滚动屏幕直到屏幕显示"Set ℃"，按 ENTER 键确认，选择"ATC OFF"，再按 ENTER 键确认，然后按"▲"或"▼"将温度调节到溶液的实际温度，再按 ENTER 键确认即完成温度的手动补偿。

3）电极的维护和保养　pH 电极对灰尘和污染物是十分敏感的，所以需要根据使用的范围和条件定期进行清洗。

① 电极维护

• 贮存：电极应保持玻璃泡润湿，最好浸泡在 pH 缓冲溶液（含 1％KCl）中，也可贮存于其他 pH 缓冲溶液或蒸馏水中，橡皮保护塞可使内冲液不至挥发，便于长期保存。

• 使用完毕后应用去离子水冲洗电极和参比连接处，用橡皮塞封好内充液孔，按上述方法贮存。

• 当内冲电解液干了，取下橡皮保护塞，倒出原来的电解液（用注射器和其他软管），再用新电解液由内充液孔重新填充，再用橡皮塞或橡皮带封好，内参比用的电解液为 3mol/L KCl。使用前先浸泡电极。

② 电极清洗

• 盐沉积物：电极上有盐沉积物，可把电极浸入自来水 10～15min，再用去离子水清洗。

• 油脂层：可用洗涤剂和水清洗后，再用去离子水清洗。

• 参比连接处堵塞：把 pH 电极传感器部分放入 60～80℃稀 KCl 溶液中浸泡 10min。

• 蛋白质沉积物：把电极放入 1％胃蛋白酶 $0.5mol \cdot L^{-1}$ HCl 溶液中浸泡 5～10min。

③ 电极活化再生。如果通常按说明保存、维护和清洁，电极便可立即使用。然而当电极反应迟钝时，可能玻璃泡已经干燥，此时应按前面贮存方法重新浸泡 1～2h。如果浸泡后仍然不行，电极则需要活化。

注意：千万不要触摸或擦拭玻璃泡，以免引起静电。

若上面的过程不能使电极达到期望的灵敏度，则依照下面的程序使电极再生：

a. 将电极浸入酒精中，搅动 5min；b. 把电极放入自来水中 15min；c. 将电极浸入浓酸（例如盐酸或硫酸）中搅动 5min；d. 重复上述②电极清洗步骤；e. 将电极放入强碱（NaOH）中搅动 5min，再放入自来水中 15min；f. 使用标准缓冲溶液核验。

如果反应没有促进，则电极已经不能再继续使用。这时需要换一支新的电极。

2.8.6　电导率仪

电导率仪是实验室常规分析仪器，用于实验室精确测量电解质溶液的电导率。

（1）工作原理

导体导电能力的大小，通常用电阻或电导表示，它们的关系为：

$$G = \frac{1}{R} \tag{2-5}$$

式中，R 为导体的电阻，Ω（欧姆）；G 为导体的电导，S（西门子）。

根据欧姆定律，导体的电阻与导体的长度成正比，与导体的横截面积成反比：

$$R \propto \frac{l}{A}$$

$$R = \rho \frac{l}{A} \tag{2-6}$$

式中，R 为导体的电阻，Ω；l 为导体的长度，cm；A 为导体的横截面积，cm^2；ρ 为导体的电阻率，表示当导体的长度为 1cm、横截面积为 $1cm^2$ 时的电阻，$\Omega \cdot cm$。

和金属导体一样，电解质水溶液体系也符合欧姆定律。当温度一定时，两极间溶液的电阻与两极间的距离 l 成正比，与电极面积 A 成反比。对于电解质水溶液体系，常用电导和电导率来表示其导电能力。

$$G = \frac{1}{R} = \frac{1}{\rho} \frac{A}{l} \tag{2-7}$$

令

$$\gamma = \frac{1}{\rho}$$

则

$$G = \gamma \frac{A}{l} \tag{2-8}$$

式中，γ 是电阻率 ρ 的倒数，称为电导率，它表示在相距 1cm、面积为 $1cm^2$ 的两极间溶液的电导，其单位为 $s \cdot cm^{-1}$。

在电导池中，电极距离和面积是一定的，所以对某一电极来说，$\dfrac{l}{A}$ 是常数，以 K 表示，称为电极常数或电导池常数。

$$K = \frac{l}{A}$$

则

$$G = \gamma \frac{1}{K}$$

$$\gamma = KG \tag{2-9}$$

不同电极，其电极常数 K 不同，因此测出同一溶液的电导值也不同。但电导率 γ 的值与电极本身无关，只与电解质水溶液中电解质含量有关，电导率 γ 正比于电解质水溶液中电解质的含量。所以，通过式(2-9)，将 G 换算成电导率 γ，从而测定电解质水溶液中电解质的含量。

电导率仪就是通过测量浸入溶液中电极极板间的电阻来实现对电导的测量，然后根据式(2-9) 和电极常数确定电导率的值，进一步确定电解质水溶液中电解质的含量。

(2) DDS-12DW 电导率仪的外部构造及使用方法

1）DDS-12DW 电导率仪的外部构造　DDS-12DW 电导率仪（图 2-97）是一种微机型电导率仪，可以自动转换量程。当电极浸入溶液后，仪器自动扫描当前测量值并自动转换量

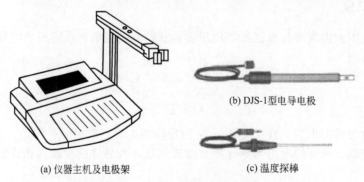

(a) 仪器主机及电极架　　(b) DJS-1型电导电极　　(c) 温度探棒

图 2-97　DDS-12DW 电导率仪

程，以最精确的分辨率显示测量值。

图 2-98 为 DDS-12DW 电导率仪的操作面板。电导率仪的液晶显示屏可以同时显示操作模式图标、温度值及电导率值。操作模式图标有测量（MEAS）、校准、温度设置、自动温度补偿。

DDS-12DW 电导率仪的操作面板上有 6 个按键，其功能参见表 2-6。

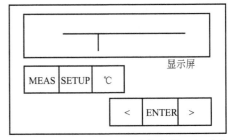

图 2-98　DDS-12DW 电导率仪操作面板示意

表 2-6　DDS-12DW 电导率仪按键及功能

按键	功能
"MEAS"测量键	开、关仪器，退出校准或设置模式，返回电导率测量模式
"SETUP"设置键	进入校准、电极常数设置、温度系数设置菜单
"℃"温度设置键	进入手动温度设置模式
"<"上升键	在设置模式，按键数值上升 1；按住键，数值上升 10
"ENTER"确认键	确认输入值或进入某项设置菜单
">"下降键	在设置模式，按键数值下降 1；按住键，数值下降 10

2）设置电极常数　在进行电导率测量时，要根据待测溶液的电导率高低选配不同电极常数的电导电极。仪器配有电极常数 K 分别为 0.1、1 和 10 的电极，测量范围及电极型号的选择如表 2-7 所列。

表 2-7　DDS-12DW 电导率仪量程及选用电极型号

量程	选用电极型号
$0.000 \sim 1.999 \mu S \cdot cm^{-1}$	DJS-0.1 型或 DJS-1 型
$2.000 \sim 19.99 \mu S \cdot cm^{-1}$	DJS-1 型
$20.00 \sim 199.9 \mu S \cdot cm^{-1}$	DJS-1 型
$200.0 \sim 1999 \mu S \cdot cm^{-1}$	DJS-1 型
$2.000 \sim 19.99 mS \cdot cm^{-1}$	DJS-1 型或 DJS-10 型
$20.00 \sim 200.0 mS \cdot cm^{-1}$	DJS-10 型

电极常数的设置方法：根据电导电极标签上的数值设置电极常数，如电极上标有 1.08 字样，则为电极常数 $K=1$ 的电极；若标有 9.98，则为电极常数 $K=10$ 的电极；若标有 0.098，则为电极常数 $K=0.1$ 的电极。按"SETUP"键，屏幕显示"CAL…"，进入设置菜单。按">"键，仪器显示"CEL…"（CEL 是英语 Cell Constant 的缩写）。按"EN-TER"键，仪器进入电极常数设定模式。按"<"键或">"键，选择电极常数（在 0.1、1、10 间转换）。按"ENTER"键确认，仪器返回电导率测量模式。按"MEAS"键，仪器退出设置模式。

3）校准仪器　第一次使用仪器或更换新电极时必须校准仪器。采用输入常数法校准，将标注于电导电极上的常数值输入仪器完成校准。具体校准方法：先按步骤 2）设置电极常数（$K=0.1$、1、10），然后按"SETUP"键，屏幕显示"CAL…"，（CAL 是英语 Calibration 的缩写），按"ENTER"键，进入校准模式，然后根据电极标签上的电极常数数值按"<"键或">"键设定数值，最后按"ENTER"键确认，仪器返回电导率测量模式。

4）温度补偿　电导率受温度影响，液体温度每升高 1℃，电导率约增加 2%。通常规定 25℃ 为测定电导率的标准温度。因此，如果待测液体的温度不是 25℃，则应校正到 25℃ 的电导率。不同溶液往往具有不同的温度系数，准确设定温度系数对精确测量至关重要。DDS-12DW 电导率仪可在（0～3.0%）/℃ 的范围内设定温度系数。

① 设置温度系数：仪器默认温度系数为 2.0%/℃。设置方法：按 "SETUP" 键，屏幕显示 "CAL…"，进入设置菜单，然后按 "<" 键，仪器显示 "COE…"（COE 是英语 Coefficient 的缩写），再按 "ENTER" 键，仪器进入温度系数设定模式，然后按 "<" 键或 ">" 键，设定温度系数。例如 2.0% 设置为 0.020。按 "ENTER" 键确认，仪器返回电导率测量模式。按 "MEAS" 键，仪器退出设置模式。

② 精确设定温度系数的方法：按仪器 "℃" 键进入温度设置模式，按 "<" 键或 ">" 键将温度设置为 25℃，按 "ENTER" 键确认，将样品溶液移至恒温槽，待溶液温度稳定后测得温度 T_A，将电导电极浸入温度为 T_A 的溶液中测得电导率 λ_A。启动恒温槽加热装置对溶液加温，待溶液温度稳定后测得温度 T_B。将电导电极浸入温度为 T_B 的溶液中测得电导率 λ_B。注意温度 T_A 与 T_B 的差值应在 5～10℃。将测得的电导率及温度值代入下式计算温度系数 T_c：

$$T_c = \frac{\lambda_B - \lambda_A}{\lambda_A(T_B - 25) - \lambda_B(T_A - 25)} \tag{2-10}$$

③ 手动温度补偿：用温度计测量溶液的温度值，按 "℃" 键，仪器进入温度设置模式，按 "<" 键或 ">" 键设置温度值，按 "ENTER" 键确认。

④ 自动温度补偿：将温度探棒连接到仪器 "ATC" 接口，屏幕中显示 ATC 图标。将温度探棒浸入液体中，仪器将自动测量温度并进行温度补偿。如果同时接入电导电极，仪器将转入自动温度补偿模式，温度补偿范围为 0～50℃。拔出温度探棒插头，ATC 图标熄灭，仪器退出自动温度补偿。

5）使用方法

① 将电导电极和温度探棒安装到支架上，导线插入相应插孔。

② 按 "MEAS" 键，仪器开机，按住 "MEAS" 键约 3s，仪器关闭显示。

③ 电导率的测量（转换为 25℃ 的电导率值）：用去离子水清洗电极，用吸水纸吸干电极上的水，再用少量待测溶液淋洗电极，设置电极常数，设置温度系数，选择温度补偿模式（手动或自动）。将电极和温度探棒（温度自动补偿时）浸入待测溶液中，缓慢搅拌，待测量值稳定后读数。

④ 绝对电导率的测量（当前温度下的电导率值）：如果需要测量液体在当前温度下的电导率值，将仪器的温度值设定为 25℃，不使用温度探棒，此时仪器不进行温度补偿，测得的值即为液体在此温度下的电导率值。

6）注意事项　包括：a. 盛放待测溶液的容器必须洁净干燥，无离子沾污；b. 电极的引线不能潮湿，否则会引起测量误差；c. 每测量一份试样后，要用蒸馏水冲洗电极，并用吸水纸吸干，但不能擦拭电极，以免铂黑脱落。或用待测液荡洗 3 次后再测量；d. 在测量中如果发现屏幕上显示 "1."，表示超出仪器测量范围，需要更换电导电极，如果电极污染失效，要将电极浸入 10% 的硝酸或盐酸溶液中 2min，再用去离子水冲洗。

2.8.7　分光光度计

分光光度计分为红外、紫外-可见、可见分光光度计等几类，有时也称为分光光度仪或光谱仪。可见分光光度计是在可见光波长范围（360～800nm）内进行定量比色分析的仪器，其型号较多，较普遍使用的有 721 型、722 型、7220 型。

(1) 基本原理

白光通过棱镜或衍射光栅的色散，形成不同波长的单色光。一束单色光通过有色溶液时，溶液中的溶质能吸收其中的部分光。物质对光的吸收是有选择性的，各种物质对不同波长光的吸收程度不同。用透光率或吸光度（或光密度）表示物质对光的吸收程度。

如果入射光强度用 I_0 表示，透射光强度用 I_1 表示，透光率以 T 表示，则

$$T = \frac{I_1}{I_0} \tag{2-11}$$

而
$$A = -\lg T = -\lg \frac{I_1}{I_0} \tag{2-12}$$

式中，A 称为吸光度（或称为光密度、消光度）。显然，T 越小，A 越大，即溶液对光的吸收程度越大。

Lambort-Beer（朗伯-比尔）定律总结了溶液对光的吸收规律：一束单色光通过有色溶液时，有色溶液对光的吸光度 A 与溶液的浓度 c 和光线通过溶液的厚度 b（图 2-99）的乘积成正比，即

$$A = kcb \tag{2-13}$$

比例常数 k 称为摩尔吸收系数（或光密度系数），与物质的性质、入射光的波长和溶液温度等因素有关。

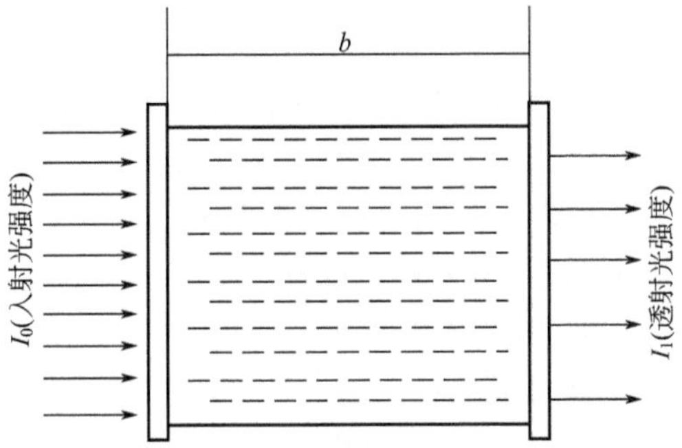

图 2-99　光线通过溶液

由式(2-13)看出，当液层厚度一定时，溶液的吸光度 A 只与溶液的浓度 c 成正比。测定时，一般只读取吸光度。

分光光度法就是以 Lambort-Beer 定律为基础建立起来的分析方法。

通常用光的吸收曲线来描述有色溶液对光的吸收情况。将不同波长的单色光依次通过一定浓度的有色溶液，分别测定其吸光度 A，以波长 λ 为横坐标，以吸光度 A 为纵坐标作图，所得曲线为光的吸收曲线，最大吸收峰处对应的单色光波长称为最大吸收波长 λ_{max}，选用 λ_{max} 的光进行测量，光的吸收程度最大，测量的灵敏度最高。

一般在测量样品时，先测工作曲线，即在与测定样品相同的条件下，先测量一系列已知准确浓度的标准溶液的吸光度 A，画出 A-c 曲线，即工作曲线。然后测定样品的吸光度 A，就可以利用工作曲线求出相应的浓度 c。

(2) 基本构造

分光光度计主要由图 2-100 所示的五部分组成。

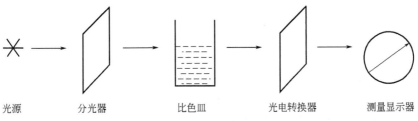

| 光源 | 分光器 | 比色皿 | 光电转换器 | 测量显示器 |

图 2-100　分光光度计主要部件示意

1) 光源　分光光度计所用的光源，应该在尽可能宽的波长范围内给出连续光谱，应有足够的辐射强度，良好的辐射稳定性等特点。可见分光光度计的光源一般是钨灯，钨灯发出的复合光波长约在 400～1000nm 之间，覆盖了整个可见光光区。为了保持光源发光强度的稳定，要求电源电压十分稳定，因此光源前面装有稳压器。

2) 分光器　分光器（单色器）是一种能把光源辐射的复合光按波长的长短色散，并能很方便地从其中分出所需单色光的光学装置，包括狭缝和色散元件两部分。色散元件用棱镜或光栅制成。棱镜是根据光的折射原理而将复合光色散为不同波长的单色光。然后再让所需波长的光通过一个很窄的狭缝照射到吸收池上。由于狭缝的宽度很窄，只有几个纳米，故得到的单色光比较纯。光栅是根据光的衍射和干涉原理来达到色散目的。光栅色散的波长范围比棱镜宽，而且色散均匀。

3) 比色皿（吸收池）　比色皿又称吸收池，是由无色透明的光学玻璃或熔融石英制成的，用于盛装试液和参比溶液。比色皿一般为长方形。有各种规格，如 0.5cm、1cm、2cm 等，规格指比色器内壁间的距离，实际是液层厚度。同一组吸收池的透光率相差应小于 0.5％。

4) 光电转换器　光电转换器是把透过吸收池后的透射光强度转换成电讯号的装置。只有通过接收器，才能将透射光转换成与其强度成正比的电流强度，也才有可能通过监测电流的大小来获得透光强度 I_1 的信息。光电转换器应具有灵敏度高，对透过光的响应时间短，同响应的线性关系好，以及对不同波长的光具有相同的响应可靠性等特点。分光光度计中常用的光电转换器有光电池、光电管和光电倍增管三种。

5) 测量显示器　分光光度计中常用的显示装置为较灵敏的检流计，检流计用于测量光电池受光照射后产生的电流。但其面板上标示的不是电流的数值，而是透光率（T）和吸光度（A），这样就可直接从检流计的面板上读取透光率 T 和吸光度 A。因 $A=-\lg T$，故板面上吸光度 A 的刻度是不均匀的。

图 2-101 为 7220 型分光光度计的外形。

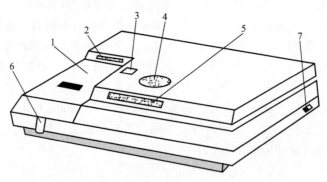

图 2-101　7220 型分光光度计外形
1—试样室盖；2—显示屏；3—波长显示窗；4—波长调节旋钮；
5—仪器操作键盘；6—试样池拉手；7—仪器电源开关

（3）使用方法

1) 仪器预热　接通电源，打开电源开关，打开比色皿暗箱盖（改进型不需打开，直接将试样池拉手推到底部即可，此时光被试样池架挡住），按"方式选择"按钮，使"透射比即透光率 T"灯亮，仪器显示数字即表示正常。然后让仪器预热 20min。

2）测定透射比（即透光率 T）　调节波长旋钮至最大吸收波长值，将装有参比溶液和待测溶液的比色皿置于试样池架中（注意：将比色皿透明的面朝向入射光），轻轻盖上试样室盖。将参比溶液拉入光路中，按"100.0％ T"键，使其显示为"100.0％"。然后打开试样室盖，看显示屏是否显示"0.00"，若不是，则按"0％ T"键，使其显示为"0.00"。重复此两项操作，直至仪器显示稳定。然后将待测溶液依次拉入光路，读取各溶液的透射比 T。注意每当改变波长时，都应重新用参比溶液校正透射比"0.00"和"100.0％"。

3）测定吸光度　用参比溶液调好 T"100.0％"和"0.00"后，按"方式选择"键，选择"ABS"，再将待测溶液依次拉入光路，在显示屏上依次读出各溶液的吸光度 A。通过测定标准溶液的吸光度 A，绘制 $A\text{-}c$ 工作曲线，然后根据测定的某溶液的吸光度 A 和标准曲线，确定某溶液的浓度。绘制标准曲线时应合理选取横坐标和纵坐标的数据单位比例，使图形接近于正方形，工作曲线应位于对角线附近。

4）浓度直读　在如 2）用参比溶液调好 T"100.0％"和"0.00"后，按"方式选择"键，使"c_0"指示灯亮，将第一个标准溶液拉入光路，按"选标样点"至"1"亮，再按"置数加"或者"置数减"，使显示屏显示该标准溶液的浓度值（或其整数倍数值），按"确认"键。再将第二个标准溶液拉入光路中，按"选标样点"至"2"亮，再按"置数加"或者"置数减"，使显示屏显示该标准溶液的浓度值（或其同标准溶液 1 的整数倍数值），按"确认"键。如此操作，可将三个标准溶液的浓度输入。然后将待测的未知溶液置光路中，按"方式选择"键，使"conc"指示灯亮，显示屏即显示此溶液的浓度值（或其整数倍数值）。用这种方法，可在输入 1 个或 2 个标准溶液浓度后测未知溶液浓度。该仪器最多允许设 3 个标准溶液。

5）还原仪器　仪器使用完毕，关闭电源，拔下电源插头，取出比色皿，洗净，使仪器复原。然后盖上防尘罩，并进行仪器使用情况登记。

（4）注意事项

① 连续使用时间不应超过 2h，最好是间歇 0.5h 再使用。

② 仪器在预热、间歇期间，要将试样室盖打开，以防光电管受光时间过长而产生"疲劳"。

③ 手持比色皿时，要手拿毛玻璃面，每次使用完毕后都要用去离子水（或蒸馏水）洗净并倒置晾干后再放入比色皿盒内。使用时要特别注意保护比色皿的透光面，使其不受污染或划损，擦拭时要用高级镜头纸。测量时注意应将比色皿透明的面朝向入射光。

④ 在搬动或移动仪器时，注意小心轻放。

第3章

无机化学实验基本操作

3.1 仪器的洗涤与干燥

仪器洗涤是否符合要求,对实验结果的准确度和精密度均有影响,严重时甚至导致实验失败。因此实验所用仪器必须是清洁干净的,有些实验还要求仪器必须是干燥的。本节主要介绍仪器的洗涤和干燥。

3.1.1 仪器的洗涤

洗涤仪器的方法很多,有机械法、化学法、物理化学法、超声波法、蒸汽法等,应根据实验的要求、污物的性质和沾污程度以及仪器的类型和形状来选择合适的洗涤方法。一般来说,附着在仪器上的污物既有可溶性物质也有尘土和其他不溶性物质,还有有机物质和油污等。应针对这些情况"对症下药",选用适当的洗涤方法和洗涤剂来洗涤。

3.1.1.1 常用洗涤剂

最常用的洗涤剂有肥皂液、洗衣粉、去污粉、铬酸洗液、王水、有机溶剂等。洗涤仪器时应根据洗涤要求选择洗涤剂。现将常用的洗涤剂介绍如下。

(1) 铬酸洗液

铬酸洗液是由浓硫酸和重铬酸钾配制而成:将25g重铬酸钾在加热条件下溶于50mL水中,冷却后边搅拌边慢慢加入约450mL浓硫酸,冷却后即可使用。铬酸洗液具有强酸性、强氧化性,对有机物、油污的去污能力特别强。一些较精密的玻璃仪器,如容量瓶、滴定管、移液管等,不宜用刷子摩擦内壁,常用铬酸洗液洗涤。

由于铬酸洗液对环境的污染,近年来铬酸洗液在实验室中的使用较少,凡是能够用其他洗涤剂进行清洗的仪器,一般都不需要用铬酸洗液洗涤。

使用铬酸洗液时要注意以下几点:a.被洗涤的仪器内不宜有水,以免洗液被稀释而失效;b.洗液可反复使用,当洗液颜色变成绿色,则已失效不能再用;c.洗液吸水性很强,应随时把洗液瓶的塞盖紧,防止吸水失效;d.洗液具有很强的腐蚀性,注意不要洒到皮肤、衣服或实验桌面上,一旦洒到皮肤、衣服或实验桌面上,应立即用水冲洗;e.铬(Cr^{6+})的化合物有毒,清洗残留在仪器上的洗液时,不要倒入下水道,以免污染环境,应回收进行无害化处理。

(2) 去污粉

去污粉是由碳酸钠、白土、细砂等混合而成的。碳酸钠的碱性、细砂的摩擦作用、白土的吸附作用增强了对仪器的清洗效果，可以洗掉油污、有机物及固体污垢。

（3）混酸洗液

很多污垢（如金属铂、铼、钨及硫化物、氧化硅等）用其他洗涤剂不能洗净，可用浓硝酸与浓盐酸（体积比 1∶3，亦称王水）或浓硝酸与氢氟酸混合酸（100～120mL 40% 氢氟酸、150～200mL 浓硝酸、650～750mL 蒸馏水配制而成）来洗涤。这两种混酸洗涤剂均是利用氧化还原反应和配位反应来达到清洗目的。

王水不稳定，所以使用时应现用现配，在使用时一定要注意不能溅到身上，以防"烧"破衣服和损伤皮肤；浓硝酸与氢氟酸的混合酸应贮存于塑料瓶中，并在常温下使用，不能用来洗涤玻璃和陶瓷器皿。

（4）有机溶剂

带有脂肪性污物的器皿可以借助有机溶剂能溶解脂肪的作用洗除，如汽油、甲苯、二甲苯等；或利用某些有机溶剂与水混合同时又易挥发的特性进行洗涤，如丙酮、乙醇、乙醚等有机溶剂可以冲洗刚洗净而带水的仪器，起到快干的作用。

（5）其他洗涤剂

光度法所用比色皿以及容量瓶、滴定管、移液管等，不能用毛刷刷洗。除铬酸洗液外，可以根据沾污情况选择合适的合成洗涤剂。

1）$NaOH$-$KMnO_4$ 水溶液　配制方法是称取 $KMnO_4$ 4g，溶于少量水中，边搅拌边慢慢地加入 100mL 10% $NaOH$ 溶液。$NaOH$-$KMnO_4$ 水溶液适用于洗涤油污及有机物。洗后在器皿中留下的 $MnO_2 \cdot nH_2O$ 沉淀物可用 HCl-$NaNO_2$ 混合液、酸性 $Na_2S_2O_3$ 或热的 $H_2C_2O_4$ 溶液等洗去。

2）KOH-C_2H_5OH 溶液　适用于被油脂或某些有机物沾污的器皿。

3）HNO_3-C_2H_5OH 溶液　适用于被油脂或某些有机物沾污的酸式滴定管。使用时，先在滴定管中加入 3mL 乙醇，沿壁加入 4mL 浓 HNO_3，盖住滴定管管口，利用反应所产生的氧化氮洗涤滴定管。

4）HNO_3 洗液　铝和搪瓷器皿的尘垢，可以用 5%～10% 的 HNO_3 除去。酸宜分批加入，每一次应在气体停止发生之后加入。

5）还原性洗涤液　用以洗涤氧化性杂质。常用的还原剂有 Na_2SO_3 加稀 H_2SO_4 的溶液、$FeSO_4$ 酸性溶液、$H_2C_2O_4$ 加稀 HCl 溶液、$NH_2OH \cdot HCl$ 溶液等。如二氧化锰便可以用 $H_2C_2O_4$ 的酸性溶液洗涤：

$$MnO_2 + 4H^+ + C_2O_4^{2-} === Mn^{2+} + 2CO_2(g) + 2H_2O$$

在洗涤仪器选用洗液时要有针对性。如装过碘溶液或装过奈氏试剂的瓶子，常有碘附着在瓶壁上，上述几种洗液都难洗去，用 1mol·L^{-1} 的 KI 溶液洗涤效果就非常好。又如一些金属表面的金属氧化物，用 $ZnCl_2$ 的浓溶液处理，不仅可以将金属氧化物洗净，而且对金属无腐蚀作用：

$$ZnCl_2 + H_2O === H[ZnCl_2(OH)]$$
$$FeO + 2H[ZnCl_2(OH)] === Fe[ZnCl_2(OH)]_2 + H_2O$$

常见污物处理方法见表 3-1。

表 3-1　常见污物处理方法

污　　物	处　理　方　法
可溶于水的污物、灰尘等	自来水清洗

续表

污　　物	处　理　方　法
不溶于水的污物	肥皂、合成洗涤剂
氧化性污物(如 MnO_2、铁锈等)	浓盐酸、草酸洗液
油污、有机物	碱性洗液(Na_2CO_3、NaOH 等),有机溶剂、铬酸洗液,碱性高锰酸钾洗涤液
残留的 Na_2SO_4、$NaHSO_4$ 固体	用沸水使其溶解后趁热倒掉
高锰酸钾污垢	酸性草酸溶液
黏附的硫黄	用煮沸的石灰水处理
瓷研钵内的污迹	用少量食盐在研钵内研磨后倒掉,再用水洗
被有机物染色的比色皿	用体积比为 $1：2$ 的盐酸-酒精液处理
银迹、铜迹、硫化物	硝酸加盐酸(必要时加热)
难溶银盐	硫代硫酸钠溶液处理
碘迹	用 KI 溶液浸泡,温热的稀 NaOH 或用 $Na_2S_2O_3$ 溶液处理

3.1.1.2 玻璃仪器的洗涤

(1) 玻璃仪器洗涤方法

玻璃仪器洗涤的方法应根据实验的要求、污物的性质和沾污的程度来选择,洗涤方法可分为如下几种。

1) 冲洗法　对于可溶性污物可用水冲洗,利用水把可溶性污物溶解除去。洗涤仪器时为了加速溶解,往往需要振荡。

往仪器中注入少量水(不超过容量的 1/3),稍微用力振荡 (图 3-1),然后把水倾出,如此反复冲洗数次。

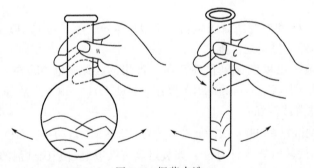

图 3-1　振荡水洗

2) 刷洗法　像烧杯、试管、漏斗等仪器,当内壁附有不易冲洗掉的污物时可用毛刷刷洗,利用毛刷对器壁的摩擦使污物去掉。

毛刷的使用方法和注意事项见 2.4 部分相关内容。

刷洗法操作步骤如图 3-2 所示。

带有轻度油污的仪器,选用合适的毛刷蘸取去污粉、洗衣粉或合成洗涤剂,转动毛刷将仪器内外全部刷洗一遍,再用自来水冲洗至看不见有洗涤剂的小颗粒为止,自来水洗涤的仪器,往往还残留着一些 Ca^{2+}、Mg^{2+}、Cl^- 等离子,需再用蒸馏水或去离子水漂洗几次。

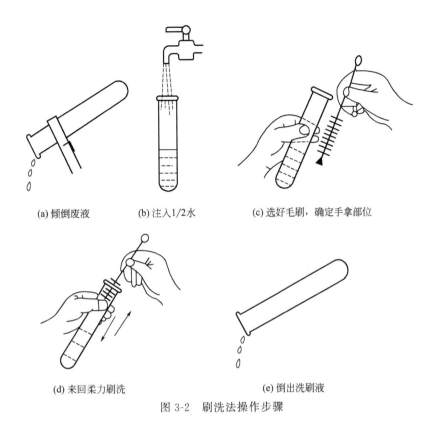

(a) 倾倒废液　　(b) 注入1/2水　　(c) 选好毛刷，确定手拿部位

(d) 来回柔力刷洗　　　　　　(e) 倒出洗刷液

图 3-2　刷洗法操作步骤

3）洗液洗涤　对于不溶性的、用水刷洗不掉的污物，要考虑用洗涤剂或药剂洗涤。一些油污或有机物的洗涤，最常用的是用毛刷蘸取肥皂液或合成洗涤液来刷洗。

用肥皂液或合成洗涤液也刷洗不掉的污物，以及一些形状特殊、容积精确的仪器（如容量瓶、移液管、吸量管、滴定管等），不便用毛刷刷洗，可用铬酸洗液或王水洗涤，也可以针对具体污物选用适当的洗液或方法处理。如酸性污垢用碱性洗液洗，有机污垢用碱液或有机溶剂洗。

带有刻度的容量器皿，为保证容积的准确性，一般不宜用刷子刷洗，应该用合适的洗液来洗。

① 移液管和吸量管的洗涤：移液管是用来移取一定体积溶液的器皿，为了使量出的溶液的体积准确，要求管内壁和管下部的外壁不挂水珠。洗涤时先用自来水冲洗，用洗耳球吹出管内残留的水，然后将移液管尖插入洗液瓶中，再用洗耳球将洗液吸至移液管球部约 1/3 处（操作方法见 2.1.3 部分相关内容），用右手食指堵住移液管上口，左手托住没沾洗液的下端，将移液管横置过来，松开右手食指，平转移液管，使洗液润洗内壁。操作时管口要对准洗液瓶口，以防洗液外流。如果移液管太脏，则在移液管上端接一小段乳胶管，再以洗耳球吸取洗液充满移液管，用自由夹夹紧橡胶管，使洗液在移液管中浸泡一段时间。拔去橡胶管，将洗液放回原瓶，然后用自来水冲洗，最后用蒸馏水涮洗内壁。

② 容量瓶的洗涤：先用自来水冲洗几次，倒出水后，内壁如不挂水珠，即可用蒸馏水涮好备用。否则必须用洗液洗。用洗液之前，将瓶内残留的水倒出，灌入约 15mL 洗液，转动容量瓶，使洗液润洗内壁后，将其倒回原瓶，用自来水充分冲洗，然后用蒸馏水涮洗 2～3 次。

③ 滴定管的洗涤：一般先用自来水冲洗，零刻度线以上部位可用毛刷蘸洗涤剂刷洗，零刻度线以下部位不干净，则采用洗液洗（碱式滴定管应除去乳胶管，用废乳胶头将滴定管下口堵住）。污垢少时，可倒入约 15mL 洗液，双手平托滴定管的两端，不断转动滴定管，转动时管口对准洗液瓶口，以免洗液外溢。洗完后，将洗液分别由两端放出。如滴定管太脏，可将洗液装满整个滴定管浸泡一段时间，此时滴定管下方应放一烧杯，防止洗液流出。然后将洗液倒回原瓶，用自来水充分冲洗，再用蒸馏水涮洗 2～3 次。

用洗液洗涤仪器的一般步骤如下：仪器先用自来水洗，并尽量把仪器中残留的水倒净，以免稀释洗液；然后向仪器中加入少许洗液，倾斜仪器并使其慢慢转动，使仪器的内壁全部被洗液润湿，使洗液在仪器内浸泡一段时间（若用热的洗液洗，则洗涤效果更佳）；用完的洗液倒回洗液瓶。用洗液刚浸洗过的仪器应先用少量水冲洗，冲洗废水不要倒入水池和下水道里，铬（Cr^{6+}）有毒会污染环境，且会长久腐蚀水池和下水道，应倒在废液缸中，经处理后排放（处理方法见 1.7.2 部分相关内容）。仪器用洗液洗过后再用自来水冲洗，最后用蒸馏水或去离子水淋洗 2～3 次即可。

4）超声波洗涤　除了上述清洗方法外，现在还有先进的超声波清洗器。超声波清洗器是利用超声波发生器发出的高频振荡讯号，通过换能器转换成高频机械振荡而传播到介质——清洗溶液中，超声波在清洗液中疏密相间地向前辐射，使液体流动而产生数以万计的微小气泡，这些气泡在超声波纵向传播成的负压区形成、生长，而在正压区迅速闭合，在这种被称之为“空化”效应的过程中气泡闭合可形成超过 $1.01 \times 10^8 Pa$（1000atm）的瞬间高压，连续不断产生的高压就像一串小“爆炸”不断地冲击物件表面，使物件表面及缝隙中污垢迅速“剥落”，从而达到物体表面净化的目的。

超声波清洗器使用方法和注意事项：

① 将需要清洗的仪器放入清洗网架中，再把清洗网架放入清洗槽中，绝对不能将物件直接放入清洗槽底部，以免影响清洗效果和损坏仪器。

② 清洗槽内按比例放入水或水溶液。在清洗槽内无水溶液的情况下，不应开机工作，以免烧坏清洗器。

③ 使用适当的化学清洗液，但必须与不锈钢制造的超声清洗槽相适应。不得使用强酸、强碱等化学试剂。应避免水溶液或其他各种有腐蚀性液体浸入清洗器内部。

④ 将超声波清洗器接入 220V/50Hz 的三芯电源插座（使用电源必须有接地装置），按下 ON 电源开关，绿色开关电源指示灯会亮，表示电源正常，可以工作。

⑤ 根据仪器清洗要求，用温度控制器调节好所需的温度，温度指示灯会亮，加热器已加热到所需的温度时，温度指示灯会熄灭，加热器会停止工作；当温度降到低于所需要的温度时会自动加热，温度指示灯会亮。

⑥ 当加热温度达到清洗要求时，同时轴流风机会运转。定时时间根据仪器清洗要求设置定时器的工作时间，定时器位置可在 1～20min 内任意调节，也可调在常通位置。一般清洗在 10～20min，对于特别难清洗的物件可适当延长清洗时间。开启超声定时器，轴流风机必须运转，如不运转立即停机，否则超声波清洗器会升温造成损坏。

⑦ 清洗完毕后，从清洗槽内取出网架，并用自来水喷洗或漂洗干净。

（2）玻璃仪器洗净的标准及洗涤注意事项

1）玻璃仪器洗净的标准　洗净的玻璃仪器应该洁净透明。将洗涤过的仪器，倒置、空净水，若洗涤干净，器壁上的水应均匀分布不挂水珠，如还挂有水珠（图 3-3），说明未洗净需要重新洗涤，直至符合要求。

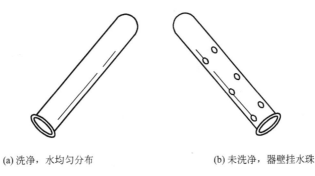

(a) 洗净，水均匀分布　　　　　　　　　(b) 未洗净，器壁挂水珠

图 3-3　玻璃仪器洗净标准

2）玻璃仪器洗涤注意事项　a. 用蒸馏水冲洗时，要用顺壁冲洗方法并充分振荡，经蒸馏水冲洗后的仪器，用指示剂检查应为中性；b. 洗涤时应将仪器内的废液尽可能倾倒干净，再进行洗涤 [图 3-4(a)]；c. 洗涤仪器时应该逐一清洗，这样可避免同时抓洗多个试管时碰坏或摔坏试管 [图 3-4(b)]；d. 洗涤试管时要注意避免试管刷底部的铁丝将试管捅破 [图 3-4(c)]；e. 用蒸馏水或去离子水洗涤仪器时应采用"少量多次"法，通常使用洗瓶，挤压洗瓶使其喷出一股细流，均匀地喷射在内壁上并不断地转动仪器，再将水倒掉，如此重复几次即可，这样既提高效率又可节约用水；f. 凡洗净的仪器，不要用布或软纸擦干，以免使布上或纸上的少量纤维留在容器上反而沾污了仪器。

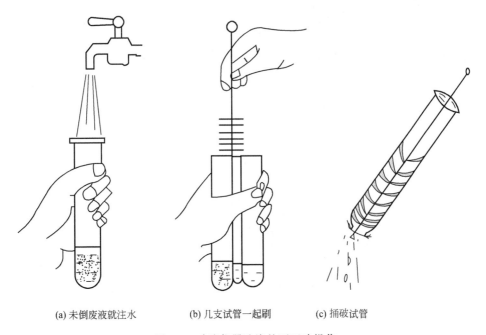

(a) 未倒废液就注水　　　　(b) 几支试管一起刷　　　　(c) 捅破试管

图 3-4　玻璃仪器洗涤的不正确操作

3.1.2　仪器的干燥

有一些无水条件的无机化学实验和有机化学实验必须在干净、干燥的仪器中进行。这就需要在仪器洗净后还应进行干燥。常用的仪器干燥方法有以下几种。

（1）晾干法

不急用的仪器，应尽量采用晾干法在实验前使仪器干燥。可将洗涤干净的仪器先尽量倒净其中的水滴，然后倒置在带有格栅板或透气孔的干净的仪器柜里或插在实验室的干燥板上。干燥板应挂在空气流通又无灰尘的墙壁上［图 3-5（a）］。

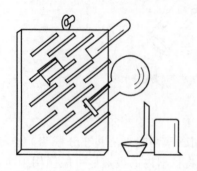
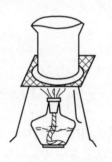

(a) 晾干(干燥板应挂在空气流通又无灰尘的墙壁上)　(b) 烤干(仪器外壁擦干后，小火烤干；烤干试管时要管口向下，由底部慢慢向管口烤干，同时要不断摇动使受热均匀)

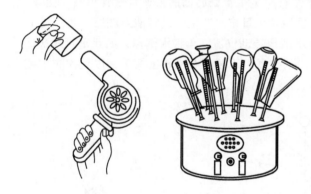

(c) 吹干(将洗净仪器残留的水分控干，先热风吹干，再冷风冷却，度量仪器不能用热风吹干)

(d) 快干(有机溶剂法，先用少量丙酮或乙醇均匀润湿内壁后倒出，再用少量乙醚润湿后晾干或吹干，吹干时应先冷风再热风最后冷风。溶剂应回收)

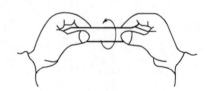

(e) 烘干(尽量倒干净水，打开塞子，口朝上，105℃左右控温)

图 3-5　仪器的干燥

（2）烤干法

利用加热使水分迅速蒸发而使仪器干燥。此法常用于可加热或耐高温的仪器，如试管、烧杯、烧瓶、蒸发皿等。加热前先将仪器外壁擦干。烧杯、蒸发皿等可置于石棉网上用小火烤干。烤干试管时，应使试管口向下倾斜，以免水珠倒流炸裂试管［图 3-5（b）］。烤干时应先从试管底部开始，慢慢移向管口，同时要不断摇动使受热均匀，不见水珠后再将管口朝上，把水汽赶尽。

（3）吹干法

吹干［图 3-5(c)］就是用热或冷的空气流将玻璃仪器吹干，常用的工具是电吹风机或气流干燥器。用吹风机吹干时一般先用热风吹玻璃仪器的内壁，待干后再吹冷风使其冷却。利用气流干燥器吹干时，应将洗净仪器残留的水分控干，将仪器套到气流干燥器的多孔金属管上即可。使用时要注意调节热空气的温度。气流干燥器不宜长时间连续使用，否则易烧坏电机和电热丝。度量仪器不能用热风吹干。

（4）快干法

快干法［图 3-5(d)］也称为有机溶剂干燥法，一般只在实验中临时使用。对于急于干燥的仪器或不适于放入烘箱的较大的仪器可采用此法。通常用少量乙醇、丙酮（或最后再用乙醚等）倒入已控去水分的仪器中摇洗，将润洗的有机溶剂倒净，然后用电吹风机的冷风吹 1～2min，当大部分溶剂挥发后吹入热风至完全干燥，再用冷风吹去残余蒸汽，不使其又冷凝在容器内。用过的溶剂应倒入回收瓶中。

（5）烘干法

如需要干燥较多仪器，通常使用电热恒温干燥箱［图 3-5(e)］。电热恒温干燥箱主要用来干燥玻璃仪器或烘干无腐蚀性、热稳定性比较好的药品。烘箱带有自动控温装置和温度显示装置，其最高使用温度可达 200～300℃，常用温度在 100～120℃ 之间。烘箱一般带有鼓风装置，鼓风可以加速仪器的干燥。

使用烘箱干燥仪器时应注意以下几个问题：

① 挥发性易燃品或刚用酒精、丙酮淋洗过的仪器切勿放入烘箱内，以免发生爆炸。

② 玻璃仪器干燥时应先洗净并将水尽量倒干，放置时应注意平放或使仪器口朝上，带塞子的仪器应打开塞子。最好将仪器放在托盘里。

③ 一般在 105℃ 加热约 15min 即可干燥。干燥后最好让烘箱降至常温后再取出仪器。如果热时就要取出仪器，用坩埚钳或垫干布把已烘干的仪器取出来，防止烫伤。仪器取出后应放在石棉板上冷却，注意别让烘得很热的仪器骤然碰到冷水或冷的金属表面，以免炸裂。为防止热的仪器在自然冷却时其器壁上凝上水珠，可以用吹风机吹冷风以助冷。必要时，要放入保干器中冷却，如干燥后的称量瓶冷却。

④ 分液漏斗和滴液漏斗，则必须在拔去盖子和旋塞并擦去油脂后才能放入烘箱烘干。

⑤ 厚壁仪器、吸滤瓶、冷凝管等，不宜在烘箱中烘干。

在干燥仪器时还应注意，带有刻度的度量仪器，如移液管、容量瓶、滴定管等不能用加热方法干燥，以免热胀冷缩影响这些仪器的精密度。度量仪器应该晾干或使用有机溶剂快干。

3.2　化学试剂相关知识

3.2.1　试剂的规格

根据国家标准（GB），化学试剂按其纯度和杂质含量的高低，基本上可分为四种等级（其级别代号、规格标志及适用范围如表 3-2 所列）：一级（优级纯）试剂，杂质含量最低，纯度最高，适用于精密的分析及研究工作；二级（分析纯）及三级（化学纯）试剂，适用于一般的分析研究及教学实验工作；四级（实验试剂）试剂，杂质含量较高，纯度较低，只能用于一般性的化学实验及教学工作，如在分析工作中作为辅助试剂（如发生或吸收气体，配制洗液等）使用。

表 3-2　化学试剂的级别

级别	一级	二级	三级	四级	其他
名称	保证试剂 （优级纯）	分析试剂 （分析纯）	化学纯	实验试剂	生物试剂
英文缩写	G. R.	A. R.	C. P.	L. R.	B. R.
瓶签颜色	绿	红	蓝	棕或黄	黄或其他色

除上述四种级别的试剂外，还有适合某一方面需要的特殊规格试剂，如基准试剂，它的纯度相当于或高于保证试剂，是定量分析中用于标定标准溶液的基准物质，一般可直接得到滴定液，不需标定；生化试剂则用于各种生物化学实验；另外还有高纯试剂，它又细分为高纯、超纯、色谱纯试剂等。此外，还有工业生产中大量使用的化学工业品（也分为一级品、二级品）以及可供食用的食品级产品等。各种级别的试剂及工业品因纯度不同价格相差很大。所以使用时，在满足实验要求的前提下，应以节约为原则，尽量选用较低级别的试剂。

3.2.2　试剂的存放

化学试剂的贮存在实验室中是一项十分重要的工作，一般化学试剂应贮存在通风良好、干净和干燥的房间，要远离火源，并要注意防止水分、灰尘和其他物质的污染；同时还要根据试剂的性质及方便取用原则来存放试剂。固体试剂一般存放在易于取用的广口瓶内，液体试剂则存放在细口瓶中。一些用量小而使用频繁的试剂，如指示剂、定性分析试剂等可盛装在滴瓶中。见光易分解的试剂（如 $AgNO_3$、$KMnO_4$、饱和氯水等）应装在棕色瓶中。对于 H_2O_2，虽然也是见光易分解的物质，但不能盛放在棕色的玻璃瓶中，是因棕色玻璃中含有催化分解 H_2O_2 的重金属氧化物，通常将 H_2O_2 存放于不透明的塑料瓶中，置于阴凉的暗处。试剂瓶的瓶盖一般都是磨口的，密封性好，可使长时间保存的试剂不变质。但盛强碱性试剂（如 NaOH、KOH）及 Na_2SiO_3 溶液的瓶塞应换成橡皮塞，以免长期放置互相粘连。易腐蚀玻璃的试剂（氟化物等）应保存于塑料瓶中。

特种试剂应采取特殊贮存方法。如易受热分解的试剂，必须存放在冰箱中；易吸湿或易氧化的试剂则应贮存于干燥器中；金属钠浸在煤油中；白磷要浸在水中等。吸水性强的试剂如无水碳酸盐、苛性钠、过氧化钠等应严格用蜡密封。

对于易燃、易爆、强腐蚀性、强氧化性及剧毒药品的存放应特别注意，一般需要分类单独存放。强氧化剂要与易燃、可燃物分开隔离存放；低沸点的易燃液体要放在铁柜中，置于阴凉通风处，并与其他可燃物和易产生火花的物品隔离放置，更要远离火源；闪点在 −4℃ 以下的液体（如石油醚、苯、丙酮、乙醚等）理想的存放温度为 −4～4℃，闪点在 25℃ 以下的液体（如甲苯、乙醇、吡啶等）存放温度不得超过 30℃。

KCN、NaCN 的容器必须密封，要专仓专储，并保持干燥。要远离火种和热源，切忌与酸类物质混储。As_2O_3（砒霜）遇热升华产生剧毒气体，故包装必须密封，储存于阴凉干燥通风处，应远离火种、热源，防止阳光直射。

盛装试剂的试剂瓶都应贴上标签，并写明试剂的名称、纯度、浓度和配制日期，标签外应涂蜡或用透明胶带等保护。

3.2.3　试剂的取用方法

（1）试剂取用的一般规则

试剂取用原则是既要质量准确又必须保证试剂的纯度（不受污染）。

① 取用试剂首先应看清标签，不能取错。取用时，将瓶塞倒放在实验台上；若瓶塞顶端不是平的则可放在洁净的表面皿上。

② 不能用手和不洁净的工具接触试剂。瓶塞、药匙、滴管都不得相互串用。

③ 应根据用量取用试剂。取出的多余试剂不得倒回原瓶，以防玷污整瓶试剂。对确认可以再用或者能够派做他用的，要另用清洁容器回收。

④ 每次取用试剂后都应立即盖好瓶盖，把试剂瓶放回原处，并使标签朝外。

⑤ 取用试剂时，转移的次数越少越好。

⑥ 取用易挥发的试剂，应在通风橱中操作，防止污染室内空气。有毒药品要在教师指导下按规程使用。

（2）固体试剂的取用

① 取用固体试剂一般用干净的药匙（牛角匙、不锈钢药匙、塑料匙等），其两端为大小两个勺，按取用药量多少而选择应用哪一端。使用时要专匙专用。试剂取用后，要立即把瓶塞盖好，把药匙洗净、晾干，以备下次再用。

② 要严格按量取用药品，"少量"固体试剂对一般常量实验指半个黄豆粒大小的体积，对微型实验约为常量的 $1/10 \sim 1/5$ 体积。注意不要多取；多取的药品，不能倒回原瓶，可放在指定的容器中供他用。

③ 定量药品要称量，一般固体试剂可以放在称量纸上称量，对于具有腐蚀性、强氧化性、易潮解的固体试剂要用小烧杯、称量瓶、表面皿等装载后进行称量。不准使用滤纸来盛放称量物。颗粒较大的固体应在研钵中研碎后再称量。可根据称量精确度的要求，分别选择台秤或分析天平称量固体试剂。

④ 要把药品装入口径小的试管中时，应把试管平卧，小心地把盛药品的药匙放入底部，以免药品沾附在试管内壁上［图 3-6(a)］。也可先用一窄纸条做成纸槽，用药匙将固体药品放在纸槽上，然后将装有药品的纸槽送入平放试管的约 2/3 处，再把纸槽和试管竖立起来，并用手指轻弹纸槽，让药品慢慢滑入试管底部［图 3-6(b)］。

⑤ 取用大块药品或金属颗粒要用镊子夹取。先把容器平放，再用镊子将药品放在容器口，然后慢慢将容器竖起，让药品沿着容器壁慢慢滑到底部，以免击破容器。对试管而言，也可将试管斜放，让药品沿着试管壁慢慢滑到底部［图 3-6(c)］。

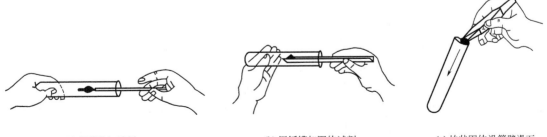

　　　(a) 用药匙加试剂　　　　　　(b) 用纸槽加固体试剂　　　　(c) 块状固体沿管壁滑下

图 3-6　固体试剂的取用

（3）液体试剂的取用

1）从细口瓶中取用液体　从细口瓶中取用液体，一般采用倾倒法。把试剂倒入烧杯时，可用玻棒引流。具体做法是：先取下瓶塞倒放在桌面上，若瓶塞顶端不平，可放在洁净的表面皿上。然后用右手握试剂瓶（使试剂瓶上的标签向着手心，如果是双标签则要放在两侧，以免瓶口残留的少量液体腐蚀标签），左手拿玻璃棒，使玻璃棒的下端斜靠在烧杯内壁上，将瓶口靠在玻璃棒上，逐渐倾斜试剂瓶，使液体沿着玻璃棒流入烧杯中［图3-7(a)］。倒出需要量后，将瓶口贴在玻璃棒上，慢慢竖起瓶子，靠一下后再移开试剂瓶，这样可以避免遗留在瓶口的试剂沿瓶子外壁流下来。

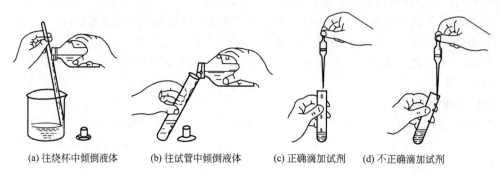

(a) 往烧杯中倾倒液体　(b) 往试管中倾倒液体　(c) 正确滴加试剂　(d) 不正确滴加试剂

图 3-7　液体试剂的取用

把试剂移入试管的具体做法是：右手握持试剂瓶，左手持试管，使试管口紧贴试剂瓶口，慢慢把液体试剂沿管壁倒入；倒出需要量后，将瓶口在试管口上靠一下，再慢慢竖起瓶子［图3-7(b)］。

在试管里进行某些不需要准确体积的实验时，可以估算取用量，如用滴管取，1mL相当于多少滴，5mL液体占一个试管容量的几分之几等。倒入试管里溶液的量一般不超过其容积的1/3。

2）从滴瓶中取用液体　从滴瓶中取用少量液体的具体做法是：先提起滴管，使管口离开液面，捏瘪胶帽以赶出空气，然后将管口插入液面吸取试剂。滴加溶液时，需用拇指、食指和中指夹住滴管，将它悬空地放在靠近试管口的上方滴加［图3-7(c)］，滴管要垂直；绝对禁止将滴管伸进试管中或触及管壁，以免沾污滴管口，使滴瓶内试剂受到污染［图3-7(d)］。

滴完溶液后，滴管应立即插回滴瓶。一个滴瓶上的滴管不能用来移取其他试剂瓶中的试剂，也不能随便拿别的滴管伸入试剂瓶中吸取试剂。如试剂瓶不带滴管又需取少量试剂时，则可把试剂按需要量倒入小试管中，再用自己的滴管取用。

长时间不用的滴瓶，滴管有时与试剂瓶口粘连，不能直接提起滴管，这时可在瓶口处滴上2滴蒸馏水，让其润湿后再轻摇几下即可。

胶头滴管的其他注意事项见2.1.2部分相关内容。

3）定量取用液体　在试管实验中经常要取"少量"溶液，这是一种估计体积，对常量实验是指0.5～1.0mL，对微型实验一般指3～5滴，根据实验的要求灵活掌握。要学会估计1mL溶液在试管中占的体积和由滴管滴加的滴数相当的毫升数。要准确量取溶液，则需根据准确度和体积的要求，选用量筒、移液管或滴定管等量器，它们的使用方法见2.1.3部分相关内容。

（4）特殊试剂的取用

1）金属钠、钾的取用　金属钠和钾通常保存在煤油里，以隔绝空气和水。取用时，用镊子将金属钾从煤油中取出，用滤纸吸干钾表面的煤油，放在托盘中用小刀切割。切割时，要先切去金属表面的氧化层，再按需切取。切取钾时必须注意：切下的表面氧化层不能直接与钾接触，以避免过氧化钾和金属钾发生剧烈氧化还原反应而引起爆炸。切下的钠或钾不得与水或溶液接触，不得用手接触。

2）白磷的取用　白磷通常保存在带磨口塞的盛水棕色瓶里。取用时，用镊子将白磷取出，立即放在水槽中水面下用长柄小刀切取，水温最好在 25～30℃ 之间。水温太低，白磷会遇冷变脆；水温太高，则白磷易熔化。在温水里切下的白磷，应先在冷水中冷却，然后用滤纸吸干水分。取用白磷必须注意：白磷极毒，易燃且能严重灼伤皮肤，严防与皮肤接触。白磷若掉在地上应立即寻回，以防引起火灾。

3）液溴的取用　液溴通常贮存在具磨口玻璃塞的试剂瓶中。取用少量液溴，要在通风橱内或通风的地方，把接收容器的器口靠在贮溴瓶的瓶口上，用长滴管吸取液溴，迅速转移入接收容器之中。

4）汞的取用　汞易挥发，在人体内会积累造成慢性中毒。因此不要让汞直接暴露在空气中，汞要存放在厚壁器皿中，保存汞的容器内必须加入甘油或 $5\%Na_2S\cdot9H_2O$ 或水将汞覆盖，使其不能挥发，玻璃瓶装汞只能至 1/2。

实验时取用少量汞时，可用拉成毛细管的滴管吸取，严防将汞洒落。一旦将汞洒落，处理方法见 1.5 部分相关内容。

3.3　常用试纸的制备及用法

3.3.1　试纸的种类

在无机化学实验中常用试纸来定性检验一些溶液的酸碱性或某些物质（气体）是否存在，操作简单，使用方便。试纸的种类很多，实验室常用的试纸有石蕊试纸酚酞试纸、pH 试纸、淀粉-碘化钾试纸和醋酸铅试纸等。

（1）石蕊试纸

石蕊试纸用于检验溶液的酸碱性，有红色和蓝色两种：红色试纸在碱性溶液中变蓝色；蓝色试纸在酸性溶液中变红色。

石蕊试纸的制备方法如下。

① 红色石蕊试纸：取滤纸条浸入石蕊指示液中（石蕊指示液的配制方法见附录13），加少量盐酸使其变成红色，取出干燥。

② 蓝色石蕊试纸：取滤纸条浸入石蕊指示液中，浸透，取出晾干。

（2）酚酞试纸

酚酞试纸用于检验溶液的酸碱性，无色酚酞试纸在碱性溶液中显红色。

制备方法：取 1g 酚酞，溶于 100mL 乙醇中，振荡，加 100mL 水，取滤纸浸泡，放无氨蒸气处晾干。

（3）pH 试纸

pH 试纸用来检验溶液的 pH 值，分为广泛 pH 试纸和精密 pH 试纸两类。广泛 pH 试纸的变色范围是 pH＝1～14，只能粗略地估计溶液的 pH 值。精密 pH 试纸可以较精确地估计溶液的 pH 值，根据其变色范围可以分为多种，如变色范围为 pH＝0.5～5.0、pH＝3.8～5.4、pH＝8.2～10.0 等，可根据待测溶液的酸碱性，选用某一变色范围的试纸。

（4）淀粉-碘化钾试纸

用于定性检验氧化性气体，如 Cl_2、Br_2 等。当氧化性气体遇到湿润的试纸后纸上的 I^- 被氧化成 I_2，立即使试纸上的淀粉变成蓝色。如：

$$Cl_2 + 2I^- \!=\!=\!= I_2 + 2Cl^-$$

若气体的氧化性很强，且浓度大时，还可以进一步将 I_2 氧化成 IO_3^-，使试纸的蓝色褪去：

$$I_2 + 5Cl_2 + 6H_2O \!=\!=\!= 2HIO_3 + 10HCl$$

可见，使用时必须仔细观察试纸的颜色变化，否则会得出错误的结论。

制备方法：3g 淀粉和 25mL 水混合，倾入 225mL 沸水中，加入 1g 碘化钾、1g 无水碳酸钠，用水稀释至 500mL，将滤纸浸泡后，取出于无氧化性气体处晾干。

（5）醋酸铅试纸

用来定性检验硫化氢气体。当含有 S^{2-} 的溶液被酸化时，溢出的硫化氢气体遇到湿润的试纸后，即与试纸上的醋酸铅反应，生成黑色的硫化铅沉淀，使试纸呈现黑褐色，并有金属光泽，即

$$Pb(Ac)_2 + H_2S \!=\!=\!= PbS\downarrow + 2HAc$$

当溶液中 S^{2-} 浓度较小时，则不易检出。

制备方法：将滤纸在 $30g \cdot L^{-1}$ 的醋酸铅溶液中浸泡后，置于无硫化氢气体处晾干。

3.3.2 试纸的使用

试纸要密闭保存，取用试纸要用镊子。使用试纸时要注意节约。把试纸剪成小块，用时不要多取。取出试纸后，应马上将盛试纸的容器盖严，以免试纸被沾污而变质。用后的试纸丢到垃圾桶内，不要丢到水槽里。

（1）石蕊试纸和酚酞试纸

将试纸剪成小块，用镊子取小块试纸放在洁净干燥的表面皿边缘或点滴板上，用玻璃棒将待测溶液搅拌均匀，然后用玻璃棒尖端蘸少许溶液与试纸接触，试纸即被待测液润湿而变色。观察试纸颜色的变化，以确定溶液的酸碱性。切勿将试纸浸入溶液中，以免弄脏溶液。

（2）pH 试纸

pH 试纸的用法与石蕊试纸相同。待试纸变色后，立即将 pH 试纸颜色与标准色阶板（比色卡）比较，得出待测溶液的 pH 值或 pH 值范围。

用石蕊试纸、酚酞试纸、pH 试纸也可以检验气体的酸碱性，方法是：将试纸用蒸馏水润湿后，粘贴在玻璃棒的一端，然后用此玻璃棒将试纸放在试管口，根据试纸的变色，确定逸出气体的酸碱性。若待测气体逸出较少，可将试纸伸进试管，但勿使试纸接触试管内壁及试管内溶液。这种方法不能用来测定 pH 值。

（3）淀粉-碘化钾试纸和醋酸铅试纸

将试纸用蒸馏水润湿后置于待检物的试管口，若有相关气体逸出，则使试纸变色。观察试纸颜色的变化。

3.4　物质的称量

称量物质时，应根据试样的不同性质和实验要求，选择合适的称量仪器、相应的称量方法和步骤。天平是化学实验室中最常用的称量仪器，使用方法和注意事项见 2.7 部分相关内容。本节主要介绍物质的称量方法。物质的称量方法有直接称量法、固定质量称量法（增量法）和递减称量法（减量法或差减法）。

（1）直接称量法

直接称量法适用于称量洁净干燥的器皿、整块的不易潮解或升华的固体试样。称量方法：调定天平零点后，将一定量的被称量物放在洁净干燥、已知质量的表面皿上或称量纸上，然后放在天平秤盘上，一次称取好试样的质量。

注意：不得用手直接拿取被称物，可采用戴吸汗布手套、垫纸条、用镊子或钳子等适宜的办法。

（2）固定质量称量法（增量法）

固定质量称量法亦称为增量称量法，用于称量固定质量的某试剂，如基准物质。该称量方法速度较慢，只适用于称量不易潮解、不易风化、在空气中能稳定存在的试样，且试样应为粉末状或细小颗粒状，以便调节其质量。

1）称量步骤　将一洁净的表面皿或小烧杯，置于天平托盘上称出其质量，然后慢慢添加试样。添加时要极其小心地以左手拇指、中指及掌心拿稳药匙，以食指轻轻摩擦匙柄，让匙里的试样以尽可能少的量慢慢抖入表面皿或小烧杯（图 3-8），直至加入与所需的量相同。称量时，若加入试剂量超过了指定质量，则应重新称量。从试剂瓶中取出的试剂不能放回原试剂瓶，以免玷污原试剂。称量完毕，将称好的试剂定量地转移到接收容器中。

图 3-8　固定质量称量操作

若用电子分析天平称量，则可以通过去皮功能，不需要称量表面皿或小烧杯的质量而直接称出物质的质量。

2）注意事项　a.试样绝不能失落在秤盘上和天平箱内；b.称好的试样必须定量地由称量器皿中转移到接收容器内；c.称量完毕后要仔细检查是否有试剂失落在天平箱内，若有则加以清除。

固定质量称量法（增量法）操作速度很慢，适用于称量不易吸潮、在空气中稳定的粉末或液体，只有操作熟练，尽量减少增加试样的次数，才能保证称量准确快速。

（3）递减称量法（减量法或差减法）

减量法对于称出试样的质量不要求固定在某一数值，只需在称量的范围内即可。对于易吸水、易潮解或易与空气中 CO_2 或 O_2 反应的试样，可用此法称量。由于称量的试样的质量时由两次称量之差求得，故也称差减法。

1）称量步骤

① 用叠好的纸条套在称量瓶上，并借助纸条从干燥器或烘箱中取出称量瓶，用小纸片夹住称量瓶的盖柄，打开瓶盖，用药匙加入适量试样，盖上瓶盖 [图 3-9(a)]。

② 将称量瓶置于秤盘上，关好天平门，称出称量瓶及试样的准确质量 m_1。

③ 左手用纸条将称量瓶从秤盘上取下，拿到承接样品的容器上方，右手用纸条夹取称量瓶盖柄，打开称量瓶盖，将瓶身慢慢向下倾斜，用瓶盖边缘轻磕瓶口上部，并继续将瓶身倾斜使试样慢慢落入容器中，当倾入容器的试样达到适当的量时，一边将瓶竖起，一边用瓶盖轻敲瓶口上部，使沾在瓶口的试样落入容器后或落回称量瓶底部后，盖好瓶盖［图 3-9(b)］。

④ 精称倒出试样后称量瓶的质量 m_2，$m_1 - m_2$ 即为第一份试样的质量。重复操作，称取第二份、第三份试样。

若使用电子天平，则可以将装入试样的称量瓶放在秤盘上后，按清零键（TAR 键），此时天平显示 0.0000g，待倒出试样后，将称量瓶再放回秤盘，此时天平显示负值，其数值即为倒出试样的准确质量。

⑤ 重复上面操作，可称取多份试样。

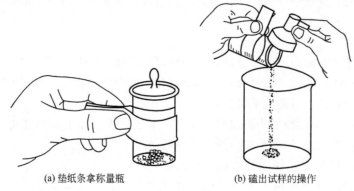

(a) 垫纸条拿称量瓶　　　　(b) 磕出试样的操作

图 3-9　称量瓶的使用方法

2）注意事项

① 用来称量试样的试剂瓶必须处于室温，并且加入试样不宜太多。

② 倾倒试样，一次倒出的试样不足所需要的重量范围时，可按上述的操作继续倾出，每份可倒 2～3 次。但若倒出试样超出所需要的重量范围，应弃去倾出试样，洗净容器，重新称量。倾出试样不能倒回称量瓶。

③ 沾在称量瓶瓶口的试样应处理干净以免损失。

④ 拿取称量瓶时要使用纸条，不要让手指接触称量瓶和瓶盖。纸条不要碰着称量瓶瓶口，以免试样丢失。

⑤ 打开或盖上瓶盖时，应在盛放试样的容器上方进行，以免试样丢失。

⑥ 所称每份试样要无损地倒入每个承接样品的容器中，不许倒在纸片上。

⑦ 若发现试样丢失，应重新称量。

称量瓶是减量法称量粉末状、小颗粒状固体试样的最常用仪器，其使用方法见 2.1.2 部分相关内容。

（4）液体样品的称量

液体样品的准确称量比较麻烦，根据不同样品的性质，主要有以下几种称量方法。

① 性质较稳定、不易挥发的样品可以装在滴瓶中用减量法称取。

② 较易挥发的样品可用增量法称量。例如用 NaOH 标准溶液滴定 HCl 时需要称取 HCl 试样，可在 100mL 碘量瓶中加 20mL 水，准确称重后加入适量的盐酸，立即盖好瓶塞，再准确称量。

③ 易挥发或与水强烈作用的液体试剂，要采取特殊方法进行称量。例如称量冰醋酸，可将冰醋酸放入已准确称量其质量的小称量瓶中准确称量，然后连瓶一起放入已加入适量水的碘量瓶，轻轻摇开称量瓶的瓶盖，样品与水混匀后进行测定。

在滴定分析中，易挥发、易潮解的物质，如 HCl、NaOH，一般不通过准确称量后分析测定，而是通过粗略配制某一浓度的溶液，然后用标准物质进行标定以确定其实际浓度。如 HCl 可以用经 270～300℃ 干燥恒重的无水 Na_2CO_3 标定，准确称量 Na_2CO_3 的质量，根据 Na_2CO_3 的质量和消耗 HCl 的体积确定 HCl 的真实浓度。NaOH 溶液用经 105～110℃ 干燥恒重的邻苯二甲酸氢钾标定（参见 3.5.2 标准溶液的配制与标定）。

3.5　溶液的配制

化学实验中常常需要配制各种溶液来满足不同实验的需求。根据对溶液浓度准确度的要求分为粗略配制和准确配制。

3.5.1　一般溶液的配制

如果实验对溶液浓度的准确性要求不高，可以进行粗略配制。粗略配制一般利用台秤、量筒、带刻度烧杯等准确度低的仪器配制就能满足需要。

一般溶液的粗略配制方法有直接水溶法、介质水溶法和稀释法 3 种。

(1) 直接水溶法

易溶于水而不易水解的固体物质，如 KNO_3、KCl、NaCl 等，先算出所需固体试剂的质量，用台秤称出所需的质量，放入烧杯中，加少量水搅拌溶解，最后稀释到所需体积。若试剂溶解时有放热现象或通过加热促其溶解的，应待冷却后再定容，然后转移到试剂瓶，贴上标签备用。

(2) 介质水溶法 (易水解物质的溶解)

对易于水解的固体试剂，如 $FeCl_3$、$SbCl_3$、$BiCl_3$、$SnCl_2$、$FeCl_2$ 等，一旦遇水即会水解生成难溶氢氧化物或碱式盐，配制其溶液时，称取一定量的固体，加入少量浓酸使之溶解，然后再稀释到一定的浓度。

(3) 稀释法

对于液态试剂，如盐酸、硫酸等，配制稀溶液时，可以用量筒量取一定体积的浓溶液，然后转移到烧杯中，稀释定容。用浓硫酸配制稀硫酸时应特别注意，应在不断搅拌下将浓硫酸缓缓倒入盛水的烧杯中，切不可将水倒入浓硫酸中。

易发生氧化还原反应的溶液，如 $SnCl_2$、$FeCl_2$ 溶液，为防止在保存期间被氧化，应在试剂瓶中分别加入一些 Sn 粒和 Fe 屑。

见光易分解的溶液要注意避光保存，如 $AgNO_3$、$KMnO_4$、KI 等，应贮存在棕色试剂瓶中，置于黑暗处，并尽可能现用现配。

3.5.2　标准溶液的配制与标定

分析实验中常需要配制标准溶液，标准溶液是已知准确浓度的溶液。化学实验中常用的标准溶液有滴定分析用标准溶液、仪器分析用标准溶液和 pH 测量用标准缓冲溶液。标准溶液对浓度的准确性要求较高。标准溶液的配制方法有两种：一种是由基准物质直接准确配制标准溶液，这要使用分析天平、移液管或吸量管、容量瓶等准确度高的仪器；另一种是一些易挥发、易潮解等物质的标准溶液，一般先用一般溶液的配制方法粗略配制，然后用标准溶液标定其准确浓度。

（1）直接法

直接法适用于由基准物质配制准确浓度的溶液。

基准物质是能用于直接配制标准溶液或用来确定（标定）某一溶液准确浓度的物质。基准物质应具备的条件是：a.组成与化学式完全相符；b.纯度足够高，一般要求纯度高于99.9%，而杂质的含量不能影响分析的准确度；c.稳定性好；d.试剂参加反应时应按反应式定量进行，没有副反应；e.作为基准物质，一般摩尔质量较大，如氯化钠、草酸钠、无水碳酸钠、邻苯二甲酸氢钾、重铬酸钾、硼砂等都可以作为基准试剂，此外实验中还会使用一些非试剂类的基准物质，如银、铜、锌、铝、铁等纯金属。

滴定分析中常见的基准试剂见表 3-3。

表 3-3　常见的基准试剂及其干燥条件与应用

基准试剂		主要用途	用前干燥方法
名称	分子式		
氯化钠（氯化钾）	NaCl(KCl)	标定 $AgNO_3$ 溶液	500～600℃灼烧至恒重
碳酸氢钠（碳酸氢钾）碳酸钠	$NaHCO_3(KHCO_3)$ Na_2CO_3	标定 HCl、H_2SO_4 等酸性溶液	270～300℃灼烧至恒重
草酸钠	$Na_2C_2O_4$	标定 $KMnO_4$ 溶液	130℃干燥至恒重
邻苯二甲酸氢钾	$KHC_8H_4O_4$	标定 NaOH 溶液	110～120℃干燥至恒重
乙二胺四乙酸二钠	EDTA	标定金属离子	硝酸镁饱和溶液恒湿器中放置 7d
硼砂	$Na_2B_4O_7 \cdot 10H_2O$	标定酸	放在含 NaCl 和蔗糖饱和溶液的干燥器中
重铬酸钾	$K_2Cr_2O_7$	标定 $Na_2S_2O_3$、$FeSO_4$ 等还原性溶液	140～150℃干燥恒重
溴酸钾	$KBrO_3$	标定 $Na_2S_2O_3$ 溶液	130℃干燥至恒重
碘酸钾	KIO_3	标定 $Na_2S_2O_3$ 溶液	130℃干燥至恒重
碳酸钙	$CaCO_3$	标定 EDTA 溶液	110℃干燥至恒重
硝酸银	$AgNO_3$	标定氯化物溶液	280～290℃干燥至恒重
三氧化二砷	As_2O_3	标定 I_2 溶液	H_2SO_4 干燥器中干燥至恒重
氧化锌	ZnO	标定 EDTA 溶液	800℃灼烧至恒重

直接法配制标准溶液：用分析天平准确称取一定量的基准物质，溶解后转移至容量瓶定容。例如，需要配制 500mL 浓度为 $0.1000mol \cdot L^{-1}$ 的 $K_2Cr_2O_7$ 溶液时，应在分析天平上准确称量 $K_2Cr_2O_7$ 14.7092g，置于洁净的小烧杯中，加少量水使其溶解，定量转移到500mL 容量瓶中，加水定容。

较稀的标准溶液可由较浓的标准溶液稀释而成。例如，在分光光度法测铁的含量时，需要 $1.00 \times 10^{-3}mol \cdot L^{-1}$ 的铁标准溶液 1.0L，需准确称取 0.05584g 纯金属铁但因称量质量太小使称量误差太大，因此实验时常配制储备标准溶液然后再稀释至所需浓度。可先准确称取高纯（99.99%）金属铁 0.5584g 放入小烧杯中，加入约 30mL 浓 HCl 使之溶解冷却后，定量转移到容量瓶中，再用 $1mol \cdot L^{-1}$ 的 HCl 定容到刻度。此标准溶液 Fe^{2+} 浓度为 $1.00 \times 10^{-2} mol \cdot L^{-1}$。移取此标准溶液 10.00mL 于 100mL 容量瓶中，用 $1mol \cdot L^{-1}$ 的盐酸稀释到刻度摇匀，此标准溶液 Fe^{2+} 浓度为 $1.00 \times 10^{-3} mol \cdot L^{-1}$。由储备液稀释成操作溶液时，原则上只稀释一次，必要时可稀释二次。稀释次数多则累积误差大，影响分析结果的准确性。

容量瓶的使用方法和注意事项见 2.1.3 部分相关内容。

（2）标定法

标定法也称为间接法，适用于不能直接配制标准浓度的标准溶液的配制。例如，试剂组成含量是一个范围（如浓硫酸试剂，不论纯度如何，试剂瓶标签所标明的溶质含量 95%～98%），或者易氧化、易潮解、易风化、易吸收二氧化碳等的试剂，在需要某准确浓度的溶液时，一般先进行粗略配制，即配制一个近似浓度，然后再用基准试剂或已知浓度的标准溶液进行标定。例如，做滴定剂的酸碱溶液，一般粗略配制成 $0.1mol \cdot L^{-1}$（配制方法见 3.5.1 部分相关内容），然后再用基准物质或标准溶液进行标定。注意：在标定的操作中，凡参加浓度（或物质的量）计算的所有物质均要准确量取，涉及仪器如分析天平（精确到 0.1mg）、容量瓶、移液管、滴定管等。

常用的 pH 标准溶液见表 3-4。

表 3-4　常用的 pH 标准溶液

pH 标准溶液	规定浓度/(mol·L⁻¹)	pH 值(25℃)
草酸钾	0.05	1.68
酒石酸氢钾	饱和	3.56
邻苯二甲酸氢钾	0.05	4.0
磷酸氢二钠＋磷酸二氢钾	均为 0.025	6.86
四硼酸钠	0.01	9.18
氢氧化钙	饱和	12.46

粗略配制或准确配制所选用的量器间有固定的搭配关系，如果搭配不当，其结果或是"事倍功半"或是前功尽弃，例如要用准确浓度的 NaCl 溶液标定 $AgNO_3$ 溶液以确定 $AgNO_3$ 的浓度，而某同学在配制 NaCl 标准溶液时选用台秤称量、容量瓶定容，显然因称量准确度低而不能满足要求。实验时要根据实验对浓度精确度的要求确定配制方法。

3.6　加热和冷却

3.6.1　加热

无机化学实验中常需要加热，由于物质的性质不同，加热物质的装置与方法也不同。

加热装置可分为燃料加热装置和电加热器。燃料加热器如酒精灯、酒精喷灯、煤气灯等，其使用方法见 2.5 部分相关内容，电加热装置有电炉、电热板、电热套、马弗炉、电热干燥箱、恒温水浴等，它们的使用方法见 2.6 部分相关内容。

加热方法一般分为直接加热和间接加热（热浴加热）、液体加热与固体加热等。本节主要对加热方法进行介绍。

3.6.1.1 液体加热

液体的加热方式决定于液体的性质和盛放该液体的容器，以及液体量的大小和所需加热的温度。一般在高温下不分解的液体，可用火直接加热；受热易分解或者需要比较严格控制加热温度的液体只能间接加热（热浴加热）。

(1) 直接加热

直接加热是最简单的加热方法，是将被加热的溶液或纯的液体放在试管或蒸发皿中直接放在灯焰上加热。直接加热适用于较高温度不分解的溶液或纯液体。

少量液体可装在试管中，直接在火焰上加热。加热试管中液体［图 3-10(a)］时应注意以下几点。

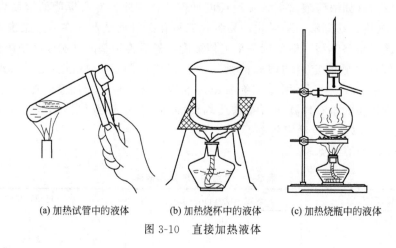

(a) 加热试管中的液体　　(b) 加热烧杯中的液体　　(c) 加热烧瓶中的液体

图 3-10　直接加热液体

① 试管中所盛液体不得超过试管高度的 1/3。

② 加热试管时要用试管夹夹住试管的中上部，不能用手拿住试管加热，以免烫伤。试管夹的使用方法见 2.3 部分相关内容。

③ 试管应稍微倾斜，管口向上（与桌面约成 60°倾斜）。试管口不能对着别人或自己，以免液体沸腾时溅出伤人。

④ 加热试管内液体时，应使试管内各部分液体受热均匀。具体做法：先加热液体的中上部，再慢慢往下移动试管，热及下部；然后要不时地移动或振荡试管。如果集中在某一部位加热，往往会引起暴沸而使液体冲出管外；如果集中加热液面附近部位，往往会使液面上下的管壁传热速率不同而炸裂试管。

加热较多液体时，可以用烧杯或烧瓶［图 3-10(b)、(c)］。将装有液体的烧杯或烧瓶外壁擦拭干净，然后放在石棉网上，用酒精灯、煤气灯、电炉或电加热套等直接加热。加热时要注意使底部受热均匀，防止炸裂仪器或造成溶液暴沸。待溶液沸腾后将火焰调小，使溶液保持微沸，以免溅出。

浓缩溶液时，常将溶液放在蒸发皿中，放在石棉网上加热。

使用蒸发皿时应注意：a.用蒸发皿加热液体时，液体不得超过蒸发皿容积的 2/3；b.在用蒸发皿蒸发溶液以获得固体物质时，当溶液蒸发至较少时，应不停地搅拌，防止暴沸而使液体溅出；当有固体物质析出时应立即停止加热，在继续搅拌下利用余热将溶剂蒸干。在重结晶提纯操作中不能将溶液蒸干，待加热到有晶膜出现时停止加热。

(2) 间接加热

间接加热亦称为热浴加热，是先用热源将某些介质加热，介质再将热量传递给被加热的物质。间接加热的优点是加热均匀，升温平稳，并能使被加热的物质保持一定的温度。常见的间接加热有水浴、蒸汽浴、油浴、砂浴和空气浴等。

1）水浴和蒸汽浴　当被加热物质要求受热均匀，而温度又不能超过 100℃时，可以采用水浴加热；如果加热温度稍高于 100℃，可以选用无机盐类的饱和溶液作为热浴液。水浴锅的盖子是由一组大小不同的同心金属圆环组成，可根据要加热的器皿的大小，去掉部分圆环，原则是尽可能增大容器受热面积而又不使器皿掉进水浴锅里。若把水浴锅中的水煮沸用水蒸气来加热，即成蒸汽浴。

水浴有恒温水浴和不定温水浴。恒温水浴用恒温水浴锅［图 3-11(a)］，不定温水浴可使用铜（铝）水浴锅［图 3-11(b)］。

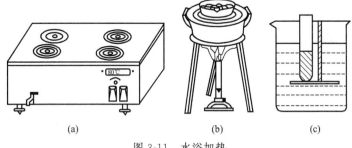

图 3-11　水浴加热

使用水浴加热时应注意以下几点：a.在水浴加热操作中，应使热浴的液面尽可能地略高于被加热容器内的液面，这样加热效果更好；b.若需要加热到 100℃，可用沸水浴或蒸汽浴；c.遇到金属钾、钠的操作以及无水操作，绝不能在水浴上加热，否则会引起火灾或使实验失败；d.水浴锅内盛水量一般占其总容量的 2/3，应随时往水浴锅中补充少量热水，以保持其中的水量，以防蒸干；e.当不慎把水浴锅中的水烧干时，应立即停止加热，并待水浴锅冷却后再加水继续加热；f.加热时受热器皿应悬置在水中，不能触及锅壁或锅底，以免器皿受热不均匀而破裂；g.水浴锅不能用于油浴、沙浴用。

离心试管或小试管里的溶液直接加热时易将少量的溶液溅出，或因烘干而使沉淀损失或变质，同时小试管也易破裂，所以宜水浴加热。水浴加热小试管或离心试管时，可用烧杯代替水浴锅，在烧杯中放一支架，试管放在支架上［图 3-11(c)］。

在蒸发皿中蒸发、浓缩时，也可以在水浴或蒸汽浴上进行，这样比较安全。

2）油浴　加热温度在 100～250℃之间，可采用油浴。油浴锅一般由生铁铸成，有时也可用大烧杯代替。油浴的优点是反应物受热均匀，温度容易控制在一定范围内，反应物的温度一般要比油浴温度低 20℃左右。常用的油浴有甘油浴、植物油浴、液体石蜡浴、硅油浴等，见表 3-5。

表 3-5　常用油浴

油浴类型	可加热的最高温度/℃	特点
甘油浴	140～150	温度过高会碳化分解
植物油浴	200	常加入 1%的对苯二甲酚等抗氧化剂,温度过高会分解,过闪点时可燃烧
液体石蜡浴	220	温度稍高不分解,但较易燃烧
硅油浴	250	稳定,透明度好,安全,是目前实验室里较为常用的油浴之一,但价格较贵

使用油浴应该注意：a.油浴中应悬挂温度计，以便随时调节灯焰，控制温度；b.使用油浴要特别小心，防止着火；c.当油受热冒烟时，应立即停止加热；d.油量要适宜，不可过多，以免油受热膨胀而溢出；e.油锅外不能沾油，若外面有油应立即擦去；f.加热完毕后，把容器提离油浴液面后，要仍用铁夹夹住，放置在油浴上面悬置片刻，待附着在容器外壁上的油流完后，用纸或布擦拭干净后方可将容器放在合适位置；g.万一着火也不要慌张，应首先熄灭加热灯具（酒精灯、煤气灯等）或关闭加热电炉，再移去周围易燃物，然后用石棉网或厚湿布盖灭火焰，切勿用水浇。

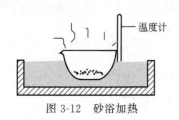

图 3-12 砂浴加热

3) 沙浴　沙浴加热温度可达 300～400℃。沙浴通常采用生铁铸成的沙浴盘，盘中盛有一层均匀细砂，用煤气灯加热沙盘。加热时将容器中欲被加热的部位埋入细沙中加热（图 3-12）。

使用沙浴应该注意：a.因为沙的导热效果差，温度上升慢，温度分布不均匀，因此，在沙浴中要插入温度计以便控制温度，温度计的水银球应紧靠被加热容器；b.容器底部的沙层要薄些，使容器容易受热，而容器周围的沙层要厚些，使容器不易散热；c.特别注意，受热容器不能触及浴盘底部；d.使用沙浴时，浴盘下面要垫隔热石棉板，以防辐射热烤焦桌面。

4) 空气浴　空气浴是让热源把局部空气加热，空气再把热能辐射给反应容器。电加热套加热就是简单的空气浴（电加热套的使用方法见 2.6 部分相关内容）。安装电加热套时，要使反应瓶外壁与电热套内壁保持 2cm 左右的距离，以便利用热空气传热和防止局部过热。电加热套不用明火加热，因此可以加热和蒸馏易燃有机物，使用较安全。

除了以上几种加热方法外，还可以用熔盐浴、金属（金属合金）浴等以满足实验的要求。不论用何种方法加热均要求受热均匀稳定，尽量减少热损失。

3.6.1.2　固体加热

当加热少量固体物质时，可在试管中进行；若加热较多固体，可用蒸发皿加热；若需要高温加热灼烧固体，则要用坩埚。

(1) 用试管加热

加热少量固体可用试管[图 3-13(a)]。用试管加热应注意以下几个方面：a.试管所盛固体药品不得超过试管容量的 1/3，块状或粒状固体一般应先研磨，固体尽可能平铺在试管底部；b.试管口应略向下倾斜，以免凝结在试管口的水珠流至灼热的试管底部炸裂试管；c.加

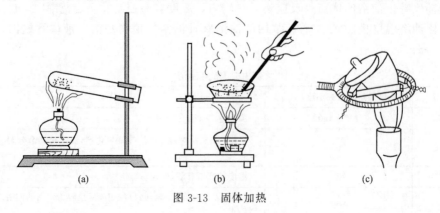

(a)　　　　　　　　(b)　　　　　　　　(c)

图 3-13 固体加热

热时先来回将整个试管预热，然后用氧化焰集中加热。

（2）用蒸发皿加热

加热较多固体时。可放在蒸发皿中进行［图 3-13（b）］。加热时要不断搅拌，使固体受热均匀。

（3）用坩埚加热

需要高温加热固体时，要把固体放在坩埚中灼烧［图 3-13（c）］。加热时要用氧化焰加热，而不要让还原焰接触坩埚底部，以免坩埚底部结上炭黑。灼烧时有时将坩埚横着斜放在三个瓷管中的一个瓷管上，半盖着坩埚进行加热，目的是使火焰的热量反射到坩埚内，提高坩埚内的温度；但如果灼烧物质受热后易爆裂，则应将盖盖严，以免坩埚内容物进出影响实验结果。

坩埚的使用方法和注意事项见 2.2 部分相关内容。

3.6.2　冷却

化学实验中有些化学反应、分离提纯等往往需要降温冷却。降温冷却的方法通常是将装有待冷却的物质的容器浸入制冷剂中达到冷却的目的，有时在特殊情况会将制冷剂直接加到被冷却的物质中。实验室常用的冷却方法有流水冷却、冰水浴冷却和冰盐浴冷却等。

（1）流水冷却

需冷却到室温的溶液，可用流水冷却。或者有些实验需要严格控制加热时间，需迅速降温以阻止反应继续进行时，都可以用流水冷却。将容器倾斜，在摇动下直接用流动的自来水冷却。

（2）冰水浴冷却

当反应或者结晶需要低于室温下进行时，可以将盛有反应物的容器置于冰水中冷却。用碎冰和水混合作制冷剂效果比单独用冰块要好，因为冰水混合物能与容器更好地接触，制冷效果更好。

（3）冰盐浴冷却

有些实验需要在低于 $0℃$ 下进行，这时需要用冰盐浴来冷却。冰盐浴是将制冷剂（冰盐或水盐）放在绝热较好的容器（如杜瓦瓶）中，所能达到的温度由冰盐的比例和盐的种类决定。用干冰和有机溶剂（如乙醇、乙醚或丙酮）的混合物，可以获得 $-50℃\sim-80℃$ 的低温。配制方法：先将干冰放在浅木箱中，用木槌敲碎（注意戴防护手套，以免冻伤），装入杜瓦瓶中至 2/3 处，逐次加入少量溶剂，并搅拌成粥状。注意：一次加入溶剂过多时，干冰气化会将溶剂溅出。

表 3-6 是常用制冷剂及其达到的温度。

表 3-6　常用制冷剂及其达到的温度

制冷剂	温度/℃	制冷剂	温度/℃
NH_4Cl＋碎冰（1∶4）	－15	$CaCl_2\cdot6H_2O$＋碎冰（1.25∶1）	－40
$CaCl_2\cdot6H_2O$＋碎冰（1∶25）	－9	$CaCl_2\cdot6H_2O$＋碎冰（1.5∶1）	－49
29g NH_4Cl＋18g KNO_3＋冰水	－10	$CaCl_2\cdot6H_2O$＋碎冰（5∶4）	－55
NH_4NO_3＋水（1∶1）	－12	干冰＋二氯乙烯	－60
75g NH_4SCN＋15g KNO_3＋冰水	－20	干冰＋乙醇	－72
$NaCl$＋冰水（1∶3）	－21	干冰＋乙醚	－77
NH_4NO_3（100 份）＋$NaNO_3$（100 份）＋冰水	－35	干冰＋丙酮	－78

3.7 固体物质的溶解、蒸发、结晶和干燥

在无机制备、固体物质提纯过程中，常用到溶解、蒸发浓缩、结晶、固液分离以及固体的干燥等基本操作。其中固液分离相关内容将在 3.8.1 部分中集中讨论，该节将对其他内容分述如下。

3.7.1 固体的溶解

在无机实验中，为了使反应物混合均匀并迅速反应或提纯固体物质，常将固体物质进行溶解。

溶解遵从相似相溶规律，即溶质在与它结构相似的溶剂中较易溶解。因此溶解固体时，要根据固体物质的性质选择适当的溶剂。在无机化学实验中，常用的溶剂是水。另外，物质的溶解度及溶解速度受温度影响，溶解固体时可采用加热及搅拌等方法加速溶解。

固体溶解操作的一般步骤如下。

1) 研细固体 用研钵将固体研细（研钵的使用方法见 2.2 部分相关内容）。若溶解的固体极细或极易溶解，则不必研磨。易潮解及易风化固体不可研磨。

2) 加入溶剂 将固体粉末倒入烧杯中，加入溶剂溶解。所加溶剂量应能使固体粉末完全溶解而又不致过量太多，必要时应根据固体的量及其在该温度下的溶解度计算或估算所需溶剂的量，再按量加入。

3) 搅拌溶解 搅拌可以使溶解速度加快。用玻璃棒搅拌时，应手持玻璃棒转动手腕，用微力使玻璃棒在液体中均匀地转圈，使溶质与溶剂充分接触而加速溶解[图 3-14(a)]。搅拌不能太激烈，以免使玻璃棒碰在器壁上或容器的底部，发出响声，甚至溅出液体或碰破容器[图 3-14(b)]。搅拌时应向一个方向转动手腕，不可来回搅拌，以免溅出液体。

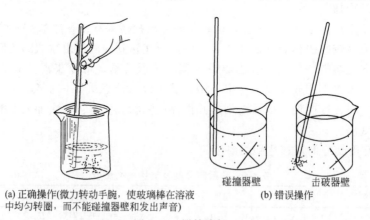

(a) 正确操作(微力转动手腕，使玻璃棒在溶液　　　　　　　(b) 错误操作
中均匀转圈，而不能碰撞器壁和发出声音)

图 3-14　搅拌溶解

4) 必要时还可加热 加热一般可加速溶解过程，应根据物质对热的稳定性选用直接加热或水浴等间接加热方法。热解温度低于 100℃ 的物质只能用水浴加热，水浴加热常用电热恒温水浴锅（其使用方法见 2.6.1）。

3.7.2 蒸发浓缩和结晶

为使溶解在较大量溶剂中的溶质从溶液中分离出来，常采用蒸发浓缩和冷却结晶的方

法。溶剂受热不断被蒸发，当蒸发至溶质在溶液中处于过饱和状态时，经冷却便有结晶析出，经固液分离处理后得到该溶质的晶体。

（1）蒸发浓缩

常压蒸发浓缩通常在蒸发皿中进行，因为蒸发皿的蒸发表面大，有利于加速蒸发。蒸发皿既可以直接加热也可以水浴加热（蒸发皿使用方法及注意事项见 2.2 部分相关内容）。蒸发时蒸发皿中的盛液量不应超过其容量的 2/3，如果液体量较多，蒸发皿一次盛不下，可随水分的不断蒸发而逐渐添加。蒸发时还应注意不要使瓷蒸发皿骤冷，以免炸裂。加热方式视被加热物质的热稳定性而选择直接加热还是水浴加热。对热稳定的无机物，可以直接加热；热稳定性差的物质，一般情况下采用水浴加热，水浴加热蒸发速度较慢，但蒸发过程易控制。

蒸发时不宜把溶剂蒸干，少量溶剂的存在，可以使一些微量的杂质由于未达饱和而不至于析出，这样得到的结晶较为纯净。但不同物质其溶解度往往相差很大，所以控制好蒸发程度是非常重要的。对于溶解度随温度变化不大的物质，应蒸发至有较多结晶析出，停止加热；若物质的溶解度较小或物质在高温时溶解度很大而在低温时较小，一般蒸发至溶液表面出现晶膜（液面上有一层薄薄的晶体），冷却即可析出晶体。某些结晶水合物在不同温度下析出时所带结晶水数目不同，制备此类化合物时应注意要满足其结晶水条件。

（2）结晶

结晶有两种方法：一种是通过蒸发或汽化，减少一部分溶剂使溶液达到过饱和而析出晶体，此法主要用于溶解度随温度改变而变化不大的物质（如氯化钠）；另一种是通过降低温度使溶液冷却达到过饱和而析出晶体，这种方法主要用于溶解度随温度下降而明显减小的物质（如硝酸钾）。一般将上述两种方法结合使用。

有些物质很容易形成过饱和溶液（如 $Na_2S_2O_3$），蒸发冷却后很难析出晶体，可以振荡容器、用玻璃棒摩擦器壁或向过饱和溶液中加入一小粒晶体（称为"晶种"），以促使晶体析出。有时需要向过饱和溶液中加入乙醇等有机溶剂以降低其溶解度而利于结晶。

析出晶体的颗粒大小与结晶条件有关。如果溶质的溶解度小，或溶剂的蒸发速度快，或溶液的浓度高，或冷却的速度快并加以搅拌，则会析出细小晶粒。这是由于短时间内产生了大量的晶核，晶核形成速度大于晶体的生长速度。而浓度较低或静置溶液并缓慢冷却则有利于大晶体生成。从纯度上看，大晶体由于结晶完美，表面积小，夹带的母液少，并易于洗净，因此较细小晶体纯度高。

为了得到纯度更高的物质，可进行重结晶，具体操作如下：将第一次结晶得到的晶体加入适量的蒸馏水（水量为在加热温度下固体刚好完全溶解）加热溶解后，趁热将其中的不溶物滤除，然后再次进行蒸发、结晶。根据纯度要求可以进行多次结晶。在重结晶操作中，为避免所需溶质损失过多，结晶析出后残存的母液不宜过多，在少量的母液中，只有微量存在的杂质才不至于达到饱和状态而随同结晶析出。因此，杂质含量较高的样品，直接用重结晶的方法进行纯化，往往达不到预期的效果。一般认为，杂质含量高于 5％ 的样品，必须采用其他方法进行初步提纯后，再进行重结晶。

3.7.3　固体物质的干燥

结晶析出后的晶体经倾析或过滤后（见 3.8.1 部分）常夹带水或其他溶剂而需要干燥，固体物质常用的干燥方法有晾干、干燥器干燥和烘干等。

（1）晾干

固体物质在空气中自然晾干，这是最方便、经济的干燥方法，适用于该干燥方法的物质在空气中必须稳定、不易分解和吸潮。干燥时，把待干燥的物质放在干燥、洁净的表面皿或滤纸上，将其薄薄地摊开，上面再用滤纸覆盖起来，放在空气中晾干。

（2）干燥器干燥

化合物有时也用真空干燥器干燥（干燥器的使用方法见 2.1.5）。使用干燥器前，首先将其擦干净，烘干多孔瓷板后，将干燥剂（一般为变色硅胶或无水氯化钙）用纸筒装入干燥器底部，应避免干燥剂玷污干燥器内壁及瓷板上部，然后盖上瓷板。

使用真空干燥器时注意，由于各种干燥剂吸水的能力都有一定的限度，因此干燥器中的空气并不是绝对干燥的。所以灼烧后的坩埚和沉淀等如在干燥器中放置太久，可能会吸收少量水分而使质量增加。

（3）烘干

烘干适用于熔点高且受热不易分解的固体。把待干燥的固体置于蒸发皿中，放在水浴上烘干，也可以用红外灯或恒温干燥箱烘干。实验室中常用的电热鼓风干燥箱的温度可控制在 $50\sim300℃$，在此范围内可任意选定温度，通过烘箱内的自动控制系统使温度恒定。但要注意，加热温度必须低于固体物质的熔点。

对于一些热敏性、易分解和易氧化的物质特别是一些成分复杂的物质可以用真空干燥箱烘干。干燥时可以向内部充入惰性气体，也能进行快速干燥。

3.8 物质的分离

在无机物制备、物质的提纯过程中，经常用到倾析、过滤、离心分离等基本操作进行固体和液体的分离，通过升华进行固体与固体的分离，以及通过萃取和蒸馏来进行液体与液体的分离。

3.8.1 固液分离

溶液和沉淀的分离方法有倾析法、过滤法和离心分离法 3 种，应根据沉淀的形状、性质及数量，选用合适的分离方法。

3.8.1.1 倾析法

当沉淀的密度较大或晶体的颗粒较大，静置后能较快沉降到容器的底部时，常用倾析法将沉淀与溶液进行快速分离及固体的洗涤。

图 3-15 倾析法

倾析法分离的操作方法是：先将待分离的物料置于烧杯中，静置；待固体沉降完全后，将玻璃棒横放在烧杯嘴上，小心沿玻璃棒将上层清液缓慢倾入另一烧杯内（图 3-15），残液要尽量倾出，使沉淀与溶液分离完全。

留在杯底的固体还沾附着残液，要用洗涤液洗涤除去。洗涤时先洗玻璃棒，再洗烧杯壁，将上面沾附的固体冲至杯底，搅拌均匀后，再重复上述静置沉降再倾析的操作，反复几次（一般2~3 次即可），直至洗涤干净符合要求为止。洗涤液一般用量不宜过多。

3.8.1.2 过滤法

过滤是最常用的固-液分离方法之一。过滤时，沉淀和溶液经过过滤器，沉淀留在过滤器上，溶液则通过过滤器进入接收容器中，所得溶液称为滤液。常用的过滤方法有常压过滤（普通过滤）、减压过滤（抽滤）和热过滤 3 种。能将固体截留住只让溶液通过的材料除了滤纸之外，还可用其他一些纤维状物质（如玻璃纤维）以及特制的微孔玻璃漏斗（砂芯漏斗）等。下面仅介绍最常用的滤纸过滤法。

（1）常压过滤

此法较为简单、常用，使用玻璃漏斗和滤纸进行。当沉淀物为胶体或细小晶体时，用此方法过滤较好。缺点是过滤速度较慢。

1）漏斗的选择　漏斗多为玻璃制的，也有搪瓷的。通常分为长颈和短颈两种（图 3-16）。在热过滤时，必须用短颈漏斗。在重量分析时，则必须用长颈漏斗。玻璃漏斗锥体的角度为 60°，颈直径通常为 3～5mm，若太粗，不易保留水柱。普通漏斗的规格按斗径（深）划分，常用有 30mm、40mm、60mm、100mm、120mm 等几种，选用的漏斗大小应以能容纳沉淀量为宜。若过滤后欲获取滤液，应按滤液的体积选择斗径大小适当的漏斗。

2）滤纸的选择　滤纸有定性滤纸和定量滤纸两种。重量法定量分析应选用定量滤纸即无灰滤纸，此外一般选用定性滤纸。滤纸按孔隙大小又分为快速、中速、慢速三种；按直径大小分为 7cm、9cm、12.5cm、15cm 等

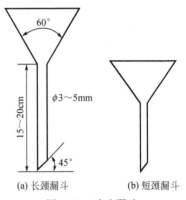

图 3-16　玻璃漏斗

(a) 长颈漏斗　　(b) 短颈漏斗

几种。应根据沉淀的性质选择滤纸的类型，细晶形沉淀（如 $BaSO_4$），应选用慢速滤纸；粗晶形沉淀（如 NH_4MgPO_4），宜选用中速滤纸；胶状沉淀（如 $Fe_2O_3 \cdot H_2O$），需选用快速滤纸过滤。根据沉淀量的多少选择滤纸的大小，一般要求沉淀的总体积不得超过滤纸锥体高度的 1/3。滤纸的大小还应与漏斗的大小相适应，一般滤纸上沿应低于漏斗上沿 0.5～1cm（一低）。

3）滤纸的折叠　折叠滤纸前应先把手洗净擦干。选取一合适大小的圆形滤纸对折两次[图 3-17(a)]［方形滤纸需剪成扇形，图 3-17(b)]，如第二次对折时不要压死，展开后成圆锥形[图 3-17(c)]。如果漏斗角度正好是 60°，则滤纸锥体内角应稍大于 60°；如果漏斗的角度大于或小于 60°，应适当改变滤纸折成的角度使之与漏斗壁密合。折叠好的滤纸还要在三层纸那边将外面两层撕去一个小角[图 3-17(d)]，以保证滤纸上沿能与漏斗壁紧贴而无气泡。此小块滤纸可以保存在洁净干燥的表面皿上，以备擦拭烧杯中的残留的沉淀用。

4）滤纸的安放　用食指将滤纸按在漏斗内壁上[图 3-17(e)]，用少量蒸馏水润湿滤纸，用玻璃棒轻压滤纸四周，赶去滤纸与漏斗壁间的气泡，务必使滤纸紧贴在漏斗壁上。为加快过滤速度，应使漏斗颈部形成完整的水柱。为此，加蒸馏水至滤纸边缘，让水全部流下，漏

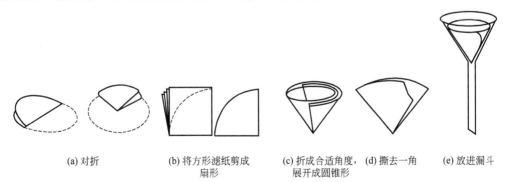

(a) 对折　　　　(b) 将方形滤纸剪成　　(c) 折成合适角度，(d) 撕去一角　(e) 放进漏斗
　　　　　　　　　　扇形　　　　　　　展开成圆锥形

图 3-17　滤纸的折叠与安放

斗颈部内应全部充满水。若未形成完整的水柱，可用手指堵住漏斗下口。稍掀起滤纸的一边用洗瓶向滤纸和漏斗空隙处加水，使漏斗和锥体被水充满，轻压滤纸边，放开堵住漏斗口的手指，即可形成水柱。

5) 过滤操作　将准备好的漏斗放在漏斗架或铁圈上，下面放一洁净容器承接滤液，其容积应为滤液总量的 5～10 倍，调整漏斗架或铁圈高度，使漏斗管斜口尖端一边紧靠接收容器内壁（一靠），使滤液沿烧杯壁流下。漏斗放置位置的高低，以漏斗颈下口不接触滤液为度。

为避免滤纸孔隙过早被堵塞，过滤时先过滤上部清液，后转移沉淀，这样可加快整个过滤的速度。过滤时，先将装有沉淀和溶液混合体系的烧杯倾斜静置，将烧杯嘴紧靠在玻璃棒上（二靠），而使玻璃棒下端靠近三层滤纸处（三靠），但不要接触滤纸。将待分离的液体沿玻璃棒注入漏斗，漏斗中的液面高度应略低于滤纸边缘 0.5～1cm（二低），以免少量沉淀因毛细作用越过滤纸上沿而损失[图 3-18(a)]。当暂停倾倒溶液时，小心扶正烧杯，烧杯嘴不要离开玻璃棒，然后将烧杯向上移 1～2cm，靠去烧杯嘴上的最后一滴溶液后，将玻璃棒收回并放入烧杯中，但玻璃棒不要靠在烧杯嘴上，因为此处可能沾有少量沉淀。

6) 沉淀的转移　为了将烧杯中的沉淀转移到滤纸上，先用少量洗涤液把沉淀搅起，将悬浮液立即按上述方法转移到滤纸上，如此重复几次将绝大部分沉淀转移到滤纸上。最后按下述操作将沉淀全部转移干净：左手持烧杯倾斜着拿在漏斗上方，使烧杯嘴对着漏斗，用食指将玻璃棒横架在烧杯口上，玻璃棒下端向着三层滤纸处，用洗瓶吹出洗涤液，冲洗烧杯内壁，沉淀连同溶液沿玻璃棒流到滤纸上[图 3-18(b)]。

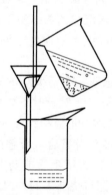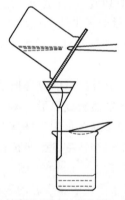

(a) 倾倒滤液(玻璃棒靠近三层滤纸处，先倾倒　　(b) 转移沉淀(先加少量洗涤液，用玻棒搅起后
滤液，液面高度应低于滤纸边缘0.5～1cm)　　　　转移到滤纸上，残余沉淀用洗瓶吹洗到滤纸上)

图 3-18　常压过滤

7) 沉淀的洗涤　将沉淀全部转移到滤纸上，待漏斗中的溶液完全滤出后，为除去沉淀表面吸附的杂质和残留的母液，仍需在滤纸上洗涤沉淀。其方法是：用洗瓶吹出少量水流，从滤纸边沿稍下部位开始，按螺旋形向下移动（图 3-19），洗涤滤纸上的沉淀和滤纸几次，并借此将沉淀集中到滤纸锥体的下部。洗涤时应注意，切勿使洗涤液突然冲在沉淀上，以免沉淀溅失。为了提高洗涤效率，每次使用少量洗涤液，洗后尽量滤干，多洗几次，通常称为"少量多次"的原则。

必要时，要检验是否洗涤干净。检验方法：用干净的试管接取几滴滤液，选择灵敏的定性反应检验共存离子，判断是否洗涤干净。

图 3-19　沉淀的洗涤

(2) 减压过滤 (抽滤)

减压过滤可以加快过滤速度，沉淀也可以被抽吸得较为干燥。但不宜用于过滤胶状沉淀和颗粒太小的沉淀。因为胶状沉淀在快速过滤时易穿透滤纸，颗粒太小的沉淀物易在滤纸上形成密实的沉淀薄层，使得溶液不易透过。

减压过滤装置 (图 3-20) 的主要部件包括抽滤瓶、布氏漏斗和抽气装置。抽气装置为真空泵或水流抽气泵，它们起着带走空气的作用，使抽滤瓶内减压，从而使布氏漏斗内的溶液因压力差而加快通过滤纸的速度。

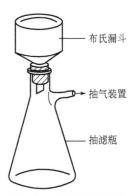

图 3-20　减压过滤装置

抽滤瓶用来承接滤液，其支管用耐压橡皮管与抽气系统相连。布氏漏斗为瓷质漏斗，内有一多孔平板，漏斗颈插入单孔橡胶塞，与抽滤瓶相连。橡胶塞插入抽滤瓶内的部分不能超过塞子高度的 2/3，还应注意漏斗颈下端

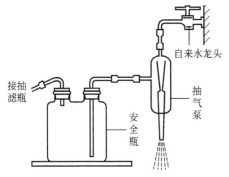

图 3-21　装安全瓶的减压过滤装置

的斜口要对着抽滤瓶的支管口。抽气装置常用真空泵或水流抽气泵。如要保留滤液，常在抽滤瓶和抽气泵之间安装一个安全瓶，以防止关闭抽气泵或水的流量突然变小时，由于抽滤瓶内压力低于外界大气压而使泵内的水反吸入抽滤瓶内，弄脏滤液。安全瓶可以用干净的洗气瓶 (图 3-21)。安装时要注意安全瓶的长管接水泵，短管接抽滤瓶，不要连反。

减压过滤操作步骤及注意事项如下。

① 按图 3-20 装好仪器后，把滤纸平放入布氏漏斗内，滤纸应略小于漏斗的内径又能将全部小孔盖住为宜 (一般滤纸边缘距漏斗壁 1～2mm)。用少量蒸馏水润湿滤纸后，打开真空泵，抽气使滤纸紧贴在漏斗瓷板上。

② 用倾析法先转移溶液，溶液量不得超过漏斗容量的 2/3。待溶液快流尽时再转移沉淀至滤纸的中间部分。抽滤时要注意观察抽滤瓶内液面高度，当液面快达到支管口位置时应拔掉抽滤瓶上的橡皮管，从抽滤瓶上口倒出溶液，瓶的支管口只作连接减压装置用，不可从中倒出溶液，以免弄脏溶液。

③ 洗涤沉淀时，应拔掉抽滤瓶上的橡皮管，用少量洗涤剂润湿沉淀，再接上橡皮管，继续抽滤，如此重复几次。

④ 将沉淀尽量抽干，取下抽滤瓶，用玻璃棒轻轻揭起滤纸边缘，取出滤纸和沉淀。滤液从抽滤瓶上口倒出。

⑤ 抽滤完毕或中间需停止抽滤时，应特别注意需先拔掉连接抽滤瓶和真空泵的橡皮管，然后关闭真空泵，以防倒吸。

⑥ 如过滤的溶液具有强酸性或强氧化性，为了避免溶液破坏滤纸，此时可用玻璃纤维代替滤纸，或用玻璃砂芯漏斗 (玻璃砂芯漏斗的使用方法见 2.1.4 部分相关内容)。由于碱易与玻璃作用，所以玻璃砂芯漏斗不宜过滤强碱性溶液。过滤强碱性溶液时可用玻璃纤维代替滤纸，但由于过滤后沉淀附着在玻璃纤维上，故此法只适用于弃去沉淀只要滤液的分离操作。

(3) 热过滤

某些溶质在溶液温度降低时易结晶析出，为了滤除这类溶液中所含的其他难溶性杂质，就需要趁热过滤，这时通常使用热滤漏斗进行热过滤（热滤漏斗的使用方法见 2.1.4 部分相关内容）。

热过滤操作步骤及注意事项如下。

① 在铜质漏斗的夹套内装入热水（水不要太满，以免加热至沸后溢出），小火加热热滤漏斗的侧管，保持微沸，以维持溶液的温度。如果溶剂易燃，过滤前务必将火熄灭。

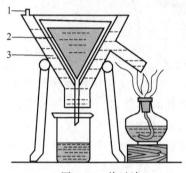

图 3-22　热过滤
1—注水口；2—玻璃漏斗；3—热水

② 将普通漏斗放在铜质的热滤漏斗内（图 3-22）。热过滤时选用的普通漏斗颈越短越好，常用短颈或无颈漏斗（将漏斗颈截去）。以免过滤时溶液在漏斗颈内停留过久，因散热降温析出晶体而堵塞斗颈。

③ 用少量热溶剂润湿滤纸，立即把热溶液分批倒入漏斗，注意不要倒得太满，也不要等滤完再倒。未倒完的溶液要注意保持其温度。

④ 热过滤时一般不用玻璃棒引流，以免加速降温。接收滤液的容器内壁不要贴紧漏斗颈，以免滤液迅速冷却析出晶体，晶体沿器壁向上堆积，堵塞漏斗口，使无法过滤。

⑤ 向漏斗内倾倒溶液时，切勿对准滤纸底尖倒下去，以免冲破滤纸。

热过滤时，为加快过滤速度，通常采用图 3-23 方法折叠滤纸。先将圆形滤纸对折成半圆，再按图 3-23(a) 和图 3-23(b) 所示的顺序，将半圆折成 8 等份折痕凸面都保持在同一面 [图 3-23(c)]。随后沿每等份的平分线来回对折（折时，折痕不要都集中在顶端的一个点上），得一扇形 [图 3-23(d)]。将折好的扇形展开成为"半圆" [图 3-23(e)]，翻转过来成为锥形 [图 3-23(f)]，便得到可放入漏斗使用的折叠滤纸。

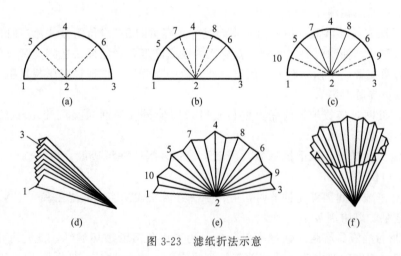

图 3-23　滤纸折法示意

除了热过滤，有时可以趁热抽滤。抽滤前把布氏漏斗、抽滤瓶都放入烘箱（或在热水浴中，或用电吹风等）预热；抽滤前用同一热溶剂润湿滤纸。抽滤方法同减压过滤。

3.8.1.3 离心分离法

离心分离是一种快速分离固体和溶液的方法，特别适用于被分离的溶液和沉淀的量很少的分离。离心分离通过离心机（图 3-24）的高速旋转产生的离心力及沉淀物与溶液间存在的密度差使密度较大的沉淀集中在试管底部，上层为清液，从而实现分离的目的。

图 3-24　电动离心机

离心分离操作步骤及注意事项如下。

① 将电动离心机放在坚实、平整的台面上。

② 将待分离的物料装在离心试管中，然后放入离心机内的塑料套管内。注意：离心管的放置位置要对称，相对位置的质量必须平衡。如果离心管的数目不合适，不能对称放置，可加上盛入相应质量水的离心管，以满足对称的需要。否则很容易损坏离心机，且易发生危险。

③ 放好试管后，一定将离心机的顶盖盖妥。开机之前，应先将变速旋钮旋到"0"处，然后再接通电源，待检查无误后再逐渐转动变速旋钮，使离心机由低向高逐渐加速。所需的离心时间和转速应视沉淀的性质而定。例如，结晶型的紧密沉淀，以 1000～2000r/min 的转速离心 2～3min 即可；无定形的疏松沉淀，则以 3000～4000r/min 的转速离心 4～5min 为宜。

④ 如电动离心机在离心过程中产生噪声或机身振动很大时，应立即关闭电源，查明原因，排除故障后再继续使用。关机时，要逐挡缓慢地把变速挡转至关闭，应使离心机自然停止转动，绝不能用手强制其停止。

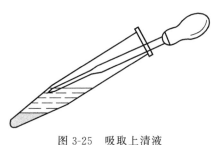

图 3-25　吸取上清液

⑤ 待离心机自然停止转动后，小心地从外侧捏住离心试管管口边缘取出离心试管，将试管上部的清液用滴管吸取出来放在接收容器中（图 3-25）。用滴管吸取清液时要注意：首先挤捏滴管胶帽将里面的空气排尽，然后将滴管尖嘴慢慢伸入液面下，慢慢减小手指对胶帽的挤压力量，让清液慢慢吸入滴管。当滴管的尖嘴接近沉淀时，操作要特别小心，不能让滴管末端接触沉淀。

⑥ 需要得到纯净的沉淀时，必须对沉淀进行洗涤。洗涤时，向盛沉淀的离心试管中加入适量的蒸馏水或其他洗涤液（是沉淀体积的 2～3 倍），充分搅拌，再进行离心分离、吸出上层清液。重复操作 2～3 次。检验是否洗净的方法是：将一滴上清液放在点滴板上，加入适当试剂，检验是否还存在应分离出去的离子，决定是否还需继续进行洗涤。

⑦ 实验结束，将变速旋钮旋到"0"处，盖好顶盖，关闭电源，拔下电源插头，将离心机放回合适位置。

3.8.2　升华

固态物质受热后不经熔融直接气化转变为蒸气，这个过程称为升华。升华是分离或纯化固态物质的主要方法之一，适用于一种易升华而另一种不挥发或两者挥发性明显不同的固态物质的分离和纯化。一般通过升华提纯得到的固体物质纯度较高，但该操作较费时，故升华操作通常只限于实验室少量物质的精制。

具有升华性质的物质有碘、无水 $AlCl_3$、无水 $FeCl_3$ 等，在熔点温度以下具有较高蒸气压，它们具有三相点，即固、液、气三相达到平衡时的温度和压力。如图 3-26 是碘的三相图，其中 O 点为三相点，OB 线是固-气平衡的升华曲线。在三相点温度以下，物质只有固、气两相，如果将系统的压力降至 OB 线以下，固态碘可以不经过熔化而直接气化（升华），

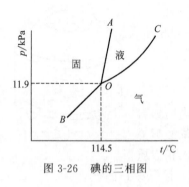

图 3-26 碘的三相图

再经冷凝又变成固体。例如碘的熔点是 112.7℃，而碘的三相点温度为 114.5℃，这时蒸气压为 11.9kPa。在 114.5℃以下温度下在敞口容器中加热碘时，由于碘的蒸气不断逸出，达不到 11.9kPa，碘会直接升华而不会熔化。碘经冷凝又会变成碘固体。

通过升华分离固体物质，就是利用固体物质的挥发性不同，加热时易挥发物质升华，难挥发物质留在固体残渣中；而蒸汽在冷凝时，挥发性较小的组分变成固体，挥发性更强的组分留在气相，从而实现固体物质的分离和提纯。

显然，三相点的蒸气压越高，固体物质越容易升华。如果三相点时的平衡蒸气压比较低，在常压时进行升华效果较差，这类物质则可在减压条件下进行升华，如金属的提纯。减压升华将在后续课程中进一步学习，本节主要介绍常压升华。

在实验室中对少量物质通过升华法纯化时，可以在将待分离的物质放入蒸发皿中，拿一滤纸，在上面穿上许多小孔，然后覆盖在蒸发皿上，使蒸发皿上方形成一温差层。再拿一合适的玻璃漏斗，在漏斗颈部塞上玻璃纤维或脱脂棉团，然后将漏斗倒盖在滤纸上。隔石棉网加热蒸发皿（最好用砂浴），小心调节火焰，控制温度低于被升华物质的三相点，使其慢慢升华，蒸汽通过滤纸小孔上升，冷却后凝结在滤纸上或漏斗壁上，必要时，可用湿布冷却漏斗外壁[图 3-27(a)]。

较大量的物质可放在烧杯中升华。烧杯上放置一个通冷水的烧瓶，使蒸汽在烧瓶底部凝结成晶体并附着在烧瓶底部[图 3-27(b)]。也可以用图 3-27(c) 装置进行。

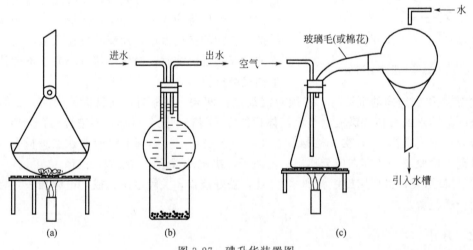

图 3-27 碘升华装置图

3.8.3 萃取和蒸馏

分离均相液体混合物的主要方法是萃取和蒸馏。

3.8.3.1 萃取

萃取是利用某物质在两种互不相溶（或微溶）的溶剂中溶解度（或分配比）不同，将其从一种溶剂转移到另一种溶剂，从而达到分离目的的一种操作。当从固体或液体中提取所需要的物质时，通常被称为萃取或抽取，但用同样的操作除去混合物中少量的杂质，通常被称为洗涤。

萃取常用来提取或纯化有机化合物，也可以用来洗去有机物中少量杂质。另外，萃取也用于无机金属离子的分离。无机盐易溶于水形成水合离子，具有亲水性。如果能够用疏水基团（具有疏水性的配位剂）取代水合金属离子的水分子，将金属离子由亲水性转化成疏水性，则可以使金属离子由水相转移到有机相，通过萃取进行分离。这一方法在工业上叫金属萃取，是湿法冶金提取稀有金属的重要手段。

(1) 萃取原理

分配定律：在一定温度和压强下，一种物质在同时存在的互不相溶的两种溶剂中达到平衡后，该物质在两种溶剂中的浓度之比是一定值。即：

$$\frac{c_A}{c_B}=K \tag{3-1}$$

式中，c_A 为物质在溶剂 A 中的浓度；c_B 为物质在溶剂 B 中的浓度；K 为一个常数，称为分配系数。它近似地等于同一物质在溶剂 A 与溶剂 B 中的溶解度之比。

非极性物质在有机溶剂中的溶解度，一般比在水中的溶解度大，可以将它们从水溶液中萃取出来。但除非分配系数极大，用一次萃取不可能将全部物质转移到有机相。化工生产中采取多级萃取，而实验室中一般采取将一定量的萃取剂分多次（一般 2～3 次）的方法（少量多次效率高）。

设在 $V_B(\mathrm{mL})$ 的水中溶解 $m_0(\mathrm{g})$ 某物质，

用 $V_A(\mathrm{mL})$ 萃取剂进行第一次萃取，设留在水溶液中的该物质质量为 $m_1(\mathrm{g})$

$$\frac{\dfrac{m_0-m_1}{V_A}}{\dfrac{m_1}{V_B}}=K$$

所以

$$m_1=\frac{KV_B}{KV_B+V_A}m_0 \tag{3-2}$$

用 $V_A(\mathrm{mL})$ 萃取剂进行第二次萃取，设留在水溶液中的该物质质量为 $m_2(\mathrm{g})$

$$m_2=\frac{KV_B}{KV_B+V_A}m_1=\left(\frac{KV_B}{KV_B+V_A}\right)^2 m_0 \tag{3-3}$$

萃取 n 次后

$$m_n=\left(\frac{KV_B}{KV_B+V_A}\right)^n m_0 \tag{3-4}$$

因为 $\dfrac{KV_B}{KV_B+V_A}<1$，所以 n 值越大，m_n 越小，即一定量的萃取剂，分成几份做多次萃取比用全部萃取剂进行一次萃取效果要好。

(2) 萃取剂的选择

萃取剂的选择将影响着萃取效率的高低。一般来讲，选择萃取剂的基本原则是：对被提取物质的溶解度要大，与原溶剂不相混溶，沸点低，毒性小，同时所选择的萃取剂要易于和溶质分离开来。当从水中萃取有机物或非极性分子时，一般水溶性较小的物质用石油醚做萃取剂，水溶性较大的物质用苯、氯仿或乙醚，水溶性极大的物质用乙酸乙酯；若从有机物中洗除酸、碱或其他水溶性杂质，可分别用稀碱、稀酸或直接用水洗涤。应用有机溶剂时应注意安全，不要接触明火。

萃取时若将一定量的萃取剂分成几份做多次萃取，则第一次萃取时使用的萃取剂的量常

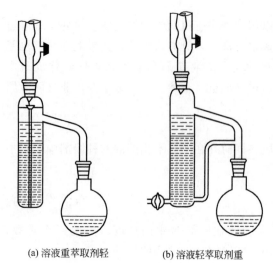

(a) 溶液重萃取剂轻　　(b) 溶液轻萃取剂重

图 3-28　连续萃取

要较以后几次多一些，这主要是为了补足由于萃取剂稍溶于水而引起的损失。当被提取的物质在原溶剂中比在萃取剂中更易溶解时，就必须使用大量萃取剂并多次萃取。

为了减少萃取剂的用量，在有机化学实验中经常采用连续萃取，其装置有两种：一种适用于溶液重萃取剂轻（如用乙醚萃取水溶液）［图 3-28(a)］；另一种适用于溶液轻萃取剂重（如氯仿萃取水溶液）［图 3-28(b)］。

对金属离子进行萃取时，还要选择合适的配位剂，通过反应使金属离子与配位剂生成螯合物、离子缔合物、溶剂化物等，由亲水性转化成疏水性，来实现无机离子由水相向有机相的转移。金属离子的液-液萃取分离，就是将与水不相溶的有机相与含有多种金属离子的水溶液一起振荡，某些离子由亲水性转化成疏水性进入有机相，其他离子留在水相中，达到分离的目的。

（3）萃取操作步骤及注意事项

液-液萃取是用分液漏斗来进行的。分液漏斗的使用方法和注意事项见 2.1.4 部分相关内容。利用分液漏斗进行萃取操作的步骤及注意事项如下：

1）选择漏斗并查漏　选择大小合适、形状相宜的分液漏斗，并检查中间旋塞处和上端玻璃塞处是否漏水，若漏水则做防漏处理。漏斗中加入液体的总体积不得超过其容积的3/4；漏斗越细长，振荡后两液分层时间越长，分离就越彻底。

2）装液　将溶液与萃取溶剂加入分液漏斗，塞上玻璃塞。必须注意：玻璃塞上若有侧槽，必须将侧槽与漏斗上端颈部上的小孔错开！

3）振荡漏斗　左手握住漏斗上端颈部，将漏斗从支架上取下。用左手食指末节顶住漏斗上端的玻璃塞，用大拇指和中指夹住漏斗上端颈部；右手的食指和中指蜷握在旋塞柄上，食指和拇指要握住旋塞柄并能将其自由地旋转。倾斜漏斗，使漏斗的上口略朝下［图 3-29(a)］。对于左撇子可以将上面握持部位的左右手调换即可。

将漏斗由外向里或由里向外旋转振摇 3～5 次，使两种不相混溶的液体，尽可能充分混合（也可以将漏斗反复倒转缓和地振摇）。

4）放气　振摇后，将漏斗的上口向下倾斜，下颈导管指向斜上方，注意不要对着自己和别人，右手仍握在旋塞处，用拇指和食指慢慢旋开活塞，排放可能产生的气体以解除超压［图 3-29(b)］。以乙醚萃取水溶液中的物质为例，在振摇后乙醚产生的蒸气压，加上原来的空气和水蒸气压，使漏斗中的压力大大超过了大气压，如果不及时放气，塞子就可能被顶开而出现喷液。待压力减小后，关闭旋塞。振摇和放气应重复几次。

5）静置分层　振摇完毕后，将漏斗如图 3-29(c) 放置，静置分层。两相液面分层应明显，界面清晰。

在萃取时，特别是当溶液呈碱性时，常常会产生乳化现象，有时由于存在少量轻质的沉淀、溶剂互溶、两液相的相对密度相差较小等原因，也可能使两液相不能很清晰地分开，这样很难将它们完全分离。这时除了需要较长时间静置外，还可以加入少量氯化钠、稀硫酸、

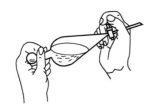

(a) 振荡(左手夹住上端颈部并顶住玻璃塞，右手握住
中间旋塞处并压住旋塞柄，漏斗口略朝下，振摇)

(b) 放气(漏斗上口向下倾斜，下颈导管指向斜上方，
用右手拇指和食指慢慢旋开活塞，排放气体)

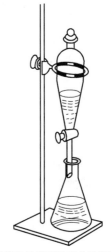

(c) 静置分层(两相液面分层应明显，界面清晰)

图 3-29　萃取操作

乙醇、磺化蓖麻油等进行破乳。

6) 分液　待两层液体完全分开后，先打开上面的玻璃塞（若玻璃塞带侧槽，则旋转玻璃塞，使侧槽对准上口径的小孔，以使与大气相通），把分液漏斗的下端靠在接收容器的壁上，然后缓缓旋开下面旋塞，放出下层液体。有时在两相间可能出现一些絮状物，也应同时放出。当液层接近放完时要放慢速度，一旦放完则要迅速关闭旋塞。

7) 放出上层液体　待下层液体放完后，取下漏斗，打开漏斗上端玻璃塞，将上层液体由上口倒出，收集到指定容器中。注意：上层液体不能从下面活塞放出，以免被残留在漏斗颈里的下层液体玷污。

8) 假如一次萃取不能满足分离的要求，可采取多次萃取的方法，但一般不超过 5 次，将每次的有机相都归并到一个容器中。

萃取时，应将上下两层液体保留到实验完毕，一旦发现操作失误，可以将液体重新混合按上述操作重新萃取。

由于萃取分离法有外加的溶剂，需进一步将所提取的组分与外加组分进行分离，所以只有当被提取组分浓度较低时，萃取进行分离才比较经济。相对于萃取分离，蒸馏分离可以直接获得所需要的产品，因此是一种应用更为广泛的液-液分离方法。

3.8.3.2　蒸馏

蒸馏是分离两种以上沸点（或挥发性）相差较大（30℃以上）的液体的常用方法，还经常用于常量法测定沸点和定性检验物质的纯度，通过蒸馏还可以回收溶剂，或蒸出部分溶剂以浓缩溶液。蒸馏有常压蒸馏和减压蒸馏，减压蒸馏将在后续实验课中学习，本节主要介绍常压蒸馏。

(1) 蒸馏的原理

蒸馏是根据溶液中各组分挥发度或沸点的不同，使混合液中的各组分得以分离的基本操作。在一定的温度下，物质的饱和蒸气压是一定值，但不同物质在相同的温度下饱和蒸气压不同，易挥发的饱和蒸气压高，难挥发的饱和蒸气压低。蒸馏就是利用这一特点，通过加热混合液，生成气液两相（液相中难挥发组分的浓度高，气相中易挥发组分的浓度高），将蒸汽冷凝收集，即可实现挥发性不同的液体物质的分离。

蒸馏多用于分离各种有机物的混合液，也可用于分离无机物的混合液。例如加热苯和甲苯的混合液使之部分汽化，形成气液两相，当气液两相趋于平衡时，由于苯的挥发性能比甲苯强（即苯的沸点较甲苯低），气相中苯的含量必然较原来溶液高，将蒸汽引出并冷凝后，即可得到含苯量较高的液体。而残留在容器中的液体，甲苯的含量比原来溶液的高。这样，溶液就得到了初步的分离。多次进行上述分离过程，即可获得较纯的苯和甲苯。

液体混合物各组分沸点相差较大（高于 30℃）时，通过蒸馏可达到较好的分离效果，这可以通过拉乌尔定律和道尔顿分压定律得出结论。

对由 A、B 组成的混合液进行蒸馏，假定混合液为理想溶液（A-B 间作用力与 A-A、B-B 间作用力相等或相近的溶液，如苯-甲苯、正己烷-正庚烷、甲醇-乙醇等）。溶液的气-液相平衡遵从拉乌尔定律：在一定温度下，气相中任一组分的平衡分压等于此组分在纯态时在该温度下的饱和蒸气压与其在溶液中的摩尔分数的乘积。因此，对于含有 A、B 组分的理想溶液：

$$p_A = p_A^0 x_A \tag{3-5}$$

$$p_B = p_B^0 x_B \tag{3-6}$$

式中，p_A、p_B 分别为溶液上方（气相中）A、B 组分的平衡分压；p_A^0、p_B^0 分别为同温度下 A、B 纯组分的饱和蒸气压；x_A、x_B 分别为 A、B 组分在液相中的摩尔分数。

根据道尔顿分压定律，气相中 A、B 组分的摩尔分数之比等于其分压之比：

$$\frac{y_A}{y_B} = \frac{p_A}{p_B} = \frac{p_A^0 x_A}{p_B^0 (1-x_A)} = \frac{p_A^0}{p_B^0} \frac{x_A}{1-x_A} \tag{3-7}$$

由式(3-7)看出，p_A^0/p_B^0 值越大（沸点相差越大），平衡时，A 组分在气相中的摩尔分数越大，蒸馏分离效果越好。一般来讲，各组分之间的沸点相差 30℃ 以上时，通过一次蒸馏就能得到较好的分离效果。当各组分的沸点差别不大时，简单蒸馏难以分离，需要通过分馏分离（分馏将在有机化学实验中学习）。

蒸馏不仅可以分离液体混合物，而且可用于气态或固态混合物的分离。例如，可将空气加压液化，再用蒸馏方法获得氧气、氮气等产品；又如，对于脂肪酸的混合物，可加热使其熔化，并在减压下建立气液两相平衡，再用蒸馏方法进行分离。

此外也可以借助蒸馏操作来测定物质的沸点和定性检验物质的纯度。通常，纯的液态物质在一定的压力下具有一定的沸点，通过温度计可以读取。通常纯物质的沸程（沸点范围）较小（0.5~1℃），而混合物的沸程较大。所以，如果在蒸馏的过程中沸点有变动，说明物质不纯，但某些有机化合物常能与其他组分形成二元或三元共沸物，它们也有一定的沸点，称为共沸点（如 4.5% 的水与 95.5% 的乙醇可以形成沸点温度为 78.1℃ 的共沸物；58.3% 的甲醇与 39.6% 的苯可以形成沸点温度为 60.4℃ 的共沸物）。因此不能认为蒸馏温度恒定的物质都是纯物质。另外，共沸物沸腾时产生的气液两相组成完全相同，无法用蒸馏将各组分进行分离。

（2）蒸馏装置

蒸馏装置主要包括蒸馏烧瓶、冷凝管和接收器三部分。

1）蒸馏烧瓶　蒸馏烧瓶是蒸馏操作常用的仪器。液体在瓶内汽化，蒸汽经支管流出，引入冷凝管。现在有机实验中多用具有标准接口的圆底烧瓶装配蒸馏头。

蒸馏烧瓶的大小，应根据所蒸馏的液体的体积来决定，通常所蒸馏的液体的体积不应超过烧瓶容积的 2/3，也不能少于 1/3。

2）冷凝管　蒸馏所使用的冷凝管分为直形冷凝管和空气冷凝管两种。蒸馏沸点在 140℃以下液体时用直形冷凝管；若需要蒸馏沸点在 140℃以上的液体，如使用水冷凝管冷却，可能会由于温差过高而使冷凝管炸裂，所以应使用空气冷凝管。为确保所需馏分的纯度，不应采用球形冷凝管，因为球的凹部会存有馏出液，使不同组分的分离变得困难。球形冷凝管通常用于回流。

3）接收器　通常用小口容器（如圆底烧瓶或锥形瓶等）作接收器，收集冷凝后的液体。

接收器必须洁净干燥，事先称量好；接收器的大小应与可能得到的馏分多少相匹配，如果蒸馏的液体量很少，可用抽滤试管等小容器作接收容器。若要收集几个组分，则应准备相同数目的接收器。

（3）蒸馏装置的装配方法

1）准备好蒸馏所需仪器　根据液体的体积选择大小合适的蒸馏烧瓶和接收器。

根据液体的沸点、可燃性等性质选择合适的热源：液体沸点 80℃以下者通常采用水浴；在 100～250℃间加热可用油浴（常用油浴及其加热最高温度见表 3-5）；当加热温度在几百摄氏度以上时，往往采用砂浴（砂浴散热快、温度上升较慢、温度不易控制，故使用不广）；沸点在 80℃以上的液体，加热时原则上均可以采用空气浴加热。最简单的空气浴是将烧瓶离开石棉网 1～1.5cm 的高度，并将烧瓶用石棉布包裹，但此法因有明火，不能用于蒸馏低沸点易燃液体。也可以使用电热套进行空气浴，装配时使蒸馏烧瓶外壁与电热套内壁保持 2cm 左右的距离。

根据液体的沸点温度选择使用校正过的温度计，温度计的量度不得低于液体的沸点，但也不要太大。

根据液体的沸点选择冷凝管 [见本节（2）蒸馏装置 2）冷凝管]。

若使用非磨口玻璃仪器，需选择 3 个大小合适的塞子（蒸馏烧瓶口、冷凝管上口、接液管上口），并根据温度计、蒸馏烧瓶侧支管、冷凝管下口管的粗细选择合适的钻孔器钻孔。

有条件的实验室可以使用标准接口玻璃仪器进行组合。标准接口玻璃仪器，均按国际通用的技术标准制造，每个部件在其口塞的上下显著部位均具白色烙印标志表明规格，常用的规格有 10mm、12mm、14mm、16mm、19mm、24mm、29mm、34mm、40mm 等，见表 3-7。

表 3-7　标准接口玻璃仪器的编号与大端直径

编号	10	12	14	16	19	24	29	34	40
大端直径/mm	10	12.5	14.5	16	18.8	24	29.2	34.5	40

有的标准接口玻璃仪器有两个数字，如 10/30，表示磨口大端的直径为 10mm、磨口高度为 30mm。

如选择的是水冷凝管，需将其进、出水口处分别接橡皮管，进水口橡皮管接在自来水龙头上，出水口橡皮管通入水槽中。

2）装配仪器　仪器的组装顺序是：从下到上、自左至右。即热源→烧瓶→冷凝管→接液管→接收器。

用铁三脚架或升降台、铁圈，定下热源的高度和位置。调节铁架台上持夹位置，将蒸馏烧瓶固定在合适的位置。夹持烧瓶的单爪夹应夹在圆底烧瓶的瓶颈处，如用蒸馏烧瓶，铁夹应夹在支管的上部。不宜夹持太紧。

在圆底烧瓶的瓶口处装有蒸馏头,将温度计装到温度计套管上,并将温度计套管插在蒸馏头上。调整温度计的位置,务必使蒸馏时其水银球能完全被蒸汽所包围,这样才能正确地测量出蒸汽的温度。通常温度计水银球的上沿与蒸馏头侧管口的下沿应恰好在一条水平线上(图 3-30)。

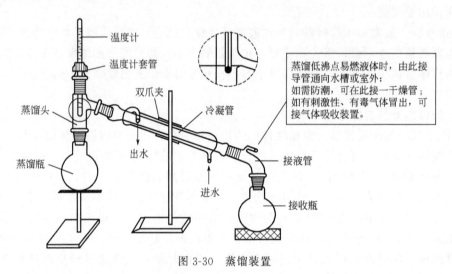

图 3-30 蒸馏装置

用另一铁架台固定冷凝管。冷凝管的位置应与蒸馏头侧管在同一条直线上。选用双爪夹夹持冷凝管的中央部位,双爪夹不要夹得太紧,若为空气冷凝管,可垫些柔软物再夹持(以防空气冷凝管受热不均而炸裂)。确定好位置后,松开双爪夹,挪动冷凝管,使其与蒸馏头侧管连接,然后重新旋紧双爪夹。

最后将接液管接到冷凝管上,再将接液管下口端安放到接收器上(图 3-31)。装配接液管时要注意:接液管下口端应伸进接收容器中,不要高悬在接收容器的上方。接收器必须与大气相连通,故在使用不带支管的接液管时,接液管与接收器之间不可密闭,否则会使整个蒸馏装置成密闭体系,导致爆炸现象。在蒸馏易吸潮的液体时,在支管处应连一干燥管;在蒸馏低沸点、易燃液体时,在接液管的支管处接一胶管通入水槽或室外,该胶管出口应远离火源,并将接收器在冰水浴中冷却;如果蒸馏时放出有毒、有刺激性气味的气体,在接液管的支管处接气体的吸收装置(注意:不能密闭,出口应离开吸收溶液液面)(气体的吸收见3.11.4 部分相关内容)。

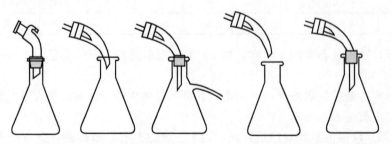

(a) 正确(接液管下口端应伸进接收容器中,
接收器必须与大气相连通)

(b) 错误(不要高悬在接收容器的上方,
接液管与接收器之间不可密闭)

图 3-31 蒸馏接收器的装配

（4）蒸馏操作

① 仪器组装好以后，用长颈漏斗把要蒸馏的液体倒入蒸馏烧瓶中。漏斗颈要伸到烧瓶支管下面。若用短颈漏斗或玻璃棒转移液体时，应注意必须确保液体沿支管口对面的瓶颈壁慢慢加入，不能让液体流入支管。若液体里有干燥剂或其他固体物质，应在漏斗上放滤纸或一小撮松软的脱脂棉或玻璃棉等，以滤去固体。

② 往蒸馏烧瓶中加入 2～3 粒沸石。沸石通常可用未上釉的瓷片敲碎成米粒大小的碎片制得。也可以往蒸馏烧瓶里放毛细管，毛细管的一端封闭，开口的一端朝下，其长度应足以使其上端能贴靠在烧瓶的颈部而不应横在液体中。

沸石和毛细管的作用都是为了防止液体暴沸，使沸腾保持平稳。当液体加热到沸腾后，沸石和毛细管产生细小的气泡，成为液体分子的汽化中心。在持续沸腾时，沸石和毛细管可以持续有效，但一旦停止沸腾或中途停止蒸馏，则原有沸石立即失效，再次加热蒸馏时必须补加新的沸石。如果事先忘记加沸石绝不能在液体加热到接近沸腾时补加，因为这样往往会引起剧烈的暴沸，使部分液体冲出瓶外，引发事故。应该待液体冷却一段时间后再补加。如果蒸馏的液体黏度较大或含有较多的固体物质，加热时很容易发生局部受热而引发暴沸，加入的沸石也往往失效，这时可以选用热浴加热（热浴加热见 3.6.1 部分相关内容）。

③ 加热前，应认真地将装置再检查一遍，当确认装置严密，气密性好且稳妥后方可加热。若用的是水冷凝器，在检查后，应先通上冷水（冷水要从冷凝管的下端进入，上端流出），然后再加热。

④ 开始加热时，加热速度可稍快些，待接近沸腾时应密切注意烧瓶中所发生的现象及温度计变化。

当冷凝的蒸汽环由烧瓶颈逐渐上升到温度计的周围，温度计中的水银柱迅速上升，冷凝的液体不断地由温度计水银球下端滴回液面。这时应调节火焰大小或热浴温度，使冷凝管末端流出液体的速度为每秒钟 1～2 滴。

⑤ 第 1 滴馏出液滴入接收器时，记录此时的温度计读数。当温度计的读数稳定时，另换接收器收集馏出液，记录每个接收器内馏分的温度范围和质量。若要收集的馏分温度范围已有规定，应按规定收集。馏分的沸点范围越小，纯度越高。

烧瓶中残留少量（0.5～1mL）液体时应停止蒸馏，液体不能蒸干。

⑥ 注意：a. 在整个蒸馏过程中，温度计水银球下端，应始终附有冷凝的液滴，确保气液两相平衡；b. 蒸馏低沸点易燃液体（如乙醚）时不得用明火加热，附近也不得有明火，最好的办法是用预先热好的水浴，可以通过不时地向水浴中添加热水以保持水浴温度；c. 蒸馏完毕，先停止加热，后停止通冷却水，再按照与装置相反的顺序拆卸仪器。为安全起见，最好在拆卸仪器前小心地将热浴挪开，放在适当的地方。

3.9　玻璃管（棒）的加工

在化学实验中，经常自己动手制作一些弯管、滴管、毛细管和搅拌棒等，因而学会简单的玻璃工操作是非常必要的。

玻璃管加工常用的工具主要包括三角锉、圆锉、石棉板、直尺、量角器、煤气灯或酒精喷灯、酒精灯等。玻璃管在加工以前，先要清洗干燥。玻璃管内外的灰尘，用水冲洗即可；若管内有污物不能用水洗干净时，可将玻璃管截成所需长度，浸在肥皂水或浓硝酸或铬酸洗液中处理，然后取出用水清洗干净。制备熔点管的玻璃管，除用铬酸洗液处理、用水清洗外，还需用蒸馏水清洗。洗净的玻璃管必须干燥后才能进行加工。加工前可在空气中晾干或在烘箱中烘干，不可直接用火烘干，以防炸裂。

3.9.1 玻璃管的切割

选择干净、粗细合适的玻璃管，平放在工作台上，按照需要的长度，在需要切割的部位下垫一木块，以免损坏桌面，然后用左手按住要切割的部位，右手用锋利的三角锉刀的边缘或扁锉刀锉出一条细而深的痕[图 3-32(a)]，锉时要从与玻璃管垂直的方向用力向同一方向锉，不可来回拉锯式乱锉。然后用两手握住玻璃管，锉痕向外，两拇指顶住锉痕背面，轻轻用力向前推压，同时两手向外拉，玻璃管即在锉痕处断开[图 3-32(b)]。

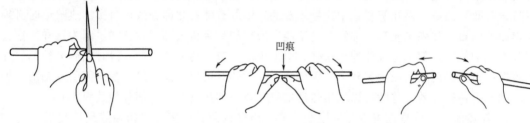

(a) 锉痕(与玻璃管垂直的方向用力向同一方向锉)　　　(b) 截断(两手拇指放在划痕背面向前推压，同时两手食指向外拉)

图 3-32　玻璃管的切割

切割粗的玻璃管（棒）通常用热裂法，即用锉刀锉出两个划痕或锉割一圈后，另用一废的带尖嘴的玻璃管在火上烧至熔融，将玻璃管的熔化端快速按压在划痕的临近处（但不是划痕上），玻璃管由于突然受热不均而沿划痕炸裂，也可以用烧红的铁器接触切痕附近，玻璃管即可折断。

废玻璃瓶的截断法：在玻璃瓶需要截断的地方缠上棉纱，然后用酒精或煤油浸湿棉纱，点火燃烧，较厚的瓶约烧 25s，较薄的瓶约烧 15s，接着迅速放入水内，即得到所需的半截瓶子。

3.9.2 玻璃管的熔光

新截开的玻璃管的管口非常锋利，容易割伤皮肤或割裂橡皮管，也难以插入塞孔内，所以必须把玻璃管截面熔烧圆滑，这个操作称为熔光（或圆口）。操作时，把截断面斜插入煤气灯氧化焰中加热，角度一般为 45°，并不断地来回转动玻璃管使受热均匀（图 3-33），直至断面变得红热光滑为止。

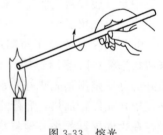

图 3-33　熔光

熔烧时间不能过短也不能过长。过短，管口不平滑；过长，则会使玻璃管变形或断口收缩变小甚至封口。熔光时转动不匀，会使管口不圆。

灼热的玻璃管应按顺序放在石棉网上冷却，不能直接放在桌面上，以免烧焦桌面。不可用手触摸玻璃管加热部位，避免烫伤。

切割后的玻璃棒也可用同样的方法熔光。

3.9.3 玻璃管的弯曲

实验中经常根据需要将玻璃管弯成不同的角度。

弯曲玻璃管第一步是烧管[图 3-34(a)]：双手平持玻璃管，将欲弯曲的部位平放在氧化焰中加热（可在煤气灯上加添鱼尾灯头，以扩大火焰，增大玻璃管受热面积），用两手大拇指和食指慢慢地转动玻璃管，使受热均匀，两手转速要一致、用力要均，以免玻璃管在火焰中扭曲。将玻璃管加热至发黄变软后移出火焰，进行弯管。

第二步弯管：弯管有直接弯管和吹气弯管两种。直接弯管时，将烧至发黄变软的玻璃管移除火焰，两手向上，轻轻地将玻璃管弯成 V 形[图 3-34(b)]。在弯管时不要用力太大，否则在弯的地方要凹陷或纠结起来。弯好后的玻璃管要待冷却变硬后再撒手，否则弯管会变形扭曲。

较大的角度（120°以上）可以一次弯成；较小角度（如 60°）的玻璃管或灯焰较窄玻璃管受热面积较小时，可以分几次弯成：先弯成一个较大的角度（如 120°），再弯成较小角，最后弯成所需要的角度（如 60°）。三次加热的位置需较第一次的位置先偏左（或右）然后偏右（或左）[如图 3-34(b)，先弯成 M 部位的形状，再弯成 N 部位的形状]。

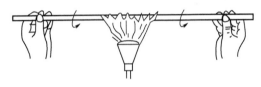

(a) 烧管(均匀转动玻璃管，左右移动用力匀称，
烧至发黄变软)

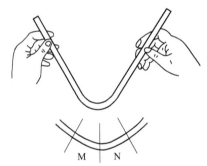

(b) 弯管(烧好的玻璃管取离火焰，两手向上，轻轻地弯成V 形，弯好冷却变硬后再撒手。较小角度的弯管，先弯M部位，再弯N部位)

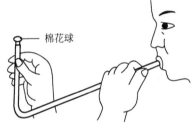

棉花球

(c) 吹气法弯管(玻璃管一端拉细封闭，或套上橡皮胶头，或用棉花塞住，加热到足够红软，离开火焰，轻轻吹气，左手固定，右手持另一端向上弯管)

图 3-34　弯曲玻璃管

用吹气法弯管时，将玻璃管的一端拉细后封闭，或套上一个橡皮胶头或用棉球塞住，然后将玻璃管欲弯曲部位放在火焰上加热（加热方法同上）。这种方法要求煤气灯的火焰宽些，加热温度要高。直到加热到足够红软时，离开火焰，立即从玻璃管未封口一端用嘴轻轻吹气。吹气时，左手固定玻璃管，右手持另一端向上弯管至所需要的角度[图 3-34(c)]。这样弯成的角比较圆滑。注意：吹的时候用力不要过大，以免将玻璃管吹漏气或变形。

在弯管操作时要注意以下几点：a. 如果两手旋转玻璃管的速度不一致，则玻璃管会发生歪扭；b. 玻璃管如果受热不够则不易弯曲，并易出现纠结和瘪陷；c. 如果受热过度，玻璃管的弯曲处管壁常常厚薄不均和出现瘪陷；d. 玻璃管在火焰中加热时，双手不要向外拉或向内推，否则管径变得不均；e. 在一般情况下不应在火焰中弯玻璃管；f. 弯好的玻璃管应及时进行退火处理，方法是将经高温熔烧的玻璃管，趁热在弱火焰中加热或烘烤片刻（1～2min），使玻璃管表面受到的热和玻璃管内径的膨胀抵消，然后慢慢地移出火焰，再放在石棉网上冷却至室温，不可将热的玻璃管直接放在桌面上或冷的金属铁台上。弯好的玻璃管应在同一平面上，且里外均匀平滑（图 3-35）。

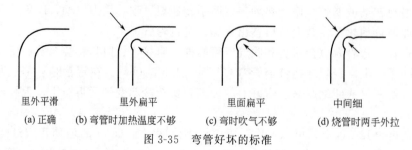

图 3-35　弯管好坏的标准

3.9.4　玻璃管的拉细

制滴管或毛细管时需拉细玻璃管。选取粗细、长度适当的干净玻璃管，两手持玻璃管的两端，将中间部位放入煤气灯火焰中加热，加热方法与弯玻璃管时基本相同，不过要烧得软化程度大一些，等玻璃管烧至发黄变软稍有下凹时，立即离开火焰，沿着水平方向慢慢向两边拉伸，同时两手以同样速度转动玻璃管，直到其粗细程度符合要求时为止［图 3-36（a）］。拉出的细管应与原来的玻璃管在同一轴上，不能歪斜［图 3-36（b）］。

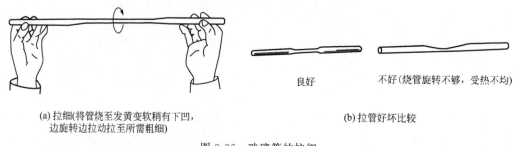

图 3-36　玻璃管的拉细

3.9.5　玻璃管的扩口

待玻璃管冷却后，从拉细部分中间切断，即得两根一头粗一头细的玻璃管，将尖嘴在弱火焰中烧圆，将粗的一端熔烧，在石棉网上垂直下压，使管口变厚且略向外翻，配上橡皮乳胶帽，即得两根滴管。

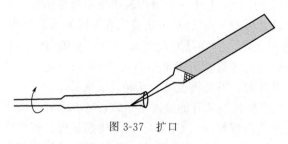

图 3-37　扩口

也可使用工具扩口（图 3-37），方法是：熔烧管口至变红软，立即用金属锉刀柄斜放入管口内，迅速而均匀地旋转，直至扩大到所需程度，转动时要注意保持管口圆形。

在做玻璃管加工时应注意安全操作：

① 未熔光的玻璃管的断面很锋利，注意不要划破皮肤。另外，切割玻璃管时，若手法不对，也易将手戳伤。发生这些事故时，伤口内若有玻璃碎片，必须先将其挑出，然后涂上红药水、消炎粉，并用纱布包扎好。

② 加热到红热的玻璃管温度很高，冷却时一定放在石棉网上。为此，在进行玻璃管加工前，应在实验台上放好一块石棉网。

③ 在实验的过程中一旦烫伤，使用流动的自来水冲洗伤口 0.5h，以降低患处温度，然后烫伤处涂上獾油或烫伤膏（参见 1.6.4 部分相关内容）。

3.10　塞子的钻孔和仪器的连接与安装

在无机实验中，常需在仪器上配上合适的塞子，有时为组成一套实验装置，还需在塞子中钻孔以插上玻璃管或温度计等。因此掌握塞子钻孔操作十分必要。

3.10.1　塞子的种类

容器上常用的塞子有玻璃磨口塞、软木塞、塑料塞和橡胶塞。

玻璃磨口塞子是试剂瓶和某些玻璃仪器的配套装置，严密性好，但可被碱、氢氟酸腐蚀，所以它适用于除碱和氢氟酸以外的一切盛放液体或固体物质的瓶子。除标准磨口外，不同瓶子的磨口塞不能任意调换，否则不能很好密合。使用前最好用橡皮筋将瓶塞与瓶体系好，不用时洗净后应在塞与瓶口中间夹一纸条，防止久置后塞与瓶口打不开。

软木塞与有机物作用较小，不被有机溶剂所溶胀，但其质地松软，严密性较差，且易被酸、碱侵蚀，因此一般只适用于做无腐蚀性物质的瓶塞。

橡胶塞可以把瓶子塞得很严密，并可以耐强碱性物质的侵蚀，是无机实验中最常用的塞子。但它易被强酸和某些有机物质（如汽油、苯、丙酮、二硫化碳、氯仿等）侵蚀。

无机化学实验装配仪器时多用橡胶塞。

3.10.2　塞子的钻孔

3.10.2.1　塞子的选择

塞子的选择应考虑两方面的因素：一是按所盛或所接触的物质的性质来选用不同材质的塞子；二是按瓶口或仪器口的大小选配不同型号的塞子。常见白橡胶塞的规格型号见表 3-8。

表 3-8　白橡胶塞的规格型号

型号	规格		
	上底直径/mm	下底直径/mm	高/mm
000	12.5	8	17
00	15	11	20
0	17	13	24
1	19	14	26
2	21	15	26
3	23	17	26
4	26	19	28
5	29	22	28
6	33	25	28
7	37	29	30
8	42	33	30
9	47	38	30
10	52	43	32
11	56	46	34

续表

型号	规格		
	上底直径/mm	下底直径/mm	高/mm
12	62	51	36
13	69	55	38
14	75	62	39
15	81	68	40
16	87	74	42
17	95	78	45
18	103	83	48
19	111	88	52
20	120	93	55

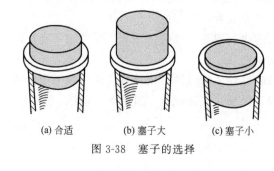

(a) 合适　　(b) 塞子大　　(c) 塞子小
图 3-38　塞子的选择

塞子的大小应与仪器口径相适应。通常是选用能塞进瓶口或仪器口 1/2～2/3 的塞子，过大或过小的塞子都是不合适的（图 3-38）。

3.10.2.2　钻孔器的选择

实验室常用的钻孔工具是钻孔器（也称打孔器）。钻孔器是一组直径不同的金属管，一端有柄，另一端的管口很锋利，可用来钻孔。另外，还有一根带圆头的细铁棒，用来捅出钻孔时嵌入钻孔器中的橡胶或软木（图 3-39）。钻孔器不够锋利时钻孔费力，要用锉刀修复。

通常要根据塞子的种类和塞子上所要插的温度计或玻璃导管的管径大小来选择合适的钻孔器，这样钻出的孔插上温度计或玻璃导管才能保证严密。当给橡胶塞钻孔时，应选用比欲插的管外径略大的钻孔器[图 3-40(a)]。因为橡胶塞有弹性，孔道钻成后会收缩使孔径变小。而对于软木塞，应选用比管径略小的钻孔器[图 3-40(b)]。因为软木塞质软而疏松，导管可稍用力挤插进去，而保持严密。

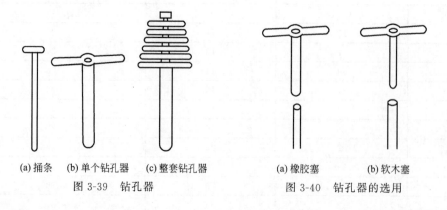

(a) 捅条　(b) 单个钻孔器　(c) 整套钻孔器
图 3-39　钻孔器

(a) 橡胶塞　　(b) 软木塞
图 3-40　钻孔器的选用

另外，所选钻孔器的管口要锋利，因此使用和保存时要保护好管口，不要随意戳在桌上或碰到硬物上使管口卷口或钝化；也不要接触酸液或酸雾，以免锈蚀。用毕要及时擦干收好，并定期进行适当维修。

3.10.2.3　塞子钻孔

钻孔的大小应保证玻璃管或温度计等插入后不漏气。

(1) 橡胶塞钻孔

对橡胶塞钻孔应选直径比欲插入的玻璃管直径略粗的钻孔器。将塞子的小头向上放在桌面上（塞下垫一木块），用左手按住塞子，右手握住钻孔器的手柄（图 3-41），在选定的位置上沿一个方向垂直地边转边往下钻，钻到 1/2 深时反向旋转拔出钻孔器。调换橡胶塞另一头，对准原孔方位按同样的操作钻孔，直到钻通为止。较小的塞子可从直径小的一端直接钻通，不必两头对钻。最后用带圆头的铁条捅出钻孔器中的橡胶条。钻孔前，钻孔器的前部最好涂一些凡士林、甘油或水等，以减小摩擦力。钻孔时要注意保持钻孔器与塞子的平面垂直，以免把孔钻斜。如果钻的孔偏小（主要是因为实验室的钻孔器口径不合适）或孔道不光滑，可用圆锉锉到适当大小。

(2) 软木塞钻孔

软木塞的钻孔方法和橡胶塞大同小异。因软木塞质软而疏松，没有橡胶塞那么大的弹性，故选择钻孔器时应选直径比玻璃管略细一些的；为避免钻孔时钻裂软木塞，在钻孔前需用压塞器（图 3-42）把软木塞压实，其他操作则两者完全一样。

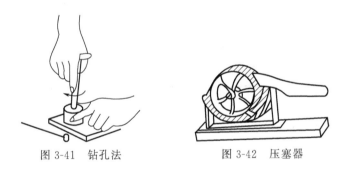

图 3-41　钻孔法　　　　　　　图 3-42　压塞器

3.10.3　一般仪器的连接和安装

在化学实验中，常常需要将单个的玻璃仪器（如烧瓶、洗气瓶、干燥管等）用塞子、乳胶管、玻璃导管等连接起来，组装成整套实验装置。因此，除了掌握塞子的选择与钻孔方法外，还要掌握一般仪器的连接和安装。

(1) 玻璃导管与塞子的连接

将选定的导管插入并穿过已钻孔的塞子，应该使所插导管与塞子严密套接。

先用肥皂水（甘油或清水）把玻璃管的前端润湿，左手拿塞子，右手握住离管端 2～3cm 的玻璃管处（为防割破手，用布包住玻璃管），将导管口与塞孔相对，然后将导管口略插入塞孔，再用柔力慢慢将玻璃管旋入塞孔内合适的位置为止（图 3-43）。

将温度计插入塞孔的操作方法与上述相同。但开始插入时，应特别小心以防水银球破裂。

玻璃导管与塞子连接时注意以下几点：

① 导管口一定要先稍微插入塞孔，再微力向里旋入，而且塞子要拿牢，否则若用力过猛，导管口容易戳伤手。

② 如果握持玻璃导管位置离管端太远，转动时用力不匀，极易折断玻璃导管刺伤皮肤。特别是对于弯导管，绝不能手握弯曲处，以弯管做柄来转动，这样容易使导管在弯处碎裂，扎伤手心（图 3-44）。

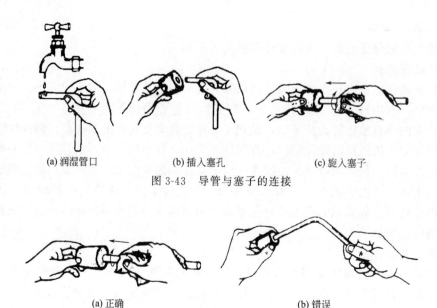

(a) 润湿管口   (b) 插入塞孔   (c) 旋入塞子

图 3-43　导管与塞子的连接

(a) 正确   (b) 错误

图 3-44　玻璃导管的握持位置

③ 如果玻璃管很容易插入，说明塞子的孔过松不能用；若极难插入，说明塞子的孔过小，可用圆锉将孔锉大后再插入玻璃管。

（2）玻璃导管与乳胶管的连接

实验中经常需要将两支玻璃管或仪器上的导管（或支管）用乳胶管连接，乳胶管与玻璃管连接要保持严密接合。

连接时可以在玻璃导管口蘸少量水，然后将乳胶管套在玻璃导管口，然后微力向里转动。如果乳胶管弹性太大，可以借助镊子先将乳胶管口撑大，再将玻璃导管套进。

玻璃导管与乳胶管连接时注意以下几点：

① 连接时首先应选择口径比导管口略小些的乳胶管。因为乳胶管弹性大，选择小一点的才能保证连接处的严密。口径与导管口径同等大或较大的乳胶管，一方面连接不牢固，容易使乳胶管从玻璃导管脱落；另一方面使仪器的气密性差。

② 导管插入乳胶管内的长度约为 1～1.5cm。插进太短，不易保证严密；太长，则不便装卸。

③ 用乳胶管连接两导管时，如无特殊需要，则越短越好，并应与两端接口处于平行状态。

（3）整套装置的安装

整套仪器的安装步骤如下。

① 先将各部分仪器上所需的导管与所配的塞子连接好。

② 将各部分仪器固定好。固定时要注意：铁架台应正对实验台外面，不要歪斜，以免重心不一致，装置不稳；铁夹的双钳应贴有橡胶、绒布等软性物质，或缠上石棉绳、布条等，若铁钳直接夹住玻璃仪器，则容易将仪器夹坏；固定铁夹的双顶螺丝（十字夹）的开口应朝上。

③ 用乳胶管将各部分之间的导管口或仪器导管口连接起来，构成完整的装置。

整套仪器安装的要求：各部分仪器放置的高低要合适，仪器要平稳（重心要低），并且要便于操作。乳胶管要拉直，不能扭曲、折曲。

总之在组装仪器时要注意：自下而上分别组装，从左到右依次连接，气密性检查后使用,组装成的仪器要横看一个面,纵看一条线。拆卸顺序与组装顺序相反,要从右到左、从上到下逐个拆卸。

3.11 气体的制备、净化干燥、收集与吸收

气体的制备与收集是无机制备实验中重要的一部分,其制备、净化、收集的装置及操作方法是基础化学实验中最基本而又重要的内容。

3.11.1 气体的制备

实验室中需用少量气体时,可在实验室中制备;如果需要大量气体或经常使用气体时,可从压缩气体钢瓶中直接获取。

在实验室制备气体的化学反应,按反应物的状态和反应条件分为 4 大类:a.固体和固体混合物加热;b.不溶于水的块状或粗粒状固体与液体不需加热;c.固体与液体需加热或粉末状固体与液体不需加热;d.液体与液体,一般需要加热。

我们在选择气体的制备方法和反应装置时,应根据原料的状态及反应的条件,以常用药品为原料,以方便、安全、经济为原则。对于同时几种简便易行的方法,还应考虑选择那些能制出较纯气体的方法。

图 3-45 固体加热制备气体装置

3.11.1.1 利用试管制备气体

固体加热制备气体装置(图 3-45)一般由硬质试管、带导管的单孔乳胶塞、铁架台(包括铁夹)、加热灯具(酒精灯或煤气灯)组成。适用于在加热的条件下,利用固体反应物制备气体,如 O_2、NH_3、N_2 等。使用本装置时应注意使管口稍向下倾斜,以免加热反应时,在管口冷凝的水滴倒流到试管灼烧处而使试管炸裂,同时注意要塞紧管口带导气管的橡胶塞以免漏气。加热反应时,需先用小火将试管均匀预热,然后再放到有试剂的部位集中加热使之反应。

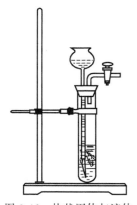

图 3-46 块状固体与液体制备气体简易装置

3.11.1.2 利用启普发生器制备气体

不溶于水的块状或粗粒状固体与液体反应制备气体且不需加热时,除可以用图 3-46 的简易装置外,更多的是使用启普发生器。如 H_2、CO_2、H_2S 等气体的制备。

(1) 启普发生器的构造

启普发生器(图 3-47)由球形漏斗和葫芦状的玻璃容器两部分组成。葫芦状容器由球体和半球体构成,球体上侧有气体出口,出口配有玻璃旋塞(或单孔橡胶塞)的导气管,利用玻璃旋塞来控制气体流量;葫芦状容器的半球体底部有一液体出口,用于排放反应后的废液,反应时用磨口的玻璃塞或橡胶塞塞紧。如果用启普发生器制取有毒的气体(如 H_2S),应在球形漏斗口安装安全漏斗[图 3-47(c)],在其弯管中加进少量水,水的液封作用可防止毒气逸出。

(2) 启普发生器的使用方法

1)装配 将球形漏斗颈、半球部分的玻璃塞及导管的玻璃旋塞的磨砂部分均匀涂抹一

薄层凡士林，插好漏斗和旋塞，旋转几圈，使凡士林均匀透明，则装配严密，以免漏气[图 3-48(a)]。

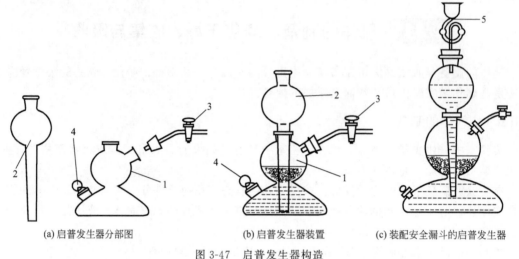

(a) 启普发生器分部图　　(b) 启普发生器装置　　(c) 装配安全漏斗的启普发生器

图 3-47　启普发生器构造

1—葫芦状容器；2—球形漏斗；3—旋塞导管；4—液体出口；5—安全漏斗

2）检查气密性　打开导气管旋塞，从球形漏斗口注水至充满半球体，先检查半球体底部液体出口是否漏水，若漏水需重新处理塞子（取出擦干，重涂凡士林，塞紧或更换塞子后再检查）。若不漏水，关闭导气管旋塞，继续从球形漏斗口加水，至水从漏斗管到达漏斗球体内某一处时停止加水，记下水面的位置，静置片刻，然后观察水面是否下降。若水面不下降则表明不漏气，可以使用[图 3-48(b)]。从下面废液出口处将水放掉，再塞紧下口塞，备用。若液面下降，则漏气，应找出漏气的原因，可从导气管旋塞、胶塞和球形漏斗与容器的连接处去检查，并加以处理。

3）加固体试剂　固体药品放在葫芦状容器的圆球部分。

装填固体试剂的方法有 2 种：a. 由气体出口（葫芦状容器球形体的侧口）加入，让启普发生器直立于桌面上，拔下导气管的橡胶塞，从塞孔将固体物质加到容器的球体内，并使固体分布均匀[图 3-48(c)左图]；b. 由葫芦状容器球形体上口加入，取出球形漏斗，让葫芦状容器横放在桌面上，将适当大小的固体从球形体上口轻轻加入球形体中，放入球形漏斗并插牢，然后竖立启普发生器，轻轻摇动，使固体分布均匀[图 3-48(c)中间图]。

装填固体时应注意 2 个方面的问题：a. 固体加入量不宜超过球体的 1/3，否则固液反应激烈，液体很容易被气体从导管中冲出；b. 随着反应的进行，固体颗粒会变小，很容易漏入下面的半球体中，使反应无法控制，为防止这种现象，可以在球形漏斗径与葫芦状容器的"蜂腰"之间填塞一些玻璃纤维或放置一多孔的橡胶垫圈[图 3-48(c)右图]；有的则堆放一圈直径约 7～8mm 的小玻璃球，或缠绕尼龙绳、使用尼龙纱网等。

4）加液体试剂　添加完固体试剂后，将启普发生器直立于桌面上，打开导气管上的旋塞，从球形漏斗口加入液体试剂，待加入的液体恰好与固体试剂接触，即关闭导气管的旋塞，再继续加入液体至液体进入球形漏斗上部球体的 1/4～1/3 处。加入的液体也不宜过多，否则液面太高、产生的气体量太多而将液体冲入导气管；并且当关闭旋塞停止反应时液体会从球形漏斗溢出。

5）发生气体　制气时，打开旋塞，由于压力差，液体试剂会自动从球形漏斗下降进入中间球内与固体试剂接触而产生气体。停止制气时，关闭旋塞，由于中间球体内继续产生的气体使压力增大，将液体压入球形漏斗中，使固体与液体分离，反应自动停止。再需要气体时，只要打开旋塞即可，产生气流的速度可通过调节旋塞来控制。启普发生器的优点之一就是使用非常方便，可以及时控制反应的发生或停止。

6）添加或更换试剂　当发生器中的固体即将用完或液体试剂变得太稀时，反应逐渐变得缓慢，生成的气体量不足，此时应及时补充固体或更换液体试剂。

中途添加固体时，先关闭旋塞，让液体压入球形漏斗中使其与固体分离。然后，用橡胶塞将球形漏斗的上口塞紧，再取下气体出口的塞子，即可从侧口更换或添加固体［图 3-48(d)］。

中途更换溶液（或实验结束后要将废液倒掉），先关闭旋塞，让液体压入球形漏斗中使

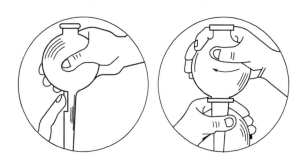

(a) 涂凡士林(磨砂部分涂凡士林，旋转使均匀)

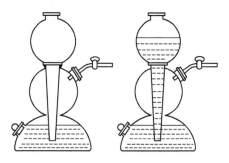

(b) 检查漏液、漏气(打开旋塞加水至充满半球体，
检查液体出口是否漏水，然后关闭旋塞，加水至
漏斗球体某处，观察水面是否下降)

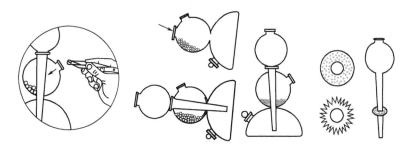

(c) 装填固体(加入固体不宜超过球体的1/3)

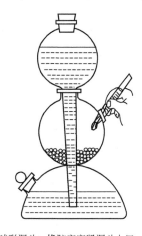

(d) 中途添加固体(关闭旋塞，液体压入球形漏斗，橡胶塞塞紧漏斗上口，取下气体出口的塞子，添加固体)

图 3-48

方法一(先关闭旋塞，液体压入球形漏斗，塞紧球形漏斗上口，左手握住葫芦状容器"蜂腰"处，启普发生器仰放在废液缸上，拔出下口塞子，倾斜启普发生器，右手扶住球形漏斗，缓缓倒出废液)

方法二(关闭旋塞，液体压入球形漏斗，用移液管或虹吸管吸出液体)

(e) 中途更换液体或倾倒废液

图 3-48　启普发生器的使用

其与固体分离，然后用塞子将球形漏斗的上口塞紧。再用左手握住葫芦状容器半球体上部凹进部位（即所谓"蜂腰"部位），把启普发生器先仰放在废液缸上，使废液出口朝上，如此下口塞附近无液体，再拔出下口塞子，倾斜启普发生器，使下口对准废液缸，慢慢松开球形漏斗的橡胶塞，右手扶住球形漏斗，控制空气的进入速度，让废液缓缓流出［图 3-48(e)］。废液倒出后再把下口塞塞紧，重新从球形漏斗添加液体。中途更换液体试剂的另一种更方便和常用的方法是：先关闭旋塞，将液体压入球形漏斗中；然后用移液管将用过的液体抽吸出来，也可用虹吸管吸出，吸出液体量视需要而定；吸出废液后，即可添加新液体。

7）清理　实验结束，将废液倒入废液缸内（或回收）。剩余固体倒出洗净回收。将仪器洗净后，在球形漏斗与球形容器连接处以及液体出口与玻璃旋塞间夹上纸条，以免长时间不用，磨口粘连在一起而无法打开。

（3）使用启普发生器的注意事项

① 启普发生器不能加热；② 所用固体必须是颗粒较大或块状的；③ 移动（或拿取）启普发生器时，应用手握住"蜂腰"部位，或用一只手握住葫芦状容器的球形部分的上口颈部，另一只手托住半球体底部；绝不可用手提（握）球形漏斗，以免葫芦状容器脱落打碎，造成伤害事故（图 3-49）。

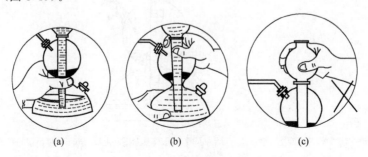

(a)　　　　　　　(b)　　　　　　　(c)

图 3-49　移动启普发生器

3.11.1.3　利用蒸馏烧瓶和分液漏斗加热制气体

当反应需要加热，或固体反应物是小颗粒或粉状及液-液反应制备气体时（如 HCl、Cl$_2$、CO、SO$_2$ 等气体），应选用如图 3-50 所示的制气装置。这种装置一般是由蒸馏烧瓶（或锥形瓶）与分液漏斗组成。该装置虽然不能像启普发生器那样自如地控制气体的发生或终止，但它可以通过分液漏斗的活塞控制加试剂量，从而控制气体的产生量。

操作步骤如下。

1) 安装　把酒精灯或煤气灯置于铁架台上，根据灯具确定铁圈高度[图 3-51(a)]，铁圈过高过低均不适合。固定铁圈，放好石棉网，将蒸馏烧瓶固定在铁架台上。铁夹一般夹持在支管的上部，松紧要适中，被夹持的仪器的"重心"要落在铁架台面中心[图 3-51(b)]。在烧瓶上装好分液漏斗，连接好导气管。为避免产生的气体进入分液漏斗下部径管内，影响滴液速度，一般应将分液漏斗颈管插入瓶内液体中。若颈短不够长，可用胶管接一短玻璃管[图 3-51(c)左图]。如果

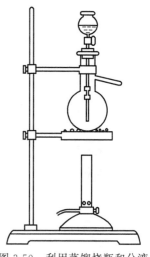

图 3-50　利用蒸馏烧瓶和分液漏斗组装的加热制气体装置

蒸馏烧瓶内气体的压力过大，可在蒸馏烧瓶与分液漏斗的上方用导管连接，使两处气体压力相等[图 3-51(c)右图]。

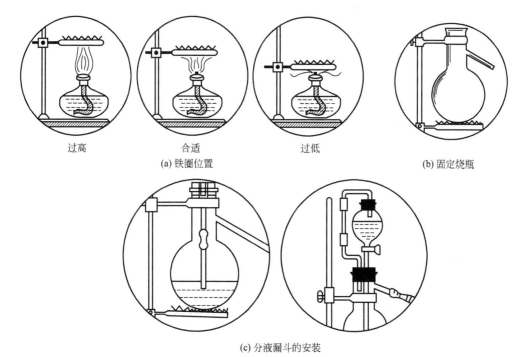

过高　　　　合适　　　　过低
(a) 铁圈位置　　　　　　　　　　(b) 固定烧瓶

(c) 分液漏斗的安装

图 3-51　利用蒸馏烧瓶和分液漏斗加热制气时仪器的组装

2) 检查气密性　安装好仪器后应检查装置的气密性，若不漏气方可使用。检查方法：将导气管插入水中，用双手握住烧瓶。如果装置不漏气，则烧瓶里的空气受热膨胀，导管口有气泡冒出，把手移开后，过一会儿烧瓶冷却，水就会沿管上升，形成一段水柱（图 3-52）。如果此法不明显，可改用热水浸湿的毛巾温热烧瓶来检验气密性。如果用手捂烧瓶后导气管

口无气泡冒出，移开手后导气管里未形成水柱，则装置漏气，应检查橡胶塞大小是否合适，是否不严密，橡胶塞孔是否过大，不严密。如果存在这些问题，应该更换胶塞并重新打孔。

3）加料　若是固-液反应，应把固体试剂置于烧瓶中，液体试剂放在分液漏斗中。若是液-液反应，将哪种液体置于烧瓶中，应视具体情况而定（图 3-53）。例如利用甲酸与浓硫酸加热制备一氧化碳气体时，将甲酸放在烧瓶中比较合适，因为若将浓硫酸放烧瓶中加热，万一仪器破裂而热硫酸溅出很危险。

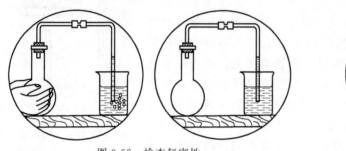

图 3-52　检查气密性

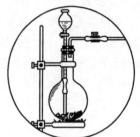

图 3-53　加料

加好试剂后，再次进行气密性检查，确保不漏气方可使用。

4）加热制气　打开分液漏斗的活塞，使液体试剂滴加到固体反应物上（注意：要少量多次逐渐加入，不得一下将液体全部加入），便发生反应产生气体。若反应需加热，点燃灯具后先预热，然后再集中加热。反应变缓以至停止时，表明需要更换试剂。终止反应只需关闭分液漏斗活塞即可。反应完毕，分液漏斗内剩余的液体试剂要回收。

3.11.1.4　从贮气钢瓶直接获得气体

如果需要大量气体或经常使用气体时，可以从压缩气体钢瓶中直接获得气体。高压钢瓶容积一般为 40～60L，最高工作压力为 15MPa，最低的也在 0.6MPa 以上。为了避免在使用各种钢瓶时发生混淆，常将钢瓶漆上不同的颜色，写明瓶内气体名称（表 3-9）。

表 3-9　我国高压钢瓶常用的标记

气体类别	瓶身颜色	标字颜色	腰带颜色
氮气	黑色	黄色	棕色
氧气	天蓝色	黑色	
氢气	深绿色	红色	
空气	黑色	白色	
氨气	黄色	黑色	
二氧化碳	黑色	黄色	
氯气	草绿色	白色	
乙炔	白色	红色	
其他一切非可燃气体	红色	白色	
其他一切可燃气体	黑色	黄色	

高压钢瓶若使用不当，会发生极危险的爆炸事故，使用者必须注意以下事项。

① 钢瓶应存放在阴凉、干燥、远离热源（如阳光、暖气、炉火）的地方。盛可燃性气体的钢瓶必须与氧气钢瓶分开存放。室内存放钢瓶不宜过多，气瓶应可靠地固定在支架上。搬运时，钢瓶的安全帽要拧紧，以保护开关阀。最好使用专用小车搬运，要避免坠地、碰撞。

② 绝对不可使油或其他易燃物、有机物沾在气体钢瓶上（特别是气门嘴和减压器处）。也不得用棉、麻等物堵漏，以防燃烧引起事故。

③ 使用钢瓶中的气体时，要用减压器（气压表）。可燃性气体钢瓶的气门是逆时针拧紧的，即螺纹是反扣的（如氢气、乙炔气等）。非燃或助燃性气体钢瓶的气门是顺时针拧紧的，即螺纹是正扣的。各种气体的气压表要专用，不得混用，安装时螺扣要上紧。开启高压气瓶时，人应站在出气口的侧面，以防气流或减压器射出伤人。

④ 钢瓶内的气体绝不能全部用完，一定要保留 0.05MPa 以上的残留压力（表压）。可燃性气体如乙炔应剩余 0.2～0.3MPa，氢气应保留 2MPa，以防空气倒灌，在重新充气时发生危险。

⑤ 氧气钢瓶严禁与油类接触。氢气钢瓶要经常检查是否有泄漏。装有易燃、易爆、有毒物质的气瓶要按其特殊性质加以保管和处理。

⑥ 各种气瓶必须定期进行技术检验。一般每三年检验一次，腐蚀性气体气瓶每两年检验一次。

3.11.2　气体的收集

气体的收集方法主要有排水集气法和排空气集气法两种。排空气集气法又有向下排空气法和向上排空气法两种。气体的收集方式主要取决于气体的密度及在水中的溶解度。

(1) 排水集气法

适用于难溶于水且不与水发生化学反应的气体，如 H_2、O_2、N_2、NO、CO、CH_4、C_2H_4、C_2H_2 等气体的收集。操作时先在水槽里加入半水槽水（不要超过 2/3），将集气瓶装满水，用毛玻璃片磨砂面沿集气瓶的磨口平推将瓶口盖严，不得留有气泡以免混入空气。手握集气瓶并以食指按住玻璃片把瓶子迅速翻转并倒立于盛水的水槽中。将收集气体的导管伸向集气瓶口下，气泡进入集气瓶的同时，水被排出，待瓶口有气泡排出时，说明集气瓶已装满气体。这时，将导气管从瓶内移出，在水下用毛玻璃片盖好瓶口，将瓶从水中取出 [图 3-54(a)]。根据气体对空气的相对密度决定将集气瓶正立或倒立在实验台上。

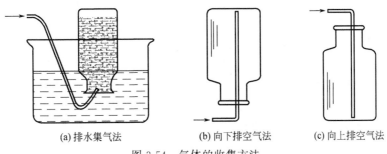

(a) 排水集气法　　　　(b) 向下排空气法　　　　(c) 向上排空气法

图 3-54　气体的收集方法

用排水集气法收集气体应特别注意以下 2 点：a.收集气体时必须待气体发生器内的空气排尽后方可将导气管伸进集气瓶，不要在反应未开始之前或反应器内的空气未排尽前就收集气体，对于氢气等气体收集前还必须验纯；b.如果制备反应需加热，当气体收集满以后，必须先将导气管从水槽中移出后再停止加热，以防止水倒吸入发生器引起容器炸裂。

（2）排空气集气法

易溶于水的或与水发生化学反应的气体不能采用排水集气法收集，而应该用排空气集气法收集。密度比空气小的气体，如 H_2、NH_3、CH_4 等，可用向下排空气法［图 3-54（b）］，气体集满后将集气瓶用毛玻璃片盖住瓶口，倒立在实验台上备用。密度比空气大的气体，如 CO_2、Cl_2、SO_2 等，可用向上排空气法［图 3-54（c）］，气体集满后将集气瓶用毛玻璃片盖住瓶口，正立于实验台上备用。

用排空气法收集气体时应注意：①用排空气法收集气体时，应让导气管口接近集气瓶底，如此才能尽可能地排尽瓶底的空气；②密度与空气接近或在空气中易氧化的气体，如 N_2、NO 等，不宜用此法收集。

3.11.3 气体的净化干燥

在实验室通过化学反应制备的气体一般都带有水气、酸雾和其他气体杂质。如果要求得到纯净、干燥的气体，则必须对产生的气体进行净化和干燥。通常将气体分别通过装有某些液体或固体试剂的洗气瓶、吸收干燥塔、U 形管或干燥管等装置（图 3-55），通过化学反应或者吸收、吸附等物理化学过程将杂质除去，达到净化的目的。液体试剂使用洗气瓶，而固体试剂一般选用干燥塔、U 形管或干燥管。各种气体的性质及所含的杂质虽不同，但通常都是先除杂质与酸雾，再将气体干燥。

洗气瓶的使用方法见 2.1.2 部分相关内容，干燥管的使用方法见 2.1.5 部分相关内容。

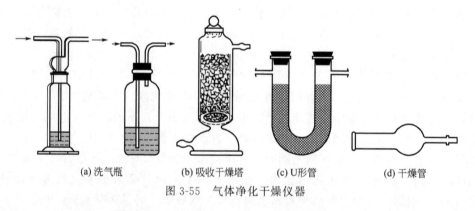

| (a) 洗气瓶 | (b) 吸收干燥塔 | (c) U形管 | (d) 干燥管 |

图 3-55　气体净化干燥仪器

去除气体中的杂质，要根据杂质的性质选用合适的反应剂与其反应除去。还原性气体杂质可用适当氧化剂去除，如 SO_2、H_2S、AsH_3 等，可使用 $K_2Cr_2O_7$ 与 H_2SO_4 组成的铬酸溶液或 $KMnO_4$ 与 KOH 组成的碱性溶液洗涤而除掉；对于氧化性杂质，可选择适当的还原性试剂除去；而杂质 O_2 可通过灼热的还原 Cu 粉，或 $CrCl_2$ 的酸性溶液或 $Na_2S_2O_4$（保险粉）溶液被除掉；对于酸性、碱性的气体杂质宜分别选用碱、不挥发性酸液除掉（如 CO_2 可用 NaOH，NH_3 可用稀 H_2SO_4 溶液等）。此外，许多化学反应都可以用来去除气体杂质，如用 $Pb(NO_3)_2$ 溶液除掉 H_2S，用石灰水或 Na_2CO_3 溶液去除 CO_2，用 KOH 溶液去除 Cl_2 等。

选择的除杂方法除了要满足除杂外，还应考虑所制备气体本身的性质。因此，相同的杂质，在不同的气体中其去除的方法可能不同。例如制备的 N_2 和 H_2S 气体中都含有 O_2 杂质，但 N_2 中的 O_2 可用灼热的还原 Cu 粉除去，而 H_2S 中的 O_2 应选用 $CrCl_2$ 酸性溶液洗涤的方法来去除。

气体中的酸雾可用水或玻璃棉除去。

除掉了杂质的气体，可根据气体的性质选择不同的干燥剂进行干燥。原则是：气体不能与干燥剂反应。如碱性的和还原性的气体（NH_3、H_2S 等），不能用浓 H_2SO_4 干燥。常用的气体干燥剂见表 3-10。

表 3-10　常用的气体干燥剂

气体	干燥剂	气体	干燥剂
H_2	$CaCl_2$、P_2O_5、浓 H_2SO_4	H_2S	$CaCl_2$
O_2	$CaCl_2$、P_2O_5、浓 H_2SO_4	NH_3	CaO 或 CaO-KOH
Cl_2	$CaCl_2$	NO	$Ca(NO_3)_2$
N_2	$CaCl_2$、P_2O_5、浓 H_2SO_4	HCl	$CaCl_2$
O_3	$CaCl_2$	HBr	$CaBr_2$
CO	$CaCl_2$、P_2O_5、浓 H_2SO_4	HI	CaI_2
CO_2	$CaCl_2$、P_2O_5、浓 H_2SO_4	SO_2	$CaCl_2$、P_2O_5、浓 H_2SO_4

3.11.4　气体的吸收

实验过程中经常生成有毒、有刺激性气味的气体（如 H_2S、SO_2 等），不能直接排放到实验室或室外，经常通过吸收的方法防止它们扩散；此外，有时需要吸收气体制备水溶液（如用水吸收 HCl 气体得到盐酸）。

气体的吸收要选择合适的吸收剂和吸收装置。吸收剂要根据气体的性质和实验目的来选择。气体的吸收装置应注意两个方面的问题：一是要充分吸收；二是要防止倒吸，特别是对于蒸馏等操作尾气的吸收及溶解度较大的气体（如 HCl、NH_3 等）的吸收。图 3-56 是常用的气体吸收装置。

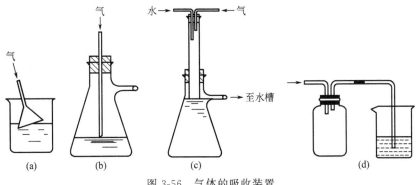

图 3-56　气体的吸收装置

图中 3-56(a)、(b) 可作少量气体的吸收装置。图 3-56(a) 中的玻璃漏斗应略微倾斜使漏斗口 1/2 在水中、1/2 在水面上，这样，既能保证气体的良好吸收，防止气体逸出，也可防止水倒吸至反应瓶中。若反应过程中有大量气体生成或气体逸出很快时，可使用图 3-56(c) 的装置，水自上端流入抽滤瓶中，在恒定的平面上溢出，粗的玻璃管恰好伸入水面，被水封住，以防止气体逸入大气中，粗玻璃管也可用 Y 形管代替。也可以用图 3-56(d) 防止倒吸。

3.12 滴定操作

滴定分析是化学定量分析中重要的分析方法，它是将已知准确浓度的溶液（称标准溶液）用滴定管逐渐滴加到待测溶液中进行反应的过程。根据标准溶液的浓度、体积及被测溶液的体积及相关的化学计量关系，计算被测物质的含量。

在滴定中加入的标准溶液叫滴定剂。当加入的滴定剂与待测物质恰好反应完全的这一点，即两者的物质的量正好符合反应的计量关系时即为滴定的化学计量点，也称理论终点。由于到达化学计量点时，滴定体系往往没有明显的外部特征，因此通常在待测溶液中加入一种合适的指示剂，根据指示剂颜色的突变来确定计量点。指示剂恰好发生颜色变化而终止滴定的这一点称为滴定终点。在实际滴定中，指示剂并不一定恰好在计量点时变色，即滴定终点与化学计量点不一定吻合，由此造成一定的终点误差。

滴定分析通常用于测定常量组分，即待测组分的含量在1%以上，一般测定的相对误差小于0.2%。

适合滴定分析法的化学反应，应具备以下几个条件：a.反应必须具有确定的化学计量关系，即按一定的化学反应方程式进行，这是定量计算的依据；b.反应必须定量地进行；c.必须具有较快的反应速度，对于速度较慢的反应可通过加热或加入催化剂等方法使反应快速进行；d.具有适当简便的方法确定滴定终点。

此外，溶液中不应存在干扰测定的物质，否则应采取适当措施，消除干扰。

滴定分析法简便快速，特别是在常量成分分析中具有很高的准确度。滴定方式通常采用直接滴定法，此外还有间接滴定法、返滴定法和置换滴定法。按反应的类型将滴定分析法分为酸碱滴定法、络合滴定法、氧化还原滴定法和沉淀滴定法等。

3.12.1 滴定前的准备

（1）滴定管的选择

在进行滴定实验时首先要选择合适的滴定管。

① 根据所装溶液的性质选择酸式滴定管还是碱式滴定管及滴定管的颜色，凡能与橡皮管起反应的氧化性溶液，如 $KMnO_4$、I_2 等都不能盛在碱式滴定管中。带聚四氟乙烯旋塞滴定管为通用滴定管，可以用于酸、碱及氧化性溶液的滴定操作中。如果滴定液见光易分解，还应选用棕色滴定管，如硝酸银、碘、高锰酸钾、亚硝酸钠、溴等滴定液，需用棕色滴定管。

② 根据所消耗的体积选择滴定管的容量。滴定管最小容量为1mL，最大为100mL，最常用的有25mL和50mL。

③ 然后应仔细检查滴定管，看滴定管各部位是否完好无损。碱式滴定管需检查乳胶管是否老化或破损，尖嘴、玻璃珠和乳胶管（长约6cm）是否合适，玻璃珠过大不易操作，过小会漏液，应予更换。酸式滴定管应检查旋塞转动是否灵活，旋塞孔是否被堵塞，滴定管是否漏水。若为带聚四氟乙烯旋塞的通用滴定管，检查调节旋塞是否完好，是否转动灵活。

（2）试漏、洗涤、润洗、装液、排气

滴定前，要对选择好的滴定管依次进行试漏、洗涤、润洗、装液和排气泡，并记录初读数。各操作方法和注意事项见2.1.3部分相关内容。

3.12.2　滴定操作

滴定操作的详细方法和注意事项参见 2.1.3.4 部分相关内容。

--------------------------------- **3.13**　微型化学实验简介 ---------------------------------

3.13.1　微型化学实验的概念

微型化学实验（microscale chemical experiment 或 microscalc laboratory，简写为 M.L.）是在微型化的仪器或装置中进行的化学实验，其试剂用量是常规实验的十分之一乃至千分之一。

我国微型化学实验的倡导者——杭州师范大学周宁怀教授，把微型化学实验定义为"在微型化的仪器装置中进行的化学实验，其试剂用量比对应常规实验少 90% 以上"。

美籍华裔化学家马祖圣教授（Prof. T. S. Ma）提出，微型化学实验是以尽可能少的试剂，来获取化学信息的实验原理与技术。

3.13.2　微型化学实验的发展

纵观化学发展的历史，化学实验的试剂的用量是随着科学技术的发展逐渐减少的。1925 年，埃及 E. C. Grey 出版了《化学实验的微型方法》是较早的一本微型化学实验大学教材。从 1982 年起，美国的 Mayo 和 Pike 等开始在基础有机化学实验中采取主要试剂为 mmol 量级的微型制备实验，取得了成功，从而掀起了研究与应用微型化学实验的热潮。1986 年 Mayo 等编著的《微型有机实验》出版，全书共汇集从基本操作训练到多步骤有机制备的微型化学实验 84 个，覆盖了大学基础有机实验并有所提高，与此书配套的 Mayo 型有机仪器也由厂家批量生产。国外微型有机化学实验的迅速推广带动了无机化学、普通化学和中学化学的微型化学实验的研究。Zvi Szafram 与他的同事们从 1986 年开始，在 Merimack 学院的中级无机化学实验中采用微型化学实验，次年实现全面微型化。他们编著的《微型无机化学实验》在 1990 年出版。J. L. Millsh 和 M. L. Hampton 合著的《普通化学微型化学实验》汇集了大学一年级的微型化学实验 20 个。Zvi Szafram 等又于 1994 年出版了《微型普通化学实验》一书。

国际著名的美国化学教育杂志，从 1989 年 11 月起开辟了 Zipp 博士主持的微型化学实验专栏。这是微型化学实验成为国际化学教育发展的重要趋势的一个标志。1990 年以来，历次 ICCE（国际化学教育大会）和 IUPAC 学术大学都会把微型化学实验列为会议的议题，进行专题报告，利用展板展示仪器或研究成果。

1989 年，我国高等学校化学教育研究中心把微型化学实验课题列入科研计划，由华东师范大学和杭州师范学院牵头成立微型化学实验研究课题组。杭州师范学院承担了原国家教委下达的微型化学实验玻璃仪器和塑料系列仪器等新产品的研制任务；华东师范大学与厂家合作研制初中微型化学实验箱。经过近两年的努力，前两项新产品通过了国家教委的鉴定，初中微型化学实验箱通过了北京市教委的鉴定，均已投放市场。在实践中，又开发出多种实验配件和成套仪器，为微型化学在中国的发展打下了坚实的基础。无机化学、普通化学实验的微型化带动了有机化学和中学化学实验的微型化，很快扩展到分析化学、物理化学、医用化学和高分子化学实验的微型化探索并取得了可喜的成果，形成了中国开展微型化学实验工作的特点：微型仪器配套比较完整且价格低廉，在国际上具有竞争力。微型化学实验与常规实验相比，具有明显的绿色环保、节约药品和节省时间的特点。微型化学实验的优势已经在教学中呈现出来，受到了广大师生的欢迎，目前国内已有 800 余所大、中院校开始采用微型化学实验。

1992 年，我国自编的第一本《微型化学实验》出版。此后，浙江大学李明馨教授主编的《普通化学实验》及周宁怀教授主编的《微型化学实验》《微型无机化学实验》和《微型有机化学实验》也相继问世。20 世纪 90 年代以来，《化学通报》和《大学化学》等杂志发表微型化学实验方面的论文近 50 篇；在《化学教育》《化学教学》和《中学化学教学参考》上发表的相关论文有 100 余篇。

经教育部有关领导同意，全国微型化学实验研究中心正式成立，统筹协调国内微型化学实验的研究与应用工作，开展国际学术交流。自 1990 年以来已在北京、大连、杭州、昆明、齐齐哈尔等城市举行了六届中学微型化学实验研讨会，第一届于 1994 年 11 月在郑州召开，由中国微型化学实验研究中心和香港特别行政区教育署发起，香港浸会大学承办的首届国际微型化学研讨会也于 2001 年 12 月 13～15 日在香港举行。

另外，有关微型化学实验的网站也相继出现，例如：中国微型化学实验中心（网址：http：//www. cmlc. gxnu. edu. cn/index. asp），它是专业的微型化学实验研究的网站。它主要包括了专家简介、ML 论坛、ML 介绍、资源中心、ML 产品、电子期刊、相关链接等栏目。湛江师范学院微型化学实验网（http：//202.192.128.41/wxhxsy/）是专业的微型化学实验研究的网站，主要包括了微型化学实验、微型仪器、教学课件、资源中心、实验手册、化学论坛等栏目。网站的建立扩大了微型实验的国际影响力，促进了微型实验在世界各地的推广，使更多的人开始认识微型实验，投入到微型实验的研究工作中来，也方便了国际间开展有关微型实验的交流与合作。

3.13.3　微型化学实验的特点

（1）微型化学实验的主要优点

已故无机化学家戴安邦教授、著名有机化学家陈耀祖院士，于 1998 年先后题词，对微型化学实验的方法与技术给予高度评价，对开展微型化学实验的意义予以充分肯定。实践证明，微型化学实验主要有如下优点。

1）节省试剂，减少经费开支　微型化学实验试剂用量少，是常规实验的十分之一乃至千分之一。常规的性质实验，所需溶液体积多以毫升计量，而微型化学实验用几滴即可。对于涉及贵重药品的实验也可以开出，从而节省实验经费开支。

2）减少污染，利于保护环境　由于微型化学实验试剂量少，产生的有毒气体（或废气）少。实验产生的有害气体，用浸润某种溶液的棉球即可吸收，不必使用通风设备。实验产生的废水、废渣减少，便于回收和集中处理，有利于实验环境的保护，符合绿色化学的理念。

3）节省时间，课堂容量增大　微型化学实验试剂用量少，实验时间大大缩短，有限的学时内可以包含更多的实验内容，实验课堂容量大。即使实验失败，重复实验时也用不了多少药品和时间。

4）仪器小巧，便于单人操作　微型化学实验仪器小巧，装置简单，便于单人操作，学生能够系统地完成整个实验过程，增加动手机会，掌握实验技能与技巧，提高实验能力，保证实验效果。

5）训练技能，提高实验效果　微型化学实验仪器装置小巧、试剂用量少，实验技术要求高。实验时，学生必须集中精力，认真操作，仔细观察，稍有不慎就会导致实验失败。所以，开展微型化学实验，有利于培养学生严谨的科学态度和良好的实验习惯，有利于提高实验效果。

6）易于推广，具有应用价值　微型化学实验成本低是其突出优点，所以开展和推广微型化学实验，具有明显的经济效益和社会效益。有的微型化学实验仪器，可以用废弃医用药瓶代替。一些医用塑料材料或食品、饮料包装盒，也可以用于微型化学实验，对于就地取材、创造实验条件、拓宽学生视野、实施教学改革，具有应用价值和实际意义。对于经费短缺、实验条件差的中等学校，开展微型化学实验具有现实意义。对于高校，微型化学实验可以作为课外活动、选修课或选做实验开展，以便提高学生的实验兴趣和实验技能。

（2）微型化学实验的局限性

微型化学实验以仪器简单、节约试剂、减少污染而获得实验信息为目的，是一种新的实验方法与技术，但也存在一些不足或局限性，有待于进一步发展与完善。

① 仪器装置小，不适合做课堂演示实验，但可以借助投影，提高实验现象的可视性。

② 用微型化学实验方法进行物质合成或产品制备时，产率较常规实验低。原因是投入的物料本身就少，由于仪器黏附往往会使物质损失。但得到的产品，基本能够满足性质检验或数据测试。

③ 有的微型化学实验的仪器，与常规化学实验仪器的形状、规格和使用方法差别很大，易忽视基本操作的规范性。

所以，在实验教学中，应根据实验的内容、目的、现象和定量要求等选择常规实验或微型化学实验，二者相互结合，取长补短，才能保证实验效果，提高教学质量。

3.13.4　微型化学实验仪器

常用的微型化学实验仪器分为塑料仪器、微型玻璃仪器以及自制微型仪器三类。

3.13.4.1　塑料仪器

塑料仪器是由高分子材料制作而成，常用的有多用滴管、多用滴管架和井穴板。

（1）多用滴管

多用滴管是由聚乙烯吹塑而成，圆筒形的吸泡连接一根细长的径管，形状、型号与规格如图 3-57、图 3-58 及表 3-11 所示。

图 3-57　多用滴管（AP1444）　　　　　　　图 3-58　尖嘴滴管（AP1445）

表 3-11　多用滴管的规格

型号	吸泡体积/mL	细管直径/mm	细管长度/mm
AP1444	4	2.5	153
AP1445	8	6.3	150

AP1444 型号多用滴管质地柔软，吸泡有弹性，径管可以弯曲，使用方便。可以挤捏吸泡吸入或滴出液体试剂。多用滴管可以作为试剂瓶盛放常用的酸、碱、盐溶液，需要时适量滴加。有强氧化性、腐蚀性的试剂，如浓硝酸、浓硫酸，不宜长时间贮存于吸泡中。有些有机试剂，如甲苯、石油醚、松节油等对聚乙烯有溶解作用，不能使用多用滴管。多用滴管通

过简单加工，可以制成简单仪器或实验装置。

图 3-59　塑料多用滴管架

（2）多用滴管架

为了将多用滴管稳定放置，可以取一块长方形的海绵，用钻孔器打出若干个孔，将多用滴管的吸泡插放在孔内即可。也可以购买塑料多用滴管架使用，如图 3-59 所示。

（3）井穴板

井穴板是由透明的聚苯乙烯或有机玻璃（甲基丙烯酸甲酯聚合物）为材料，经精密注塑而制成的塑料仪器。常用的规格有 9 孔（容量为 0.7mL）和 6 孔（容量为 5mL）两种（见图 3-60）。

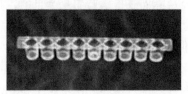
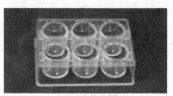

(a) 9孔井穴板　　　　　　　　　　　(b) 6孔井穴板

图 3-60　井穴板

井穴板的透光率好，易于观察实验现象。9 孔井穴板可以代替常规实验的点滴板，进行元素性质的点滴实验、比色实验。6 孔井穴板用途较多，可以盛放试剂、作反应器或气体发生器。

井穴板还有 12 孔（容量为 7mL）和 24 孔（容量为 3mL）规格，主要用于生化科研实验。另外，还有 40 孔（容量为 0.3mL）和 96 孔（容量为 0.3mL）规格，主要用于医学检验。

使用井穴板时应该以下几点：a.不能直接加热，必要时可以放在水浴上加热，水温不能超过 80℃；b.一些能与聚苯乙烯反应的物质如芳香烃、氯化烃、酮、醚、四氢呋喃、二甲基甲酰胺或脂类有机物不能使用井穴板（烷烃、醇类、油可以放入）。

3.13.4.2　微型玻璃仪器

目前，国内生产使用的微型玻璃仪器都是成套仪器，存放在仪器盒或仪器箱内，使用和管理十分方便。例如：南京十四中玻璃厂研制的有机化学实验制备仪（24 种，34 个部件），云南大学产品——有机化学微型实验仪器（46 种，63 个部件，54 个规格），广西师大研制、上海仪器公司提供的仪器盒。成套的微型玻璃仪器有的用于微型有机化学实验，有的用于微型无机化学实验或中学微型化学实验。部分常用的微型仪器，如图 3-61 所示。

(a) 锥形瓶　　　(b) 抽滤瓶　　　(c) 圆底烧瓶　　　(d) 二口烧瓶　　　(e) 分液漏斗

图 3-61　部分微型化学实验仪器（磨口）

微型玻璃仪器大多是常规实验仪器的微缩，有的甚至形状相同，如试管、离心试管、具支试管（容量 2~3mL）、量筒、烧杯（容量 2~5mL）、烧瓶、锥形瓶、抽滤瓶（容量 5~

10mL）。有的仪器与常规实验仪器形状有差别，如容量瓶、分液漏斗、玻璃漏斗等。玻璃磨口仪器的口径为 10mm。

3.13.4.3　自制微型仪器

根据微型化学实验的原理、方法和要求，可以利用玻璃管、废弃的青霉素瓶、眼药水瓶、5mL 注射器等物品就地取材，自制代用仪器。

(1) 玻璃管反应器

直径 9mm 的玻璃管可以加工成 V 形管、W 形管、长柄 V 形管，如图 3-62 所示。用于气-液、气-固、液-固反应的实验，具有试剂用量少、现象明显、污染少或无污染等优点。

(a) V形管　　　　　(b) W形管　　　　　(c) 长柄V形管

图 3-62　部分玻璃管反应器

(2) 医用药瓶的利用

将废弃的医用青霉素瓶洗净，在水中煮沸 10min，进行消毒处理，取出后晾干。可以直接用作集气瓶、试剂瓶，也可以装配成洗气瓶和微型酒精灯等仪器，如图 3-63 所示。

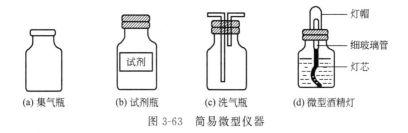

(a) 集气瓶　　　(b) 试剂瓶　　　(c) 洗气瓶　　　(d) 微型酒精灯

图 3-63　简易微型仪器

常用的医用青霉素瓶的规格为 5mL，配有胶皮盖，密封性好，可以用来贮存固体药品或液体试剂。若装配仪器，需要在瓶盖上面钻孔，方法是将一根尖头铁丝烧热，在胶皮盖上钻出单孔或双孔，然后插入细玻璃管或由多用滴管的径管弯制而成的弯管。

3.14　绿色化学简介

3.14.1　绿色化学的概念

绿色化学又称环境无害化学（environmentally benign chemistry）、环境友好化学（environmentally friendly chemistry）、清洁化学（clean chemistry）。绿色化学的定义是在不断地发展和变化的。刚出现时，它更多的是代表一种理念、一种愿望。但随着学科发展，它本身在不断地发展变化中逐步趋于实际应用，且其发展与化学密切相关。绿色化学倡导人、原美国绿色化学研究所所长、耶鲁大学教授 P. T. Anastas 在 1992 年提出的"绿色化学"定义是：Chemical products and processes that reduce or eliminate the use and generation of hazardous substances 即"减少或消除危险物质的使用和产生的化学品和过程的设计"。从这个定义上看，绿色化学的基础是化学，而其应用和实施则更像是化工。绿色化学涉及有机合成、催化、生物化学、分析化学等学科，内容广泛。

　　绿色化学有三层含义：第一，是清洁化学，绿色化学致力于从源头制止污染，而不是污染后再治理，绿色化学技术应不产生或基本不产生对环境有害的废弃物，绿色化学所产生出来的化学品不会对环境产生有害的影响；第二，是经济化学，绿色化学在其合成过程中不产生或少产生副产物，绿色化学技术应是低能耗和低原材料消耗的技术；第三，是安全化学，在绿色化学过程中尽可能不使用有毒或危险的化学品，其反应条件尽可能是温和的或安全的，其发生意外事故的可能性是极低的。总之，绿色化学倡导用化学的技术和方法减少或停止那些对人类健康、社区安全、生态环境有害的原料、催化剂、溶剂和试剂、产物、副产物等的使用与产生。

3.14.2　绿色化学的发展

　　绿色化学最初发端于美国。1984 年美国环保局（EPA）提出"废物最小化"，基本思想是通过减少产生废物和回收利用废物以达到废物最少，初步体现绿色化学的思想。但废物最小化不能涵盖绿色化学整体概念，它只是一个化学工业术语，没有注重绿色化学生产过程。

　　1989 年美国环保局又提出了"污染预防"的概念，指出最大限度地减少生产场地产生的废物，包括减少使用有害物质和更有效地利用资源，并以此来保护自然资源，初步形成绿色化学思想。

　　1990 年美国颁布了污染防治法案，将污染的防治确立为国策。所谓污染防治是使得废物不再产生，因而不再有废物处理的问题。该法案中第一次出现"绿色化学"一词，定义为采用最小的资源和能源消耗，并产生最小排放的工艺过程。

　　1991 年"绿色化学"成为美国环保局的中心口号，确立了绿色化学的重要地位。同时，美国环保局污染预防和毒物办公室启动"为防止污染变更合成路线"的研究基金计划，目的是资助化学品设计与合成中污染预防的研究项目。

　　1993 年研究主题扩展到绿色溶剂、安全化学品等，并改名为"绿色化学计划"，"绿色化学"构建了学术界、工业界、政府部门及非政府组织等自愿组合的多种合作，目的是促进应用化学来预防污染。

　　澳大利亚皇家化学研究所 RACI 于 1999 年设立了"绿色化学挑战奖"。此奖项旨在推动绿色化学在澳洲的发展，奖励为防止环境污染而研制的各种易推广的化学革新及改进，表彰为绿色化学教育的推广做出重大贡献的单位和个人。此外，日本也设立了"绿色和可持续发展化学奖"，英国设立了绿色化工水晶奖、英国绿色化学奖、英国化学工程师学会环境奖等。

　　我国在绿色化学方向的活动也逐渐活跃。1995 年，中国科学院化学部确定了"绿色化学与技术"的院士咨询课题。1996 年，召开了"工业生产中绿色化学与技术"研讨会，并出版了《绿色化学与技术研讨会学术报告汇编》。1997 年，国家自然科学基金委员会与中国石油化工集团公司联合立项资助了"九五"重大基础研究项目"环境友好石油化工催化化学与化学反应工程"。中国科技大学绿色科技与开发中心在该校举行了专题讨论会，并出版了《当前绿色科技中的一些重大问题》论文集。1998 年，在合肥举办了第一届国际绿色化学高级研讨会。《化学进展》杂志出版了《绿色化学与技术》专辑。四川联合大学也成立了绿色化学与技术研究中心。2006 年 7 月正式成立了中国化学学会绿色化学专业委员会。上述活动推动了我国绿色化学的发展。

3.14.3　绿色化学研究的主要内容

　　绿色化学处于当前国际化学的前沿领域，它是一门从源头上阻止环境污染的新兴科学。

绿色化学利用可持续发展的方法，把降低维持人类生活水平及科技进步所需的化学产品与过程所使用与产生的有害物质作为努力的目标，因而与此相关的化学化工活动均属于绿色化学的范畴。近年来，绿色化学的研究主要围绕化学反应、原料、催化剂、溶剂和产品的绿色化来进行。

绿色化学主要从原料的安全性、工艺过程节能性、反应原子的经济性和产物环境友好性等方面进行评价。原子经济性和"5R"原则是绿色化学的核心内容。绿色化学中最理想的是利用"原子经济"反应，实现反应的绿色化。原子经济性是指充分利用反应物中的各个原子，从而既能充分利用资源又能防止污染。绿色化学的原子利用率超高，可以最大限度地利用原料中的每个原子，使之结合到目标产物中，不产生任何废物和副产物，实现废物的"零排放"，使对环境造成的污染最小化。

实验过程中应遵循绿色化实验的"5R"原则，即：Reduction，减量使用原料，减少实验废弃物的产生和排放；Reuse，循环使用、重复使用；Recycling，回收，实现资源的回收利用，从而实现"省资源、少污染、减成本"；Regeneration，再生，变废为宝，资源和能源再利用，是减少污染的有效途径；Rejection，拒用有毒有害品，对一些无法替代又无法回收、再生和重复使用的、有毒副作用及会造成污染的原料拒绝使用，这是杜绝污染的最根本的办法。

英国 Crystal Faraday 侨会在 2004 年提出的路线图中给出了 8 个技术领域，即绿色产品设计、原料、反应、催化、溶剂、工艺改进、分离技术和实现技术。在此基础上，纪红兵和佘远斌提出了绿色化工产品设计、原料绿色化及新型原料平台、新型反应技术、催化剂制备的绿色化和新型催化技术、溶剂的绿色化及绿色溶剂、新型反应器及过程强化与耦合技术、新型分离技术、绿色化工过程系统集成、计算化学与绿色化学化工结合 9 个方面绿色化学和化工的发展趋势。

绿色化学从"三废"控制等级来说，它属于防污的优先级，标志着防污工作由被动转向主动，因此与传统的"末端治理"相比具有更深远的意义。但是，要真正实现废物的"零排放"是非常困难的，当前的"原子经济"反应所取得的成果与绿色目标还有相当的距离。

3.14.4　绿色化学的思维方式

在科技飞速发展的状况下，人们具有更强的能力去开发与利用资源，然而由于利用与开发行为的过度性及不合理性，产生了大量的废弃物，这样就严重破坏了自然环境，例如废水、废气与废物的排放及温室效应等，诸多污染对人类的可持续发展导致严重危害。而随着化学工业的逐步发展，其在为人们带来大量经济效益的同时，也严重地破坏了自然环境。

绿色化学的核心是"杜绝污染源"，防治污染的最佳途径就是从源头消除污染，实现化学实验绿色化的关键是建立绿色化学的思维方式。因此，教师在化学实验教学过程中，应该大力开展绿色化学实验。在教学中融入环保理念，树立绿色化学思维方式，从环境保护的角度、经济和安全的角度来考虑各个实验的设置、实验手段、实验方法等，并遵循以下原则。

① 在化学课堂教学中渗透环保教育。在化学实验之前，教师要对学生传授理论知识，在此过程中合理渗透环保理念。告知学生在进行化学实验的时候应该做到：a. 对于使用过的原材料，要进行反复再利用，在不断循环使用的过程中，有效减少原料成本；b. 尽可能降低排放出的废弃物的数量；c. 不能使用不可再生及不能回收的物质与材料；d. 将排除的废弃物再次回收与利用，从而降低实验成本；e. 把产生的废物重新塑造与加工，从而使其能够再次作为原料供人们使用。

② 培养学生环保理念，保证实验操作的规范性。在化学实验教学过程中，要不断地对学生渗透环保理念，帮助学生形成强烈的环保观念及环保责任感，让学生意识到环境保护人人有责。作为社会的一分子，学生也要时刻保护人类赖以生存的环境。在具体开展实验教学时，教师必须保证化学实验操作的规范性，从而为学生树立良好的榜样，灌输环保理念。例如，在具体开展化学实验的过程中，必须及时吸收实验中产生的废气；在取用液体药品时，一定要尽可能地防止药品挥发或者洒落，以免造成不必要的浪费及污染环境；对于化学实验产生的废渣及废液，都必须对其分类后再进行回收等，帮助学生养成良好的实验习惯，做到少污染、不浪费、科学环保。

③ 培养学生绿色化学思维方式，使学生在设计化学实验或生产过程时能尽量做到：a. 设计合成方法时，只要可能，不论原料、中间产物还是最终产品，均应对人体健康和环境无毒害（包括极小毒性和无毒）；b. 合成方法必须考虑能耗、成本，应设法降低能耗，最好采用在常温常压下的合成方法；c. 化工产品要设计成在其使用功能结束后，不会永存于环境中或极难降解，要能分解成可降解的无害产物；d. 选择化学生产过程的物质时，应使化学意外事故（包括渗透、爆炸、火灾等）的危险性降低到最低程度；e. 在技术可行和经济合理的前提下，原料要采用可再生资源以代替消耗性资源。

第 **4** 章

基本操作实验

▶▶

------ 实验一 仪器的认领、洗涤和干燥 ------

【实验目的】

① 熟悉无机实验室规则和安全守则。

② 清点仪器，熟悉仪器的名称、规格、用途和注意事项。

③ 练习玻璃仪器和瓷质仪器的洗涤与干燥方法。

【基本操作】

仪器的洗涤与干燥方法：参见 3.1 部分相关内容。

(1) 洗涤剂

常用去污粉、洗衣粉、洗洁精和铬酸洗液等。

一般的器皿如烧杯、锥形瓶、试剂瓶、表面皿等，可用刷子蘸取去污粉或洗涤剂直接刷洗内外壁。移液管、容量瓶等量器内壁的清洗则不用刷子，以免受机械磨损而影响容积的准确性，也不宜用强碱性洗涤剂来洗涤。量器内壁如有自来水无法洗去的污物时，可选用合适的洗涤剂浸泡，必要时可将洗涤剂加热。铬酸洗液具有很强的氧化能力且对玻璃的腐蚀极小，但因六价铬是环境污染物质，对人体有害，不宜多用。必须使用时，应尽量沥干容器内的水后再将洗液倒入容器浸泡。用过的洗液应倒回原瓶中，第一次冲洗的废水应倒入废液缸中集中处理，以免腐蚀水槽和下水道，并减少对环境的污染。

称量瓶、容量瓶、碘量瓶、干燥器等具有磨口塞、盖的器皿，在洗涤前最好用线拴好塞、盖，以免洗涤中"张冠李戴"，破坏磨口处的密封性。光度法的比色皿是用光学玻璃制成的，不能用毛刷刷洗，可采用热水浸泡的方法洗涤。

已洗净的仪器壁应能被水完全湿润，不挂水珠。洗净的器皿在用蒸馏水润洗时应少量多次，顺壁冲洗。

(2) 毛刷

试管刷、烧杯刷、烧瓶刷等。

(3) 洗涤程序

1）振荡水洗　注入少一半水，稍用力振荡后把水倒掉。照此连洗数次。

2）毛刷刷洗　内壁附有不易洗掉物质，可用毛刷刷洗。

（4）洗涤原则

少量多次，不挂水珠。

（5）仪器的干燥

当实验中需使用干燥的器皿时，可根据不同的情况，采用下列方法将洗净的器皿干燥。

1）晾干　将洗净的器皿置于实验柜或器皿架上晾干。

2）烘干　将洗净的器皿放进电热恒温干燥箱中烘干，放进干燥箱前要先把水沥干，但量器不可采用烘干的方法。

3）吹干　用空气流将仪器吹干，一般常用电吹风或玻璃仪器气流干燥器。

4）烤干　用酒精灯等加热仪器小火烤干。烤干前需先擦干仪器外壁的水珠。

5）用有机溶剂干燥　急用的仪器可用少量乙醇、乙醚、丙酮等有机溶剂润洗已洗净的器皿内壁，倾出溶剂后，用电吹风或玻璃仪器气流干燥器吹干。需注意的是用有机溶剂润洗过的仪器不能放入电热恒温干燥箱中烘干，以免发生爆炸。

【实验内容】

（1）认领仪器

按无机化学实验室学生固定仪器配置单逐一认领清点无机化学实验中常用的仪器，多者交给指导教师，缺者写明自己的橱号、仪器名称、规格和数量。

（2）洗涤仪器

用合适的洗涤剂洗净刚认领的各种仪器。将洗净的仪器合理放置于仪器橱中。

（3）干燥仪器

练习烤干 2 支试管。

【实验习题】

① 烤干试管时，为什么试管口要略向下倾斜？

② 画出下列几种仪器的平面图：烧杯、锥形瓶、试管、酒精灯。

【附注】

无机化学实验室学生常用仪器配置单如表 4-1 所列。

表 4-1　无机化学实验室学生常用仪器配置单

类型	名称	规格	数量	单位	类型	名称	规格	数量	单位
	试管架	木质或铝质	1	个			50mL	2	只
试管	普通试管	12mm×100mm	2	支	容器	烧杯	100mL	2	只
		15mm×150mm	6	支			250mL	1	只
		18mm×180mm	4	支			500mL	1	只
量器	量筒	10mL	1	只		锥形瓶	150mL	3	只
		20mL 或 50mL	1	只	制气仪器	干燥管	单球		只
		100mL	1	只	过滤仪器	短颈漏斗	$\phi=8cm$	1	个
	容量瓶	50mL	1	只		布氏漏斗	$\phi=7cm$	1	个
		100mL	1	只		抽滤瓶	250mL	1	只

类型	名称	规格	数量	单位	类型	名称	规格	数量	单位
瓷质仪器	蒸发皿	125mL	1	个	常用器具	铁三脚架	径 10cm 高 13cm	1	只
	坩埚	30mL	1	个		角匙	塑料	2	把
	白点滴板	12 穴	1	块	夹持器具	试管夹	竹子	1	把
	泥三角		1	只		止水夹		1	个
玻璃器皿	表面皿	$\phi=8$cm	1	个		铁架台		1	个
		$\phi=10$cm	1	个		十字夹	铁质	1	个
	玻璃棒		2	根		烧瓶夹	铝质	1	个
	酒精灯		1	只		铁圈		1	个
常用器具	石棉网	15cm×15cm	1	块					

注：以上所配仪器应科学合理地放置在仪器橱内，所有使用者共管共用。

实验二　灯的使用和玻璃管的简单加工

【实验目的】

① 了解煤气灯、酒精灯的构造并掌握其使用方法。

② 学会截、拉、弯、熔烧玻璃管的操作。

③ 练习塞子的钻孔和打孔器的使用。

④ 练习制作简单仪器。

【基本操作】

(1) 灯的使用

参见 2.5 部分相关内容。常用灯有：a. 酒精灯，温度可达 400～500℃；b. 煤气灯，温度可达 800～900℃；c. 酒精喷灯，温度可达 700～1000℃。

(2) 玻璃管加工

参见 3.9 部分相关内容。主要包括截断切割、熔烧（熔光）、弯曲、拉细和扩口。

(3) 塞子的钻孔

参见 3.10.2 部分相关内容。主要学习钻孔器和修复方法；学习塞子型号以及单、双孔的打法。

【实验内容】

(1) 灯的使用

主要包括：a. 检查并点燃酒精灯；b. 检查并点燃煤气灯；c. 观察挂式酒精喷灯。

(2) 玻璃管的简单加工与简单仪器的装配

1) 制 O_2 发生器　截玻璃管 2 根（各 16cm），各弯成 120°、60°角。用大试管和合适的单孔胶塞，装配成制备 O_2 的气体发生器。

2) 制滴管和微搅棒　截 22cm 长的玻璃管 1 根，从中间拉细，再截断、扩口，套上胶皮头制成一支滴管，另一根经熔烧制成搅棒。

3）制简易 H_2 发生器（也可作洗气瓶用） 截 16cm 长的玻璃管，弯制成直角，两端烧圆。大试管配上合适的双孔塞，双孔塞插上安全漏斗和直角玻璃管，再配上胶皮管和尖嘴玻璃管，制成简易氢气发生器。

4）给干燥管配单孔塞 给干燥管配上插有一小段玻璃管的胶塞。

5）装配抽滤装置 根据所配发的抽滤瓶规格，选择合适的橡胶塞，按照布氏漏斗颈直径大小，选择匹配的打孔器，在橡胶塞上打孔后，将布氏漏斗和胶塞组装在一起。

【实验习题】

① 熄灭煤气灯和熄灭酒精灯有何不同？为什么？

② 不正常火焰有几种？若实验中出现不正常火焰，如何处理？

③ 有人说，实验中用小火加热，就是用还原焰加热，因还原焰温度相对较低，这种说法对吗？用还原焰直接加热反应容器会出现什么问题？

------------ 实验三 **溶液的配制** ------------

【实验目的】

① 练习电子天平（0.1g 精度）的使用；学习比重计、移液管、吸管、容量瓶的使用方法。

② 掌握溶液的质量分数、质量摩尔浓度、物质的量浓度的概念和计算方法。

③ 掌握一般溶液和特殊溶液的配制方法和基本操作。

【基本操作】

（1）溶液及其配制方法

化学实验中，常需配制各种溶液以满足不同实验的要求。根据实验对溶液浓度准确性的要求不同，一般将对浓度准确性要求不高的溶液称为非标准溶液，采用粗略配制，一般使用电子天平（0.1g 精度）、量筒、带刻度烧杯等低准确度的仪器即可满足需要。将对浓度准确性要求较高的溶液称为标准溶液，采用精确配制，此时需使用电子天平（0.1mg 精度）、移液管、容量瓶等高准确度的仪器来配制溶液才能符合要求。

1）非标准溶液常用以下 3 种方法配制。

① 直接水溶法。首先计算出所需固体试剂的质量，用电子天平（0.1g 精度）称取所需试剂量，放入带刻度烧杯中，加入适量蒸馏水搅拌，使固体完全溶解，用蒸馏水稀释至刻度；若试剂溶解有放热或以加热方式促使其溶解，则需冷却至室温后，再用蒸馏水稀释至刻度；然后将配制好的溶液移入试剂瓶，贴上标签，备用。一般易溶于水且不易水解的固体试剂，如 KCl、$NaNO_3$、K_2SO_4 等常采用此法。

② 介质水溶法。首先计算出所需固体试剂的质量，用电子天平（0.1g 精度）称取所需试剂量，放入带刻度烧杯中，加入适量酸（或碱）使固体完全溶解，再用蒸馏水稀释至所需体积，搅拌混合均匀后移入试剂瓶，贴上标签，备用。一般易水解的固体试剂，如 $(NH_4)_2CO_3$、Na_2S、$SnCl_2$、$Hg(NO_3)_2$ 等常采用此法。

③ 稀释法。一般液体试剂采用稀释法。首先算出所需液体试剂的体积，用量筒量取所

需浓溶液的量，倒入装有适量蒸馏水的带刻度烧杯中，若溶液放热，则需冷却至室温，再用蒸馏水稀释至刻度，搅拌使之混合均匀，然后将溶液移入试剂瓶，贴上标签，备用。

2）标准溶液常用以下 3 种方法配制。

① 由基准试剂直接配制。首先计算出所需固体试剂的质量，用电子天平（0.1mg 精度）称取所需试剂量，放入烧杯中，加入少量蒸馏水搅拌使固体完全溶解。将溶液转入与所配溶液体积相匹配的洁净容量瓶中，用少量蒸馏水洗涤烧杯 2～3 次，洗涤液也移入容量瓶中，再加蒸馏水稀释至刻度，摇匀既得所配溶液。然后将溶液移入试剂瓶中，贴上标签，备用。

② 稀释法。首先算出所需液体试剂的体积，然后用处理好的移液管移取所需的浓溶液，转入给定体积的洁净容量瓶中，再加蒸馏水稀释至刻度，摇匀后将溶液移入试剂瓶中，贴上标签，备用。

③ 标定法。很多试剂不宜用直接法配制标准溶液，而要用间接的方法，即标定法。先配成接近所需浓度的溶液，再用基准试剂或另一种已知准确浓度的标准溶液来标定它的准确浓度。

易发生氧化还原反应的溶液，为防止其在保存期间失效，一般常在使用前新配制，或在溶液中加入适当试剂以减缓氧化或还原反应的发生。如在 Fe^{2+} 溶液中加入铁钉防氧化；硫化钠溶液易氧化一般现用现制。

无论采用哪种方式来配制一定体积、一定浓度的溶液，首先都要计算所需试剂的用量，包括固体试剂的质量或液体试剂的体积，然后再进行配制。

（2）溶液的浓度表示方法

1）用固体试剂配制溶液

① 质量分数 w。溶质 B 的质量与溶液总质量之比称为溶质 B 的质量分数。

即

$$w=\frac{m_{溶质}}{m_{溶液}}\frac{m_{溶质}}{m_{溶质}+m_{溶剂}}$$

则

$$m_{溶质}=\frac{wm_{溶剂}}{1-w}=w\rho_{溶剂}\frac{V_{溶剂}}{1-w}$$

式中，w 为质量分数；$m_{溶质}$ 为固体试剂的质量；$m_{溶液}$ 为配制溶液的质量；$m_{溶剂}$ 为所用溶剂的质量；$\rho_{溶剂}$ 为所用溶剂的密度；$V_{溶剂}$ 为所用溶剂的体积。

若所用溶剂为水，可近似认为其密度为 1.000g/mL。

故

$$m_{溶质}=\frac{wV_{溶剂}}{1}-w$$

② 质量摩尔浓度 b。

$$b=\frac{n_{溶质}(mol)}{m_{溶剂}(kg)}$$

如溶剂为水，则

$$b=\frac{m_{溶质}\times1000}{M_{溶质}V_{溶剂}}\qquad m_{溶质}=\frac{MbV_{溶剂}}{1000}$$

式中，b 为质量摩尔浓度；$M_{溶质}$ 为固体试剂的摩尔质量；其他符号意义同上。

③ 物质的量浓度 c。

$$c=\frac{n_{溶质}(mol)}{V_{溶液}(L)}$$

$$m_{溶质}=cV_{溶液}M_{溶质}$$

式中，$n_{溶质}$为固体试剂的物质的量；c为物质的量浓度；$V_{溶液}$为溶液体积；其他符号意义同上。

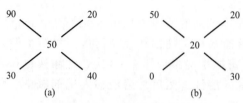

图 4-1　十字交叉法溶液混合配制示意

2）用液体或浓溶液配制

① 质量分数浓度 w。混合两种已知质量分数浓度的溶液来配制所需溶液时，可采用十字交叉法来计算原液的体积（见图 4-1）。把需配溶液的浓度放在两条相交直线的交叉点上（即中心位置），已知溶液浓度放在直线的左端（大的在上，小的在下），然后每条直线上两个数字相减，差额写在同一直线的另一端，这样就得到所需的已知浓度溶液的份数。例如，由 90% 和 30% 的溶液混合配制 50% 的溶液：需取用 40 份 90% 的溶液和 20 份 30% 的溶液混合。

若用溶剂稀释浓溶液来配制，只需将直线左端下面的数字改为 0 即可。例如，用水将 50% 的溶液稀释 20%：将 30 份 50% 的溶液加入 20 份水即得 20% 的溶液。

② 物质的量浓度 c。由已知物质的量浓度的溶液来稀释，则

$$c_1V_1 = c_2V_2$$

由已知质量分数的溶液浓度来稀释，则

$$cV_1 = \frac{m_{溶液}\,w}{M_{溶质}} = \frac{1000V_{溶液}\,\rho_{溶液}}{M_{溶质}}$$

浓溶液密度可使用比重计测量。

【实验用品】

① 仪器：烧杯（50mL、100mL）、5mL 移液管、容量瓶、量筒、电子天平（0.1g 精度）、比重计。

② 药品：浓 HCl、NaOH(C.P.)、硫酸铜（C.P.）、HAc 溶液（$2.000\,mol \cdot L^{-1}$）。

【基本操作】

① 移液管的使用：参见 2.1.3.2 部分相关内容。

② 容量瓶的使用：参见 2.1.3.5 部分相关内容。

③ 电子天平的使用：参见 2.7.3 部分相关内容。

④ 试剂的取用：参见 3.2.3 部分相关内容。

⑤ 比重计的使用：参见 2.8.3 部分相关内容。

【实验内容】

① 用 $CuSO_4 \cdot 5H_2O$ 配制 $0.2\,mol \cdot L^{-1}$ $CuSO_4$ 溶液 50mL。

② 配制 $2\,mol \cdot L^{-1}$ NaOH 溶液 100mL。

③ 用浓 HCl 配制 $6\,mol \cdot L^{-1}$ HCl 溶液 50mL。

④ 由 $2.000\,mol \cdot L^{-1}$ HAc 溶液配制 50mL $0.2000\,mol \cdot L^{-1}$ HAc 溶液。

【实验习题】

① 用容量瓶配制溶液时要不要把容量瓶干燥？要不要用被稀释溶液洗 3 遍？为什么？

② 怎样洗涤移液管？用水洗净后的移液管在使用前还要用吸取的溶液来洗涤，为什么？

③ 某同学在配制硫酸铜溶液时，用电子天平（0.1mg 精度）称取硫酸铜晶体，用量筒取水配成溶液，此操作对否？为什么？

④ 稀释浓硫酸应如何操作？为什么？

【附注】

① 配制标准溶液的固体试剂必须是组成与化学式完全相符合且摩尔质量大的高纯物质。在保存和称量时其组成和质量稳定不变，即通常说的基准物质。

② 在配制溶液时，除注意准确度外，还要考虑试剂在水中的溶解性、热稳定性、挥发性、水解性等因素的影响。某些特殊试剂溶液的配制方法请参看本书附录 13。

实验四　滴定操作

【实验目的】

① 掌握酸式和碱式滴定管的洗涤、排气和使用方法，练习移液管的洗涤和使用。

② 练习电子天平（0.1mg 精度）的使用。

③ 练习滴定操作，学会准确判断滴定终点的方法。

④ 掌握有效数字、精密度和准确度的概念。

【实验原理】

酸碱滴定是利用酸碱中和反应测定酸或碱浓度的定量分析方法。标定酸溶液和碱溶液所用的基准物质很多，本实验只介绍一种较常用的。

标定 NaOH 标准溶液的浓度常用酸性基准物质邻苯二甲酸氢钾（$KHC_8H_4O_4$），以酚酞（变色范围 pH 8.0～9.8）为指示剂。标定反应式为：

$$NaOH + KHC_8H_4O_4 =\!=\!= NaKC_8H_4O_4 + H_2O$$

HCl 标准溶液的浓度可以用无水 Na_2CO_3 为基准物来标定，标定时常以溴甲酚绿-二甲基黄（变色 pH 值约为 3.9）为指示剂。标定反应式为：

$$2HCl + Na_2CO_3 =\!=\!= 2NaCl + CO_2\uparrow + H_2O$$

滴定终点的确定可借助于酸碱指示剂。指示剂本身是一种弱酸或弱碱，在不同 pH 值范围内可显示不同的颜色，滴定时应根据不同的反应体系选用适当的指示剂，以减少滴定误差。实验室常用的指示剂有酚酞、甲基红（变色范围 pH 4.2～6.2）、甲基橙（变色范围 pH 3.0～4.4）等。

【实验用品】

① 仪器：50mL 酸式和碱式滴定管、25mL 移液管、锥形瓶、铁架台、滴定管夹、电子天平（0.1mg 精度）。

② 药品：HCl 标准溶液（$0.1mol\cdot L^{-1}$）、NaOH 溶液（$0.1mol\cdot L^{-1}$）、邻苯二甲酸氢钾（A.R.）、无水 Na_2CO_3（A.R.）、酚酞指示剂、甲基橙指示剂。

【基本操作】

① 滴定管的使用：参见 2.1.3.4 部分相关内容。

② 滴定操作：参见 3.12 部分相关内容。

【实验内容】

(1) NaOH 标准溶液浓度的标定

准确称取 3 份已在 105～110℃ 烘干的邻苯二甲酸氢钾，每份 0.4～0.6g，放入 3 只 150mL 锥形瓶中，加入 25mL 煮沸后刚刚冷却的蒸馏水，振荡使之溶解（如不能完全溶解，可稍微加热）。加入 2 滴酚酞指示剂，用 NaOH 标准溶液滴定至溶液呈微红色（0.5min 内不褪色）即为终点。记录消耗的 NaOH 溶液的体积。3 份测定的最大差值不超过 0.2%，否则应重复测定。

(2) HCl 标准溶液浓度的标定

准确称取已在 180℃ 下烘干的无水 Na_2CO_3 3 份，每份 0.15～0.2g，置于 3 只 150mL 锥形瓶中，加水约 25mL 振荡使之溶解（如不能完全溶解，可稍微加热）。加入甲基橙指示剂，用 HCl 标准溶液滴定至溶液由亮黄色变为橙色，即为终点。记录消耗的 HCl 溶液的体积。同样 3 份测定的最大差值不应超过 0.2%，否则应重复测定。

(3) 酸碱标定

上述实验只需选做一个，另一个用已标定的酸或碱来标定。方法如下：准确移取 25.00mL HCl（或 NaOH）标准溶液放入 150mL 锥形瓶中，加入 2 滴酚酞（或甲基橙）指示剂，用刚刚标定的 NaOH（或 HCl）标准溶液滴定至溶液呈微红色（0.5min 内不褪色）（或滴定至溶液由黄变为橙色）即为终点。记录消耗的 NaOH（或 HCl）溶液的体积。平行测定 3 份，3 份测定的最大差值不大于 0.04mL，否则应重复测定。

【实验结果记录】

实验结果记录表如表 4-2～表 4-4 所列。

表 4-2 NaOH 标准溶液浓度的标定（指示剂：酚酞）

项目　　　　　　编号	1	2	3
邻苯二甲酸氢钾质量/g			
消耗 NaOH 体积/mL			
NaOH 浓度/(mol·L^{-1})			
NaOH 平均浓度/(mol·L^{-1})			

表 4-3 HCl 标准溶液浓度的标定（指示剂：甲基橙）

项目　　　　　　编号	1	2	3
无水 Na_2CO_3 质量/g			
消耗 HCl 体积/mL			
HCl 浓度/(mol·L^{-1})			
HCl 平均浓度/(mol·L^{-1})			

表 4-4　酸碱标定（指示剂：酚酞、甲基橙）

项目　　　　　编号	1	2	3
移取溶液体积/mL			
消耗体积/mL			
滴定剂浓度/(mol·L^{-1})			
标定液浓度/(mol·L^{-1})			
平均浓度/(mol·L^{-1})			

【实验习题】

① 溶解基准物质邻苯二甲酸氢钾或 Na_2CO_3 所用水的体积是否需要精确量度？为什么？

② 标定所用的基准物质邻苯二甲酸氢钾或 Na_2CO_3 的称取量是如何计算的？

③ 在滴定分析试验中，滴定管和移液管为何需要用滴定剂和移取液润洗 3 次？滴定中使用的锥形瓶是否也需要用滴定剂润洗？为什么？

④ HCl 溶液与 NaOH 溶液定量反应完全后，生成 NaCl 和水，为什么用 HCl 滴定 NaOH 时采用甲基橙作为指示剂，而用 NaOH 滴定 HCl 时却使用酚酞作为指示剂？

⑤ 滴定管、移液管及容量瓶是滴定分析中量取溶液体积的 3 种量器，记录时应记准几位有效数字？

⑥ 滴定管读数的起点为何每次均要调到 0.00 刻度处？

⑦ 滴定管有气泡存在对滴定有何影响？应如何除去滴定管中的气泡？

⑧ 接近终点时，为什么要用蒸馏水冲洗锥形瓶内壁？

【附注】

1）配制不含 CO_3^{2-} 的氢氧化钠溶液常用方法有以下几种。

① 浓碱法：先配成饱和的氢氧化钠溶液（约 50％），在浓氢氧化钠溶液中 Na_2CO_3 的溶解度很低（同离子效应），静置待 Na_2CO_3 沉降完全后，吸取上清液加水（需煮沸并冷却以除去水中溶解的 CO_2）稀释至所需浓度。

② 蒸馏水漂洗法：为了除去固体 NaOH 吸收 CO_2 在表面所形成的 Na_2CO_3，可采用蒸馏水迅速漂洗的方法。具体操作如下：称取稍多于计算量的固体 NaOH 置于烧杯中，用煮沸并冷却后的蒸馏水 5～10mL 迅速洗涤 2～3 次，将留下的固体 NaOH 用水溶解后再加水稀释至所需体积即可。

2）无论采用哪一种方法除去 CO_3^{2-}，配制 NaOH 溶液时所用的蒸馏水都应事先除去水中溶解的 CO_2，除去方法是将水加热煮沸 10min，冷却后即可使用。

实验五　氯化钠的提纯

【实验目的】

① 掌握提纯 NaCl 的原理和方法。

② 学习溶解、沉淀、过滤、抽滤、蒸发浓缩、结晶和烘干等操作。

③ 了解 Ca^{2+}、Mg^{2+}、SO_4^{2-} 等离子的定性鉴定方法。

【实验原理】

粗盐中含 Ca^{2+}、Mg^{2+}、K^+、SO_4^{2-}、Fe^{3+} 等杂质离子和泥沙等机械杂质，用 Na_2CO_3、$BaCl_2$ 和盐酸等试剂就可以使 Ca^{2+}、Mg^{2+}、SO_4^{2-}、Fe^{3+} 等生成难溶化合物的沉淀而除去。首先，在食盐溶液中加入 $BaCl_2$ 溶液除去 SO_4^{2-}，此时溶液中引入了 Ba^{2+}，然后，往溶液中加入 Na_2CO_3 和 NaOH 溶液，可除去 Ca^{2+}、Mg^{2+} 和引入的 Ba^{2+}（过量的），过量的 Na_2CO_3 溶液用盐酸中和。粗盐溶液中的 K^+ 和上述各沉淀剂都不起作用，仍留在溶液中。由于 KCl 的溶解度大于 NaCl 的溶解度，而且在粗盐中的含量较少，所以在蒸发浓缩食盐溶液时，NaCl 先结晶出来，而 KCl 则留在溶液中，在抽滤时除去，从而达到提纯 NaCl 的目的。相应的反应方程式为：

$$Ba^{2+} + SO_4^{2-} \Longrightarrow BaSO_4 \downarrow$$
$$Ca^{2+} + CO_3^{2-} \Longrightarrow CaCO_3 \downarrow$$
$$Ba^{2+} + CO_3^{2-} \Longrightarrow BaCO_3 \downarrow（多余的 Ba^{2+}）$$
$$2Mg^{2+} + 2OH^- + CO_3^{2-} \Longrightarrow Mg_2(OH)_2CO_3 \downarrow$$
$$2Fe^{3+} + 3CO_3^{2-} + 3H_2O \Longrightarrow 2Fe(OH)_3 \downarrow + 3CO_2 \uparrow$$
$$Fe^{3+} + 3OH^- \Longrightarrow Fe(OH)_3 \downarrow$$

【实验用品】

① 仪器：烘箱、电子天平（0.1g 精度）、烧杯、量筒、试管、玻璃棒、表面皿、短颈漏斗、布氏漏斗、抽滤瓶、真空泵、蒸发皿、酒精灯、石棉网、铁架台。

② 药品：粗食盐、H_2SO_4（$3mol \cdot L^{-1}$）、HCl（$6mol \cdot L^{-1}$）、乙醇溶液（2:1）、Na_2CO_3 饱和溶液、$(NH_4)_2C_2O_4$ 饱和溶液、$BaCl_2$（$1mol \cdot L^{-1}$、$0.2mol \cdot L^{-1}$）、H_2O_2（3%）、NaOH（$6mol \cdot L^{-1}$）、HAc（$2mol \cdot L^{-1}$）、镁试剂I。

③ 材料：滤纸、广泛 pH 试纸。

【基本操作】

① 溶解、加热、结晶：参见 3.6 和 3.7 部分相关内容。

② 固体的干燥：参见 3.7.3 部分相关内容。

③ 固液分离操作：参见 3.8.1 部分相关内容。

④ pH 试纸的用法：参见 3.3.2 部分相关内容。

【实验内容】

① 称取 7.5g 粗盐置于 50mL 小烧杯中，加入 25mL 水，微热搅拌使其溶解。

② 除去 SO_4^{2-}。将粗盐溶液加热至沸腾，边搅拌边滴加 $1mol \cdot L^{-1}$ $BaCl_2$ 溶液 3～4mL，继续加热 5min，使沉淀颗粒长大易于沉降。

③ 检验 SO_4^{2-} 是否除尽。停止加热，静置沉降溶液至上部澄清，取少量上清液加入几滴 $6mol \cdot L^{-1}$ HCl，再加几滴 $BaCl_2$ 溶液，若无浑浊表示 SO_4^{2-} 已除尽；若浑浊，需再加 $BaCl_2$ 至 SO_4^{2-} 沉淀完全。

④ 除去 Ca^{2+}、Mg^{2+} 和过量 Ba^{2+}。将上述溶液重新加热至沸，边搅拌边滴加饱和 Na_2CO_3 溶液（6～8mL），直至沉淀完全。

⑤ 检验 Ba^{2+} 是否除去。将溶液静置沉降至上部澄清，取少量上清液滴加 3mol·L^{-1} H_2SO_4，若无沉淀，表示 Ba^{2+} 已除净；否则，再补加 Na_2CO_3 至沉淀完全。验证沉淀完全后，常压过滤，弃去沉淀，保留溶液。

⑥ 用 HCl 调酸度，除去 CO_3^{2-}。在滤液中滴加 6mol·L^{-1} HCl，搅匀，用 pH 试纸检验，至 pH 值为 3～4。

⑦ 蒸发浓缩与冷却结晶。将滤液在蒸发皿中加热蒸发浓缩至原体积的 1/3（呈糊状，勿蒸干），停止加热，冷却结晶，抽滤。用少量 2：1 乙醇溶液洗涤沉淀，抽滤至布氏漏斗下端无水滴。

⑧ 产品干燥。将抽滤得到的 NaCl 晶体，转移至洁净干燥且已称重的表面皿，在烘箱中烘干。冷却，称重。

⑨ 产品纯度的检验（见表 4-5）。称取粗盐和精盐各 0.5g，分别用 5mL 蒸馏水溶解备用。

SO_4^{2-} 的检验：各取上述 2 种盐溶液 1mL，各加入 2 滴 6mol·L^{-1} HCl 和 3～4 滴 $BaCl_2$ 溶液，观察现象。

Ca^{2+} 的检验：各取上述 2 种盐溶液 1mL，各加几滴 2mol·L^{-1} HAc 酸化，分别滴加 3～4 滴饱和 $(NH_4)_2C_2O_4$ 溶液，观察现象。

Mg^{2+} 的检验：各取上述 2 种盐溶液 1mL，各加 4～5 滴 6mol·L^{-1} NaOH 摇匀，各加 3～4 滴镁试剂 I，观察现象。溶液呈蓝色时表示 Mg^{2+} 存在。

【实验结果记录】

① 精盐产量_____ g；收率＝$\dfrac{m_{精盐}}{m_{粗盐}} \times 100\%$＝_____。

② 产品外观：粗盐_____；精盐_____。

③ 产品纯度检验。

产品纯度检验如表 4-5 所列。

表 4-5　产品纯度检验

检验项目	检验方法	被检溶液	实验现象	结论
SO_4^{2-}	加入 6mol·L^{-1} HCl，0.2mol·L^{-1} $BaCl_2$	1mL 粗 NaCl 溶液		
		1mL 纯 NaCl 溶液		
Ca^{2+}	加入 $(NH_4)_2C_2O_4$ 饱和溶液	1mL 粗 NaCl 溶液		
		1mL 纯 NaCl 溶液		
Mg^{2+}	加入 6mol·L^{-1} NaOH 和镁试剂 I 溶液	1mL 粗 NaCl 溶液		
		1mL 纯 NaCl 溶液		

【实验习题】

① 在除去 Ca^{2+}、Mg^{2+}、SO_4^{2-} 时为何先加 $BaCl_2$ 溶液，然后再加 Na_2CO_3 溶液？

② 能否用 $CaCl_2$ 代替毒性大的 $BaCl_2$ 来除去食盐中的 SO_4^{2-}？

③ 在除 Ca^{2+}、Mg^{2+}、SO_4^{2-} 等杂质离子时，能否用其他可溶性碳酸盐代替 Na_2CO_3？

④ 在提纯粗食盐过程中，K^+ 将在哪一步操作中除去？

⑤ 加 HCl 除去 CO_3^{2-} 时，为什么要把溶液的 pH 值调至 3～4？调至恰为中性如何？

⑥ 如果 NaCl 的回收率过高，可能的原因是什么？

【附注】

① 检验沉淀是否完全，称为中间控制检验，在化学实验中十分重要。常用方法：溶液停止加热搅拌，静置沉降溶液至上部澄清，取少量上清液加入几滴沉淀剂，若无浑浊，表示沉淀完全；若有浑浊，表示沉淀尚未完全，需继续滴加沉淀剂。重复上述检测步骤，直至无浑浊为止。

② 镁试剂 I 即对硝基苯偶氮间苯二酚，是一种有机染料，属于吸附指示剂类。它在酸性溶液中呈黄色，在碱性溶液中呈红色或紫色，被氢氧化镁沉淀吸附后则呈天蓝色。

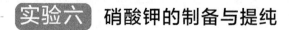

实验六　硝酸钾的制备与提纯

【实验目的】

① 学习利用转化法制备硝酸钾的原理和方法。

② 了解结晶和重结晶法提纯物质的一般原理和方法。

③ 掌握固体溶解、加热、蒸发的基本操作。

④ 掌握过滤（包括常压过滤、减压过滤和热过滤）的基本操作。

【实验原理】

工业上常采用转化法制备硝酸钾晶体，其反应如下：

$$NaNO_3 + KCl \xrightarrow{\quad\quad} NaCl + KNO_3$$

当 $NaNO_3$ 和 KCl 溶液混合时，在混合液中同时存在 Na^+、NO_3^-、K^+、Cl^-，由这 4 种离子组成的 4 种盐 $NaNO_3$、KNO_3、NaCl、KCl 同时存在于溶液中。这 4 种盐在不同温度下的溶解度列于表 4-6 中。

表 4-6　硝酸钾等 4 种盐在不同温度下的溶解度　（单位：g/100gH₂O）

盐 ＼ $T/℃$	0	10	20	30	40	60	80	100
KNO_3	13.3	20.9	31.6	45.8	63.9	110.0	169.0	246.0
KCl	27.6	31.0	34.0	37.0	40.0	45.5	51.1	56.7
$NaNO_3$	73.0	80.0	88.0	96.0	104.0	124.0	148.0	180.0
NaCl	35.7	35.8	36.0	36.3	36.6	37.3	38.4	39.8

由表 4-6 中数据可知，除 $NaNO_3$ 外，其他 3 种盐在室温时的溶解度相差并不大，故不会单独结晶析出。但随着温度的升高，氯化钠的溶解度变化不大，而氯化钾、硝酸钠和硝酸钾在高温时具有较大或很大的溶解度，而温度降低时溶解度明显减小（如氯化钾、硝酸钠）或急剧下降（如硝酸钾）。本实验利用 4 种盐在不同温度水中的溶解度差异来分离出 KNO_3 结晶。首先把一定浓度的 $NaNO_3$ 和 KCl 混合溶液加热浓缩，在较高温度下 KNO_3 的溶解

度增加很多，没有达到饱和不会析出。而 NaCl 由于溶解度较小，随着溶剂的减少而首先析出，趁热过滤即可除去 NaCl，将滤液冷却至室温，即析出大量溶解度急剧下降的 KNO_3 晶体，NaCl 仅有少量析出，从而得到硝酸钾粗产品。再经过重结晶提纯，可得到纯品。

【实验用品】

① 仪器：量筒、烧杯、电子天平（0.1g 精度）、石棉网、酒精灯、三脚架、铁圈、短颈漏斗、铁架台、热滤漏斗、布氏漏斗、抽滤瓶、循环水真空泵、蒸发皿、硬质试管、玻璃棒。

② 药品：$NaNO_3$（工业级）、KCl（工业级）、$AgNO_3$（$0.1mol \cdot L^{-1}$）、HNO_3（$5mol \cdot L^{-1}$）、KNO_3（饱和）。

③ 材料：滤纸、火柴。

【基本操作】

重结晶：参见 3.7.2(2) 部分相关内容。

【实验内容】

(1) 硝酸钾的制备

称取 22g $NaNO_3$ 和 15g KCl，置于 100mL 烧杯中，再加入 35mL 蒸馏水。小火加热搅拌至固体全部溶解，冷却后，常压过滤除去难溶物（若溶液澄清可不用过滤），再将滤液继续加热至烧杯内开始有较多的晶体析出时，此时趁热用热滤漏斗过滤。滤液置于小烧杯中自然冷却，随着温度的下降，即有结晶析出（不要骤冷，以防结晶过于细小）。将滤液冷却至室温后，抽滤，尽量抽干。用饱和 KNO_3 溶液洗涤两遍，将晶体抽干，水浴烤干 KNO_3 晶体后称重。

粗产品保留少量（约 0.2g）供纯度检验，其余进行下面重结晶。

(2) 粗产品的重结晶

按粗产品：水＝2：1（质量比）的比例，将粗产品溶于蒸馏水中。小火加热并搅拌，待 KNO_3 晶体完全溶解即停止加热，若溶液沸腾时，晶体尚未完全溶解，可以再加极少量蒸馏水，使其刚好完全溶解。待溶液自然冷却至室温后即有 KNO_3 结晶析出，再用冰水浴冷却至 10℃ 以下，待大量晶体析出后抽滤，用饱和 KNO_3 溶液淋洗两遍，将晶体抽干，水浴烤干或自然晾干，即可得到纯度较高的硝酸钾晶体。称量，计算理论产量和产率。

> **思考题：**
> 1. 烧杯中析出的晶体是什么？
> 2. 热过滤的目的是什么？
> 3. 热过滤后烧杯中析出的晶体是什么？
> 4. 重结晶时，按 KNO_3：水＝2：1（质量比）的比例向粗产品中加入一定量水的理论依据是什么？

(3) 纯度检验

取粗产品和重结晶后所得 KNO_3 晶体各 0.2g，分别置于两支试管中，各加 2mL 蒸馏水配成溶液。在溶液中分别滴入 1 滴 $5mol \cdot L^{-1}HNO_3$ 酸化，再各滴入 $0.1mol \cdot L^{-1}AgNO_3$

溶液 2 滴，观察现象，进行对比，重结晶后的产品溶液应为澄清。如表 4-7 所列。

表 4-7　产品纯度检验

检验项目	实验现象	结论及解释
粗品＋HNO_3＋$AgNO_3$		
精品＋HNO_3＋$AgNO_3$		

【实验结果记录】

产品_____ g　　　　　　　理论产量_____ g

产品外观_____　　　　　　收率＝$\dfrac{m_\text{实际}}{m_\text{理论}} \times 100\%$＝_____

【实验习题】

① 何谓重结晶？本实验都涉及哪些基本操作？应注意什么？

② 制备硝酸钾晶体时为什么要把溶液进行加热和热过滤？

③ 试设计从母液提取较高纯度的硝酸钾晶体的实验方案，并加以试验。

【附注】

① 本实验所用饱和 KNO_3 溶液，要用分析纯 KNO_3 固体配制，而且溶液配好后，一定要用 $0.1mol \cdot L^{-1}$ $AgNO_3$ 溶液检查，认定确无 Cl^- 才能使用，以确保不因洗涤液而重新引进杂质。

② 根据中华人民共和国国家标准（GB/T 647—2011）化学试剂硝酸钾中杂质最高含量（指标以％计）如表 4-8 所列。

表 4-8　化学试剂硝酸钾中杂质最高含量

名称	优级纯	分析纯	化学纯
澄清度试验	合格	合格	合格
水不溶物	0.002	0.004	0.006
干燥失重	0.2	0.2	0.5
总氯重（以 Cl^- 计）	0.0015	0.003	0.007
硫酸盐（以 SO_4^{2-} 计）	0.002	0.005	0.01

第 5 章

常数测定实验

-------- 实验七 气体常数的测定 --------

【实验目的】

① 了解一种测定气体常数的方法及操作。

② 掌握理想气体状态方程和定律的应用。

【实验原理】

根据理想气体状态方程式 $pV = nRT$，可求得气体常数 R 的表达式，即

$$R = \frac{pV}{nT}$$

其数值可以通过实验来确定。本实验通过金属镁和稀硫酸反应置换出氢气来测定 R 的数值。准确称取一定质量的镁条 m_{Mg}，使之与过量的稀硫酸作用，在一定温度和压力下可测出被置换出来氢气的体积 V，氢气的摩尔量 n 可由反应镁条的质量求得。

$$Mg + H_2SO_4 =\!=\!= H_2 \uparrow + MgSO_4$$

由于在水面上收集氢气，所以，其分压 p 应由实验时大气压 p 减去该温度下的饱和水蒸气压 p，即 $p_{H_2} = p_{大气} - p_{H_2O}$。将以上各项数据代入上式中，则有：

$$R = \frac{p_{H_2} V_{H_2}}{n_{H_2} T}$$

由此可求得 R 值。

【实验用品】

① 仪器：电子天平（0.1mg 精度）、测定气体常数的装置、铁架台、铁夹。

② 药品：镁条、H_2SO_4（2mol·L^{-1}）。

③ 材料：砂纸。

【基本操作】

① 气体的制备：参见 3.11.1 部分相关内容。

② 气密性检查：参见 3.11.1 部分相关内容。

【实验内容】

① 准确称取 3 份已擦去表面氧化膜的镁条，镁条质量为 0.025～0.03g（精确至 0.0001g，2.5～3cm 长）。

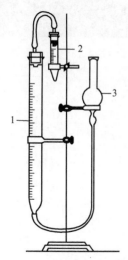

图 5-1 气体常数测定装置图
1—量气管；2—反应管；
3—液面调节管

② 按图 5-1 装置好仪器，打开反应试管的胶塞，由液面调节管往量气管内装水至略低于"0"刻度为止，上下移动调节管以赶尽胶管和量气管内的气泡，然后将试管接上并塞紧塞子。

③ 检验气密性，抬高液面调节管（或下移），如量气管内液面只在初始时稍有下降，以后维持不变（观察 3～4min），即表明装置不漏气。

④ 把液面调节管移回原位，取下试管，将镁条用水稍微湿润后贴于管壁合适的位置，然后用小量筒小心注入 4mL 2mol·L^{-1} H_2SO_4，注意切勿沾污镁条一边的管壁，装好后再次确定量气管水面位置并检验气密性。

⑤ 将液面调节管靠近量气管，使两管液面保持水平，记下量气管液面位置（V_1）。将试管底部略为提高，使镁条与酸反应产生 H_2，过程中可适当下移液面调节管，使之与量气管液面相平行。

⑥ 反应结束，待反应管冷至室温，调两液面水平一致，读取量气管数值，1～2min 后，再次读取量气管数值，直至 2 次读数一致，记下读数（V_2）。

⑦ 取下反应管，洗净后换另一片镁条，重复测量 3 次。

【实验结果记录】

如表 5-1 所列。

表 5-1 记录数据和结果

项目 ＼ 序号	1	2	3
室温/℃			
大气压/Pa			
m_{Mg}/g			
H_2 体积/m^3			
H_2 物质的量/mol			
H_2 分压/Pa			
R/(J·mol^{-1}·L^{-1})			
相对误差			

注：$R = 8.3143$J·mol^{-1}·K^{-1}；相对误差$= \dfrac{R_{测定值} - R_{理论值}}{R_{理论值}} \times 100\%$。

【实验习题】

① 检查实验装置是否漏气的原理是什么？

② 提高本实验准确程度的关键有哪些?

③ 讨论下列情况对实验结果有何影响: a. 量气管内气泡没有赶净; b. 反应过程中实验装置漏气; c. 金属表面氧化物未除净; d. 装酸时, 酸沾到了试管内壁上部, 使镁条提前接触到了酸; e. 记录液面读数时, 量气管和漏斗的液面不在同一水平面; f. 反应过程中, 从量气管压入漏斗的水过多, 造成水从漏斗中溢出; g. 量气管中, 气体温度没有冷却到室温就读取量气管刻度。

【附注】

① 本实验装入仪器的水应该是在室温中放置 1d 以上的, 不能直接使用自来水, 以防溶于自来水中的小气泡附着在管壁上, 无法排除。

② 在等待降温时, 应使量气管内液面与调节管内液面保持基本相平的位置, 以免量气管内形成正负压差而加速氢气的扩散。

实验八　溶解度的测定

【实验目的】

① 了解溶解度的概念。

② 掌握用析晶法测定易溶盐溶解度的方法。

③ 利用所测定的实验数据, 绘制溶解度-温度曲线。

【实验原理】

在一定温度和压力下, 一定量的饱和溶液中溶解的溶质的量称为该溶质的溶解度。一般情况下, 固体的溶解度是用 100g 溶剂中能溶解的溶质的最大质量数 (g) 表示。固体物质在水中或多或少地溶解, 绝对不溶的物质是没有的。在室温下某物质在 100g 水中能溶解 10g 以上的为易溶物质; 溶解度在 1~10g 之间的为可溶物质; 溶解度不到 0.01g 为难溶物质。本实验测定的物质是易溶性盐, 影响盐类在水中溶解度的主要外界因素是温度, 盐类物质的溶解度一般是随温度升高而增加的, 个别盐则反之。

测定易溶性盐溶解度的方法有析晶法和溶质质量法。溶质质量法控制恒温比较困难, 而且溶液转移时易损失致使测定不准, 因此, 现在采用析晶法 (其溶液为无色或浅色时较好) 较多。测定微溶或难溶盐溶解度的方法可用离子交换法、电导法、分光光度法及荧光光度法等。

在一定量的水中溶入一定量盐使成不饱和溶液。当使溶液缓缓降温并开始析出晶体 (溶液成为饱和状态) 的同时测出溶液的温度, 即可计算出在该温度下的 100g 水中, 溶解达饱和所需要盐的最大质量 (g), 即这种盐在该温度下的溶解度。

【实验用品】

① 仪器: 温度计、大试管、电子天平 (0.1g 精度)、水浴锅、玻璃棒、量筒。

② 药品: 化学纯硝酸钾 (s, C.P.)。

【基本操作】

① 水浴加热：参见 3.6.1 部分相关内容。

② 温度计的使用：参见 2.8.1 部分相关内容。

【实验内容】

① 在电子天平（0.1g 精度）上称量硝酸钾 3.5g、1.5g、1.5g、2.0g、2.5g 5 份。

② 在大试管中，先加入 10mL 蒸馏水，再加入 3.5g 硝酸钾，在水浴中加热，边加热边搅拌至完全溶解。

③ 从水浴中拿出试管，插入一支干净的温度计，一边用玻璃棒轻轻搅拌并摩擦管壁，同时观察温度计的读数，当开始有晶体析出时立即读数并做记录。

④ 把试管再放入水浴中加热使晶体全部溶解，然后重复上述③的操作，再测定开始析出晶体的温度，对比两次读数，再重复测一次。

⑤ 向试管中再加 1.5g 硝酸钾（试管共有硝酸钾为 3.5g+1.5g=5.0g），然后重复上述③、④的操作。

⑥ 同样重复⑤的操作，依次测得加入 1.5g、2.0g、2.5g（即试管中一共有硝酸钾依次为 6.5g、8.5g、11.0g）开始析出晶体的温度。该温度计不要洗涤，因为析晶需要晶种。

⑦ 根据所得数据，以温度为横坐标，溶解度为纵坐标，绘制出溶解度曲线图。从图上应可清楚地反映出溶解度和温度的密切关系。

【实验结果记录】

如表 5-2 和表 5-3 所列。

表 5-2　硝酸钾溶解度数据

试管中硝酸钾的依次加入量/g		3.5	1.5	1.5	2.0	2.5
试管中硝酸钾的总量/g		3.5	5.0	6.5	8.5	11.0
开始析出晶体温度/℃	t_1					
	t_2					
	平均					
溶解度/(g/100g H$_2$O)						

表 5-3　两组硝酸钾溶解度数据

温度/℃	溶解度/(g/100g H$_2$O)		温度/℃	溶解度/(g/100g H$_2$O)	
	第一组	第二组		第一组	第二组
0	12.5	11.7	50	45.5	44.0
10	17.0	17.3	60	51.5	52.0
20	24.5	24.0	70	57.5	58.0
25	27.5	27.2	80	62.5	62.8
30	31.2	31.4	90	67.0	66.9
40	38.0	39.0	100	71.0	71.1

【实验习题】

① 当测定带结晶水的物质的溶解度时，溶解过程生成水或消耗水时又如何计算？

② 在用析晶法测定易溶盐的溶解度时，为什么说一定要把握好刚刚析出晶体的时刻？又为什么说当析出的晶体含有结晶水时更是如此？

【附注】

① 当室温不够低时，可把试管浸入冷水中冷却降温，溶液在降温过程中，用玻璃棒轻轻搅拌并摩擦管壁，以防止溶液出现过饱和。

② 读取温度计数值时，必须把握刚刚开始析出晶体的时刻，以免增大误差。

实验九 氢气的制备和铜原子量的测定

【实验目的】

① 学习和练习气体的发生、净化、干燥和收集等基本操作。

② 利用氢气的还原性测定铜的原子量。

③ 学习使用电子天平（0.1mg 精度）。

【实验原理】

$$Zn + H_2SO_4 \!\!=\!\!=\!\! ZnSO_4 + H_2 \uparrow$$

由于制备氢气的锌粒中常含有硫、砷等杂质，所以在气体发生过程中常夹杂有硫化氢和砷化氢等杂质气体。硫化氢、砷化氢和酸雾可通过高锰酸钾溶液、醋酸铅溶液除去。再通过无水氯化钙干燥，即可获得洁净干燥的氢气。

$$H_2S + Pb(Ac)_2 \!\!=\!\!=\!\! PbS \downarrow + 2HAc$$

$$AsH_3 + 2KMnO_4 \!\!=\!\!=\!\! K_2HAsO_4 + Mn_2O_3 \downarrow + H_2O$$

氢气具有较强还原性，在加热的条件下，可将氧化铜定量的还原为金属铜。

$$CuO + H_2 \!\!=\!\!=\!\! Cu + H_2O$$

分别测量出反应前氧化铜的质量及反应后金属铜的质量，即可算出铜的原子量。已知氧的原子量为 16.0。

$$\frac{m_{CuO}}{m_{Cu}} = \frac{M_{CuO}}{M_{Cu}} = \frac{M_{Cu} + M_0}{M_{Cu}}$$

【实验用品】

① 仪器：试管、启普发生器、洗气瓶、干燥管、电子天平（0.1mg 精度）、煤气灯、铁架台、铁夹、瓷舟。

② 药品：氧化铜（s）、锌粒（s）、无水氯化钙（s）、$KMnO_4$（0.1mol·L^{-1}）、$Pb(Ac)_2$（饱和）、H_2SO_4（6mol·L^{-1}）。

③ 材料：导气管、乳胶管。

【基本操作】

① 气体的制备、净化、干燥：参见 3.11 部分相关内容。

② 启普发生器的安装和使用方法：参见 3.11.1.2 部分相关内容。

③ 洗气瓶的使用：参见 2.1.2 部分相关内容。

④ 瓷舟的使用：参见 2.2（3）部分相关内容。

【实验内容】

① 装配启普发生器，检验其气密性。

② 按图 5-2 安装制取氢气和测定铜相对原子质量的实验装置，安装时遵循"自下而上，从左到右"的原则。装好后检验装置气密性，如气密性良好，即可加入药品。

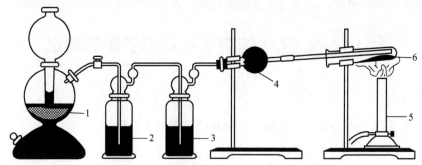

图 5-2　测定铜相对原子质量的实验装置

1—锌粒＋稀 H_2SO_4；2—$Pb(Ac)_2$ 溶液；3—$KMnO_4$ 溶液；4—无水氯化钙；5—煤气灯；6—瓷舟＋CuO

③ 在启普发生器中用锌粒和稀 H_2SO_4 反应制取 H_2，按氢气纯度的检验方法检验其纯度，直至检验到所收集的气体是纯净的氢气后才能开始下一实验步骤。

> **思考题**：为什么要检查氢气的纯度？在检查氢气纯度时为什么每试验一次要更换一支试管？

④ 在电子天平（0.1mg 精度）上准确称量一个洁净干燥的瓷舟质量，在瓷舟中放入一薄层 CuO；再准确称量瓷舟＋CuO 的质量。

⑤ 将瓷舟小心放入一支硬质试管中，把导气管置于瓷舟上方（不要与 CuO 接触），打开启普发生器，待试管中空气排净后，加热试管，用 H_2 还原 CuO，至黑色 CuO 变为红色，移走灯继续通氢气，至大试管冷却到室温。

> **思考题**：在做完氢气的还原性实验后，拿开酒精灯或煤气灯后为何还要继续通氢气至试管冷却？

⑥ 抽出导气管，停止制气，用滤纸吸干试管管口冷凝的水珠，小心取出瓷舟，再准确称量瓷舟加铜的质量。

【实验结果记录】

瓷舟质量_____ g　　　　　　瓷舟＋CuO 的质量_____ g

瓷舟＋Cu 的质量_____ g　　　Cu 的质量_____ g

氧的质量_____ g　　　　　　铜的相对原子质量_____

$$误差 = \frac{测定值 - 理论值}{理论值} \times 100\%$$

【实验习题】

① 指出测定铜的相对原子质量实验装置图中每一部分的作用，并写出相应的化学反应方程式。装置中试管口为什么要向下倾斜？

② 下列情况对测定铜的相对原子质量实验结果有何影响？

a. 试样中有水分或试管不干燥；

b. 氧化铜没有全部变成铜；

c. 管口冷凝的水珠没有用滤纸吸干。

③ 你能用实验证明 $KClO_3$ 里含有氯元素和氧元素吗？

【附注】

① 实验要用的 CuO 粉要研细，在烘箱中烘干，冷后称重。烘干后的 CuO 粉最好放在密封好的称量瓶中。

② 实验结束后，所用瓷舟要先用 $6mol \cdot L^{-1}$ HNO$_3$ 充分浸泡以除去附着的 CuO 或 Cu，再用水浸泡，最后洗净烘干回收。

实验十　二氧化碳相对分子质量的测定

【实验目的】

① 学习气体相对密度法测定相对分子质量的原理和方法。

② 加深理解理想气体状态方程式和阿伏伽德罗定律。

③ 巩固使用启普发生器和熟悉洗涤干燥气体的装置。

④ 练习使用电子天平（0.1mg 精度、0.1g 精度）。

【实验原理】

根据阿伏伽德罗定律，在同温同压下，同体积的任何气体含有相同数目的分子。对于 p、V、T 相同的 A、B 两种气体。若以 m_A、m_B 分别代表 A、B 两种气体的质量，M_A、M_B 分别代表 A、B 两种气体的相对分子质量。其理想气体状态方程式分别为：

气体 A：
$$p_A V_A = \frac{m_A}{M_A} RT \tag{5-1}$$

气体 B：
$$p_B V_B = \frac{m_B}{M_B} RT \tag{5-2}$$

由式(5-1)、式(5-2)合并整理得

$$\frac{m_A}{m_B} = \frac{M_A}{M_B}$$

于是得出结论：在同温同压下，同体积的两种气体的质量之比等于其分子量之比。因此我们应用上述结论，以同温同压下，同体积二氧化碳与空气相比较。因为已知空气的平均相对分子质量为 29.0，所以只要测得二氧化碳与空气在相同条件下的质量，便可根据上式求出二氧化碳的相对分子质量。

即
$$M_{CO_2} = \frac{m_{CO_2}}{m_{空气}} \times 29.00$$

式中，体积为 V 的二氧化碳质量可直接从电子天平（0.1mg 精度）上称出；同体积空气的质量可根据实验时测得的大气压 p 和温度 T，利用理想气体状态方程式计算得到。

【实验用品】

① 仪器：电子天平（0.1g 精度、0.1mg 精度）、启普发生器、洗气瓶、干燥管、碘量瓶、铁架台、铁夹。

② 药品：石子（s）、无水氯化钙（s）、HCl（6mol·L^{-1}）、NaHCO$_3$（1mol·L^{-1}）、CuSO$_4$（1mol·L^{-1}）。

③ 材料：脱脂棉、玻璃管、乳胶管。

【基本操作】

① 气体的制备、净化、干燥和收集：参见 3.11 部分相关内容。

② 启普发生器的安装和使用方法：参见 3.11.1.2 部分相关内容。

【实验内容】

① 装配启普发生器，检验其气密性。

② 按图 5-3 安装制取二氧化碳的实验装置，安装时遵循"自下而上，从左到右"的原则。装好后检验装置气密性，如气密性良好，即可加入药品。

注意：石子要敲碎到以能装入启普发生器为准；石子要用水或很稀的盐酸洗涤，除去石子表面粉末。

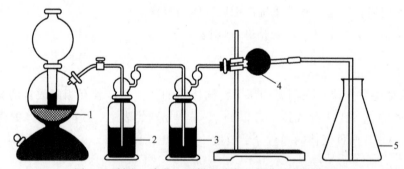

图 5-3　制取、净化、干燥和收集二氧化碳实验装置

1—石子＋稀 HCl；2—CuSO$_4$ 溶液；3—NaHCO$_3$ 溶液；4—无水氯化钙；5—碘量瓶

③ 在电子天平（0.1mg 精度）上准确称量一个洁净干燥的碘量瓶（瓶＋瓶塞＋空气）质量。

④ 把导气管插入碘量瓶瓶底，打开启普发生器，制取 CO$_2$ 气体，采用排空气法收集 CO$_2$ 气体。收满 CO$_2$ 气体后，再准确称量碘量瓶（瓶＋瓶塞＋CO$_2$）质量。重复通 CO$_2$ 和称量的操作，直至前后两次称量的质量相差 1～2mg。

⑤ 在碘量瓶内装满水，用电子天平（0.1g 精度）准确称量碘量瓶（瓶＋瓶塞＋水）质量。

思考题：

1. 为什么 CO_2 气体、瓶、塞的总质量要在电子天平（0.1mg 精度）称量，而水＋瓶＋塞的质量可以在电子天平（0.1g 精度）上称量？两者的要求有何不同？

2. 哪些物质可用此法测定分子量？哪些不可以？为什么？

【实验结果记录】

室温 t _____℃   大气压 p _____ Pa

空气＋瓶＋塞的质量（m_A）_____ g

CO_2＋瓶＋塞的质量（m_B）（1）_____ g；（2）_____ g

水＋瓶＋塞的质量（m_C）_____ g

瓶的容积 $V = \dfrac{m_C - m_A}{1.000} = $ _____ mL

$m_{空气} = \dfrac{p_{大气} V \times 29.00}{RT} = $ _____ g

瓶和塞子的质量 $m_D = m_A - m_{空气}$ _____ g

二氧化碳的质量 $m_{CO_2} = m_B - m_D$ _____ g

二氧化碳的相对分子质量 M_{CO_2} _____

误差 $= \dfrac{测定值 - 理论值}{理论值} \times 100\%$ （相对误差为 $\pm 5\%$ 即可）

【实验习题】

① 完成数据记录和结果处理，并分析误差产生的原因。

② 指出实验装置图中各部分的作用并写出有关反应方程式。

【附注】

① 可以用简易启普发生器制备 CO_2，以节省酸和石子。

② 要保证碘量瓶的洁净和干燥。通 CO_2 气体时，导管一定要伸入碘量瓶底部，保证 CO_2 气体充满碘量瓶，抽出时应缓慢向上移动，并在管口处停留片刻。检验气体是否充满时，火柴应放在管口处，每次塞子塞入瓶口的位置相同。

③ 测定碘量瓶体积时要用事先在室温放置 1d 以上的水，不能直接使用自来水。

实验十一　过氧化氢分解热的测定

【实验目的】

① 测定过氧化氢稀溶液的分解热，了解测定反应热的一般原理和方法。

② 学习温度计、秒表的使用和简单的作图方法。

【实验原理】

过氧化氢浓溶液在温度高于 150℃ 或混入具有催化活性的 Fe^{2+}、Cr^{3+} 等一些多变价的金属离子时，就会发生爆炸性分解：

$$2H_2O_2(l) = 2H_2O(l) + O_2(g) \uparrow$$

但在常温和无催化活性杂质存在情况下，过氧化氢相当稳定。对于过氧化氢稀溶液来说，升高温度或加入催化剂均不会引起爆炸性分解。本实验以二氧化锰为催化剂，用保温杯式简易量热计测定其稀溶液的催化分解反应热效应。

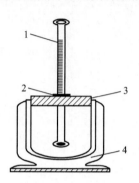

图 5-4 保温杯式简易
量热计装置

1—温度计；2—橡皮圈；
3—泡沫塑料塞；4—保温杯

保温杯式简易量热计由量热计装置（普通保温杯，分刻度为 0.1℃ 的温度计）及杯内所盛的溶液或溶剂（通常是水溶液或水）组成，如图 5-4 所示。

在一般的测定实验中，溶液的浓度很稀，因此溶液的比热容（C_{aq}）近似地等于溶剂的比热容（C_{solv}），并且溶液的质量 m_{aq} 近似地等于溶剂的质量 m_{solv}。量热计的热容 C 可由下式表示：

$$C = C_{aq}m_{aq} + C_p \approx C_{solv}m_{solv} + C_p$$

式中 C_p——量热计装置（包括保温杯，温度计等部件）的热容。

化学反应产生的热量，使量热计的温度升高。要测量量热计吸收的热量必须先测定量热计的热容（C）。在本实验中采用稀的过氧化氢水溶液，因此

$$C = C_{H_2O}m_{H_2O} + C_p$$

式中 C_{H_2O}——水的质量热容，$4.184 J \cdot g^{-1} \cdot K^{-1}$；

m_{H_2O}——水的质量，在室温附近水的密度约等于 $1.00 kg \cdot L^{-1}$，因此 $m_{H_2O} \approx V_{H_2O}$，其中 V_{H_2O} 表示水的体积。

而量热计装置的热容可用下述方法测得：往盛有一定质量为 m 的水（温度为 T_1）的量热计装置中，迅速加入相同质量的热水（温度为 T_2），测得混合后的水温为 T_3，则

热水失热 $Q_1 = C_{H_2O}m_{H_2O}(T_2 - T_3)$　　　冷水得热 $Q_2 = C_{H_2O}m_{H_2O}(T_3 - T_1)$

量热计得热 $Q_3 = C_p(T_3 - T_1)$

根据热量平衡得到

$$C_{H_2O}m_{H_2O}(T_2 - T_3) = C_{H_2O}m_{H_2O}(T_3 - T_1) + C_p(T_3 - T_1)$$

$$C_p = \frac{C_{H_2O}m_{H_2O}(T_2 + T_1 - 2T_3)}{T_3 - T_1}$$

严格地说，简易量热计并非绝热体系。因此，在测量温度变化时会碰到下述问题，即当冷水温度正在上升时，体系和环境已发生了热量交换，这就使人们不能观测到最大的温度变化。这一误差可用外推作图法予以消除，即根据实验所测得的数据，以温度对时间作图，在所得各点间作一最佳直线 AB，延长 BA 与纵轴相交于 C，C 点所表示的温度就是体系上升的最高温度（见图 5-5）。如果量热计的隔热性能好，在温度升高到最高点时，数分钟内温度并不下降，那么可不用外推作图法。

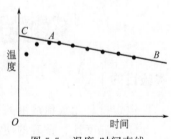

图 5-5 温度-时间直线

应当指出的是，由于过氧化氢分解时有氧气放出，所以本实验的反应热 ΔH，不仅包括

体系内能的变化，还应包括体系对环境所作的膨胀功，但因后者所占的比例很小，在近似测量中通常可忽略不计。

【实验用品】

① 仪器：温度计（0～50℃、分刻度 0.1℃、100℃普通温度计）、保温杯、量筒、烧杯、研钵、秒表。

② 药品：二氧化锰（s）、H_2O_2（0.3%）。

③ 材料：泡沫塑料塞、吸水纸。

【基本操作】

① 作图法处理数据：参见 1.9.3 部分相关内容。

② 保温杯式量热计装置的用法：参见本实验有关内容。

【实验内容】

（1）测量量热计热容 C_p

按图 5-4 装配好保温杯式简易量热计装置。保温杯盖可用泡沫塑料或软木塞。杯盖上的小孔要稍比温度计直径大一些，为了不使温度计接触杯底，在温度计底端套一橡皮圈。

> **思考题**：杯盖上小孔为何要稍比温度计直径大些？这样时实验结果会产生何影响？

用量筒量取 50mL 的蒸馏水，把它倒入干净的保温杯中，盖好塞子，用双手握住保温杯进行摇动（注意尽可能不使液体溅到塞子上），几分钟后用精密温度计观测温度，若连续 3min 温度不变，记下温度 T_1。再量取 50mL 蒸馏水，倒入 100mL 烧杯中，把此烧杯置于温度高于室温 20℃ 的热水浴中，放置 10～15min 后，用精密温度计准确读出热水温度 T_2（为了节省时间，在其他准备工作之前就把蒸馏水置于热水浴中，用 100℃ 温度计测量，热水温度绝不能高于 50℃），迅速将此热水倒入保温杯中，盖好塞子，以上述同样的方法摇动保温杯。在倒热水的同时，按动秒表，每 10s 记录 1 次温度。记录 3 次后，隔 20s 记录 1 次，直到体系温度不再变化或等速下降为止。倒尽保温杯中的水，把保温杯洗净并用吸水纸擦干待用。

（2）测定过氧化氢稀溶液的分解热

取 100mL 已知准确浓度的过氧化氢溶液，把它倒入保温杯中，塞好塞子，缓缓摇动保温杯，用精密温度计观测温度 3min，当溶液温度不变时，记下温度 T_1'。迅速加入 0.5g 研细过的二氧化锰粉末，塞好塞子后，立即摇动保温杯，以使二氧化锰粉末悬浮在过氧化氢溶液中。在加入二氧化锰的同时，按动秒表，每隔 10s 记录 1 次温度。当温度升高到最高点时，记下此时的温度 T_2'，以后每隔 20s 记录 1 次温度。在相当一段时间（例如 3min）内若温度保持不变，T_2' 即可视为该反应达到的最高温度，否则就需用外推法求出反应的最高温度。

应当指出的是，由于过氧化氢的不稳定性，因此其溶液浓度的标定，应在本实验前不久进行。此外，无论在量热计热容的测定中还是在过氧化氢分解热的测定中，保温杯摇动的节奏要始终保持一致。

> **思考题：**
> 1. 为何要使二氧化锰粉末悬浮在过氧化氢溶液中？
> 2. 为何需要搅拌棒搅动？搅动效果好坏对测定结果有何影响？

【实验结果记录】

① 量热计装置热容 C_p 的计算

冷水温度 T_1/K	
热水温度 T_2/K	
混合后温度 T_3/K	
冷（热）水质量 m/g	
水的质量热容 $C_{H_2O}/(J \cdot g^{-1} \cdot K^{-1})$	
量热计装置热容 $C_p/(J \cdot K^{-1})$	

② H_2O_2 分解热的计算

$$Q = C_p(T_2' - T_1') + C_{H_2O_2} m_{H_2O_2}(T_2' - T_1') = C_p \Delta T + 4.184 V_{H_2O_2} \Delta T$$

$$\Delta H = \frac{-Q}{C_{H_2O_2} V_{H_2O_2}/1000} = \frac{(C_p + 4.184 V_{H_2O_2}) \Delta T \times 1000}{C_{H_2O_2} V_{H_2O_2}}$$

反应前温度 T_1'/K	
反应后温度 T_2'/K	
$\Delta T/K$	
H_2O_2 溶液体积 V/mL	
量热计吸收的总热量 Q/J	
分解热 $\Delta H/(kJ \cdot mol^{-1})$	
与理论值比较相对误差％	

参考数据：理论值 $\Delta H = -98 kJ \cdot mol^{-1}$

过氧化氢分解热实验值与理论值的相对误差应该在 $\pm 10\%$ 以内。

【实验习题】

① 结合本实验理解下列概念：体系、环境、比热容、热容、反应热、内能和熵。

② 实验中使用二氧化锰的目的是什么？在计算反应所放出的总热量时是否要考虑加入的二氧化锰的热效应？

③ 在测定量热计装置热容时，使用一支温度计先后测冷、热水的温度好，还是使用两支温度计分别测定冷、热水的温度好？它们各有什么利弊？

④ 试分析本实验结果产生误差的原因，你认为影响本实验结果的主要因素是什么？

【附注】

① 过氧化氢溶液（约 0.3%）使用前应用 $KMnO_4$ 或碘量法准确测定其物质的量浓度（单位：$mol \cdot L^{-1}$）。

② 二氧化锰要尽量研细，并在 110℃ 烘箱中烘 1～2h 后，置于干燥器中待用。

③ 一般市售保温杯的容积为 250mL 左右，故过氧化氢的实际用量可取 150mL 为宜。为了减少误差，应尽可能使用较大的保温杯（例如 400mL 或 500mL 的保温杯），取用较多量的过氧化氢做实验（注意此时 MnO_2 的用量亦相应按比例增加）。

④ 重复分解热实验时一定要使用干净的保温杯。

⑤ 实验合作者注意相互密切配合。

实验十二　化学反应速率与活化能

【实验目的】

① 了解浓度、温度、催化剂对反应速率的影响。

② 测定过二硫酸铵与碘化钾反应的反应速率，计算反应级数、反应速率常数和反应的活化能。

【实验原理】

在水溶液中过二硫酸铵和碘化钾发生如下反应：

$$S_2O_8^{2-} + 3I^- = 2SO_4^{2-} + I_3^- \tag{5-3}$$

其反应的微分速率方程可表示为

$$v = kc_{S_2O_8^{2-}}^m c_{I^-}^n$$

式中，v 为在此条件下反应的瞬时速率，若 $c_{S_2O_8^{2-}}$、c_{I^-} 是起始浓度，则 v 表示初速率（v_0）；k 是反应速率常数；m、n 为反应级数。

实验能测定的速率是在一段时间间隔（Δt）内反应的平均速率 $\overline{v}$。如果在 Δt 时间内 $S_2O_8^{2-}$ 浓度的改变为 $\Delta c_{S_2O_8^{2-}}$。则平均速率

$$\overline{v} = \frac{-\Delta c_{S_2O_8^{2-}}}{\Delta t}$$

近似地用平均速率代替初速率

$$v_0 = kc_{S_2O_8^{2-}}^m c_{I^-}^n = \frac{-\Delta c_{S_2O_8^{2-}}}{\Delta t}$$

为了能够测出反应在 Δt 时间内 $S_2O_8^{2-}$ 浓度的改变值，需要在混合 $(NH_4)_2S_2O_8$ 和 KI 溶液的同时，加入一定体积已知浓度的 $Na_2S_2O_3$ 溶液和淀粉溶液，这样在反应（5-3）进行的同时还进行下面的反应：

$$2S_2O_3^{2-} + I_3^- = S_4O_6^{2-} + 3I^- \tag{5-4}$$

这个反应进行得非常快，几乎瞬间完成，而反应式（5-3）比反应式（5-4）慢得多。因此，由反应式（5-3）生成的 I_3^- 立即与 $S_2O_3^{2-}$ 反应，生成无色的 $S_4O_6^{2-}$ 和 I^-。所以在反应开始阶段看不到碘与淀粉反应而显示的特有蓝色。但是当 $Na_2S_2O_3$ 一耗尽，反应式（5-3）继续生成的 I_3^- 就与淀粉反应而呈现出特有的蓝色。

由于从反应开始到蓝色出现标志 $Na_2S_2O_3$ 全部耗尽，所以从反应开始到出现蓝色这段时间 Δt 里，$Na_2S_2O_3$ 浓度的改变 $\Delta c_{S_2O_3^{2-}}$ 实际上就是 $Na_2S_2O_3$ 的起始浓度。

再从反应式(5-3) 和式(5-4) 可以看出，$S_2O_8^{2-}$ 减少量为 $S_2O_3^{2-}$ 减少量的 $1/2$，所以 $S_2O_8^{2-}$ 在 Δt 时间内减少的量可以从下式求得：

$$\Delta c_{S_2O_8^{2-}} = \frac{c_{S_2O_3^{2-}}}{2}$$

实验中，通过改变反应物 $S_2O_8^{2-}$ 和 I^- 的初始浓度，测定消耗等量的 $S_2O_8^{2-}$ 的物质的量浓度 $\Delta c_{S_2O_8^{2-}}$ 所需要的不同的时间间隔（Δt），计算得到反应物不同初始浓度的初速率，进而确定该反应的微分速率方程和反应速率常数。

【实验用品】

① 仪器：烧杯、大试管、量筒、秒表、水浴锅。

② 药品：$(NH_4)_2S_2O_8$（$0.20\,mol \cdot L^{-1}$）、$Na_2S_2O_3$（$0.010\,mol \cdot L^{-1}$）、KI（$0.20\,mol \cdot L^{-1}$）、$Cu(NO_3)_2$（$0.02\,mol \cdot L^{-1}$）、KNO_3（$0.20\,mol \cdot L^{-1}$）、$(NH_4)_2SO_4$（$0.20\,mol \cdot L^{-1}$）、淀粉溶液（0.4%）。

③ 材料：冰。

【基本操作】

① 秒表的使用：参见 2.8.4 部分相关内容。

② 数据的处理：参见 1.9.3 部分相关内容。

【实验内容】

(1) 浓度对化学反应速率的影响

在室温条件下进行表 5-4 中编号 Ⅰ 的实验。用量筒分别量取 $20.0\,mL$ $0.20\,mol \cdot L^{-1}$ KI 溶液、$8.0\,mL$ $0.010\,mol \cdot L^{-1}$ $Na_2S_2O_3$ 溶液和 $2.0\,mL$ 0.4% 淀粉溶液，全部加入烧杯中，混合均匀。然后用另一量筒取 $20.0\,mL$ $0.20\,mol \cdot L^{-1}$ $(NH_4)_2S_2O_8$ 溶液，迅速倒入上述混合液中，同时启动秒表，并不断搅动，仔细观察。当溶液刚出现蓝色时，立即按停秒表，记录反应时间和室温。用同样方法按照表 5-4 的用量进行编号 Ⅱ、Ⅲ、Ⅳ、Ⅴ 的实验。

表 5-4　浓度对反应速率的影响　　　　　　　　　温度____℃

	实验编号	Ⅰ	Ⅱ	Ⅲ	Ⅳ	Ⅴ
试剂用量/mL	$(NH_4)_2S_2O_8$（$0.20\,mol \cdot L^{-1}$）溶液	20.0	10.0	5.0	20.0	20.0
	KI（$0.20\,mol \cdot L^{-1}$）溶液	20.0	20.0	20.0	10.0	5.0
	$Na_2S_2O_3$（$0.010\,mol \cdot L^{-1}$）溶液	8.0	8.0	8.0	8.0	8.0
	淀粉溶液	2.0	2.0	2.0	2.0	2.0
	KNO_3（$0.20\,mol \cdot L^{-1}$）溶液	0	0	0	10.0	15.0
	$(NH_4)_2SO_4$（$0.20\,mol \cdot L^{-1}$）溶液	0	10.0	15.0	0	0
混合液中反应物的起始浓度 /(mol · L^{-1})	$(NH_4)_2S_2O_8$					
	KI					
	$Na_2S_2O_3$					
反应时间 Δt/s						
$S_2O_8^{2-}$ 的浓度变化/(mol · L^{-1})						
反应速率 v/(mol · L^{-1} · s^{-1})						

思考题：

1.下列操作对实验有何影响：a.取用试剂的量筒没有分开专用；b.先加 $(NH_4)_2S_2O_8$ 溶液，最后加 KI 溶液；c.$(NH_4)_2S_2O_8$ 溶液慢慢加入 KI 等混合溶液中。

2.为什么在实验Ⅱ、Ⅲ、Ⅳ、Ⅴ中分别加入 KNO_3 或 $(NH_4)_2SO_4$ 溶液？

3.每次实验的计时操作要注意什么？

（2）温度对化学反应速度的影响

按表 5-4 实验Ⅳ中的药品用量，将装有碘化钾、硫代硫酸钠、硝酸钾和淀粉混合溶液的烧杯和装有过二硫酸铵溶液的小烧杯，放入冰水浴中冷却，待它们温度冷却到低于室温 10℃时，将过二硫酸铵溶液迅速加到碘化钾等混合溶液中，同时计时并不断搅动，当溶液刚出现蓝色时记录反应时间。此实验编号Ⅵ。

同样方法在热水浴中进行高于室温 10℃的实验。此实验编号记为Ⅶ。

将此两次实验数据Ⅵ、Ⅶ和实验Ⅳ的数据记入表 5-5 中进行比较。

表 5-5　温度对反应速率的影响

实验编号	Ⅳ	Ⅵ	Ⅶ
反应温度 $t/℃$			
反应时间 $\Delta t/s$			
反应速率 $v/(mol \cdot L^{-1} \cdot s^{-1})$			

（3）催化剂对反应速度的影响

按表 5-4 中实验序号Ⅳ的试剂用量，把碘化钾、硫代硫酸钠、硝酸钾和淀粉溶液加到 150mL 烧杯中，再加入 2 滴 $0.02mol \cdot L^{-1}Cu(NO_3)_2$ 溶液，搅匀，然后迅速加入过二硫酸铵溶液，搅动、计时。将此实验的反应速率与表 5-5 中实验Ⅳ的反应速率定性地进行比较。

【实验结果记录】

① 反应级数和反应速率常数的计算：

$$v = kc_{S_2O_8^{2-}}^{m} c_{I^-}^{n}$$
$$\lg v = m \lg c_{S_2O_8^{2-}} + n \lg c_{I^-} + \lg k$$

计算数据，填下表。

实验编号	Ⅰ	Ⅱ	Ⅲ	Ⅳ	Ⅴ
$\lg v$					
$\lg c_{S_2O_8^{2-}}$					
$\lg c_{I^-}$					
m					
n					
反应速率常数 $k/(L \cdot mol^{-1} \cdot s^{-1})$					

用 Ⅰ、Ⅱ、Ⅲ 数据，以 $\lg v$ 对 $\lg c_{S_2O_8^{2-}}$ 作图，求出反应级数 m；用 Ⅰ、Ⅳ、Ⅴ 数据，以 $\lg v$ 对 $\lg c_{I^-}$ 作图，求出反应级数 n。由下式求出反应速率常数 k：

$$\lg k = \frac{v}{c_{S_2O_8^{2-}}^m \cdot c_{I^-}^n}$$

② 反应活化能的计算：

$$\lg k = A - \frac{E_a}{2.30RT}$$

计算数据，填下表，作图求 E_a。

实验编号	室温的平均速率常数	Ⅵ	Ⅶ
反应速率常数 $k/(\text{L} \cdot \text{mol}^{-1} \cdot \text{s}^{-1})$			
$\lg k$			
$1/T/(\text{K}^{-1})$			
反应活化能 $E_a/(\text{kJ} \cdot \text{mol}^{-1})$			

$$E_a = -\text{斜率} \times 2.303 \times 8.314 = -\text{斜率} \times 19.1$$

本实验活化能测定值的误差不超过 10% ［文献值 $E_{a(理论值)} = 51.8\text{kJ} \cdot \text{mol}^{-1}$］

$$误差 = \frac{E_{a测定值} - E_{a理论值}}{E_{a理论值}} \times 100\%$$

【实验习题】

① 若不用 $S_2O_8^{2-}$，而用 I^- 或 I_3^- 的浓度变化来表示反应速率，则反应速率常数 k 是否一样？

② 化学反应的反应级数是怎样确定的？用本实验的结果加以说明。

③ 用 Arrhenius 公式计算反应的活化能。并与作图法得到的值进行比较。

④ 本实验研究了浓度、温度、催化剂对反应速率的影响，对有气体参加的反应，压力有怎样的影响？如果对 $2NO + O_2 \Longrightarrow 2NO_2$ 的反应，将压力增加到原来的 2 倍，那么反应速率将增加几倍？

【附注】

① 本实验对试剂有一定的要求。碘化钾溶液应为无色透明溶液，不宜使用有碘析出的浅黄色溶液。过二硫酸铵溶液要新配制的，因为时间长了过二硫酸铵易分解。如所配制过二硫酸铵溶液的 pH 值小于 3，说明该试剂已有分解，不适合本实验使用。所用试剂中如混有少量 Cu^{2+}、Fe^{3+} 等杂质，对反应会有催化作用，必要时需滴入几滴 $0.10\text{mol} \cdot \text{L}^{-1}$ EDTA 溶液。

② 在做温度对化学反应速率影响的实验时，如室温低于 10℃，可将温度条件改为室温、高于室温 10℃、高于室温 20℃ 三种情况进行。

③ 采用作图法处理数据时，坐标变量要按代数值由小到大的顺序，合理地反映在坐标轴上，坐标轴上的数据不一定从零开始，只要把所测到的数据合理的反映在坐标轴上即可。

实验十三 醋酸电离度和电离常数的测定——pH 计的使用

【实验目的】

① 测定 HAc 的电离度和电离常数。

② 掌握测定原理和有关计算。

③ 学习使用 pH 计。

【实验原理】

醋酸（CH_3COOH 或 HAc）是弱电解质，在水溶液中存在以下电离平衡：

$$HAc \Longleftrightarrow H^+ + Ac^-$$

其平衡关系式为 $K_a = \dfrac{[H^+][Ac^-]}{[HAc]}$

在纯的 HAc 溶液中，$[H^+] = [Ac^-] = c\alpha$　　$[HAc] = c(1-\alpha)$，

则 $\alpha = \dfrac{[H^+]}{c} \times 100\%$　　$K_a = \dfrac{[H^+][Ac^-]}{[HAc]} = \dfrac{[H^+]^2}{c - [H^+]}$

当 $\alpha < 5\%$ 时，$c - [H^+] \approx c$，故 $K_a \approx \dfrac{[H^+]^2}{c}$

式中，c 为 HAc 的起始浓度；$[H^+]$、$[Ac^-]$、$[HAc]$ 分别为 H^+、Ac^-、HAc 的平衡浓度；α 为电离度；K_a 为电离平衡常数。

根据以上关系，通过测定已知浓度的 HAc 溶液的 pH 值，就知道其 $[H^+]$，从而可以计算该 HAc 溶液的电离度和平衡常数。

> **思考题：**
>
> 1. 若所用的醋酸浓度极稀，醋酸的电离度 > 5% 时，是否还能用式 $K_a \approx \dfrac{[H^+]^2}{c}$ 来计算电离平衡常数？为什么？
>
> 2. 实验中 $[HAc]$ 和 $[Ac^-]$ 浓度是怎样测定的？
>
> 3. 同温下不同浓度的 HAc 的溶液的电离度是否相同？电离平衡常数是否相同？

【实验用品】

① 仪器：碱式滴定管、吸量管（10mL）、移液管（25mL）、容量瓶（50mL）、锥形瓶（150mL）、烧杯（50mL）、pH 计。

② 药品：HAc（$0.1000 mol \cdot L^{-1}$）、NaOH（$0.1 mol \cdot L^{-1}$）标准溶液、邻苯二甲酸氢钾、酚酞指示剂。

【基本操作】

① 移液管、滴定管的使用：参见 2.1.3 部分相关内容。

② 滴定操作：参见 3.12 部分相关内容。

③ 酸度计的使用：参见 2.8.5 部分相关内容。

【实验内容】

(1) HAc 溶液浓度的测定 (可以先标定好，$c_{HAc} = 0.1mol \cdot L^{-1}$ 左右)

1) NaOH 标准溶液浓度的标定 采用差减法准确称取 3 份已在 105～110℃烘干的邻苯二甲酸氢钾，每份 0.4～0.6g，分别放入 3 只 150mL 锥形瓶中，加入 25mL 煮沸后刚刚冷却的蒸馏水，振荡使之完全溶解（如不能完全溶解，可稍微加热）。加入 3～5 滴酚酞指示剂，用 NaOH 标准溶液滴定至溶液呈微红色（0.5min 内不褪色）即为终点。记录消耗的 NaOH 溶液的体积。3 份测定的最大差值不超过 0.2%，否则应重复测定。把结果填入表 5-6 中。

表 5-6 NaOH 标准溶液浓度的标定（指示剂：酚酞）

项目 \ 编号	1	2	3
邻苯二甲酸氢钾质量/g			
消耗 NaOH 体积/mL			
NaOH 浓度/(mol·L^{-1})			
NaOH 平均浓度/(mol·L^{-1})			

2) HAc 溶液浓度的标定 用移液管准确移取 25.00mL 待标定的浓度约为 0.1mol·L^{-1} 的 HAc 溶液，放入 150mL 锥形瓶中，滴加 3～5 滴酚酞指示剂，用标准 NaOH 溶液滴定至溶液呈现微红色，振荡约半分钟内不褪色时为止。记下所消耗的标准 NaOH 溶液的体积。重复做 3 次，把结果填入表 5-7 中。

表 5-7 HAc 溶液浓度的标定（指示剂：酚酞）

测定序号		1	2	3
NaOH 溶液的浓度/(mol·L^{-1})				
HAc 溶液的用量/mL				
NaOH 溶液的用量/mL				
HAc 溶液的浓度 /(mol·L^{-1})	测定值			
	平均值			

> **思考题**：本实验应选用哪些仪器？如何正确地进行滴定操作？

(2) 配制不同浓度的 HAc 溶液

用移液管和吸量管分别移取 25.00mL、5.00mL、2.5mL 已测得准确浓度的 HAc 溶液，将它们分别加入 3 个 50mL 容量瓶中，再用蒸馏水稀释至刻度，摇匀，并计算出这 3 个容量瓶中 HAc 溶液的准确浓度。

(3) 测定不同浓度的 HAc 溶液的 pH 值，计算 HAc 的电离度和电离平衡常数

将上述 4 种溶液（30～40mL）分别倒入 4 只洁净干燥的 50mL 小烧杯中，按由稀到浓的顺序在 pH 计上分别测定它们的 pH 值，并记录数据和室温。计算电离度和电离平衡常数，并将有关数据填入表 5-8 中。

【实验结果记录】

表 5-8　系列 HAc 溶液的 pH 值　　　　　　室温＿＿＿＿℃

编号	c /(mol·L^{-1})	pH 值	$[H^+]$ /(mol·L^{-1})	α	K_a 测定值	平均值
1						
2						
3						
4						

本实验测定的 K_a＝$(1.0\sim2.0)\times10^{-5}$ 范围内合格（25℃时，文献值 K_a＝1.76×10^{-5}）

【实验习题】

① 改变所测醋酸溶液的浓度或温度，电离度和电离常数有无变化？若有变化，是怎样的变化？

② 做好本实验的操作关键是什么？

③ 下列情况能否用 $K_a=\dfrac{[H^+]^2}{c}$ 求电离常数？

a.在 HAc 溶液中加入一定量的固体 NaAc（假设溶液的体积不变）；

b.在 HAc 溶液中加入一定量的固体 NaCl（假设溶液的体积不变）。

④ 以 NaOH 标准溶液装入碱式滴定管中滴定待测 HAc 溶液，以下情况对滴定结果有何影响：a.滴定过程中滴定管下端产生了气泡；b.滴定近终点时，没有用蒸馏水冲洗锥形瓶的内壁；c.滴定完后，有液滴悬挂在滴定管的尖端处；d.滴定过程中，有一些滴定液自滴定管的尖嘴处渗漏出来。

⑤ 取 25.00mL 未知浓度的 HAc 溶液，用已知的标准 NaOH 溶液滴定至终点，再加入 25.00mL 未知浓度的该 HAc 溶液，测其 pH 值，试根据上述已知条件推导出计算 HAc 电离平衡常数的公式。

【附注】

测定溶液的 pH 值时应按由稀到浓的顺序进行，因为电极对溶液有响应过程，同时也防止先测浓的对下一个样品带来较大误差。

实验十四　硫酸钡溶度积常数的测定——电导率法

【实验目的】

① 熟悉电导率仪的使用。

② 学习电导率法测定 $BaSO_4$ 溶度积常数的原理和实验方法。

【实验原理】

导体导电能力的大小，通常以电阻 R（单位 Ω）或电导 G（单位 S）来表示，电导为电阻的倒数：$G=1/R$。

同金属导体一样，电解质溶液的电阻也符合欧姆定律。温度一定时，两极间溶液的电阻与两极间的距离成正比，与电极面积成反比：

$$R \propto L/A \quad 或 \quad R = \rho L/A$$

式中，ρ 称为电阻率，$\Omega \cdot cm$，其倒数称为电导率。电导率是用来描述物质中电荷流动难易程度的参数，用希腊字母 γ 来表示。电导率的标准单位是 $S \cdot m^{-1}$（常用单位是 $S \cdot cm^{-1}$）。

$$\gamma = 1/\rho$$

将 $R = \rho L/A$ 和 $\gamma = 1/\rho$ 代入 G 的表达式，得：

$$G = \gamma A/L \quad 或 \quad \gamma = GL/A$$

电极一定（L、A 一定）时，L/A 为定值，称为电导池常数。电导率 γ 表示放在相距 $1cm$、面积为 $1cm^2$ 的两个电极之间溶液的电导。

在一定温度下，同一电解质不同浓度的溶液的电导率与溶液中电解质总浓度及其电离度有关。如果把含有 $1mol$ 电解质的溶液置于相距 $1cm$ 的两个平行电极之间，这时溶液的电导率只与电解质的电离度有关，在此条件下测得的电导率称为该电解质的摩尔电导率，以 λ（单位 $S \cdot cm^2 \cdot mol^{-1}$）表示。如以 V 表示 $1mol$ 电解质溶液的体积（mL），c 表示溶液的浓度（$mol \cdot L^{-1}$），则：

$$\lambda = \gamma V = 1000\gamma/c$$

实际上，由于溶液的离子的相互作用，只有溶液无限稀释，摩尔电导率才能真正反映出强电解质的导电能力，称为极限摩尔电导率（λ_∞）。对于弱电解质溶液来说，在无限稀释时，可看作完全电离，此时溶液的摩尔电导率为其极限摩尔电导率。

$$\lambda_\infty = 1000\gamma/c$$
$$c = 1000\gamma/\lambda_\infty$$

硫酸钡是难溶电解质，在饱和溶液中存在如下平衡：

$$BaSO_4(s) \Longrightarrow Ba^{2+} + SO_4^{2-}$$
$$K_{sp}(BaSO_4) = [Ba^{2+}][SO_4^{2-}] = c_{BaSO_4}^2$$

由此可见，只需测定出 $[Ba^{2+}]$、$[SO_4^{2-}]$、c_{BaSO_4} 其中任何一种浓度值即可求出 $K_{sp}(BaSO_4)$。由于 $BaSO_4$ 的溶解度很小，因此可以把饱和溶液看作无限稀释的溶液，离子的活度与浓度近似相等。由于饱和溶液的浓度很低，因此，常采用电导法，通过测定电解质溶液的电导率计算离子浓度。

实验证明当溶液无限稀时，每种电解质的极限摩尔电导是离解的两种离子的极限摩尔电导的简单加和，对 $BaSO_4$ 饱和溶液而言：

$$\lambda_{\infty BaSO_4} = \lambda_{\infty Ba^{2+}} + \lambda_{\infty SO_4^{2-}}$$

当以 $\frac{1}{2}BaSO_4$ 为基本单元，$\lambda_{\infty BaSO_4} = 2\lambda_{\frac{1}{2}BaSO_4}$。在 $25^\circ C$ 时，无限稀的 $\frac{1}{2}Ba^{2+}$ 和 $\frac{1}{2}SO_4^{2-}$ 的 λ_∞ 值分别为 $63.6\ S \cdot cm^2 \cdot mol^{-1}$、$80.0\ S \cdot cm^2 \cdot mol^{-1}$。则：

$$\lambda_{\infty BaSO_4} = 2\lambda_{\frac{1}{2}BaSO_4} = 2(\lambda_{\infty \frac{1}{2}Ba^{2+}} + \lambda_{\infty \frac{1}{2}SO_4^{2-}})$$
$$= 2 \times (63.6 + 80.0)(S \cdot cm^2 \cdot mol^{-1}) = 287.2(S \cdot cm^2 \cdot mol^{-1})$$

只要测得电导率值即可求得溶液浓度：

$$c_{BaSO_4} = \frac{1000\gamma_{BaSO_4}}{\lambda_{\infty BaSO_4}}$$

以水为溶剂时

$$\gamma_{BaSO_4} = \gamma_{BaSO_4(溶液)} - \gamma_{H_2O}$$

$$K_{sp}(BaSO_4) = \left[\frac{\gamma_{BaSO_4(溶液)} - \gamma_{H_2O}}{\lambda_{\infty BaSO_4}} \times 1000 \right]^2$$

【实验用品】

① 仪器：DDS-6700 型或 DDS-11A 型电导率仪、烧杯、量筒。

② 药品：$BaSO_4(s)$。

【基本操作】

电导率仪的使用：参见 2.8.6 部分相关内容。

【实验内容】

(1) 制备 $BaSO_4$ 饱和溶液

将灼烧后冷却的 $BaSO_4$ 置于 50mL 烧杯中，加已测定电导的纯蒸馏水 40mL，加热煮沸 3～5min，搅拌、静置、冷却。

(2) 电导率测定

用 DDS-6700 型或 DDS-11A 型电导率仪。

① 取 40mL 纯水，测定其电导率 γ_{H_2O}，测定时操作要迅速。

② 将制得的 $BaSO_4$ 饱和溶液冷却至室温后（取上层清液）用 DDS-6700 型或 DDS-11A 型电导率仪测得溶液 $\gamma_{BaSO_4(溶液)}$ 或电导 $G_{BaSO_4(溶液)}$。

【实验结果记录】

室温_____℃　　$\gamma_{BaSO_4(溶液)}$ ＝_____ $S \cdot m^{-1}$　　γ_{H_2O} ＝_____ $S \cdot m^{-1}$

$K_{sp}(BaSO_4)$ ＝_____

【实验习题】

① 为什么要测纯水电导率？

② 何谓极限摩尔电导？什么情况下 $\lambda_\infty = \lambda_{\infty 正离子} + \lambda_{\infty 负离子}$？

③ 在什么条件下可用电导率计算溶液浓度？

【附注】

本实验测定值与理论值有时会出现较大差别，这通常与使用的蒸馏水纯度有关，也与实验过程中溶液冷却不充分使溶液温度偏高有较大关系。

实验十五　$I_3^- \rightleftharpoons I_2 + I^-$ 平衡常数的测定

【实验目的】

① 测定 $I_3^- \rightleftharpoons I_2 + I^-$ 的平衡常数。

② 加强对化学平衡、平衡常数的理解，了解平衡移动原理。

③ 练习滴定操作。

【实验原理】

碘溶于碘化钾溶液中形成 I_3^-，并建立下列平衡：

$$I_3^- \rightleftharpoons I_2 + I^- \tag{5-5}$$

在一定温度条件下其平衡常数为：

$$K = \frac{\alpha_{I^-} \alpha_{I_2}}{\alpha_{I_3^-}} = \frac{\gamma_{I^-} \gamma_{I_2}}{\gamma_{I_3^-}} \frac{[I^-][I_2]}{[I_3^-]}$$

式中，α 为活度；γ 为活度系数；$[I^-]$、$[I_2]$、$[I_3^-]$ 为平衡浓度。由于在离子强度不大的溶液中

$$\frac{\gamma_{I^-} \gamma_{I_2}}{\gamma_{I_3^-}} \approx 1$$

所以

$$K \approx \frac{[I^-][I_2]}{[I_3^-]} \tag{5-6}$$

为了测定平衡时的 $[I^-]$、$[I_2]$、$[I_3^-]$，可用过量固体碘与已知浓度的碘化钾溶液一起振荡，达到平衡后，取上层清液，用标准硫代硫酸钠溶液进行滴定：

$$2Na_2S_2O_3 + I_2 = 2NaI + Na_2S_4O_6$$

由于溶液中存在 $I_3^- \rightleftharpoons I_2 + I^-$ 的平衡，所以用硫代硫酸钠溶液滴定，最终测到的是平衡时 $[I_2]$ 和 $[I_3^-]$ 的总浓度。设这个总浓度为 c，则

$$c = [I_2] + [I_3^-] \tag{5-7}$$

$[I_2]$ 可通过在相同温度条件下，测定过量固体碘与水处于平衡时，溶液中碘的浓度来代替。设这个浓度为 c'，则

$$[I_2] = c'$$

整理式(5-7)

$$[I_3^-] = c - [I_2] = c - c'$$

从式(5-5)可以看出，形成一个 I_3^- 就需要一个 I^-，所以平衡时 $[I^-]$ 为

$$[I^-] = c_0 - [I_3^-]$$

式中，c_0 为碘化钾的起始浓度。

将 $[I^-]$、$[I_2]$、$[I_3^-]$ 代入式(5-6)即可求得在此温度条件下的平衡常数 K。

【实验用品】

① 仪器：量筒、吸量管、移液管、碱式滴定管、碘量瓶、锥形瓶。

② 药品：碘（s）、KI($0.0100mol \cdot L^{-1}$、$0.0200mol \cdot L^{-1}$）、$Na_2S_2O_3$($0.00500mol \cdot L^{-1}$)、淀粉溶液（0.2%）。

【基本操作】

① 磁力搅拌器的使用：参见 2.6.1 部分（5）中的相关内容。

② 滴定操作：参见 3.12 部分相关内容。

【实验内容】

取 2 只干燥的 100mL 碘量瓶和 1 只 250mL 碘量瓶，分别标上 1、2、3 号。用量筒分别量取 80mL 0.0100mol・L^{-1}KI 溶液注入 1 号瓶，80mL 0.0200mol・L^{-1}KI 溶液注入 2 号瓶，200mL 蒸馏水注入 3 号瓶。然后在每个瓶内各加入 0.5g 研细的碘，盖好瓶塞。

> **思考题**：为什么本实验中量取标准溶液，有的用移液管，有的可用量筒？

将 3 只碘量瓶在室温下振荡或者在磁力搅拌器上搅拌 30min，然后静置 10min，待过量固体碘完全沉于瓶底后，取上层清液进行滴定。

> **思考题**：
> 1.进行滴定分析，仪器要做哪些准备？由于碘易挥发，所以在取溶液和滴定时操作上要注意什么？
> 2.在实验中以固体碘与水的平衡浓度代替碘与 I$^-$的平衡浓度，会引起怎样的误差？为什么可以代替？

用 10mL 吸量管取 1 号瓶上清液 2 份，分别注入 250mL 锥形瓶中，再各注入 40mL 蒸馏水，用 0.00500mol・L^{-1} 标准 Na$_2$S$_2$O$_3$ 溶液滴定其中一份至呈淡黄色时（注意不要滴过量），加入 4mL 0.2%淀粉溶液，此时溶液应呈蓝色，继续滴定至蓝色刚好消失。记下所消耗的 Na$_2$S$_2$O$_3$ 溶液的体积。平行做第二份清液。

同样方法滴定 2 号瓶的上清液。

用 50mL 移液管取 3 号瓶上清液 2 份，用 0.00500mol・L^{-1} 标准 Na$_2$S$_2$O$_3$ 溶液滴定，方法同上。

【实验结果记录】

如表 5-9 所列。

表 5-9　KI 溶液中各成分浓度的测定

瓶号		1	2	3
取样体积 V/mL		10.00	10.00	50.00
Na$_2$S$_2$O$_3$ 溶液的用量 /mL	I			
	II			
	平均			
Na$_2$S$_2$O$_3$ 溶液的浓度/(mol・L^{-1})				
[I$_2$]+[I$_3^-$]的总浓度/(mol・L^{-1})				
水中 I$_2$ 的平衡浓度/(mol・L^{-1})		—	—	
[I$_2$]/(mol・L^{-1})				
[I$_3^-$]/(mol・L^{-1})				
c_0/(mol・L^{-1})				
[I$^-$]/(mol・L^{-1})				

续表

瓶号	1	2	3
K			
K 的平均值			

1、2 号瓶：

$$c = \frac{c_{Na_2S_2O_3} V_{Na_2S_2O_3}}{2V_{KI\text{-}I_2}}$$

3 号瓶：

$$c = \frac{c_{Na_2S_2O_3} V_{Na_2S_2O_3}}{2V_{H_2O\text{-}I_2}}$$

本实验测定值在 $1.0 \times 10^{-3} \sim 2.0 \times 10^{-3}$ 范围内均可（文献值 $K = 1.5 \times 10^{-3}$）

【实验习题】

① 本实验中，碘的用量是否要准确称取？为什么？

② 出现下列情况将会对本实验产生何种影响：a. 所取碘的量不足；b. 3 只碘量瓶没有充分振荡；c. 在吸取清液时，不注意将沉在底部或悬浮在溶液表面的少量固体碘带入吸量管。

【附注】

① 由于碘容易挥发，吸取上清液后应尽快滴定，不要放置太久，在滴定时不宜过于剧烈地振荡溶液。

② 本实验所有含碘废液都要回收。

------- 实验十六 磺基水杨酸合铁（Ⅲ）配合物的 -------

组成及其稳定常数的测定

【实验目的】

① 了解分光光度法测定配合物的组成及其稳定常数的原理和方法。

② 测定 pH<2.5 时磺基水杨酸合铁（Ⅲ）的组成及其稳定常数。

③ 学习分光光度计的使用，练习作图的方法。

【实验原理】

磺基水杨酸与 Fe^{3+} 可以形成稳定的配合物，因溶液 pH 值的不同，形成配合物的组成也不同。本实验将测定 pH<2.5 时所形成红褐色的磺基水杨酸合铁（Ⅲ）配离子的组成及其稳定常数。

测定配合物的组成常用光度法，其基本原理如下：当一束波长一定的单色光通过有色溶液时，一部分光被溶液吸收，一部分光透过溶液。

对光的被溶液吸收和透过程度，通常有两种表示方法。

一种是用透光率 T 表示。即透过光的强度 I_t 与入射光的强度 I_0 之比：

$$T = \frac{I_t}{I_0}$$

另一种是用吸光度 A（又称消光度，光密度）来表示。它是取透光率的负对数：

$$A = -\lg T = \lg \frac{I_0}{I_t}$$

A 值大表示光被有色溶液吸收的程度大；反之，A 值小，则表示光被溶液吸收的程度小。

实验结果证明：有色溶液对光的吸收程度与溶液的浓度 c 和光穿过的液层厚度 d 的乘积成正比。这一规律称朗伯-比耳定律：

$$A = \varepsilon c d$$

式中，ε 是消光系数（或吸光系数），当波长一定时它是有色物质的一个特征常数。由于所测溶液中，磺基水杨酸是无色的，Fe^{3+} 溶液的浓度很稀，也可认为是无色的，只有磺基水杨酸铁配离子（MR_n）是有色的。因此，溶液的吸光度只与配离子的浓度成正比。通过对溶液吸光度的测定，可以求出该配离子的组成。

下面介绍一种常用的测定方法。

等摩尔系列法：即用一定波长的单色光，测定一系列组分变化的溶液的吸光度（中心离子 M 和配体 R 的总物质的量保持不变，而 M 和 R 的摩尔分数连续变化）。显然，在这一系列溶液中，有一些溶液的金属离子是过量的，而另一些溶液配体也是过量的；在这两部分溶液中，配离子的浓度都不可能达到最大值；只有当溶液中金属离子与配体的摩尔比与配离子的组成一致时，配离子的浓度才能最大。由于中心离子和配体对光几乎不吸收，所以配离子的浓度越大，溶液的吸光度也越大，总的说来就是在特定波长下，测定一系列的 $[R]/([M]+[R])$ 组成溶液的吸光度 A，作 A-$[R]/([M]+[R])$ 的曲线图，则曲线必然存在着极大值，而极大值所对应的溶液组成就是配合物的组成。如图 5-6 所示。

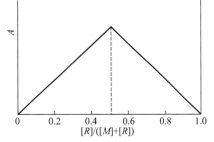

图 5-6　A-$[R]/([M]+[R])$ 曲线图（1）

但是当金属离子 M 和配体 R 实际存在着一定程度的吸收时，所观察到的吸光度 A 就并不是完全由配合物 MR_n 的吸收所引起，此时需要加以校正，其校正的方法如下。分别测定单纯金属离子和单纯配离子溶液的吸光度 M 和 N。在 A-$[R]/([M]+[R])$ 的曲线图上，过 $[R]/([M]+[R])$ 等于 0 和 1.0 的两点作直线 MN，则直线上所表示的不同组成的吸光度数值，可以认为是由于 $[M]$ 及 $[R]$ 的吸收所引起的。因此，校正后的吸光度 A' 应等于曲线上的吸光度数值减去相应组成下直线上的吸光度数值，即 $A' = A - A_0$，如图 5-7 所示。最后作 A'-$[R]/([M]+[R])$ 的曲线图，该曲线极大值所对应的组成才是配合物的实际组成，如图 5-8 所示。

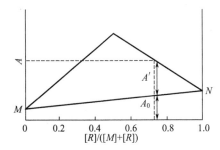

图 5-7　A-$[R]/([M]+[R])$ 曲线图（2）

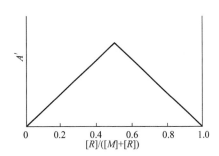

图 5-8　A'-$[R]/([M]+[R])$ 曲线图

设 $x_{(R)}$ 为曲线极大值所对应的配体的摩尔分数:

$$x_{(R)} = \frac{[R]}{[M]+[R]}$$

则配合物的配位数为

$$n = \frac{[R]}{[M]} = \frac{x_{(R)}}{1-x_{(R)}}$$

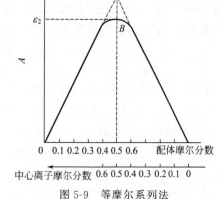

图 5-9 等摩尔系列法

由图 5-9 可看出,最大吸光度 A 点可被认为 M 和 R 全部形成配合物时的吸光度,其值为 ε_1。由于配离子有一部分解离,其浓度要稍小一些,所以实验测得的最大吸光度在 B 点,其值为 ε_2,因此配离子的解离度。可表示为

$$\alpha = \frac{\varepsilon_1 - \varepsilon_2}{\varepsilon_1}$$

对于 1∶1 组成配合物,根据下面关系式即可导出稳定常数 K:

$$M + R \Longrightarrow MR$$

平衡浓度　　　$c\alpha$　　$c\alpha$　　$c-c\alpha$

$$K_{稳} = \frac{[MR]}{[M][R]} = \frac{1-\alpha}{c\alpha^2}$$

式中,c 是相应于 A 点的金属离子浓度。

【实验用品】

① 仪器:7200 型分光光度计、烧杯、容量瓶（100mL）、吸量管（10mL）、锥形瓶（50mL）。

② 药品:$HClO_4$（$0.0100 \text{mol} \cdot \text{L}^{-1}$）、磺基水杨酸（$0.0100 \text{mol} \cdot \text{L}^{-1}$）、$Fe^{3+}$ 溶液（$0.0100 \text{mol} \cdot \text{L}^{-1}$）。

【基本操作】

① 分光光度计的使用:参见 2.8.7 部分相关内容。

② 数据处理:参见 1.9 部分相关内容。

【实验内容】

(1) 配制系列溶液

① 配制 $0.0010 \text{mol} \cdot \text{L}^{-1} Fe^{3+}$ 溶液,准确吸取 10.0mL $0.0100 \text{mol} \cdot \text{L}^{-1} Fe^{3+}$ 溶液,加入 100mL 容量瓶中,用 $0.0100 \text{mol} \cdot \text{L}^{-1} HClO_4$ 溶液稀释至刻度,摇匀备用。

同法配制 $0.0100 \text{mol} \cdot \text{L}^{-1}$ 磺基水杨酸溶液。

② 用 3 支 10mL 吸量管按表 5-10 列出的体积,分别吸取 $0.01 \text{mol} \cdot \text{L}^{-1} HClO_4$ 溶液、$0.00100 \text{mol} \cdot \text{L}^{-1} Fe^{3+}$ 溶液、$0.01000 \text{mol} \cdot \text{L}^{-1}$ 磺基水杨酸溶液,依次注入 11 只 50mL 锥形瓶中,摇匀。

思考题：

1. 在测定中为什么要加高氯酸，且高氯酸浓度比 Fe^{3+} 溶液浓度大 10 倍？

2. 若 Fe^{3+} 浓度和磺基水杨酸的浓度不恰好都是 $0.0100mol \cdot L^{-1}$，如何计算 H_3R 的摩尔分数？

（2）测定系列溶液的吸光度

用 7200 型分光光度计（波长为 500nm 的光源）测系列溶液的吸光度。将测得的数据记入表 5-10。

以吸光度对磺基水杨酸的分数作图，从图中找出最大吸收峰，求出配合物的组成和稳定常数。

【实验结果记录】

如表 5-10 所列。

表 5-10　磺基水杨酸合铁（Ⅲ）配合物系列溶液的吸光度

序号	$HClO_4$ 溶液的体积 /mL	Fe^{3+} 溶液的体积 /mL	H_3R 溶液的体积 /mL	H_3R 摩尔分数	吸光度
1	10.0	10.0	0.0		
2	10.0	9.0	1.0		
3	10.0	8.0	2.0		
4	10.0	7.0	3.0		
5	10.0	6.0	4.0		
6	10.0	5.0	5.0		
7	10.0	4.0	6.0		
8	10.0	3.0	7.0		
9	10.0	2.0	8.0		
10	10.0	1.0	9.0		
11	10.0	0.0	10.0		

【实验习题】

① 在测定吸光度时，如果温度变化较大，对测得的稳定常数有何影响？

② 实验中，每个溶液的 pH 值是否一样？如不一样对结果有何影响？

③ 使用分光光度计要注意哪些操作？

【附注】

① 高氯酸为六大无机强酸之首，在无机含氧酸中酸性最强，可助燃，具有强腐蚀性、强刺激性，可致人体灼伤。在室温下分解，加热则爆炸（市售恒沸高氯酸不混入可燃物一般不会爆炸）。高氯酸是强氧化剂，与还原性有机物、还原剂、易燃物如硫、磷等接触或混合时有引起燃烧爆炸的危险，应贮存于阴凉、通风的库房；远离火种、热源；温度不宜超过

30℃；保持容器密封。高氯酸应与酸类、碱类、胺类等分开存放，切忌混储。

急救措施如下。

皮肤接触：立即脱去污染的衣着，用大量流动清水冲洗至少 15min。就医。

眼睛接触：立即提起眼睑，用大量流动清水或生理盐水彻底冲洗至少 15min。就医。

吸入：迅速脱离现场至空气新鲜处。保持呼吸道通畅。如呼吸困难，给输氧。如呼吸停止，立即进行人工呼吸。就医。

食入：用水漱口，给饮牛奶或蛋清。就医。

② 药品的配制。高氯酸溶液（$0.01mol \cdot L^{-1}$）：将 4.4mL 70% $HClO_4$ 加入 50mL 水中，再稀释到 5000mL。

磺基水杨酸溶液（$0.0100mol \cdot L^{-1}$）：用 2.54g 分析纯磺基水杨酸溶于 1L $0.01mol \cdot L^{-1}$ 高氯酸溶液配制而成。

Fe^{3+}（$0.0100mol \cdot L^{-1}$）：用 4.82g 分析纯硫酸铁铵 $[NH_4Fe(SO_4)_2 \cdot 12H_2O]$ 晶体溶于 1L $0.01mol \cdot L^{-1}$ 高氯酸溶液配制而成。

③ 使用比色皿时要先用去离子水冲洗，再用待测溶液洗 3 遍。然后装好溶液，用镜头纸擦净比色皿的透光面再进行测试。

④ 本实验测得的是表观稳定常数，如欲得到热力学稳定常数，还需要控制测定时的温度、溶液的离子强度以及配位体在实验条件下是存在状态等因素。

第6章

元素性质及定性分析实验 ▶▶

---- 实验十七 氧化还原反应和氧化还原平衡 ----

【实验目的】

① 学习原电池的装配。

② 掌握电极的本性，氧化型或还原型物质的浓度、介质的酸度等因素对电极电势、氧化还原反应的方向、产物及速率的影响。

③ 了解化学电池电动势和电解原理。

【实验原理】

元素的原子或离子在反应前后有氧化数发生变化的反应称为氧化还原反应。氧化数降低的物质称为氧化剂，通常用 O_x 表示；氧化数升高的物质称为还原剂，通常用 Red 表示。在氧化还原反应中，氧化剂氧化数降低由氧化型变为还原型，还原剂氧化数升高由还原型变为氧化型。由物质本身的氧化型和还原型组成的体系称为氧化还原电对。电对的电极反应常用下式表示：

$$a O_x + n e^- = b Red$$

电对中氧化剂或还原剂的强弱，可用该电对的电极电势来衡量。电对的条件电极电势可用 Nernst 方程式计算：

$$E = E^\ominus + \frac{0.0592}{n} \lg \frac{c^a_{氧化型}}{c^b_{还原型}}$$

从方程式可知，电极电势的大小不仅与组成电对的物质有关，还与参与电极反应的各物质的浓度（或分压）、温度有关。若电极反应中有 H^+ 参加反应，则反应介质的 pH 值对电极电势的大小亦有影响。

对于任一氧化还原反应，其方程式可表示为：

$$O_{x_1} + Red_2 = Red_1 + O_{x_2}$$

反应的电动势 $E = E(+) - E(-)$，$E > 0$，即 $E(+) > E(-)$，反应向右进行；$E < 0$，即 $E(+) < E(-)$，反应向左进行；$E = 0$，即 $E(+) = E(-)$，反应处于平衡状态。由 Nernst 方程式可知，改变反应物或生成物的浓度会改变电对的电极电势，而酸碱平衡、沉淀平衡、配位平衡均对物质浓度有影响，故这些反应势必对氧化还原反应造成影响。

【实验用品】

① 仪器：试管、烧杯、伏特计、表面皿、U 形管。

② 药品：琼脂（s）、氟化铵（s）、HAc（6mol·L⁻¹）、H₂SO₄（1mol·L⁻¹）、NaOH（6mol·L⁻¹）、NH₃·H₂O（浓）、ZnSO₄（1mol·L⁻¹）、CuSO₄（0.01mol·L⁻¹、1mol·L⁻¹）、Na₂SO₃（0.1mol·L⁻¹）、KI（0.1mol·L⁻¹）、KBr（0.1mol·L⁻¹）、FeCl₃（0.1mol·L⁻¹）、Fe₂（SO₄）₃（0.1mol·L⁻¹）、FeSO₄（0.1mol·L⁻¹、1mol·L⁻¹）、H₂O₂（3%）、KIO₃（0.1mol·L⁻¹）、CCl₄、KCl（饱和）、溴水、碘水、酚酞指示剂、淀粉溶液（0.4%）、Na₂SO₄（1mol·L⁻¹）、KMnO₄（0.01mol·L⁻¹）。

③ 材料：电极、导线、砂纸、滤纸。

【基本操作】

① 液体试剂的取用：参见 3.2.3（3）部分相关内容。

② 试管操作：参见 2.1.1（1）部分相关内容。

③ 原电池的组装：参见本实验有关内容。

【实验内容】

（1）氧化-还原反应和电极电势

① 在试管中加入 0.5mL 0.1mol·L⁻¹ 的 KI 溶液和 2 滴 0.1mol·L⁻¹ 的 FeCl₃ 溶液，摇匀后再加入 0.5mL CCl₄，充分振荡试管，观察 CCl₄ 层颜色有无变化。

② 用 0.5mL 0.1mol·L⁻¹ 的 KBr 溶液代替 KI 溶液进行同样实验，观察现象。

③ 在 2 支小试管中分别加入 3 滴碘水、溴水，然后加入 0.5mL 0.1mol·L⁻¹ 的 FeSO₄ 溶液，摇匀后，加入 0.5mL CCl₄，充分振荡试管，观察 CCl₄ 层颜色有无变化。

根据以上实验结果，定性地比较 Br_2/Br^-、I_2/I^-、Fe^{3+}/Fe^{2+} 三个电对的电极电势。

> **思考题：**
> 1. 上述电对中哪个物质是最强的氧化剂？哪个是最强的还原剂？
> 2. 若用适量氯水分别与溴化钾、碘化钾溶液反应并加入 CCl₄，估计 CCl₄ 层的颜色。

（2）浓度对电极电势的影响

① 往一只小烧杯中加入约 30mL 1mol·L⁻¹ ZnSO₄ 溶液，在其中插入锌片；往另一只小烧杯中加入约 30mL 1mol·L⁻¹ CuSO₄ 溶液，在其中插入铜片。用盐桥将两烧杯相连，组成一个原电池。用导线将锌片和铜片分别与伏特计（或酸度计）的负极和正极相接，测量两极之间的电压（见图 6-1）。

在 CuSO₄ 溶液中注入浓氨水至生成的沉淀溶解为止，形成深蓝色的溶液：

$$Cu^{2+} + 4NH_3 \rightleftharpoons [Cu(NH_3)_4]^{2+}$$

测量电压，观察有何变化。

再于 ZnSO₄ 溶液中加入浓氨水至生成的沉淀完全溶解

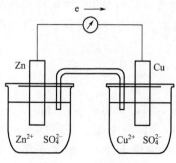

图 6-1　Cu-Zn 原电池

为止：

$$Zn^{2+} + 4NH_3 \rightleftharpoons [Zn(NH_3)_4]^{2+}$$

测量电压，观察又有什么变化。利用 Nernst 方程式来解释实验现象。

② 自行设计并测定下列浓差电池电动势，将实验值与计算值比较。

$$Cu \mid CuSO_4(0.01mol \cdot L^{-1}) \parallel CuSO_4(1mol \cdot L^{-1}) \mid Cu$$

在浓差电池的两极各连一个回形针，然后在表面皿上放一小块滤纸，滴加 $1mol \cdot L^{-1}Na_2SO_4$ 溶液，使滤纸完全湿润，再加入酚酞 2 滴。将两极的回形针压在纸上，使其相距约 1mm，稍等片刻，观察所压处，哪一端出现红色。

> **思考题：**
> 1. 利用浓差电池作电源电解 Na_2SO_4 水溶液实质是什么物质被电解？使酚酞出现红色的一极是什么极？为什么？
> 2. 酸度对 Cl_2/Cl^-、Br_2/Br^-、I_2/I^-、Fe^{3+}/Fe^{2+}、Cu^{2+}/Cu、Zn^{2+}/Zn 电对的电极电势有无影响？为什么？

（3）酸度和浓度对氧化还原反应的影响

1）酸度的影响

① 在 3 支均盛有 $0.5mL\ 0.1mol \cdot L^{-1}Na_2SO_3$ 溶液的试管中，分别加入 $0.5mL\ 1mol \cdot L^{-1}H_2SO_4$ 溶液及 $0.5mL$ 蒸馏水和 $0.5mL\ 6mol \cdot L^{-1}NaOH$ 溶液，混合均匀后，再各加入 2 滴 $0.01mol \cdot L^{-1}KMnO_4$ 溶液，观察颜色的变化有何不同，写出方程式。

② 在试管中加入 $0.5mL\ 0.1mol \cdot L^{-1}KI$ 溶液和 2 滴 $0.1mol \cdot L^{-1}KIO_3$ 溶液，再加几滴淀粉溶液，混合后观察溶液颜色有无变化。然后加 $2\sim3$ 滴 $1mol \cdot L^{-1}H_2SO_4$ 溶液酸化混合液，观察有什么变化，最后滴加 $2\sim3$ 滴 $6mol \cdot L^{-1}NaOH$ 使混合液显碱性，又有什么变化。写出有关反应式。

2）浓度的影响

① 往盛有 H_2O、CCl_4 和 $0.1mol \cdot L^{-1}Fe_2(SO_4)_3$ 各 $0.5mL$ 的试管中加入 $0.5mL$ $0.1mol \cdot L^{-1}KI$ 溶液，振荡后观察 CCl_4 层的颜色。

② 往盛有 CCl_4、$1mol \cdot L^{-1}FeSO_4$ 和 $0.1mol \cdot L^{-1}Fe_2(SO_4)_3$ 各 $0.5mL$ 的试管中。加入 $0.5mL\ 0.1mol \cdot L^{-1}KI$ 溶液，振荡后观察 CCl_4 颜色。与上一实验中 CCl_4 层颜色有何区别？

③ 在实验①的试管中，加入少许 NH_4F 固体，振荡，观察 CCl_4 层颜色的变化。

说明浓度对氧化还原反应的影响。

（4）酸度对氧化还原反应速率的影响

在两支各盛 $0.5mL\ 0.1mol \cdot L^{-1}KBr$ 溶液的试管中，分别加入 $0.5mL\ 1mol \cdot L^{-1}H_2SO_4$ 和 $6mol \cdot L^{-1}HAc$ 溶液，然后各加入 2 滴 $0.01mol \cdot L^{-1}KMnO_4$ 溶液，观察 2 支试管中红色褪去的速度。分别写出有关反应方程式。

> **思考题：** 这个实验是否说明 $KMnO_4$ 溶液在酸度较高时，氧化性较强，为什么？

（5）氧化数居中的物质的氧化还原性

① 在试管中加入 $0.5mL\ 0.1mol \cdot L^{-1}KI$ 和 $2\sim3$ 滴 $1mol \cdot L^{-1}H_2SO_4$，再加入 $1\sim2$

滴 $3\%H_2O_2$，观察试管中溶液颜色的变化。

② 在试管中加入 2 滴 $0.01mol \cdot L^{-1} KMnO_4$ 溶液和 $2\sim3$ 滴 $1mol \cdot L^{-1} H_2SO_4$，摇匀后再加入 2 滴 $3\%H_2O_2$，观察试管中溶液颜色的变化。

思考题：为什么 H_2O_2 既具有氧化性，又具有还原性？试从电极电势予以说明。

【实验习题】

① 从实验结果讨论氧化还原反应和哪些因素有关。
② 电解硫酸钠溶液为什么得不到金属钠？
③ 什么叫浓差电池？写出上述实验（2）②部分电池符号，电池反应式，并计算电池电动势。
④ 介质对 $KMnO_4$ 的氧化性有何影响？用本实验事实及电极电势予以说明。

【附注】

（1）盐桥的制法

制法一：称取 1g 琼脂于 100mL KCl 饱和溶液中浸泡一会，在不断搅拌下加热煮成糊状，趁热倒入 U 形管中（管内不能留有气泡，否则会增加电阻），冷却即可。

制法二：将 KCl 饱和溶液装满 U 形管中，两管口以小棉球塞住（管内不能有气泡）即可。实验中还可用素烧瓷筒作为盐桥。

（2）电极的处理

作为电极的锌片和铜片要用砂纸打磨干净，以免增大电阻。

实验十八　配合物的生成和性质

【实验目的】

① 加深对配合物特性的理解，比较并解释配离子的相对稳定性。
② 理解配合物的组成、命名和分类以及配离子与简单离子的区别。
③ 了解酸碱反应、沉淀反应、氧化还原反应等对配位平衡的影响。
④ 了解配合物的一些应用。
⑤ 了解配位化合物螯合物形成的条件和特殊稳定性。

【实验原理】

（1）配位化合物的定义

由中心离子（或原子）和配位体（阴离子或分子）以配位键的形式结合而成的复杂离子（或分子），通常称这种复杂离子（或分子）为配位单元。凡是含有配位单元的化合物都称为配合物。如本实验中就涉及许多配离子，如 $[Cu(NH_3)_4]^{2+}$、$[HgI_4]^{2-}$、$[Fe(CN)_6]^{3-}$、$[Fe(SCN)]^{2+}$、$[FeCl_4]^-$、$[Ag(NH_3)_2]^+$、$[FeF_6]^{3-}$、$[Ag(S_2O_3)_2]^{3-}$、$[Fe(H_2O)_6]^{3+}$ 等。

（2）配位化合物的组成

对于配位化合物的组成，要理解中心离子（或原子）、配位体、配位原子、配位数、内界和外界等一些基本概念。配位化合物由内界和外界两部分组成。中心离子与配位体组成配合物的内界，其余处于外界。内界和外界在水溶液中完全离解，配离子本身在溶液中只部分离解。

例如配位化合物 $[Cu(NH_3)_4]SO_4$，其中心离子为 Cu^{2+}，配位体为 NH_3，配位原子是 NH_3 中的氮原子，配位数为 4。内界是 $[Cu(NH_3)_4]^{2+}$ 配离子，其中心离子 Cu^{2+} 与配位体 NH_3 之间是通过配位键的形式相结合，外界是 SO_4^{2-}。内界 $[Cu(NH_3)_4]^{2+}$ 和外界 SO_4^{2-} 是通过离子键的形式相结合形成了配位化合物 $[Cu(NH_3)_4]SO_4$。

(3) 配位化合物与复盐

配合物与复盐不同。在水溶液中，配合物解离出来的配离子很稳定，只有一小部分解离，而复盐则几乎全部解离成为简单离子。例如：

复盐　　　$(NH_4)_2Fe(SO_4)_2 \Longrightarrow 2NH_4^+ + Fe^{2+} + 2SO_4^{2-}$

配合物　　$[Cu(NH_3)_4]SO_4 \Longrightarrow [Cu(NH_3)_4]^{2+} + SO_4^{2-}$

　　　　　$[Cu(NH_3)_4]^{2+} \Longrightarrow Cu^{2+} + 4NH_3$（实际上是逐级解离的）

配离子的解离平衡常数称为该离子的不稳定常数，其倒数（即配合平衡常数）称为该配离子的稳定常数。

$$K_{不稳} = \frac{c_{Cu^{2+}} \cdot c_{NH_3}^4}{c_{[Cu(NH_3)_4]^{2+}}} \qquad K_{稳} = \frac{c_{[Cu(NH_3)_4]^{2+}}}{c_{Cu^{2+}} \cdot c_{NH_3}^4}$$

配离子的配合解离平衡符合平衡移动规律，配离子或难溶物之间的转化可向生成更难解离或更难溶解的物质的方向进行。

(4) 螯合物

具有环状结构的配合物称螯合物或内配位化合物。许多金属的螯合物具有特征的颜色，难溶于水而易溶于有机溶剂。如本实验中就有二丁二酮肟合镍（Ⅱ）螯合物，其结构简式如图 6-2 所示。

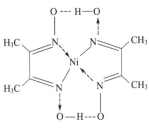

图 6-2　二丁二酮肟合镍（Ⅱ）
螯合物结构简式

【实验用品】

① 仪器：试管（离心）、烧杯、酒精灯、离心机。

② 药品：锌粉（s）、$SnCl_2$（s）、HCl（6mol·L^{-1}）、$NaOH$（2mol·L^{-1}、0.1mol·L^{-1}）、$NH_3 \cdot H_2O$（6mol·L^{-1}、2mol·L^{-1}）、$EDTA$（0.5mol·L^{-1}）、$NaCl$（0.1mol·L^{-1}）、$BaCl_2$（0.1mol·L^{-1}）、$FeCl_3$（0.1mol·L^{-1}）、NH_4F（2mol·L^{-1}、0.5mol·L^{-1}）、$CoCl_2$（1mol·L^{-1}）、$CrCl_3$（1mol·L^{-1}）、KI（0.1mol·L^{-1}）、KBr（0.1mol·L^{-1}）、$CuSO_4$（0.1mol·L^{-1}）、CCl_4、$Fe_2(SO_4)_3$（0.1mol·L^{-1}）、$FeSO_4$（0.1mol·L^{-1}）、NH_4SCN（0.1mol·L^{-1}）、$Na_2S_2O_3$（0.1mol·L^{-1}）、$NiSO_4$（0.2mol·L^{-1}）、Na_2S（0.1mol·L^{-1}）、$K_3[Fe(CN)_6]$（0.1mol·L^{-1}）、$K_4[Fe(CN)_6]$（0.1mol·L^{-1}）、$(NH_4)_2C_2O_4$（饱和）、$AgNO_3$（0.1mol·L^{-1}）、乙醇（95%）、碘水、丁二酮肟溶液（10%）、NH_4Ac（3mol·L^{-1}）。

【基本操作】

① 试管操作：参见 2.1.1（1）部分相关内容。

② 液体试剂的取用：参见 3.2.3（3）部分相关内容。

【实验内容】

（1）配离子的生成和组成

① 在 2 支小试管中分别加入 $0.5mL$ $0.1mol \cdot L^{-1}$ 的 $CuSO_4$ 溶液，然后在一支小试管中加入 5 滴 $0.1mol \cdot L^{-1}$ 的 $BaCl_2$ 溶液，在另一支小试管加入 5 滴 $0.1mol \cdot L^{-1}$ 的 $NaOH$ 溶液，观察现象。

② $[Cu(NH_3)_4]^{2+}$ 配离子的生成：在小烧杯中加入约 $5mL$ $0.1mol \cdot L^{-1}$ 的 $CuSO_4$ 溶液，然后逐滴加入 $6mol \cdot L^{-1}$ 的氨水，直至最初生成的 $Cu_2(OH)_2SO_4$ 天蓝色沉淀又溶解为止，再多加几滴，然后加入 $6mL$ 95% 的乙醇，观察晶体的析出。过滤分离，晶体再用乙醇洗涤两次，观察晶体颜色。

③ 取上面制备的 $[Cu(NH_3)_4]SO_4 \cdot H_2O$ 晶体适量，溶于 $4mL$ $2mol \cdot L^{-1}$ 的氨水中。

在 2 支小试管中分别加入上述溶液 10 滴（其余部分留用），一支加 5 滴 $0.1mol \cdot L^{-1}$ 的 $BaCl_2$ 溶液，另一支加入 5 滴 $0.1mol \cdot L^{-1}$ 的 $NaOH$ 溶液，观察现象。

根据实验结果，分析说明此配合物的内界和外界的组成。

（2）简单离子和配离子的区别

① 在试管中加入 5 滴 $0.1mol \cdot L^{-1}$ 的 $FeCl_3$ 溶液，观察溶液的颜色，在此溶液中逐滴加入 $2mol \cdot L^{-1}$ 的 NH_4F 溶液，观察颜色的变化。然后再逐滴加入 $0.1mol \cdot L^{-1}$ 的 NH_4SCN 溶液，观察溶液颜色的变化。

② 在试管中加入 5 滴 $0.1mol \cdot L^{-1}$ 的 $FeCl_3$ 溶液，然后逐滴加入少量 $2mol \cdot L^{-1}$ 的 $NaOH$ 溶液，观察现象。以 $0.1mol \cdot L^{-1}$ 的 $K_3[Fe(CN)_6]$ 溶液代替 $FeCl_3$，做同样实验，观察现象有何不同。

③ 在试管中加入 2 滴 $0.1mol \cdot L^{-1}$ 的 $Fe_2(SO_4)_3$ 溶液，然后再加入 10 滴饱和 $(NH_4)_2C_2O_4$ 溶液，观察溶液颜色的变化。然后加几滴 $0.1mol \cdot L^{-1}$ 的 NH_4SCN 溶液，观察溶液颜色有无变化。再逐滴加入 $6mol \cdot L^{-1}$ 的 HCl，观察溶液颜色的变化。

（3）配离子稳定性的比较

在盛有 5 滴 $0.1mol \cdot L^{-1}$ 的 $AgNO_3$ 溶液试管中，加入 5 滴 $0.1mol \cdot L^{-1}$ 的 $NaCl$ 溶液，观察白色沉淀的生成，边滴加 $6mol \cdot L^{-1}$ 的 $NH_3 \cdot H_2O$ 边振荡至沉淀刚好溶解，再加 5 滴 $0.1mol \cdot L^{-1}$ 的 KBr 溶液，观察浅黄色沉淀的生成。然后再滴加 $0.1mol \cdot L^{-1}$ 的 $Na_2S_2O_3$ 溶液，边加边振荡，直至刚好溶解。再滴加 $0.1mol \cdot L^{-1}$ 的 KI 溶液，又有何沉淀生成？

通过上述实验，比较各配离子稳定性的大小，同时比较各沉淀溶度积的大小，写成有关反应方程式。

（4）配位解离平衡的移动（设计实验）

利用本实验自制含 $[Cu(NH_3)_4]^{2+}$ 配离子的溶液，自行设计实验步骤并进行实验，破坏该配离子。

① 利用酸碱反应破坏 $[Cu(NH_3)_4]^{2+}$。

② 利用沉淀反应破坏 $[Cu(NH_3)_4]^{2+}$。

③ 利用氧化还原反应破坏 $[Cu(NH_3)_4]^{2+}$。

④ 利用生成更稳定配合物的方法破坏 $[Cu(NH_3)_4]^{2+}$。

(5) 配位平衡与氧化还原平衡

① 在装有少量 CCl_4 的试管中加入 5 滴 $0.1mol \cdot L^{-1}$ 的 $FeCl_3$ 溶液，滴加 $0.5mol \cdot L^{-1}$ 的 NH_4F 至溶液呈无色，再加入 5 滴 $0.1mol \cdot L^{-1}$ 的 KI 溶液，振荡试管，观察 CCl_4 层颜色。与同样操作但不加 NH_4F 溶液的实验相比较，并根据电极电势加以说明。

② 向装有少量 CCl_4 的两支试管中各加入 1 滴 $0.1mol \cdot L^{-1}$ 的碘水，向一支试管中滴加 $FeSO_4$ 溶液，向另一支试管中滴加 $K_4[Fe(CN)_6]$ 溶液，观察两支试管现象有何不同。

③ 在试管中加入 5 滴 $0.1mol \cdot L^{-1}$ 的 $FeCl_3$ 溶液和 5 滴 $6mol \cdot L^{-1}$ 的 HCl，加 1 滴 $0.1mol \cdot L^{-1}$ 的 NH_4SCN 溶液，再加入少许 $SnCl_2$ 固体，观察溶液的颜色变化。

(6) 配合物的水合异构现象

① 在试管中加入约 $1mL$ $1mol \cdot L^{-1}$ 的 $CoCl_2$ 溶液，观察溶液颜色，将溶液加热，观察溶液变为蓝色，然后将溶液冷却，观察溶液又变为紫红色。

② 在试管中加入约 $1mL$ $1mol \cdot L^{-1}$ 的 $CrCl_3$ 溶液，观察溶液颜色，将溶液加热，观察溶液变为绿色，然后将溶液冷却，溶液又变为蓝紫色。

(7) 配合物的某些应用

往一支试管中加入 2 滴 $0.2mol \cdot L^{-1}$ 的 Ni^{2+} 溶液和 2 滴 $3mol \cdot L^{-1}$ 的 NH_4Ac 溶液，混匀后再加入 2 滴 1% 的丁二酮肟溶液，观察生成的鲜红色沉淀。

【实验习题】

① 衣服上沾有铁锈时，常用草酸去洗，试说明其原理。

② 可用哪些不同类型的反应使 $[FeSCN]^{2+}$ 配离子的红色褪去？

③ 在印染业的染浴中，常因某些离子（如 Fe^{3+}、Cu^{2+} 等）使染料颜色改变，加入 EDTA 可避免出现这种现象，试说明原理。

④ 请用适当方法将下列各组化合物逐一溶解：a. $AgCl$，$AgBr$，AgI；b. $Mg(OH)_2$，$Zn(OH)_2$，$Al(OH)_3$；c. CuC_2O_4，CuS。

【附注】

① 制备配位化合物时，配位剂要逐滴加入，否则一次加入过量的配位剂可能看不到中间产物沉淀的生成。

② 配位化合物生成时，有的所用配位剂浓度较大，实验时注意不要将药品浓度搞错，否则可能无法生成该配合物。

实验十九 主族元素（ⅠA族、ⅡA族、铝、锡、铅、锑、铋）

【实验目的】

① 比较碱金属、碱土金属的活泼性。

② 试验并比较碱土金属、铝、锡、铅、锑的氢氧化物和盐类的溶解性。

③ 练习焰色反应并熟悉使用金属钠、钾的安全措施。

④ 试验并比较 Li、Mg 性质的相似性。

⑤ 学习元素性质试验及定性分析基本操作。

【实验原理】

(1) ⅠA族、ⅡA族元素

碱金属和碱土金属分别是元素周期表中 ⅠA、ⅡA 族金属元素，其价电子构型分别为 ns^1 和 ns^2，它们的化学性质活泼，能直接或间接地与电负性较高的非金属元素反应；除 Be 外，都可与水反应，其中碱金属与水反应十分激烈。

碱金属的氢氧化物可溶于水，它们的溶解度从 Li 到 Cs 依次递增，碱土金属的氢氧化物溶解度较低，其变化趋势从 Be 到 Ba 也依次递增，其中 $Be(OH)_2$ 和 $Mg(OH)_2$ 为难溶氢氧化物。这两族的氢氧化物除 $Be(OH)_2$ 显两性，其余属中强碱或强碱。

碱金属的绝大部分盐类均易溶于水，只有与易变形的较大阴离子作用生成的盐才不能溶于水。例如高氯酸钾 $KClO_4$（白色），钴亚硝酸钠钾 $K_2Na[Co(NO_2)_4]$（亮黄色），醋酸铀酰锌钠 $NaZn(UO_3)_3(Ac) \cdot 6H_2O$（黄绿色）。

碱土金属盐类的溶解度较碱金属盐类低，有不少是难溶的。如钙、锶、钡的硫酸盐和铬酸盐是难溶的，其溶解度按 Ca-Sr-Ba 的顺序减小。碱土金属的碳酸盐、磷酸盐和草酸盐也都是难溶的。利用这些盐类溶解度性质可以进行沉淀分离和离子检出。

碱金属和钙、锶、钡的挥发性化合物在高温焰色反应中可使火焰呈现特征颜色。锂使火焰呈紫红色，钠呈黄色，钾和铷呈紫色，钙、锶、钡可使火焰分别呈砖红、洋红和黄绿色。所以也可以用焰色反应鉴定这些离子。

Mg 是 ⅡA 元素，在周期表中处于 Li 的右下方，Mg^{2+} 的电荷数比 Li^+ 高，而半径又小于 Na^+，导致离子极化率与 Li^+ 相近，使 Mg^{2+} 性质与 Li^+ 相似。如锂与镁的氟化物、碳酸盐、磷酸盐均难溶，氢氧化物都属中强碱，不易溶于水。

(2) 铝、锡、铅、锑、铋

铝、锡、铅是常见的金属元素。铝很活泼，在一般化学反应中它的氧化数为 +3，是典型的两性元素，铝的标准电极电势虽较负，但在水中稳定，主要是由于金属表面形成了一层致密的氧化膜不溶于水，这种氧化膜具有良好的抗腐蚀作用。

锡、铅的价电子结构为 ns^2np^2，它们为紧邻 ds 区的 p 区金属，是中等活泼的低熔金属，氧化数有 +2、+4，它们的氧化物不溶于水。$Sn(Ⅱ)$ 和 $Pb(Ⅱ)$ 的氢氧化物都是白色沉淀，具有两性；相同氧化数锡的氢氧化物的碱性小于铅的氢氧化物的碱性，酸性则相反。

铅的 +2 氧化数较稳定，锡的 +4 氧化数较稳定，$Sn(Ⅱ)$ 具有还原性，而在酸性介质中 PbO_2 具有强氧化性。可溶的锡盐和铅盐易发生水解。

Pb_3O_4 俗称铅丹或红铅，用硝酸处理红铅，有 2/3 溶解变成 Pb^{2+}，有 1/3 是以棕黑色的 PbO_2 形式沉淀，其反应式为：

$$Pb_3O_4 + 4HNO_3 \Longrightarrow PbO_2 \downarrow + 2Pb(NO_3)_2 + 2H_2O$$

$PbCl_2$ 是白色沉淀，微溶于冷水，易溶于热水，也可溶于浓盐酸形成配合物 $H_2[PbCl_4]$。PbI_2 为金黄色丝状有亮光的沉淀，易溶于沸水，溶于过量 KI 溶液，形成配合物 $K_2[PbI_4]$。$PbCrO_4$ 为难溶的黄色沉淀，溶于硝酸和较浓的碱。$PbSO_4$ 为白色沉淀，能溶于饱和的醋酸铵溶液中。$Pb(Ac)_2$ 是可溶性铅化合物，是弱电解质。

锑、铋的价电子结构为 ns^2np^3，以 +3、+5 氧化数存在。而铋由于惰性电子对效应

$(6s^2)$，以 +3 氧化数较稳定。锑、铋（Ⅲ）的氢氧化物，前者既溶于酸，又溶于碱，后者溶于酸，不溶于碱。

锡、铅、锑、铋都能生成有颜色的难溶于水的硫化物。SnS 棕色，PbS 黑色，Sb_2S_3 橘黄色，Bi_2S_3 棕黑色，SnS_2 黄色。

【实验用品】

① 仪器：试管（离心）、烧杯、小刀、镊子、离心机、坩埚、坩埚钳、漏斗。

② 药品：钠（s）、钾（s）、镁条（s）、铝片（s）、醋酸钠（s）、H_2SO_4（浓、$3mol \cdot L^{-1}$、$2mol \cdot L^{-1}$、$1mol \cdot L^{-1}$）、HNO_3（浓、$6mol \cdot L^{-1}$、$2mol \cdot L^{-1}$）、HCl（$6mol \cdot L^{-1}$、$2mol \cdot L^{-1}$、$1mol \cdot L^{-1}$）、新制 $NaOH$（$6mol \cdot L^{-1}$、$2mol \cdot L^{-1}$）、$NH_3 \cdot H_2O$（$6mol \cdot L^{-1}$、$0.5mol \cdot L^{-1}$）、$NaCl$（$1mol \cdot L^{-1}$）、KCl（$1mol \cdot L^{-1}$）、$LiCl$（$1mol \cdot L^{-1}$）、NH_4Cl（饱和）、$MgCl_2$（$0.5mol \cdot L^{-1}$）、$SrCl_2$（$1mol \cdot L^{-1}$）、$CaCl_2$（$0.5mol \cdot L^{-1}$、$1mol \cdot L^{-1}$）、$BaCl_2$（$0.5mol \cdot L^{-1}$、$1mol \cdot L^{-1}$）、$AlCl_3$（$0.5mol \cdot L^{-1}$）、$SnCl_2$（$0.5mol \cdot L^{-1}$）、$SnCl_4$（$0.5mol \cdot L^{-1}$）、$SbCl_3$（$0.5mol \cdot L^{-1}$）、$Pb(NO_3)_2$（$0.5mol \cdot L^{-1}$）、$Bi(NO_3)_3$（$0.5mol \cdot L^{-1}$）、KI（$1mol \cdot L^{-1}$）、Na_2SO_4（$0.1mol \cdot L^{-1}$）、K_2CrO_4（$0.5mol \cdot L^{-1}$）、$KMnO_4$（$0.01mol \cdot L^{-1}$）、$(NH_4)_2S_x$、新配 $(NH_4)_2S$（$1mol \cdot L^{-1}$）、H_2S（aq，饱和）、NaF（$1mol \cdot L^{-1}$）、Na_2CO_3（$0.1mol \cdot L^{-1}$）、Na_3PO_4（$0.5mol \cdot L^{-1}$）

③ 材料：砂纸、滤纸、铂丝、ph 试纸。

【基本操作】

① 离心分离：参见 3.8.1.3 部分相关内容。

② 金属钠、钾的取用：参见 3.2.3（4）部分相关内容。

③ 焰色反应：参见本实验有关内容。

【实验内容】

(1) 钠、钾、镁、铝的性质

1) 钠与空气中氧气的作用　用镊子取一小块（绿豆大小）金属钠，用滤纸吸干其表面的煤油，立即放在坩埚中加热。当开始燃烧时停止加热，观察反应情况和产物的颜色、状态。冷却后，往坩埚中加入 2mL 蒸馏水使产物溶解，然后把溶液转移到一支试管中，用 pH 试纸测定溶液的酸碱性。再用 $2mol \cdot L^{-1} H_2SO_4$ 酸化，滴加 1～2 滴 $0.01mol \cdot L^{-1}$ 的 $KMnO_4$ 溶液。观察紫色是否褪去。由此说明水溶液是否有 H_2O_2，从而推知钠在空气中燃烧是否有 Na_2O_2 生成。写出以上有关反应式。

2) 金属钠、钾、镁、铝与水的作用　分别取一小块（绿豆大小）金属钠和钾，用滤纸吸干其表面煤油，把它们分别投入盛有半杯水的烧杯中，观察反应情况。为了安全起见，当金属块投入水中时立即用倒置漏斗覆盖在烧杯口上。反应完后，滴入 1～2 滴酚酞试剂，检验溶液的酸碱性。根据反应进行的剧烈程度，说明钠、钾的金属活泼性。写出反应式。

分别取一小段镁条和一小块铝片，用砂纸擦去表面的氧化物，分别放入试管中，加入少量冷水，观察反应现象。然后加热煮沸，观察又有何现象发生，用酚酞指示剂检验产物酸碱性。写出反应式。

另取一小片铝片，用砂纸擦去其表面氧化物，然后在其上滴加 2 滴 $2mol \cdot L^{-1} HgCl_2$

溶液，观察产物的颜色和状态。用棉花或纸将液体擦干后，将此金属置于空气中，观察铝片上长出的白色铝毛。再将铝片置于盛水的试管中，观察氢气的放出，如反应缓慢可将试管加热观察反应现象。写出有关反应式。

(2) 镁，钙、钡、铝、锡、铅、锑、铋的氢氧化物的溶解性

① 在 8 支试管中，分别加入浓度均为 $0.5mol \cdot L^{-1}$ 的 $MgCl_2$、$CaCl_2$、$BaCl_2$、$AlCl_3$、$SnCl_2$、$Pb(NO_3)_2$、$SbCl_3$、$Bi(NO_3)_3$ 溶液各 $0.5mL$，均加入等体积新配制的 $2mol \cdot L^{-1}$ $NaOH$ 溶液，观察沉淀的生成并写出反应方程式。

把以上沉淀分成两份，分别加入 $6mol \cdot L^{-1}$ $NaOH$ 溶液和 $6mol \cdot L^{-1}$ HCl 溶液，观察沉淀是否溶解，写出反应方程式。

② 在 2 支试管中，分别盛有 $0.5mL$ $0.5mol \cdot L^{-1}$ $MgCl_2$、$AlCl_3$，加入等体积 $0.5mol \cdot L^{-1}$ $NH_3 \cdot H_2O$，观察反应生成物的颜色和状态。往有沉淀的试管中加入饱和 NH_4Cl 溶液，又有何现象？为什么？写出有关反应方程式。

(3) ⅠA、ⅡA 元素的焰色反应

取镶有铂丝（也可用镍铬丝代替）的玻棒一根（铂丝的尖端弯成小环状），先按下法清洁之：浸铂丝于纯 $6mol \cdot L^{-1}$ HCl 溶液中（放在小试管内），然后取出在氧化焰中灼烧片刻，再浸入酸中，再灼烧，如此重复 2~3 次，至火焰不再呈现任何离子的特征颜色才算此铂丝洁净。

用洁净的铂丝分别蘸取 $1mol \cdot L^{-1}$ $LiCl$、$NaCl$、KCl、$CaCl_2$、$SrCl_2$、$BaCl_2$ 溶液在氧化焰中灼烧。观察火焰的颜色。在观察钾盐的焰色时要用一块蓝色钴玻璃片滤光后观察。

(4) 锡、铅、锑和铋的难溶盐

1）硫化物

① 硫化亚锡、硫化锡的生成和性质。在两支试管中分别注入 $0.5mL$ $0.5mol \cdot L^{-1}$ $SnCl_2$ 溶液和 $SnCl_4$ 溶液，分别注入少许饱和硫化氢水溶液，观察沉淀的颜色有何不同。分别试验沉淀物与 $1mol \cdot L^{-1}$ 的 HCl、$1mol \cdot L^{-1}$ $(NH_4)_2S$ 和 $(NH_4)_2S_x$ 溶液的反应。

通过硫化亚锡、硫化锡的实验得出什么结论？写出有关反应方程式。

② 铅、锑、铋硫化物。在三支试管中分别加入 $0.5mL$ $0.5mol \cdot L^{-1}$ $Pb(NO_3)_2$、$SbCl_3$、$Bi(NO_3)_3$，然后各加入少许饱和硫化氢水溶液，观察沉淀的颜色有何不同。

分别试验沉淀物与浓盐酸、$2mol \cdot L^{-1}$ $NaOH$、$1mol \cdot L^{-1}$ $(NH_4)_2S$、$(NH_4)_2S_x$、浓硝酸溶液的反应。

2）铅的难溶盐

① 氯化铅。在 $0.5mL$ 蒸馏水中滴入 5 滴 $0.5mol \cdot L^{-1}$ $Pb(NO_3)_2$ 溶液，再滴入 3~5 滴稀盐酸，即有白色氯化铅沉淀生成。将所得白色沉淀连同溶液一起加热，沉淀是否溶解？再把溶液冷却，又有什么变化？说明氯化铅的溶解度与温度的关系。

取以上白色沉淀少许，加入浓盐酸，观察沉淀溶解情况。

② 碘化铅。取 5 滴 $0.5mol \cdot L^{-1}$ $Pb(NO_3)_2$ 溶液用水稀释至 $1mL$ 后，滴加 $1mol \cdot L^{-1}$ KI 溶液，即生成橙黄色碘化铅沉淀，试验它在热水和冷水中的溶解情况。

③ 铬酸铅。取 5 滴 $0.5mol \cdot L^{-1}$ $Pb(NO_3)_2$ 溶液，再滴加几滴 $0.5mol \cdot L^{-1}$ K_2CrO_4 溶液。观察 $PbCrO_4$ 沉淀的生成。试验它在 $2mol \cdot L^{-1}$ HNO_3 和 $NaOH$ 溶液中的溶解情况。写出有关反应方程式。

④ 硫酸铅。在 $1mL$ 蒸馏水中滴入 5 滴 $0.5mol \cdot L^{-1}$ $Pb(NO_3)_2$ 溶液，再滴入几滴

$0.1mol \cdot L^{-1} Na_2SO_4$ 溶液。即得白色 $PbSO_4$ 沉淀。加入少许固体 NaAc，微热，并不断搅拌，沉淀是否溶解？解释上述现象。写出有关反应方程式。

根据实验现象并查阅手册，填写下表：

名称　　　性质	颜色	溶解性(水或其他试剂)	溶度积(K_{sp})
$PbCl_2$			
PbI_2			
$PbCrO_4$			
$PbSO_4$			
PbS			
SnS			
SnS_2			

(5) 锂盐镁盐的相似性

分别向 $1mol \cdot L^{-1}$ 的 LiCl、$MgCl_2$ 溶液中滴加 $1mol \cdot L^{-1} NaF$ 溶液，观察现象写出反应方程式。

$1mol \cdot L^{-1}$ 的 LiCl 与 $0.1mol \cdot L^{-1} Na_2CO_3$ 溶液作用和 $0.5mol \cdot L^{-1} MgCl_2$ 溶液与 $0.1mol \cdot L^{-1} Na_2CO_3$ 溶液作用各有什么现象？写出反应方程式。

分别向 $1mol \cdot L^{-1}$ 的 LiCl 和 $0.5mol \cdot L^{-1} MgCl_2$ 溶液中滴加 $0.5mol \cdot L^{-1} Na_3PO_4$ 溶液，观察现象写出反应方程式。

由以上实验说明锂盐、镁盐的相似性并解释。

【实验习题】

① 实验中如何配制氯化亚锡溶液？

② 预测二氧化铅和浓盐酸反应的产物是什么？写出其反应方程式。

③ 今有未贴标签无色透明的氯化亚锡、四氯化锡溶液各一瓶，试设法鉴别。

④ 若实验室中发生镁燃烧的事故，可否用水或二氧化碳灭火器扑灭？应用何种方法灭火？

【附注】

① 金属钠、钾平时应保存在煤油或石蜡油中。取用时，可在煤油中用小刀切割，然后用镊子夹取，并用滤纸把煤油吸干。切勿与皮肤接触，未用完的金属碎屑不能乱丢，可放回原瓶中或者放在少量酒精中，使其缓慢反应消耗掉。

② 进行镁、锂难溶化合物的实验时，若加入相应的试剂后无沉淀生成，则需稍稍加热，再观察现象。

③ 硫化钠溶液易变质，可用硫化铵溶液代替硫化钠。

硫化铵溶液的制法：取一定量氨水，将其均分为两份，往其中一份通硫化氢至饱和，而后与另一份氨水混合。

④ $SnCl_2$ 溶液（$0.1mol \cdot L^{-1}$）的配制：称取 22.6g 氯化亚锡（含二结晶水）固体，用 160mL 浓盐酸溶解，然后加入蒸馏水稀释至 1L，再加入数粒纯锡以防氧化。

⑤ 砷、锑、铋及其化合物都有毒性，特别是 As_2O_3（俗称砒霜）和 AsH_3（胂）及其他可溶性砷化物都是剧毒物质。要在教师指导下使用。取用量要少，切勿进入口内或与有伤口的地方接触。实验后一定要洗手，若万一失误应立即就医治疗；也可用乙二硫醇

（HSCH$_2$CH$_2$SH）解毒，其反应式为：

$$HSCH_2CH_2SH + As^{3+} = As(CH_2S)_2^+ + 2H^+$$

含砷废水处理：

石灰法：$As_2O_3 + Ca(OH)_2 = Ca(AsO_2)_2 + H_2O$　（砷酸盐或亚砷酸盐）

硫化法：用 H_2S 或 NaHS 作硫化剂　$2As^{3+} + 3H_2S = As_2S_3 + 6H^+$

实验二十　P 区非金属元素（一）（氮族、硅、硼）

【实验目的】

① 试验并掌握不同氧化态氮的化合物的主要性质。

② 试验磷酸盐的酸碱性和溶解性。

③ 掌握硅酸盐，硼酸及硼砂的主要性质。

④ 练习硼砂珠的有关实验操作。

【实验原理】

(1) 氮和磷

氮族元素是周期系 VA 族元素，其价电子构型为 ns^2np^3，氮和磷主要形成氧化数为 -3、$+3$、$+5$ 的化合物。

HNO_2 的水溶液是弱酸，是极不稳定的酸，仅在低温时存在于水溶液。当温度高于 4℃ 时，HNO_2 就按下式分解：

$$2HNO_2 = H_2O + N_2O_3 = H_2O + NO\uparrow + NO_2\uparrow$$

HNO_2 分解的中间产物 N_2O_3 在水溶液中呈浅蓝色，N_2O_3 不稳定进一步分解为棕色 NO_2 和无色的 NO 气体。利用该性质可以鉴定 NO_2^- 或 HNO_2。

HNO_2 及其盐在酸性介质中既有氧化性又有还原性。与强氧化剂作用时，可以被氧化为 NO_3^-：

$$5NO_2^- + 2MnO_4^- + 6H^+ = 5NO_3^- + 2Mn^{2+} + 3H_2O$$

与中等强度还原剂反应时，还原产物主要为 NO：

$$2NO_2^- + 2I^- + 4H^+ = 2NO\uparrow + I_2 + 2H_2O$$

大多数亚硝酸盐是易溶的，其中浅黄色的 $AgNO_2$ 不溶于 H_2O，可以溶于酸。

HNO_3 具有强氧化性。NO_3^- 在浓 H_2SO_4 介质中与 $FeSO_4$ 发生下列反应：

$$3Fe^{2+} + NO_3^- + 4H^+ = 3Fe^{3+} + 2H_2O + NO$$

$$NO + FeSO_4 = Fe(NO)SO_4$$

$Fe(NO)SO_4$ 为棕色，如果上述反应在浓 H_2SO_4 与含 NO_3^- 溶液的液面上进行，就会出现美丽的棕色环，故称棕色环实验，常用于的 NO_3^- 鉴定。

NO_2^- 也有类似反应，在鉴定 NO_3^- 时，若试液中含有 NO_2^-，必须先除去。方法之一是在试液中加饱和 NH_4Cl 煮沸，NO_2^- 转化为 N_2 而挥发：

$$NO_2^- + NH_4^+ = N_2\uparrow + 2H_2O$$

磷酸是非挥发性非氧化性的三元中强酸，分子间易脱水缩合而成环状或链状的多磷酸，如焦磷酸、偏磷酸等。其具有 M_3PO_4、M_2HPO_4 和 MH_2PO_4（M 为一价金属离子）三种形式的盐，其中磷酸二氢盐大多易溶于水；其余两种磷酸盐除了钠、钾、铵以外一般都难溶于水，但可以溶于盐酸。碱金属的磷酸盐如 Na_3PO_4、Na_2HPO_4、NaH_2PO_4 溶于水后，由于水解程度不同，使溶液呈现不同的 pH 值；Na_3PO_4 溶液和 Na_2HPO_4 溶液均显碱性，前者碱度大一些。

PO_4^{3-} 在 HNO_3 介质中与饱和钼酸铵发生反应，生成难溶的黄色晶体，可以鉴定 PO_4^{3-}：

$$PO_4^{3-}+3NH_4^++12MoO_4^{2-}+24H^+ =\!\!=\!\!= (NH_4)_3PO_4 \cdot 12MoO_3 \cdot 6H_2O \downarrow +6H_2O$$

在加热条件下，焦磷酸根 $P_2O_7^{4-}$、偏磷酸根 PO_3^- 也会发生类似反应。

(2) 硅和硼

硅酸是一种几乎不溶于水的二元弱酸，由于硅酸易发生缩合作用，所以硅酸从水溶液中析出时一般呈凝胶状，烘干、脱水后得到干燥剂——硅胶。

硼的价电子构型为 $2s^2 2p^1$，硼的化学性质主要表现在缺电子性质上。硼酸是一元弱酸，它在水溶液中不是本身解离出 H^+，而是分子中的硼原子加合了水的 OH^-：

$$H_3BO_3+H_2O =\!\!=\!\!= H^+ + [B(OH)_4]^-$$

于硼酸溶液中加入多羟基化合物（如甘油），由于生成了比 $[B(OH)_4]^-$ 更稳定的配离子，上述平衡右移，从而大大增强硼酸的酸性。

在浓 H_2SO_4 存在下，硼酸能与醇发生酯化反应生成硼酸酯，该硼酸酯燃烧呈现特有的绿色火焰，此性质常用于鉴别硼酸根。

硼酸可缩合成环状或链状的多硼酸，常见的多硼酸是四硼酸，其盐为硼砂。硼砂、B_2O_3、H_3BO_3 在熔融状态均能溶解一些金属氧化物，并依金属的不同而显示特征的颜色，称为硼砂珠试验。如：

$$3Na_2B_4O_7 + Cr_2O_3 =\!\!=\!\!= 6NaBO_2 \cdot 2Cr(BO_2)_3 （绿色）$$
$$B_2O_3 + CoO =\!\!=\!\!= Co(BO_2)_2 （蓝色）$$

【实验用品】

① 仪器：试管、烧杯、蒸发皿、酒精灯。

② 药品：氯化铵（s）、硫酸铵（s）、重铬酸铵（s）、硝酸钠（s）、硝酸铜（s）、硝酸银（s）、氯化钙（s）、硝酸钴（s）、硫酸铜（s）、硫酸镍（s）、硫酸锌（s）、硫酸锰（s）、硫酸亚铁（s）、三氯化铁（s）、三氯化铬（s）、硼酸（s）、硼砂（s）、硫粉（s）、锌片（s）、H_2SO_4（浓、$3mol \cdot L^{-1}$）、HNO_3（浓、$0.5mol \cdot L^{-1}$）、HCl（浓、$6mol \cdot L^{-1}$、$2mol \cdot L^{-1}$）、$NaNO_2$（饱和、$0.5mol \cdot L^{-1}$）、$KMnO_4$（$0.1mol \cdot L^{-1}$）、KI（$0.1mol \cdot L^{-1}$）、H_3PO_4（$0.1mol \cdot L^{-1}$）、$Na_4P_2O_7$（$0.1mol \cdot L^{-1}$）、Na_3PO_4（$0.1mol \cdot L^{-1}$）、Na_2HPO_4（$0.1mol \cdot L^{-1}$）、NaH_2PO_4（$0.1mol \cdot L^{-1}$）、$AgNO_3$（$0.1mol \cdot L^{-1}$）、$CaCl_2$（$0.5mol \cdot L^{-1}$）、$NH_3 \cdot H_2O$（$2mol \cdot L^{-1}$）、Na_2SiO_3（20%）、硼酸（饱和）、$CuSO_4$（$0.2mol \cdot L^{-1}$）、HAc（$2mol \cdot L^{-1}$）、NH_4Cl（饱和）、无水乙醇、甘油。

③ 材料：木条、铂丝、冰、pH 试纸。

【基本操作】

① 气室法检验 NH_4^+：参见本实验有关内容。

② 硼砂珠试验：参见本实验有关内容。

③ pH 试纸的使用：参见 3.3.2（2）部分相关内容。

【实验内容】

（1）铵盐的热分解

在一支干燥的硬质试管中放入约 1g 氯化铵，将试管垂直固定、加热，并用润湿的 pH 试纸横放在管口，观察试纸颜色的变化。在试管壁上部有何现象发生？解释该现象，写出反应方程式。

分别用硫酸铵和重铬酸铵代替氯化铵重复以上实验，观察并比较它们的热分解产物，写出反应方程式。

根据实验结果总结铵盐热分解产物与阴离子的关系。

（2）亚硝酸和亚硝酸盐

1）亚硝酸的生成和分解　将 1mL $3mol \cdot L^{-1} H_2SO_4$ 溶液注入在冰水中冷却的 1mL 饱和 $NaNO_2$ 溶液中，观察反应情况和产物的颜色。将试管从冰水中取出，放置片刻，观察有何现象发生，写出相应的反应方程式。

2）亚硝酸的氧化性和还原性　在试管中加入 1～2 滴 $0.1mol \cdot L^{-1} KI$ 溶液，用 $3mol \cdot L^{-1} H_2SO_4$ 酸化，然后滴加 $0.5mol \cdot L^{-1} NaNO_2$ 溶液，观察现象，写出反应方程式。

用 $0.1mol \cdot L^{-1} KMnO_4$ 溶液代替 KI 溶液重复上述实验，观察溶液的颜色有何变化，写出反应方程式。

总结亚硝酸的性质。

（3）硝酸和硝酸盐

1）硝酸的氧化性

① 分别往两支各盛少量锌片的试管中加入 1mL 浓 HNO_3 和 1mL $0.5mol \cdot L^{-1} HNO_3$ 溶液，观察两者反应速率和反应产物有何不同。将 2 滴锌与稀硝酸反应的溶液滴到一只表面皿上，再将润湿的红色石蕊试纸贴于另一只表面皿凹处。向装有溶液的表面皿中加一滴 40% 浓碱，迅速将贴有试纸的表面皿倒扣其上并且放在热水浴上加热。观察红色石蕊试纸是否变为蓝色。此法称为气室法检验 NH_4^+。

② 在试管中放入少许硫粉，加入 1mL 浓 HNO_3，水浴加热。观察有何气体产生。冷却，检验反应产物。

写出以上几个反应的方程式。

2）硝酸盐的热分解　分别试验固体硝酸钠、硝酸铜、硝酸银的热分解，观察反应的情况和产物的颜色，检验反应生成的气体，写出反应方程式。

总结硝酸盐的热分解与阳离子的关系。

> **思考题**：为什么一般情况下不用硝酸作为酸性反应介质？硝酸与金属反应和稀硫酸或稀盐酸与金属反应有何不同？

（4）磷酸盐的性质

1）酸碱性。

① 用 pH 试纸测定 $0.1mol \cdot L^{-1} Na_3PO_4$、$Na_2HPO_4$ 和 NaH_2PO_4 溶液的 pH 值。

② 分别往 3 支试管中注入 0.5mL $0.1mol \cdot L^{-1} Na_3PO_4$、$Na_2HPO_4$ 和 NaH_2PO_4 溶

液，再各滴加适量的 $0.1mol \cdot L^{-1} AgNO_3$ 溶液，是否有沉淀产生？试验溶液的酸碱性有无变化？解释之。写出有关的反应方程式。

> **思考题**：NaH_2PO_4 显酸性，是否酸式盐溶液都呈酸性？为什么？举例说明？

2）溶解性　分别取 $0.1mol \cdot L^{-1} Na_3PO_4$、$Na_2HPO_4$ 和 NaH_2PO_4 溶液各 $0.5mL$，加入等量的 $0.5mol \cdot L^{-1} CaCl_2$ 溶液，观察何现象，用 pH 试纸测定它们的 pH 值。滴加 $2mol \cdot L^{-1}$ 氨水，各有何变化？再滴加 $2mol \cdot L^{-1}$ 盐酸，又有何变化？

比较磷酸钙、磷酸氢钙、磷酸二氢钙的溶解性，说明它们之间相互转化的条件，写出反应方程式。

3）配位性　取 $0.5mL$ $0.2mol \cdot L^{-1}$ 的 $CuSO_4$ 溶液，逐滴加入 $0.1mol \cdot L^{-1}$ 焦磷酸钠溶液，观察沉淀的生成。继续滴加焦磷酸钠溶液，沉淀是否溶解？写出相应的反应方程式。

（5）硅酸与硅酸盐

1）硅酸水凝胶的生成　往 $2mL$ 20％硅酸钠溶液中滴加 $6mol \cdot L^{-1}$ 盐酸，观察产物的颜色、状态。

2）微溶性硅酸盐的生成　在 $100mL$ 的小烧杯中加入约 $50mL$ 20％的硅酸钠溶液，然后把氯化钙、硝酸钴、硫酸铜、硫酸镍、硫酸锌、硫酸锰、硫酸亚铁、三氯化铁固体各 1 小粒投入杯内（注意各固体之间保持一定间隔），放置一段时间后观察有何现象发生。

（6）硼酸及硼酸的焰色鉴定反应

1）硼酸的性质　取 $1mL$ 饱和硼酸溶液，用 pH 试纸测其 pH 值。在硼酸溶液中滴入 3～4 滴甘油，再测溶液的 pH 值。

该实验说明硼酸具有什么性质？

> **思考题**：为什么说硼酸是一元酸？在硼酸溶液中加入多羟基化合物后溶液的酸度会怎样变化？为什么？

2）硼酸的鉴定反应　在蒸发皿中放入少量硼酸晶体，$1mL$ 无水乙醇和几滴浓硫酸。混合后点燃，观察火焰的颜色有何特征。

（7）硼砂珠试验

1）硼砂珠的制备　用 $6mol \cdot L^{-1}$ 盐酸清洗铂丝，然后将其置于氧化焰中灼烧片刻，取出再浸入酸中，如此重复数次直至铂丝在氧化焰中灼烧不产生离子特征的颜色，表示铂丝已经洗干净了。将这样处理过的铂丝蘸上一些硼砂固体，在氧化焰中灼烧并熔融成圆珠，观察硼砂珠的颜色、状态。

2）用硼砂珠鉴定钴盐和铬盐　用烧热的硼砂珠分别沾上少量硝酸钴和三氯化铬固体，熔融之。冷却后观察硼砂珠的颜色，写出相应的反应方程式。

【实验习题】

① 设计三种区别硝酸钠和亚硝酸钠的方案。

② 用酸溶解磷酸银沉淀，在盐酸、硫酸、硝酸中选用哪一种最适宜？为什么？

③ 通过实验可以用几种方法将无标签的试剂磷酸钠、磷酸氢钠、磷酸二氢钠一一鉴别出来？

④ 为什么装有水玻璃的试剂瓶长期敞开瓶口后水玻璃会变混浊？反应 $Na_2CO_3 +$ $SiO_2 \overline{} Na_2SiO_3 + CO_2\uparrow$ 能否正向进行？说明理由。

⑤ 现有一瓶白色粉末状固体，它可能是碳酸钠、硝酸钠、硫酸钠、氯化钠、溴化钠、磷酸钠中的任意一种。试设计鉴别方案。

【附注】

(1) 安全知识

① 所有氮的氧化物均有毒，其中 NO_2 对人类危害最大。NO_2 对人体黏膜造成损害时会引起肿胀充血和呼吸系统损害等多种炎症；损害神经系统会引起眩晕、无力、痉挛，面部发绀；损害造血系统会破坏血红素等。目前 NO_2 中毒尚无特效药物治疗。一般只能输氧气以帮助呼吸与血液循环，因此凡涉及氮氧化物生成的反应均应在通风橱内进行。

② 白磷又名黄磷，是一种极毒的白色或浅黄色蜡状固体，燃点低（313K），在空气中易氧化，是实验室中最危险的药品之一，在保存和使用上都要严格按要求进行。

保存：一般保存于盛有水的试剂瓶中，瓶埋在砂罐里，这样可以防止玻璃瓶被碰破。

取用：用镊子取出，放在盛有水的培养皿中，用小刀在水下切割。切割（切取量要小）后要用滤纸吸干水分。

用后处理：取出的白磷切割后立即放回原试剂瓶。白磷屑不论怎样微量都不要随便丢弃，吸过白磷水的滤纸连同用过的器皿，用后必须及时处理（如果处理不好，有可能实验完毕以后着火，极易引起火灾）。若不慎把白磷引燃，可用砂子扑灭，若把皮肤灼伤可用 10% 的 $CuSO_4$ 或 $KMnO_4$ 溶液清洗。

除非特殊需要，否则白磷不能与碱液混合，因为二者反应后生成的 PH_3 剧毒且易着火。

$$P_4 + 3KOH + 3H_2O \overline{} 3KH_2PO_2 + PH_3\uparrow$$

红磷长期保存易吸湿，所以要密封。吸湿的红磷用滤纸吸去水分，再薄薄铺平，让其自然干燥，干燥时注意周围不要有火源。千万不能混入氧化剂，否则有爆炸的危险。

(2) 铂丝使用注意事项：

洗涤：将铂丝插到盛有 $6mol \cdot L^{-1}$ 盐酸的试剂瓶中，然后将其置于氧化焰中灼烧片刻，重复上述操作直至焰色为"无色"，表示铂丝已经清洗干净，可以进行焰色反应试验；每做一次，铂丝都应当先蘸取浓盐酸放在火焰上灼烧至无色后再做下一次。

铂丝质软，不可来回弯折，否则易折断。

(3) 几种金属的硼砂珠颜色

如表 6-1 所列。

表 6-1　几种金属的硼砂珠颜色

样品元素	氧化焰		还原焰	
	热时	冷时	热时	冷时
铬	黄色	黄绿色	绿色	绿色
钼	淡黄色	无色-白色	褐色	褐色
锰	紫色	紫红色	无色-灰色	无色-灰色
铁	黄色-淡褐色	黄色-褐色	绿色	淡绿色
钴	青色	青色	青色	青色
镍	紫色	黄褐色	无色-灰色	无色-灰色
铜	绿色	青绿色-淡青色	灰色-绿色	红色

制作硼砂珠使用的固体试剂最好研磨成细末，且蘸取量尽可能少，否则冷却后的硼砂珠呈黑色。

实验二十一 P区非金属元素（二）（卤素、氧、硫）

【实验目的】

① 学习氯气、次氯酸盐和氯酸盐的制备方法。
② 掌握次氯酸盐、氯酸盐的强氧化性的区别。
③ 掌握 H_2O_2 的某些重要性质。
④ 掌握不同氧化态硫的化合物的主要性质。
⑤ 掌握气体发生的方法和仪器的安装。
⑥ 了解氯、溴、碘酸钾的安全使用。

【实验原理】

(1) 卤素

卤素属元素周期表中 VIIA 族元素，价电子构型为 ns^2np^5，是典型的非金属元素。卤素单质都较难溶于水，在碘化钾或其他可溶性碘化物共存的溶液中，I_2 与 I^- 形成 I_3^-，I_2 的溶解度就明显增大，溴与碘可以溶于 CS_2 和 CCl_4 等有机溶剂，并产生特征颜色，溴在 CS_2 和 CCl_4 溶剂中随浓度增加溶液由黄到棕红色，碘则呈紫色。卤素单质的溶解度性质和在有机溶剂中的特征颜色，可用于卤素离子分离和鉴别。

除负一价的卤离子 X^- 外，卤素的任何价态都具有较强的氧化性，卤素单质在常温下均以双原子分子存在，卤素原子具有获得一个电子成为卤素离子的强烈倾向，所以卤素单质都具有氧化性，都是强氧化剂，能发生置换、歧化等反应。卤素单质的氧化性按氟、氯、溴、碘顺序依次减小。卤素离子的还原性按氟、氯、溴、碘顺序依次增强。

卤素单质在碱性介质中都可以发生歧化，既可生成 X^- 和 XO^-，也可生成 X^- 和 XO_3^-。歧化反应的产物主要由卤素的本性和反应温度决定。

例如，在室温或低温时，Cl_2 歧化得到 ClO^-：

$$Cl_2 + 2OH^- \Longrightarrow ClO^- + Cl^- + H_2O$$

在 75℃ 左右 Cl_2 的歧化产物是 ClO_3^-：

$$3Cl_2 + 6OH^- \Longrightarrow ClO_3^- + 5Cl^- + 3H_2O$$

在室温下，I_2 在 $pH \geqslant 10$ 的碱溶液中易发生歧化，歧化产物为 IO_3^- 与 I^-。

$$3I_2 + 6OH^- \Longrightarrow IO_3^- + 5I^- + 3H_2O$$

卤素离子的还原性按氯、溴、碘顺序依次增强。NaCl 与浓 H_2SO_4 反应生成 HCl 和 $NaHSO_4$：

$$NaCl + H_2SO_4 \Longrightarrow NaHSO_4 + HCl\uparrow$$

NaBr、NaI 与浓 H_2SO_4 反应，生成的卤化氢进一步被浓 H_2SO_4 氧化：

$$NaBr + H_2SO_4(浓) \Longrightarrow NaHSO_4 + HBr\uparrow$$
$$2HBr + H_2SO_4(浓) \Longrightarrow Br_2 + SO_2\uparrow + 2H_2O$$
$$NaI + H_2SO_4(浓) \Longrightarrow NaHSO_4 + HI\uparrow$$

$$8HI+H_2SO_4(浓)=\!=\!=4I_2+H_2S\uparrow+4H_2O$$

除氟外，卤素（氯、溴、碘）能形成四种氧化态的含氧酸（次、亚、正、高）。卤素的各种含氧酸及其盐在性质上呈现明显的规律性。以氯化物水溶液为例，总结如下：

氧化能力减弱	热稳定性增强	热稳定性增强，氧化能力减弱，酸性增强 →			
		$HClO$	$HClO_2$	$HClO_3$	$HClO_4$
		$NaClO$	$NaClO_2$	$NaClO_3$	$NaClO_4$

在酸性介质中，卤素的各种含氧酸及其盐都有较强的氧化性，在碱性或中性介质中，其氧化性明显下降，如氯酸钾只有在酸性介质中才显强氧化性。在酸性介质或碱性介质中，次卤酸盐的氧化性按 $NaClO$、$NaBrO$、$NaIO$ 顺序递减，卤酸盐在酸性介质中是强氧化剂，它们的氧化能力按溴酸盐、氯酸盐、碘酸盐的顺序递减。所以在酸性介质中，I^- 可被 ClO_3^- 氧化，随着 ClO_3^- 浓度逐步提高，I^- 被氧化产生 I_2，I_2 继续被氧化成 IO_3^-，使溶液颜色由无色 $I^- \rightarrow$ 褐色 $I_2 \rightarrow$ 棕色 $I_3^- \rightarrow$ 无色 IO_3^-。

除氟化银外卤化银皆不溶于水，也不溶于稀 HNO_3。其中 $AgCl$ 可以溶解于氨水溶液，依此性质可以使 $AgCl$ 从 AgX 混合物中分离出来。

（2）氧和硫

氧族元素位于周期表中 ⅥA 族元素，价电子构型为 ns^2np^4，其中氧和硫是较活泼的非金属元素，为电负性比较大的元素。

氧的常见氧化数是 -2。在氧的化合物中，H_2O_2 分子中 O 的氧化数为 -1，介于 $0 \sim -2$ 之间，因此 H_2O_2 既有氧化性又有还原性。

在酸性介质中，H_2O_2 是一种强氧化剂，它可以与 S^{2-}、I^-、Fe^{2+} 等多种还原剂反应。在酸性介质中 H_2O_2 与 $Cr_2O_7^{2-}$ 反应生成 CrO_5，CrO_5 溶于某些有机溶剂如乙醚、戊醇等呈现特征蓝色。CrO_5 在水溶液中不稳定易分解放出 O_2，蓝色消失。据此可鉴定 H_2O_2 或 $Cr_2O_7^{2-}$。

$$Cr_2O_7^{2-}+4H_2O_2+2H^+=\!=\!=2CrO_5+5H_2O$$
$$2CrO_5+7H_2O_2+6H^+=\!=\!=2Cr^{3+}+7O_2\uparrow+10H_2O$$

只有遇到 $KMnO_4$ 等强氧化剂时，H_2O_2 才会被氧化产生 O_2：

$$5H_2O_2+2MnO_4^-+6H^+=\!=\!=2Mn^{2+}+5O_2\uparrow+8H_2O$$

H_2O_2 不稳定，易分解放出 O_2，光照、受热、增大碱度或存在重金属物质（如 MnO_2、Fe^{2+}、Mn^{2+}、Cu^{2+}、Cr^{3+} 等）都会加快 H_2O_2 的分解。

硫的化合物中，H_2S、S^{2-} 具有强还原性，而浓 H_2SO_4、$H_2S_2O_8$ 及其盐具有强氧化性。如：

$$2H_2S+O_2=\!=\!=2S\downarrow+2H_2O$$
$$5S_2O_8^{2-}+2Mn^{2+}+8H_2O=\!=\!=2MnO_4^-+10SO_4^{2-}+16H^+$$

氧化数在 $-2 \sim +6$ 之间硫的化合物既有氧化性又有还原性，但以还原性为主。如：

$$2S_2O_3^{2-}+I_2=\!=\!=S_4O_6^{2-}+2I^-$$
$$S_2O_3^{2-}+4Cl_2+5H_2O=\!=\!=2SO_4^{2-}+8Cl^-+10H^+$$
$$3SO_3^{2-}+Cr_2O_7^{2-}+8H^+=\!=\!=2Cr^{3+}+3SO_4^{2-}+4H_2O$$
$$SO_3^{2-}+I_2+H_2O=\!=\!=SO_4^{2-}+2I^-+2H^+$$

SO_2 是具有刺激性臭味的气体，易溶于水生成 H_2SO_3。H_2SO_3 很不稳定：

$$SO_2+H_2O \Longrightarrow H_2SO_3 \Longrightarrow H^+ + HSO_3^- \Longrightarrow 2H^+ + SO_3^{2-}$$

在 SO_2 和 H_2SO_3 中，S 的氧化数为 +4，是硫的中间氧化数，既有氧化性又有还原性。SO_3^{2-} 与 I_2、$Cr_2O_7^{2-}$、MnO_4^- 反应显示还原性。

$$3SO_3^{2-}+Cr_2O_7^{2-}+8H^+ =\!=\!= 2Cr^{3+}+3SO_4^{2-}+4H_2O$$

$$SO_3^{2-}+I_2+H_2O =\!=\!= SO_4^{2-}+2I^-+2H^+$$

SO_2 和 H_2SO_3 的氧化性较弱，与 H_2S 等强还原剂反应才能显示氧化性。

Na_2SO_3 与硫粉共煮生成 $Na_2S_2O_3$，$Na_2S_2O_3$ 遇酸形成极不稳定的酸。在室温下立即分解生成 SO_2 和 S。

$$S_2O_3^{2-}+2H^+ =\!=\!= H_2O+SO_2\uparrow+S\downarrow$$

$S_2O_3^{2-}$ 中两个 S 原子的平均氧化数为 +2，是中等强度的还原剂。与 I_2 反应被氧化生成 $S_4O_6^{2-}$：

$$2S_2O_3^{2-}+I_2 =\!=\!= S_4O_6^{2-}+2I^-$$

这个反应在滴定分析中常用来定量测量碘。$S_2O_3^{2-}$ 与过量 Cl_2、Br_2 等较强氧化剂反应，则被氧化为 SO_4^{2-}：

$$S_2O_3^{2-}+4Br_2+5H_2O =\!=\!= 2SO_4^{2-}+8Br^-+10H^+$$

$S_2O_3^{2-}$ 有很强的配位性，AgBr 沉淀可以溶于过量的 $Na_2S_2O_3$ 溶液中：

$$2S_2O_3^{2-}+AgBr =\!=\!= [Ag(S_2O_3)_2]^{3-}+Br^-$$

当 $S_2O_3^{2-}$ 与过量 Ag^+ 反应，生成 $Ag_2S_2O_3$ 白色沉淀，并水解，沉淀颜色逐步变成黄色、棕色以至黑色的 Ag_2S 沉淀。

$$2Ag^++S_2O_3^{2-} =\!=\!= Ag_2S_2O_3\downarrow（白）$$

$$Ag_2S_2O_3+H_2O =\!=\!= Ag_2S\downarrow（黑）+H_2SO_4$$

碱金属和氨的硫化物是易溶的，而其余大多数金属硫化物难溶于水，且有特征的颜色。难溶于水的硫化物根据在酸中溶解情况可以分成 4 类：a. 易溶于稀 HCl 的；b. 难溶于稀 HCl，易溶于浓 HCl 的；c. 难溶于稀 HCl，浓 HCl，易溶于 HNO_3 的；d. 仅溶于王水的。

【实验用品】

① 仪器：铁架台、石棉网、蒸馏烧瓶、分液漏斗、试管、烧杯、滴管、表面皿、离心机、酒精灯、锥形瓶、温度计。

② 药品：二氧化锰（s）、$K_2S_2O_8$（s）、HCl（浓，$6mol\cdot L^{-1}$、$2mol\cdot L^{-1}$）、H_2SO_4（浓、$3mol\cdot L^{-1}$、$1mol\cdot L^{-1}$）、HNO_3（浓）、NaOH（$2mol\cdot L^{-1}$）、KOH（30%）、KI（$0.2mol\cdot L^{-1}$）、KBr（$0.2mol\cdot L^{-1}$）、$KMnO_4$（$0.2mol\cdot L^{-1}$）、$K_2Cr_2O_7$（$0.5mol\cdot L^{-1}$）、Na_2S（$0.2mol\cdot L^{-1}$）、$Na_2S_2O_3$（$0.2mol\cdot L^{-1}$）、Na_2SO_3（$0.5mol\cdot L^{-1}$）、$CuSO_4$（$0.2mol\cdot L^{-1}$）、$MnSO_4$（$0.2mol\cdot L^{-1}$、$0.002mol\cdot L^{-1}$）、HAc（$6mol\cdot L^{-1}$）、$Pb(NO_3)_2$（$0.2mol\cdot L^{-1}$）、$AgNO_3$（$0.2mol\cdot L^{-1}$）、H_2O_2（3%）、氯水、溴水、碘水、CCl_4、乙醚、品红、硫代乙酰胺（$0.1mol\cdot L^{-1}$）。

③ 材料：玻璃管、乳胶管、脱脂棉、冰、pH 试纸、滤纸。

【基本操作】

① 气体的制备和收集：参见 3.11 部分相关内容。

② 离心分离：参见 3.8.1.3 部分相关内容。

③ 试管操作：参见 2.1.1（1）部分相关内容。

【实验内容】

（1）氯气、次氯酸和氯酸钾的制备

实验装置如图 6-3 所示。

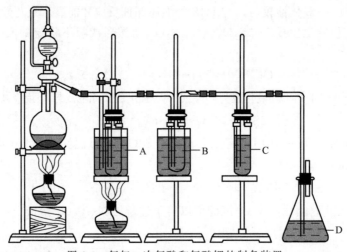

图 6-3　氯气、次氯酸和氯酸钾的制备装置

蒸馏烧瓶中放入 15g 二氧化锰，分液漏斗中加入 30mL 浓盐酸；A 管中加入 15mL 30％ 的氢氧化钾溶液，A 管置于 70～80℃的热水浴中；B 管中装有 15mL 2mol·L^{-1}NaOH 溶液，B 管置于冰水浴中；C 管中装有 15mL 蒸馏水；锥形瓶 D 中装有 2mol·L^{-1}NaOH 溶液以吸收多余的氯气。锥形瓶口覆盖浸过硫代硫酸钠溶液的棉花（棉花起什么作用？）。

检查装置的气密性：在确保系统严密后，旋开分液漏斗活塞，点燃氯气发生器的酒精灯，让浓盐酸缓慢而均匀地滴入蒸馏烧瓶中，反应生成的氯气均匀地通过 A、B、C 管。当 A 管中碱液呈黄色，进而出现大量小气泡，溶液由黄色转变为无色时，停止加热氯气发生器。待反应停止后，向蒸馏烧瓶中注入大量水，然后拆除装置。冷却 A 管中的溶液，析出氯酸钾晶体。过滤，用少量冷水洗涤晶体一次，用倾析法倾去溶液，将晶体移至表面皿上，用滤纸吸干。所得氯酸钾、B 管中的次氯酸钠和 C 管中的氯水留作下面的实验用。

制备实验要在通风橱中进行。

思考题：在本实验中如果没有二氧化锰，可改用哪些药品代替二氧化锰？

（2）Cl$_2$、Br$_2$、I$_2$ 的氧化性和 Cl$^-$、Br$^-$、I$^-$ 的还原性（设计）

用所给试剂设计实验，验证 Cl$_2$、Br$_2$、I$_2$ 的氧化性顺序和 Cl$^-$、Br$^-$、I$^-$ 的还原性强弱。

根据实验现象写出反应方程式，查出有关的标准电极电势。说明卤素单质的氧化性顺序和卤离子的还原性顺序。

> **思考题**：用淀粉碘化钾试纸检验氯气时，试纸先呈蓝色，当在氯气中放置时间较长时蓝色褪去，为什么？

（3）卤素含氧酸盐的性质

1）**次氯酸钠的氧化性** 在四支小试管中分别加入 0.5mL 前面所制次氯酸钠溶液，于第一支试管中加入 4～5 滴 0.2mol·L^{-1} KI 溶液和 2 滴 1mol·L^{-1} H$_2$SO$_4$ 溶液；第二支试管中加入 4～5 滴 0.2mol·L^{-1} MnSO$_4$ 溶液；第三支试管中加入 4～5 滴浓盐酸；第四支试管中加入 2 滴品红溶液。

观察以上实验现象，写出有关反应方程式。

2）**氯酸钾的氧化性** 取几小粒前面所制的 KClO$_3$ 晶体加水溶解配成溶液。向 0.5mL 0.2mol·L^{-1} KI 溶液数滴中滴入自制的 KClO$_3$ 溶液，观察有何现象。再用 3mol·L^{-1} H$_2$SO$_4$ 酸化，观察溶液颜色的变化，继续往该溶液中滴加 KClO$_3$ 溶液又有何变化。解释实验现象，写出有关反应方程式。

根据实验现象，总结氯元素含氧酸盐的性质。

（4）H$_2$O$_2$ 的性质

1）**设计实验** 用 3％ H$_2$O$_2$、0.2mol·L^{-1} Pb(NO$_3$)$_2$、0.2mol·L^{-1} KMnO$_4$、0.1mol·L^{-1} 硫代乙酰胺、3mol·L^{-1} H$_2$SO$_4$、0.2mol·L^{-1} KI、MnO$_2$(s) 设计一组实验，验证 H$_2$O$_2$ 的分解和氧化还原性。

2）**H$_2$O$_2$ 的鉴定反应** 在试管中加入 2mL 3％ H$_2$O$_2$ 溶液、0.5mL 乙醚、1mL 1mol·L^{-1} H$_2$SO$_4$ 和 3～4 滴 0.5mol·L^{-1} K$_2$Cr$_2$O$_7$ 溶液，振荡试管观察溶液和乙醚层的颜色有何变化。

（5）硫的化合物的性质

1）**硫化物的溶解性** 取 3 支试管分别加入 0.2mol·L^{-1} MnSO$_4$、0.2mol·L^{-1} Pb(NO$_3$)$_2$、0.2mol·L^{-1} CuSO$_4$ 溶液各 0.5mL，然后各滴加 0.2mol·L^{-1} Na$_2$S 溶液，观察现象。离心分离，弃去溶液，洗涤沉淀。试验这些沉淀在 2mol·L^{-1} 盐酸、浓盐酸和浓硝酸中的溶解情况。

根据实验结果，对金属硫化物的溶解情况作出结论，写出有关的反应方程式。

2）**亚硫酸盐的性质** 往试管中加入 2mL 0.5mol·L^{-1} Na$_2$SO$_3$ 溶液，用 3mol·L^{-1} H$_2$SO$_4$ 酸化，观察有无气体产生。用润湿的 pH 试纸移近管口，有何现象？然后将溶液分为两份，一份滴加 0.1mol·L^{-1} 硫代乙酰胺溶液，另一份滴加 0.5mol·L^{-1} K$_2$Cr$_2$O$_7$ 溶液，观察现象，说明亚硫酸盐具有什么性质，并写出有关的反应方程式。

> **思考题**：长久放置的硫化氢、硫化钠、亚硫酸钠水溶液会发生什么变化？如何判断变化情况？

3）**硫代硫酸盐的性质** 用氯水、碘水、0.2mol·L^{-1} Na$_2$S$_2$O$_3$、3mol·L^{-1} H$_2$SO$_4$、0.2mol·L^{-1} AgNO$_3$ 设计实验验证：a. Na$_2$S$_2$O$_3$ 在酸中的不稳定性；b. Na$_2$S$_2$O$_3$ 的还原性和氧化剂强弱对 Na$_2$S$_2$O$_3$ 还原产物的影响；c. Na$_2$S$_2$O$_3$ 的配位性。

由以上实验总结硫代硫酸盐的性质，写出反应方程式。

4）过二硫酸盐的氧化性　在试管中加入 3mL 1mol·L^{-1}H$_2$SO$_4$ 溶液、3mL 蒸馏水、3 滴 0.002mol·L^{-1}MnSO$_4$ 溶液，混合均匀后分为两份：在第一份中加入少量过二硫酸钾固体；第二份中加入 1 滴 0.2mol·L^{-1}AgNO$_3$ 溶液和少量过二硫酸钾固体。将两支试管同时放入同一只热水浴中加热，溶液的颜色有何变化？写出反应方程式。

比较以上实验结果并解释之。

【实验习题】

① 氯能从含碘离子的溶液中取代碘，碘又能从氯酸钾溶液中取代氯，这两个反应有无矛盾？为什么？

② 根据实验结果比较：a. S$_2$O$_8^{2-}$ 与 MnO$_4^-$ 氧化性的强弱；b. S$_2$O$_3^{2-}$ 与 I$^-$ 还原性的强弱。

③ 硫代硫酸钠与硝酸银溶液反应时，为何有时生成硫化银沉淀，有时又生成 $\left[Ag(S_2O_3)_2\right]^{3-}$ 配离子？

④ 如何区别：a. 氯酸钠和次氯酸钠；b. 三种酸性气体：氯化氢、二氧化硫、硫化氢；c. 硫酸钠、亚硫酸钠、硫代硫酸钠、硫化钠。

⑤ 设计一张硫的各种氧化态转化关系图。

【附注】

① 装配仪器时，应使仪器布局整齐、合理、美观。组装仪器的顺序为：先零后整，由低到高，由左到右，先里后外，拆装置与之顺序相反。组装好的装置要求从正面看，高低适宜，从侧面看，仪器轴线在同一平面上。用橡皮管连接两个仪器时，一般用 6~8cm 长的一段即可，不宜过长。

② 若使用试纸检验发生的气体，应先将试纸用蒸馏水润湿后，再产生气体。

③ 本实验及以后实验所用硫化氢水溶液，可以用硫代乙酰胺代替。硫代乙酰胺是无色或白色结晶。其水溶液在室温或 50~60℃ 时相当稳定，加热时水解速度加快，反应一般在沸水浴中进行。在酸性或碱性溶液中加热其水解更易进行。水解反应如下：

酸性溶液　CH$_3$—C(S)—NH$_2$＋H$^+$＋2H$_2$O ══ CH$_3$—C(O)—OH＋H$_2$S＋NH$_4^+$

碱性溶液　CH$_3$—C(S)—NH$_2$＋3OH$^-$══CH$_3$—C(O)—O$^-$＋S^{2-}＋NH$_3$＋H$_2$O

硫代乙酰胺在酸性溶液中可代替 H$_2$S，在碱性溶液中可代替 S^{2-} 使用。

硫代乙酰胺的水溶液只具有微弱的气味，在实验室代替 H$_2$S 水溶液，可免去有毒 H$_2$S 气体逸出对师生身体健康带来的危害，降低实验室中空气的污染程度。

④ 安全知识。氯气常温常压下为黄绿色、有强烈刺激性气味的剧毒气体，主要通过呼吸道侵入人体并溶解在黏膜所含的水分里，生成次氯酸和盐酸，对上呼吸道黏膜造成损伤。少量吸入人体会刺激鼻、咽部，引起咳嗽和喘息，大量吸入会造成呼吸困难，症状重时会发生肺水肿，使循环作用困难而致死亡。若不慎吸入少量氯气感到不适者，可到室外呼吸新鲜空气，或吸入少量稀薄的氨气解毒。氯气中毒不可以进行人工呼吸。

$$3Cl_2＋2NH_3 ══ N_2＋6HCl$$

硫化氢是无色有腐蛋味的剧毒气体，吸入硫化氢能引起中枢神经系统的抑制，产生头晕、头痛呕吐，严重时可引起昏迷、意识丧失，窒息而导致死亡。硫化氢是一种急性剧毒，吸入少量高浓度硫化氢可于短时间内致命。低浓度的硫化氢对眼、呼吸系统及中枢神经都有影响。二氧化硫是剧毒刺激性气体。

在制备和使用这些有毒气体时，必须注意气密性良好、收集尾气或在通风橱内进行，并注意室内通风换气和废气废液的处理。

溴蒸气对气管、肺部、眼、鼻、喉都有强烈的刺激作用，凡涉及溴的实验都应在通风橱内进行。不慎吸入溴蒸气时可吸入少量氨气和新鲜空气解毒。液溴具有强烈的腐蚀性，能灼伤皮肤，产生剧烈刺痛，不易医治。移取液溴时，需戴乳胶手套。溴水的腐蚀性较液溴弱，在取用时不允许直接倒而要使用滴管。如果不慎把溴水溅到皮肤上时应立即用水冲洗，再用碳酸氢钠溶液或食盐水冲洗，也可用稀氨水或稀硫代硫酸钠溶液洗。

$$3Br_2 + 8NH_3 \mathrm{=\!=\!=} 6NH_4Br + N_2$$

氯酸钾是强氧化剂，与碳、磷、硫等还原性物质及有机物、可燃物混合时，经摩擦或撞击后就会发生燃烧和爆炸，甚至会出现自发性的爆发，所以决不允许将它们混合在一起。尤其注意的是，氯酸钾和磷（无论是哪种形态的磷）混合稍微摩擦就有猛烈爆炸的危险。氯酸钾易分解，不宜大力研磨、烘干或烤干。实验时应将撒落的氯酸钾及时清除干净，不宜倒入废液缸中。

$$2KClO_3 + 3S \mathrm{=\!=\!=} 2KCl + 3SO_2\uparrow + Q(热量)$$
$$2KClO_3 \mathrm{=\!=\!=} 2KCl + 3O_2\uparrow$$
$$4P + 5O_2 \mathrm{=\!=\!=} 2P_2O_5 + Q(热量)$$

实验二十二　ds 区元素（铜、银、锌、镉、汞）

【实验目的】

① 了解铜、银、锌、镉、汞氧化物或氢氧化物的酸碱性，硫化物的溶解性。
② 掌握 Cu(Ⅰ)、Cu(Ⅱ) 重要化合物的性质及相互转化条件。
③ 试验并熟悉铜、银、锌、镉、汞的配位能力，以及 Hg_2^{2+} 和 Hg^{2+} 的转化。

【实验原理】

ds 区元素包括周期表中ⅠB族的 Cu、Ag、Au 和ⅡB族的 Zn、Cd、Hg 六种元素，价电子构型为 $(n-1)d^{10}ns^{1-2}$，它们的很多性质与 d 区元素相似，而与相应的主族ⅠA 和ⅡA 族比较，除了形式上均可形成氧化数为 +1 和 +2 的化合物外，更多地呈现较大的差异性。ⅠB 和ⅡB 族除能形成一些重要化合物外，最大特点是其离子具有 18 电子构型和较强的极化力和变形性，易于形成配合物。它们化合物的重要性质如下。

(1) 氢氧化物的酸碱性和脱水性

① Ag^+、Hg^{2+}、Hg_2^{2+} 与适量 NaOH 反应时，产物是氧化物，这是由它们的氢氧化物极不稳定，在常温下易脱水所致。这些氧化物及 $Cd(OH)_2$ 均显碱性。

② $Cu(OH)_2$（浅蓝色）也不稳定，加热至 90℃时脱水产生黑色 CuO。$Cu(OH)_2$ 呈较弱的两性，以碱性为主，溶于酸，有微弱的酸性，可溶于过量的浓碱溶液。$Zn(OH)_2$ 属典型两性。

(2) 配合性

Cu^{2+}、Cu^+、Ag^+、Zn^{2+}、Cd^{2+}、Hg^{2+} 等离子都有较强的接受配体的能力，能与多

种配体（如 X^-、CN^-、$S_2O_3^{2-}$、SCN^-、NH_3）形成配离子。

例如：铜盐与过量 Cl^- 能形成黄绿色 $[CuCl_4]^{2-}$ 配离子。

$$Cu^{2+}+4Cl^- \rightleftharpoons [CuCl_4]^{2-}（黄绿色）$$

银盐与过量 $Na_2S_2O_3$ 溶液反应形成无色 $[Ag(S_2O_3)_2]^{3-}$。

$$Ag^++2S_2O_3^{2-} \rightleftharpoons [Ag(S_2O_3)_2]^{3-}（无色）$$

有机物二苯硫腙（HDZ）（绿色），在碱性条件下与 Zn^{2+} 反应生成粉红色的 $[Zn(DZ)_2]$，常用来鉴定 Zn^{2+} 的存在。反应式为：

$$Zn^{2+}+2HDZ+2OH^- \rightleftharpoons [Zn(DZ)_2]（粉红色）+2H_2O$$

再如 Hg^{2+} 与过量 KSCN 溶液反应生成 $[Hg(SCN)_4]^{2-}$ 配离子。

$$Hg^{2+}+2SCN^- \rightleftharpoons Hg(SCN)_2\downarrow（白色）$$

$$Hg(SCN)_2+2SCN^- \rightleftharpoons [Hg(SCN)_4]^{2-}$$

$[Hg(SCN)_4]^{2-}$ 与 Co^{2+} 反应生成蓝紫色的 $Co[Hg(SCN)_4]$，可用做鉴定 Co^{2+}。与 Zn^{2+} 反应生成白色的 $Zn[Hg(SCN)_4]$，可用来鉴定 Zn^{2+} 的存在。

① Cu^{2+}、Ag^+、Zn^{2+}、Cd^{2+} 与过量 $NH_3 \cdot H_2O$ 反应时，均生成氨的配离子。$Cu_2(OH)_2SO_4$、AgOH、Ag_2O 等难溶物也可溶于 $NH_3 \cdot H_2O$ 形成配合物。Hg^{2+} 只有在大量 NH_4^+ 存在时才与 $NH_3 \cdot H_2O$ 生成配离子，当 NH_4^+ 不存在时则生成难溶盐沉淀。

$$HgCl_2+2NH_3 \cdot H_2O \Longrightarrow HgNH_2Cl\downarrow（白色）+NH_4Cl+2H_2O$$

$$2Hg_2(NO_3)_2+4NH_3 \cdot H_2O \Longrightarrow HgO \cdot HgNH_2NO_3\downarrow（白色）+2Hg\downarrow+3NH_4NO_3+3H_2O$$

② Cu^{2+}、Cu^+、Ag^+、Zn^{2+}、Cd^{2+}、Hg^{2+} 与过量 KI 反应时，除 Zn^{2+} 以外，均与 I^- 形成配离子，但由于 Cu^{2+} 的氧化性，产物是 Cu^+ 的配离子 $[CuI_2]^-$ 和 I_2。Hg^{2+} 较稳定，而 Hg(I) 配离子易歧化，产物是 $[HgI_4]^{2-}$ 配离子，它与 NaOH 的混合液为奈斯勒试剂，可用于鉴定 NH_4^+。

$$2[HgI_4]^{2-}+NH_4^++4OH^- \Longrightarrow [Hg_2ONH_2]I（红棕色）+7I^-+3H_2O$$

③ Cu^{2+}、Cu^+、Ag^+、Zn^{2+}、Cd^{2+}、Hg^{2+} 与 $NH_3 \cdot H_2O$、KI 反应产物的颜色如下表所列：

$Cu_2(OH)_2SO_4$ 蓝色	Ag_2O 褐色	$Zn(OH)_2$ 白色	$Cd(OH)_2$ 白色	HgO 黄色	$HgNH_2Cl$-Hg 灰色
$[Cu(NH_3)_4]^{2+}$ 深蓝	$[Ag(NH_3)_2]^+$ 无色	$[Zn(NH_3)_4]^{2+}$ 无色	$[Cd(NH_3)_4]^{2+}$ 无色	$HgNH_2Cl$ 白色	—
$CuI\downarrow$ 白+I_2	$AgI\downarrow$ 黄色	—	CdI_2 绿黄色	HgI_2 橙红色	Hg_2I_2 黄绿色
$[CuI_2]^-$	$[AgI_2]^-$	—	$[CdI_4]^{2-}$	$[HgI_4]^{2-}$ 无色	$[HgI_4]^{2-}$+Hg

（3）硫化物

铜、银、锌、镉、汞的硫化物是具有特征颜色的难溶物。CuS 黑色、Ag_2S 黑色、ZnS 白色、CdS 黄色、HgS 黑色。

（4）氧化还原性

从标准电极电势值可知：Cu^{2+}、Ag^+、Hg^{2+}、Hg_2^{2+} 和相应的化合物都具有氧化性，均为中强氧化剂。

Cu^{2+} 溶液中加入 KI 时，I^- 被氧化为 I_2，Cu^{2+} 被还原得到白色 CuI 沉淀，CuI 能溶于过量 KI 中形成配离子。

$$2Cu^{2+}+4I^- ===2CuI\downarrow（白色）+I_2$$

$$CuI+I^- ===[CuI_2]^-$$

$CuCl_2$ 溶液中加入 Cu 屑，与浓 HCl 共煮得到棕黄色 $[CuCl_2]^-$ 配离子。

$$CuCl_2+Cu+2HCl（浓）===2H[CuCl_2]（棕黄色）$$

生成的配离子 $[CuCl_2]^-$ 不稳定，加水稀释时，可得到白色的 CuCl 沉淀。

碱性介质中，Cu^{2+} 与葡萄糖共煮，Cu^{2+} 被还原成 Cu_2O 红色沉淀。

$$2Cu^{2+}+4OH^-（过量）+C_6H_{12}O_6 ===Cu_2O（红）+2H_2O+C_6H_{12}O_7$$

或　$2[Cu(OH)_4]^{2-}+C_6H_{12}O_6 ===Cu_2O（红）+4OH^-+2H_2O+C_6H_{12}O_7$

此反应称为"铜镜反应"，可用于定性鉴定糖尿病。

Cu^+ 在水溶液中不稳定，自发歧化：

$$2Cu^+ ===Cu^{2+}+Cu\downarrow$$

Hg^{2+} 与适量 Sn^{2+} 反应，得到白色的 Hg_2Cl_2 沉淀，继续与 Sn^{2+} 反应，Hg_2Cl_2 可以进一步被还原为黑色的 Hg。

$$2HgCl_2+SnCl_2（适量）===Hg_2Cl_2\downarrow（白色）+SnCl_4$$

$$Hg_2Cl_2+SnCl_2（过量）===2Hg\downarrow（黑色）+SnCl_4$$

此反应常用来鉴定 Hg^{2+} 或 Sn^{2+}。

Hg_2^{2+} 在水溶液中能够稳定存在，可以十分方便地得到 Hg_2^{2+} 溶液：

$$Hg^{2+}+Hg(l)===Hg_2^{2+}$$

上述平衡趋势并不大（$K=87.7$），若加入一种试剂降低 Hg^{2+} 浓度，Hg_2^{2+} 将会发生歧化。因此加入碱、硫化物等 Hg(Ⅱ) 的沉淀剂或氰离子等 Hg(Ⅱ) 的强配位剂都会促使 Hg_2^{2+} 歧化，最终产物为 Hg(s) 和相应的 Hg(Ⅱ) 的稳定难溶盐或配合物，例如，HgS、HgO、$HgNH_2Cl$ 沉淀和 $[Hg(CN)_4]^{2-}$ 配离子等。

银盐溶液中加入过量 $NH_3 \cdot H_2O$，再与葡萄糖或甲醛反应，Ag^+ 被还原为金属银。

$$Ag^++2NH_3（过量）===[Ag(NH_3)_2]^+$$

$$2[Ag(NH_3)_2]^++C_6H_{12}O_6+2OH^- ===2Ag+C_6H_{12}O_7+4NH_3\uparrow+H_2O$$

或　$2[Ag(NH_3)_2]^++HCHO+2OH^- ===2Ag+HCOONH_4+3NH_3\uparrow+H_2O$

此反应称"银镜反应"，曾用于制造镜子和保温瓶夹层上的镀银。

(5) 离子鉴定

① Cu^{2+}：在中性或弱酸性（HAc）介质中，与亚铁氰化钾 $K_4[Fe(CN)_6]$ 反应生成红褐色沉淀：

$$2Cu^{2+}+[Fe(CN)_6]^{4-}===Cu_2[Fe(CN)_6]（红褐色）$$

② Ag^+：在 $AgNO_3$ 溶液中，加入 Cl^-，形成 AgCl 白色沉淀，AgCl 溶于 $NH_3 \cdot H_2O$ 生成无色 $[Ag(NH_3)_2]^+$ 配离子，继续加 HNO_3 酸化，白色沉淀又析出，此法用于鉴定 Ag^+ 的存在。

另外，银盐与 K_2CrO_4 反应生成 Ag_2CrO_4 砖红色沉淀：

$$2Ag^++CrO_4^{2-}===Ag_2CrO_4\downarrow（砖红色）$$

③ Cd^{2+}：镉盐与 Na_2S 溶液反应生成黄色沉淀：

$$Cd^{2+} + S^{2-} = CdS\downarrow（黄色）$$

④ Zn^{2+}：与二苯硫腙（打萨腙）生成红色配合物。

【实验用品】

① 仪器：试管（离心）、烧杯、离心机。

② 药品：碘化钾（s）、铜屑（s）、HCl（浓、2mol·L^{-1}）、H_2SO_4（2mol·L^{-1}）、HNO_3（浓、2mol·L^{-1}）、NaOH（6mol·L^{-1}、2mol·L^{-1}、40%）、$NH_3\cdot H_2O$（浓、2mol·L^{-1}）、$ZnSO_4$（0.2mol·L^{-1}）、$CuSO_4$（0.2mol·L^{-1}）、$CdSO_4$（0.2mol·L^{-1}）、$CuCl_2$（0.5mol·L^{-1}）、$Hg(NO_3)_2$（0.2mol·L^{-1}）、$SnCl_2$（0.2mol·L^{-1}）、$AgNO_3$（0.2mol·L^{-1}）、Na_2S（0.1mol·L^{-1}）、KI（0.2mol·L^{-1}）、KSCN（0.1mol·L^{-1}）、$Na_2S_2O_3$（0.5mol·L^{-1}）、NaCl（0.2mol·L^{-1}）、金属汞、葡萄糖溶液（10%）。

③ 材料：玻璃棒、pH试纸。

【基本操作】

① 汞的使用注意事项：参见本实验有关内容。

② 试管操作：参见 2.1.1（1）部分相关内容。

③ 离心分离：参见 3.8.1.3 部分相关内容。

【实验内容】

(1) 铜、银、锌、镉、汞氢氧化物或氧化物的生成和性质

1）铜、锌、镉氢氧化物的生成和性质 向 3 支分别盛有 0.5mL 0.2mol·L^{-1}$CuSO_4$、$ZnSO_4$、$CdSO_4$ 溶液的试管中滴加新配制的 2mol·L^{-1} NaOH 溶液，观察溶液颜色及状态。

将各试管中沉淀分成两份：一份 2mol·L^{-1}H_2SO_4；另一份继续滴加 2mol·L^{-1}NaOH 溶液。观察现象，写出反应式。

2）银、汞氧化物的生成和性质

① 氧化银的生成和性质。取 0.5mL 0.2mol·L^{-1}$AgNO_3$ 溶液，滴加新配制的 2mol·L^{-1}NaOH 溶液，观察 Ag_2O（为什么不是 AgOH？）的颜色和状态。洗涤并离心分离沉淀，将沉淀分成两份：一份加入 2mol·L^{-1} HNO_3；另一份加入 2mol·L^{-1} 氨水。观察现象，写出反应方程式。

② 氧化汞的生成和性质。取 0.5mL 0.2mol·L^{-1}$Hg(NO_3)_2$ 溶液，滴加新配制的 2mol·L^{-1}NaOH 溶液，观察溶液颜色和状态。将沉淀分成两份：一份加入 2mol·L^{-1} HNO_3；另一份加入 40%NaOH 溶液。观察现象，写出有关反应方程式。

(2) 锌、镉、汞硫化物的生成和性质

往 3 支分别盛有 0.5mL 0.2mol·L^{-1} $ZnSO_4$、$CdSO_4$、$Hg(NO_3)_2$ 溶液的离心试管中滴加 1mol·L^{-1}Na_2S 溶液。观察沉淀的生成和颜色。

将沉淀离心分离、洗涤，然后将每种沉淀分成三份：一份加入 2mol·L^{-1} 盐酸；第二份中加入浓盐酸；第三份加入王水（自配），分别水浴加热。观察沉淀溶解情况。

根据实验现象并查阅有关数据，对铜、银、锌、镉、汞硫化物的溶解情况作出结论，并

写出有关反应方程式。

（3）铜、银、锌、汞的配合物

1）氨合物的生成　往四支分别盛有 0.5mL 0.2mol·L^{-1} $CuSO_4$、$AgNO_3$、$ZnSO_4$、$Hg(NO_3)_2$ 溶液的试管中滴加 2mol·L^{-1} 的氨水。观察沉淀的生成，继续加入过量的 2mol·L^{-1} 氨水，又有何现象发生？写出有关反应方程式。

比较 Cu^{2+}、Ag^+、Zn^{2+}、Hg^{2+} 与氨水反应有什么不同。

2）汞配合物的生成和应用

① 往盛有 0.5mL 0.2mol·L^{-1} $Hg(NO_3)_2$ 溶液中，滴加 0.2mol·L^{-1} KI 溶液，观察沉淀的生成和颜色。再往该沉淀中加入少量碘化钾固体（直至沉淀刚好溶解为止，不要过量），溶液显何色？写出反应方程式。

在所得的溶液中，滴入几滴 40%NaOH 溶液，再与氨水反应，观察沉淀的颜色。

② 往 5 滴 0.2mol·L^{-1} $Hg(NO_3)_2$ 溶液中，逐滴加入 0.1mol·L^{-1} KSCN 溶液，最初生成白色 $Hg(SCN)_2$ 沉淀，继续滴加 KSCN 溶液，沉淀溶解生成无色 $[Hg(SCN)_4]^{2-}$ 配离子。再在该溶液中加几滴 0.2mol·L^{-1} $ZnSO_4$ 溶液，观察白色的 $Zn[Hg(SCN)_4]$ 沉淀的生成（该反应可定性检验 Zn^{2+}），必要时用玻璃棒摩擦试管壁。

（4）铜、银、汞的氧化还原性

1）氧化亚铜的生成和性质　取 0.5mL 0.2mol·L^{-1} $CuSO_4$ 溶液，滴加过量的 6mol·L^{-1}NaOH 溶液，使起初生成的蓝色沉淀溶解成深蓝色溶液。然后在溶液中加入 1mL 10% 葡萄糖溶液，混匀后微热，有黄色沉淀产生进而变成红色沉淀。写出有关反应方程式。

将沉淀离心分离、洗涤，然后沉淀分成两份：一份沉淀与 1mL 2mol·L^{-1} H_2SO_4 作用，静置一会注意沉淀的变化，然后加热至沸，观察有何现象；另一份沉淀中加入 1mL 浓氨水，振荡后静置一段时间观察溶液的颜色，放置一段时间后溶液为什么会变成深蓝色？

2）氯化亚铜的生成和性质　取 10mL 0.5mol·$L^{-1}$$CuCl_2$ 溶液，加入 3mL 浓盐酸和少量铜屑，加热沸腾至其中液体呈深棕色（绿色完全消失）。取几滴上述溶液加入 10mL 蒸馏水中，如有白色沉淀产生，则迅速把全部溶液倾入 100mL 蒸馏水中，将白色沉淀洗涤至无蓝色为止。

取少许沉淀分成两份：一份与 3mL 浓氨水作用，观察有何变化；另一份与 3mL 浓盐酸作用，观察又有何变化。写出有关反应方程式。

> **思考题：**
> 1.在白色氯化亚铜沉淀中加入浓氨水或浓盐酸后形成什么颜色溶液？放置一段时间后会变成蓝色溶液，为什么？
> 2.实验中深棕色溶液是什么物质？加入蒸馏水发生了什么反应？

3）碘化亚铜的生成和性质　在盛有 0.5mL 0.2mol·$L^{-1}$$CuSO_4$ 溶液的试管中，边滴加 0.2mol·L^{-1}KI 溶液边振荡，溶液变为棕黄色（CuI 为白色沉淀、I_2 溶于 KI 呈黄色）。再滴加适量 0.5mol·L^{-1} $Na_2S_2O_3$ 溶液，以除去反应中生成的碘。观察产物的颜色和状态，写出反应式。

> **思考题：**加入硫代硫酸钠是为了和溶液中产生的碘作用，而便于观察碘化亚铜白色沉淀的颜色；但若硫代硫酸钠过量，则看不到白色沉淀，为什么？

4) 汞（Ⅱ）与汞（Ⅰ）的相互转化

① Hg^{2+} 的氧化性。在 5 滴 $0.2mol \cdot L^{-1}$ $Hg(NO_3)_2$ 溶液中，逐滴加入 $0.2mol \cdot L^{-1} SnCl_2$ 溶液（由适量→过量）。观察现象，写出反应方程式。

② Hg^{2+} 转化 Hg_2^{2+} 和 Hg_2^{2+} 的歧化分解。在 0.5mL $0.2mol \cdot L^{-1} Hg(NO_3)_2$ 溶液中，滴入 1 滴金属汞，充分振荡。用滴管把清液转入两支试管中（余下的汞要回收），在一支试管中加入 $0.2mol \cdot L^{-1}$ NaCl；另一支试管中滴入 $2mol \cdot L^{-1}$ 氨水，观察现象，写出反应式。

> **思考题：**
> 1. 使用汞时应注意什么？为什么汞要用水封存？
> 2. 用平衡原理预测在硝酸亚汞溶液中通入硫化氢气体后，生成的沉淀物为何物，并加以解释。

【实验习题】

① 在制备氯化亚铜时，能否用氯化铜和铜屑在用盐酸酸化呈微弱的酸性条件下反应？为什么？若用浓氯化钠溶液代替盐酸，此反应能否进行？为什么？

② 根据钠、钾、钙、镁、铝、锡、铅、铜、银、锌、镉、汞的标准电极电势推测这些金属的活动顺序。

③ 当二氧化硫通入硫酸铜饱和溶液和氯化钠饱和溶液的混合液时将发生什么反应？能看到什么现象？试说明之。写出相应的反应方程式。

④ 选用什么试剂来溶解下列沉淀？氢氧化铜，硫化铜，溴化铜，碘化银。

⑤ 现有三瓶已失标签的硝酸汞、硝酸亚汞和硝酸银溶液。至少用两种方法鉴别之。

⑥ 试用实验证明：黄铜的组成是铜和锌（其他组成可不考虑）。

【附注】

① 汞的贮存和使用。汞的蒸气毒性很大，所以使用汞时应小心不要溅落到地上和桌面上。实验室贮存和防止汞撒落的方法是：贮存瓶要用壁厚坚固的瓶，并且汞和汞液面上的蒸馏水总体积不大于瓶总容积的 3/4；放在阴凉但 0℃ 以上的地方贮存；取用时盛汞的瓶子放在搪瓷盘中；用带钩的长滴管取用，且从瓶中取出有汞的滴管前，要使滴管中的汞稳定不动；在将汞转移到接收容器前，不能挤压胶头且动作必须要稳；从滴管中挤出汞时，滴管的尖嘴口一定不能向上，必须使尖嘴尽可能向下倾斜，且尽可能多地伸进接收容器内；挤压胶头时动作要轻。

汞散落后：一是要尽量收集；二是用锌片接触不能收集的汞（形成汞齐）；三是在遗留处撒上硫粉；四是在裂缝处灌以熔融态的硫。

② 王水是一种腐蚀性极强、冒黄色雾的液体，对皮肤、黏膜等组织有强烈的刺激作用和腐蚀作用，蒸气或雾能引起角膜炎、结膜炎，并可引起失明，引起呼吸道刺激和支气管痉挛，化学性肺炎、肺水肿，严重者可致死。王水极易变质，有氯气的气味，必须现配现使用。配制方法是：取一体积浓硝酸慢慢倒入到三体积浓盐酸中，不断用玻璃棒搅拌至混合均匀，然后将配好的王水保存于棕色的玻璃瓶中，玻璃瓶插在沙坑里。

③ 所有含铜、银、镉、汞的废液都要回收。

实验二十三　第一过渡系元素（一）

（钛、钒、铬、锰）

【实验目的】

① 掌握钛、钒、铬、锰主要氧化态的化合物的重要性质及各氧化态之间相互转化的条件。

② 练习砂浴加热操作。

【实验原理】

位于周期表中第四周期的 Sc～Ni 称为第一过渡系元素。第一过渡系元素是元素中常见的重要元素。它们的主要性质如下。

(1) Ti

Ti 是ⅣB 族元素，价电子构型 $3d^2 4s^2$。以 +4 氧化态最稳定。纯二氧化钛为白色粉末，不溶于水、不易溶于浓碱但能溶于热硫酸中：

$$TiO_2 + 2H_2SO_4 \xrightarrow{\text{加热}} Ti(SO_4)_2 + 2H_2O$$

$$TiO_2 + H_2SO_4 \xrightarrow{\text{加热}} TiOSO_4 + H_2O$$

在中等酸度的钛（Ⅳ）盐溶液中加入 H_2O_2，可生成较稳定的橘黄色 $[TiO(H_2O_2)]^{2+}$：

$$TiO^{2+} + H_2O_2 === [TiO(H_2O_2)]^{2+}$$

用锌处理钛（Ⅳ）盐的盐酸溶液，可以得到紫色的钛（Ⅲ）的化合物：

$$2TiO^{2+} + Zn + 4H^+ === 2Ti^{3+} + Zn^{2+} + 2H_2O$$

Ti^{3+} 具有还原性，遇 $CuCl_2$ 等发生氧化还原反应：

$$2Ti^{3+} + 2Cu^{2+} + 2Cl^- + 2H_2O === 2CuCl\downarrow + 2TiO^{2+} + 4H^+$$

(2) V

V 属ⅤB 族元素，价电子构型 $3d^3 4s^2$。在化合物中氧化数主要为 +5。五氧化二钒是钒的重要化合物之一，可由偏钒酸铵加热分解制得：

$$NH_4VO_3 === V_2O_5 + 2NH_3\uparrow + H_2O \quad \text{（加热）}$$

五氧化二钒呈橙色至深红色，微溶于水，是两性偏酸性的氧化物，易溶于碱，能溶于强酸：

$$V_2O_5 + 6NaOH === 2Na_3VO_4 + 3H_2O$$

$$V_2O_5 + H_2SO_4 === (VO_2)_2SO_4 + H_2O$$

五氧化二钒溶解于盐酸溶液时，钒（Ⅴ）被还原为钒（Ⅳ）：

$$V_2O_5 + 6HCl === 2VOCl_2 + Cl_2\uparrow + 3H_2O$$

在钒酸盐的酸性溶液中，加入还原剂（如锌粉），可观察到溶液的颜色由黄色逐渐变成蓝色、绿色、最后成为紫色。这些颜色各相应于钒（Ⅳ）、钒（Ⅲ）和钒（Ⅱ）的化合物：

$$NH_4VO_3 + 2HCl === VO_2Cl + NH_4Cl + H_2O$$

$$2VO_2Cl + Zn + 4HCl === 2VOCl_2 + ZnCl_2 + 2H_2O$$

$$2VOCl_2 + Zn + 4HCl === 2VCl_3 + ZnCl_2 + 2H_2O$$

$$2VCl_3 + Zn === 2VCl_2 + ZnCl_2$$

在钒酸盐溶液中加酸，随 pH 值逐渐下降，生成不同缩合度的多钒酸盐。其缩合平衡为：

$$2VO_4^{3-} + 2H^+ \Longrightarrow 2HVO_4^{2-} \Longrightarrow V_2O_7^{4-} + H_2O \qquad (pH \geqslant 13)$$

$$3V_2O_7^{4-} + 6H^+ \Longrightarrow 2V_3O_9^{3-} + 3H_2O \qquad (pH \geqslant 8.4)$$

$$10V_3O_9^{3-} + 12H^+ \Longrightarrow 3V_{10}O_{28}^{6-} + 6H_2O \qquad (3 < pH < 8)$$

随缩合度增大，溶液的颜色逐渐加深，由淡黄色变到深红色。溶液转为酸性后，缩合度不再改变，而是发生获得质子的反应：

$$V_{10}O_{28}^{6-} + H^+ \Longrightarrow HV_{10}O_{28}^{5-}$$

$$HV_{10}O_{28}^{5-} + H^+ \Longrightarrow H_2V_{10}O_{28}^{4-}$$

在 pH ≈ 2 时有红棕色五氧化二钒水合物沉淀析出，pH＝1 时溶液中存在稳定的黄色 VO_2^+：

$$H_2V_{10}O_{28}^{4-} + 14H^+ \Longrightarrow 10VO_2^+ + 8H_2O$$

在钒酸盐的溶液中加 H_2O_2，若溶液呈弱碱性、中性或弱酸性时，得到黄色的二过氧钒酸离子；若溶液呈强酸性时，得到红棕色的过氧钒阳离子，两者间存在下列平衡：

$$[VO_2(O_2)_2]^{3-} + 6H^+ \Longrightarrow [V(O_2)]^{3+} + H_2O_2 + 2H_2O$$

在分析上可作为鉴定钒和比色测定用。

（3）Cr

Cr 是 ⅥB 族元素，价电子构型 $3d^5 4s^1$。最常见的是 +3 和 +6 氧化数的化合物。

铬（Ⅲ）盐溶液与氨水或氢氧化钠反应可制得灰蓝色氢氧化铬胶状沉淀。$Cr(OH)_3$ 是典型的两性氢氧化物，既溶于酸又溶于碱：

$$Cr^{3+} + 3OH^- \Longrightarrow Cr(OH)_3 \downarrow$$

$$Cr(OH)_3 + OH^- \Longrightarrow CrO_2^- + 2H_2O$$

$$Cr(OH)_3 + 3H^+ \Longrightarrow Cr^{3+} + 3H_2O$$

在碱性溶液中铬（Ⅲ）具有较强的还原性：

$$2CrO_2^- + 3H_2O_2 + 2OH^- \Longrightarrow 2CrO_4^{2-} + 4H_2O$$

常用的铬（Ⅵ）化合物是它的含氧酸盐：铬酸盐与重铬酸盐。它们在水溶液中可以互相转化，存在下列平衡关系：

$$2CrO_4^{2-} + 2H^+ \Longrightarrow Cr_2O_7^{2-} + H_2O$$

除加酸、加碱可使这个平衡发生移动，向溶液中加入 Ba^{2+}、Ag^+ 或 Pb^{2+}，由于铬酸盐的溶解度比重铬酸盐溶解度小，将生成铬酸盐沉淀，也能使上述平衡向左移动。故即使向 $Cr_2O_7^{2-}$ 溶液加入这些金属离子，生成的也是铬酸盐沉淀。

$$2Ba^{2+} + Cr_2O_7^{2-} + H_2O \Longrightarrow 2BaCrO_4 \downarrow（橙黄色）+ 2H^+$$

$$4Ag^+ + Cr_2O_7^{2-} + H_2O \Longrightarrow 2Ag_2CrO_4 \downarrow（砖红色）+ 2H^+$$

$$2Pb^{2+} + Cr_2O_7^{2-} + H_2O \Longrightarrow 2PbCrO_4 \downarrow（黄色）+ 2H^+$$

在酸性介质中，$Cr_2O_7^{2-}$ 具有强氧化性，其还原产物都是 Cr^{3+} 的盐。可氧化乙醇，反应式如下：

$$2Cr_2O_7^{2-}（橙色）+ 3C_2H_5OH + 16H^+ \Longrightarrow 4Cr^{3+}（绿色）+ 3CH_3COOH + 11H_2O$$

根据颜色变化，可定性检查人呼出的气体和血液中是否含有酒精，可判断是否酒后驾车或酒精中毒。

（4）Mn

Mn 为ⅦB 族元素，价电子构型 $3d^5 4s^2$。最常见的是＋2、＋4 和＋7 氧化数的化合物。在酸性介质中，Mn^{2+} 比较稳定，在碱性介质中则易被氧化：

$$Mn^{2+} + 2OH^- \longrightarrow Mn(OH)_2 \downarrow（白色）$$

$$2Mn(OH)_2 + O_2 \longrightarrow 2MnO(OH)_2（褐色）$$

$$Mn(OH)_2 + ClO^- \longrightarrow MnO(OH)_2（褐色）+ Cl^-$$

$Mn(OH)_2$ 是碱性氢氧化物，溶于酸和酸性盐溶液，不溶于碱：

$$Mn(OH)_2 + 2H^+ \longrightarrow Mn^{2+} + 2H_2O$$

$$Mn(OH)_2 + 2NH_4^+ \longrightarrow Mn^{2+} + 2NH_3 \uparrow + 2H_2O$$

MnO_2 是锰（Ⅳ）的重要化合物，可用锰（Ⅶ）和锰（Ⅱ）的化合物作用而得到：

$$3Mn^{2+} + 2MnO_4^- + 2H_2O \longrightarrow 5MnO_2 \downarrow + 4H^+$$

在酸性介质中，二氧化锰是一种强氧化剂：

$$MnO_2 + SO_3^{2-} + 2H^+ \longrightarrow Mn^{2+} + SO_4^{2-} + H_2O$$

在碱性介质中，有氧化剂存在时，锰（Ⅳ）能被氧化转变为锰（Ⅵ）的化合物：

$$2MnO_2 + 4KOH + O_2 \longrightarrow 2K_2MnO_4 + 2H_2O$$

MnO_4^{2-}（绿色）能稳定存在于强碱溶液中，而在酸性、中性或微碱性溶液易发生歧化反应：

$$3MnO_4^{2-} + 2H_2O \longrightarrow 2MnO_4^- + MnO_2 \downarrow + 4OH^-$$

锰（Ⅶ）最重要的化合物是高锰酸钾。MnO_4^- 具有强氧化性，高锰酸钾是最重要和常用的氧化剂之一，它的还原产物与溶液的酸碱性有关，在酸性、中性或碱性介质中分别被还原为 Mn^{2+}、MnO_2 和 MnO_4^{2-}。

【实验用品】

① 仪器：试管（离心）、电子天平（0.1g 精度）、砂浴皿、蒸发皿。

② 药品：二氧化钛（s）、锌粒（s）、偏钒酸铵（s）、二氧化锰（s）、亚硫酸钠（s）、高锰酸钾（s）、H_2SO_4（浓、$1mol \cdot L^{-1}$）、HCl（浓、$6mol \cdot L^{-1}$、$2mol \cdot L^{-1}$、$0.1mol \cdot L^{-1}$）、H_2O_2（3%）、NaOH（40%、$6mol \cdot L^{-1}$、$0.2mol \cdot L^{-1}$、$0.1mol \cdot L^{-1}$）、$NH_3 \cdot H_2O$（$2mol \cdot L^{-1}$）、$TiCl_4$、$CuCl_2$（$0.2mol \cdot L^{-1}$）、NH_4VO_3（饱和）、$K_2SO_4 \cdot Cr_2(SO_4)_3 \cdot 24H_2O$（$0.2mol \cdot L^{-1}$）、$K_2Cr_2O_7$（$0.1mol \cdot L^{-1}$）、$FeSO_4$（$0.5mol \cdot L^{-1}$）、$K_2CrO_4$（$0.1mol \cdot L^{-1}$）、$AgNO_3$（$0.1mol \cdot L^{-1}$）、$BaCl_2$（$0.1mol \cdot L^{-1}$）、$Pb(NO_3)_2$（$0.1mol \cdot L^{-1}$）、$MnSO_4$（$0.5mol \cdot L^{-1}$、$0.2mol \cdot L^{-1}$）、NaClO（稀）、$NH_4Cl$（$2mol \cdot L^{-1}$）、$H_2S$（饱和）、$Na_2S$（$0.1mol \cdot L^{-1}$、$0.5mol \cdot L^{-1}$）、$KMnO_4$（$0.1mol \cdot L^{-1}$）、$Na_2SO_3$（$0.1mol \cdot L^{-1}$）。

③ 材料：pH 试纸、沸石。

【基本操作】

砂浴加热：参见 3.6.1.1 中（2）部分相关内容。

【实验内容】

(1) 钛的化合物的重要性质

1) 二氧化钛的性质和过氧钛酸根的生成　在试管中加入米粒大小的二氧化钛粉末，然后加入 2mL 浓 H_2SO_4，再加入几粒沸石，摇动试管加热至近沸（注意防止浓硫酸溅出），观察试管的变化。冷却静置后，取 0.5mL 溶液，滴入 1 滴 3％的 H_2O_2，观察现象。

另取少量二氧化钛固体，注入 2mL 40％NaOH 溶液，加热。静置后，取上层清液，小心滴入浓 H_2SO_4 至溶液呈酸性，滴入几滴 3％H_2O_2，检验二氧化钛是否溶解。

2) 钛（Ⅲ）化合物的生成和还原性　在盛有 0.5mL 硫酸氧钛的溶液［用液体四氯化钛和 $1mol \cdot L^{-1}$ 的 $(NH_4)_2SO_4$ 按 1∶1 比例配成硫酸氧钛溶液］中，加入 2 个锌粒，观察颜色的变化，把溶液放置几分钟后，滴入几滴 $0.2mol \cdot L^{-1}CuCl_2$ 溶液，观察现象。由上述现象说明钛（Ⅲ）的还原性。

(2) 钒的化合物的重要性质

1) 取 0.5g 偏钒酸铵固体放入蒸发皿中，在砂浴上加热，并不断搅拌，观察并记录反应过程中固体颜色的变化，然后把产物分为 4 份。

在第 1 份固体中，加入 1mL 浓 H_2SO_4 振荡，放置。观察溶液颜色，固体是否溶解？在第 2 份固体中，加入 $6mol \cdot L^{-1}NaOH$ 溶液加热。有何变化？在第 3 份固体中，加入少量蒸馏水，煮沸、静置，待其冷却后，用 pH 试纸测定溶液的 pH 值。在第 4 份固体中，加入浓盐酸，观察有何变化。微沸，检验气体产物，加入少量蒸馏水，观察溶液颜色。

写出有关的反应方程式，总结五氧化二钒的特性。

2) 低价钒的化合物的生成　在盛有 1mL 氯化氧钒溶液（在 1g 偏钒酸铵固体中，加入 20mL $6mol \cdot L^{-1}HCl$ 溶液和 10mL 蒸馏水）的试管中，加入 2 粒锌粒，放置片刻，观察并记录反应过程中溶液颜色的变化，并加以解释。

3) 过氧钒阳离子的生成　在盛有 0.5mL 饱和偏钒酸铵溶液的试管中，加入 0.5mL $2mol \cdot L^{-1}HCl$ 溶液和 2 滴 3％H_2O_2 溶液，观察并记录产物的颜色和状态。

4) 钒酸盐的缩合反应

① 取 4 支试管，分别加入 10mL pH 值分别为 14、3、2 和 1（用 $0.1mol \cdot L^{-1}NaOH$ 溶液和 $0.1mol \cdot L^{-1}$ 盐酸配制）的水溶液，再向每支试管中加入 0.1g 偏钒酸铵固体（约 1 角勺尖）。振荡试管使之溶解，观察现象并加以解释。

② 将 pH 值为 1 的试管放入热水浴中，向试管内缓慢滴加 $0.1mol \cdot L^{-1}$ NaOH 溶液并振荡试管。观察颜色变化，记录该颜色下溶液的 pH 值。

③ 将 pH 值为 14 的试管放入热水浴中，向试管内缓慢滴加 $0.1mol \cdot L^{-1}$ 盐酸，并振荡试管。观察颜色变化，记录该颜色下溶液的 pH 值。

> **思考题：**将上面实验②、③和①中的现象加以对比，总结出钒酸盐缩合反应的一般规律。

(3) 铬的化合物的重要性质

1) 铬（Ⅵ）的氧化性　$Cr_2O_7^{2-}$ 转变为 Cr^{3+}，在约 5mL 重铬酸钾溶液中，加入少量所选择的还原剂，观察溶液颜色的变化，（如果现象不明显，该怎么办？）写出反应方程式［保留溶液供下面实验 3) 用］。

思考题：

1.转化反应须在何种介质（酸性或碱性）中进行？为什么？

2.从电势值和还原剂被氧化后产物的颜色考虑，选择哪些还原剂为宜？如果选择亚硝酸钠溶液可以吗？

2）铬（Ⅵ）的缩合平衡 $Cr_2O_7^{2-}$ 与 CrO_4^{2-} 的相互转化。

思考题：

1.取少量 $Cr_2O_7^{2-}$ 溶液，加入所选择的试剂使其转变为 CrO_4^{2-}。

2.在上述 CrO_4^{2-} 溶液中，加入所选择的试剂使其转变为 $Cr_2O_7^{2-}$。$Cr_2O_7^{2-}$ 与 CrO_4^{2-} 在何种介质中可相互转化？

3）氢氧化铬（Ⅲ）的两性 Cr^{3+} 转变为 $Cr(OH)_3$ 沉淀，并试验 $Cr(OH)_3$ 的两性。

在实验 1）所保留的 Cr^{3+} 溶液中，逐滴加入 $6mol \cdot L^{-1} NaOH$ 溶液，观察沉淀物的颜色，写出反应方程式；将所得沉淀物分成两份，分别试验与酸、碱的反应，观察溶液的颜色，写出反应方程式。

4）铬（Ⅲ）的还原性 CrO_2^- 转变为 CrO_4^{2-}。

在实验 3）得到的 CrO_2^- 溶液中，加入少量所选择的氧化剂，水浴加热，观察溶液颜色的变化，写出反应方程式。

思考题：

1.转化反应需在何种介质中进行？为什么？

2.从电势值和氧化剂被还原后产物的颜色考虑，应选择哪些氧化剂？$3\% H_2O_2$ 溶液可用否？

5）重铬酸盐和铬酸盐的溶解性 分别在 $Cr_2O_7^{2-}$ 和 CrO_4^{2-} 溶液中，各加入少量的 $Pb(NO_3)_2$、$BaCl_2$ 和 $AgNO_3$，观察产物的颜色和状态，比较并解释实验结果，写出反应方程式。

思考题： 试总结 $Cr_2O_7^{2-}$ 与 CrO_4^{2-} 相互转化的条件及它们形成相应盐的溶解性大小。

(4) 锰的化合物的重要性质

1）氢氧化锰（Ⅱ）的生成和性质 取 $10mL \ 0.2mol \cdot L^{-1}$ $MnSO_4$ 溶液分成 4 份：第 1 份，滴加 $0.2mol \cdot L^{-1} NaOH$ 溶液，观察沉淀的颜色。振荡试管，有何变化？第 2 份，滴加 $0.2mol \cdot L^{-1} NaOH$ 溶液，产生沉淀后加入过量的 NaOH 溶液，沉淀是否溶解？第 3 份，滴加 $0.2mol \cdot L^{-1} NaOH$ 溶液，迅速加入 $2mol \cdot L^{-1}$ 盐酸溶液，有何现象发生？第 4 份，滴加 $0.2mol \cdot L^{-1} NaOH$ 溶液，迅速加入 $2mol \cdot L^{-1} NH_4Cl$ 溶液，沉淀是否溶解？

写出上述有关反应方程式。此实验说明 $Mn(OH)_2$ 具有哪些性质？

① Mn^{2+} 的氧化：试验硫酸锰和次氯酸钠溶液在酸、碱性介质中的反应。比较 Mn^{2+} 在何介质中易氧化。

② 硫化锰的生成和性质：往硫酸锰溶液中滴加饱和硫化氢溶液，有无沉淀产生？若用硫化钠溶液代替硫化氢溶液，又有何结果？请用事实说明硫化锰的性质和生成沉淀的条件。

思考题：试总结 Mn^{2+} 的性质。

2）二氧化锰的生成和氧化性

① 往盛有少量 $0.1mol \cdot L^{-1} KMnO_4$ 溶液中，逐滴加入 $0.5mol \cdot L^{-1} MnSO_4$ 溶液，观察沉淀的颜色。往沉淀中加入 $1mol \cdot L^{-1} H_2SO_4$ 溶液和 $0.1mol \cdot L^{-1} Na_2SO_3$ 溶液，沉淀是否溶解？写出有关反应方程式。

② 在盛有少量（米粒大小）二氧化锰固体的试管中加入 2mL 浓硫酸，加热，观察反应前后颜色。有何气体产生？写出反应方程式。

3）高锰酸钾的性质　分别试验高锰酸钾溶液与亚硫酸钠溶液在酸性（$1mol \cdot L^{-1} H_2SO_4$）、近中性（蒸馏水）、碱性（$6mol \cdot L^{-1} NaOH$ 溶液）介质中的反应，比较它们的产物因介质不同有何不同？写出反应方程式。

【实验习题】

① 在水溶液中能否有 Ti^{4+}、Ti^{2+} 或 TiO_4^{4-} 等离子的存在？

② 根据实验结果，总结钒的化合物的性质。

③ 根据实验结果，设计一张铬的各种氧化态转化关系图。

④ 在碱性介质中，氧能把锰（Ⅱ）氧化为锰（Ⅵ），在酸性介质中，锰（Ⅵ）又可将碘化钾氧化为碘。写出有关反应式，并解释以上现象。硫代硫酸钠标准液可滴定析出碘的含量，试由此设计一个测定溶解氧含量的方法。

【附注】

① 制备硫酸氧钛也可采用二氧化钛与浓 H_2SO_4 反应后，再加适量的水稀释即可。

② 铬盐有毒，应将含铬废液及沉淀倒入指定废液桶回收处理。

实验二十四　**第一过渡系元素（二）**

（铁、钴、镍）

【实验目的】

① 试验并掌握二价铁、钴、镍的还原性和三价铁、钴、镍的氧化性。

② 试验并掌握铁、钴、镍配合物的生成及性质。

【实验原理】

铁系元素 Fe、Co、Ni 为第四周期Ⅷ族元素。价电子构型 $3d^{6\sim8}4s^2$。常见的氧化数是 +2 和 +3。

Fe^{2+}、Co^{2+}、Ni^{2+} 均具有氧化性，其还原性依次减小，还原性受介质酸碱性影响，Fe^{2+} 无论在酸性介质还是碱性介质中均表现较强还原性，而 Co^{2+}、Ni^{2+} 主要在碱性介质中表现还原性；Fe^{3+}、Co^{3+}、Ni^{3+} 均具有一定的氧化性，其氧化性依次增强，Fe^{3+} 在酸性溶液中有中等氧化能力。Fe^{2+}、Co^{2+}、Ni^{2+}、Fe^{3+}、Co^{3+}、Ni^{3+} 均具有较强的配位能力，主要形成四配位、六配位、八配位的配合物，不同配合物表现出特殊的颜色。

(1) 氢氧化物

铁系元素氢氧化物均难溶于水，其氧化还原性质可归纳如下。

还原性增强
←——————————————————————————————

$Fe(OH)_2$(白色)	$Co(OH)_2$(粉色)	$Ni(OH)_2$(绿色)
$Fe(OH)_3$(棕红)	$Co(OH)_3$(褐色)	$Ni(OH)_3$(黑色)

——————————————————————————————→
氧化性增强

有关反应式如下：

$$Fe^{2+}+2OH^-\!\!=\!\!=\!\!=Fe(OH)_2\downarrow$$
$$4Fe(OH)_2+O_2+2H_2O\!\!=\!\!=\!\!=4Fe(OH)_3$$
$$Co^{2+}+2OH^-\!\!=\!\!=\!\!=Co(OH)_2\downarrow$$
$$4Co(OH)_2+O_2+2H_2O\!\!=\!\!=\!\!=4Co(OH)_3$$
$$2Co(OH)_2+Cl_2+2NaOH\!\!=\!\!=\!\!=2Co(OH)_3+2NaCl$$
$$Ni^{2+}+2OH^-\!\!=\!\!=\!\!=Ni(OH)_2\downarrow$$
$$2Ni(OH)_2+Cl_2+2NaOH\!\!=\!\!=\!\!=2Ni(OH)_3+2NaCl$$

$Co(OH)_3$ 和 $Ni(OH)_3$ 具强氧化性，可将盐酸中的 Cl^- 氧化成 Cl_2。

$$2M(OH)_3+6HCl(浓)\!\!=\!\!=\!\!=2MCl_2+Cl_2\uparrow+6H_2O \qquad (M 为 Ni,Co)$$

(2) 配合物

铁系元素是很好的配合物的形成体，能形成多种配合物，铁系元素的一些配合物，不仅很稳定，而且具有特殊颜色。

如 Fe^{3+} 与黄血盐 $K_4[Fe(CN)_6]$ 溶液反应，生成深蓝色配合物沉淀：

$$4Fe^{3+}+3[Fe(CN)_6]^{4-}\!\!=\!\!=\!\!=Fe_4[Fe(CN)_6]_3\downarrow（滕氏蓝）$$

Fe^{2+} 与赤血盐 $K_3[Fe(CN)_6]$ 溶液反应，生成深蓝色配合物沉淀：

$$3Fe^{2+}+2[Fe(CN)_6]^{3-}\!\!=\!\!=\!\!=Fe_3[Fe(CN)_6]_2\downarrow（普鲁士蓝）$$

Co^{2+} 与 SCN^- 作用，在乙醚中生成艳蓝色配离子：

$$Co^{2+}+4SCN^-\!\!=\!\!=\!\!=[Co(SCN)_4]^{2-}（蓝色）$$

当溶液中混有少量 Fe^{3+} 时，Fe^{3+} 与 SCN^- 作用生成血红色配离子：

$$Fe^{3+}+nSCN^-\!\!=\!\!=\!\!=[Fe(SCN)_n]^{3-n}(n=1\sim6)（血红色）$$

少量 Fe^{3+} 的存在，干扰 Co^{2+} 的检出，可采用加 NH_4F（或 NaF）来掩蔽 Fe^{3+}，F^- 与 Fe^{3+} 结合形成更稳定，且无色的配离子 $[FeF_6]^{3-}$，从而消除 Fe^{3+} 的干扰。

$$[Fe(SCN)_n]^{3-n}+6F^-\!\!=\!\!=\!\!=[FeF_6]^{3-}+(3-n)SCN^-$$

Ni^{2+} 在氨性或 $NaAc$ 溶液中，与丁二酮肟反应生成鲜红色螯合物沉淀。

常利用铁系元素所形成的这些配合物的特征颜色来鉴定 Fe^{3+}、Fe^{2+}、Co^{2+} 和 Ni^{2+}。

$Fe(Ⅱ)$、$Fe(Ⅲ)$ 均不与 NH_3 形成配离子，$Co(Ⅱ)$、$Co(Ⅲ)$ 均可形成氨配合物，但后

者比前者稳定：

$$Co^{2+}+6NH_3\cdot H_2O \Longrightarrow [Co(NH_3)_6]^{2+}+6H_2O$$

$[Co(NH_3)_6]^{2+}$配离子不稳定，放置空气中立即被氧化成$[Co(NH_3)_6]^{3+}$：

$$4[Co(NH_3)_6]^{2+}+O_2+2H_2O \Longrightarrow 4[Co(NH_3)_6]^{3+}+4OH^-$$

Ni^{2+}与过量氨水反应，生成浅蓝色 $[Ni(NH_3)_6]^{2+}$ 配离子，但 $[Ni(NH_3)_6]^{2+}$ 遇酸或碱、水稀释、受热均可发生分解反应。

$$Ni^{2+}+6NH_3\cdot H_2O \Longrightarrow [Ni(NH_3)_6]^{2+}+6H_2O$$

$$[Ni(NH_3)_6]^{2+}+6H^+ \Longrightarrow Ni^{2+}+6NH_4^+$$

$$[Ni(NH_3)_6]^{2+}+2OH^- \Longrightarrow Ni(OH)_2\downarrow+6NH_3\uparrow$$

$$2[Ni(NH_3)_6]SO_4+2H_2O \overset{\triangle}{=\!=\!=} Ni_2(OH)_2SO_4\downarrow+10NH_3\uparrow+(NH_4)_2SO_4$$

【实验用品】

① 仪器：试管（离心）、离心机。

② 药品：硫酸亚铁铵（s）、硫氰酸钾（s）、H_2SO_4（6mol·L^{-1}、1mol·L^{-1}）、HCl（浓）、NaOH（6mol·L^{-1}、2mol·L^{-1}）、$NH_3\cdot H_2O$（浓、6mol·L^{-1}）、$(NH_4)_2Fe(SO_4)_2$（0.1mol·L^{-1}）、$CoCl_2$（0.1mol·L^{-1}）、$NiSO_4$（0.1mol·L^{-1}）、CCl_4、KI（0.5mol·L^{-1}）、$K_4[Fe(CN)_6]$（0.5mol·L^{-1}）、H_2O_2（3%）、$FeCl_3$（0.1mol·L^{-1}）、KSCN（0.5mol·L^{-1}）、氯水、碘水、戊醇、乙醚、四氯化碳。

③ 材料：碘化钾淀粉试纸。

【基本操作】

① 试纸的使用：参见 3.3.2 部分相关内容。

② 离心分离：参见 3.8.1.3 部分相关内容。

【实验内容】

(1) 铁（Ⅱ）、钴（Ⅱ）、镍（Ⅱ）的化合物的还原性

1）铁（Ⅱ）的还原性

① 酸性介质：往盛有 0.5mL 氯水的试管中加入 3 滴 6mol·L^{-1} H_2SO_4 溶液，然后滴加 $(NH_4)_2Fe(SO_4)_2$ 溶液，观察现象，写出反应式（如现象不明显，可滴加 1 滴 KSCN 溶液，出现红色，证明有 Fe^{3+} 生成）。

② 碱性介质：在一试管中放入 2mL 蒸馏水和 3 滴 6mol·L^{-1} H_2SO_4 溶液煮沸，以赶尽溶于其中的空气，然后溶入少量硫酸亚铁铵晶体。在另一试管中加入 3mL 6mol·L^{-1} NaOH 溶液煮沸，冷却后，用一支长滴管吸取 NaOH 溶液，插入 $(NH_4)_2Fe(SO_4)_2$ 溶液（直至试管底部），慢慢挤出滴管中 NaOH 溶液，观察产物颜色和状态。振荡后放置一段时间，观察又有何变化，写出反应方程式。产物留作下面实验用。

> **思考题**：实验②要求整个操作都要避免空气带进溶液中，为什么？

2）钴（Ⅱ）的还原性

① 往盛有 $CoCl_2$ 溶液的试管中加入氯水，观察有何变化。

② 在盛有 1mL $CoCl_2$ 溶液的试管中滴入稀 NaOH 溶液，观察沉淀的生成。所得沉淀分成两份：一份置于空气中；另一份加入新配制的氯水，观察有何变化。第二份留作下面实验用。

3）镍（Ⅱ）的还原性　用 $NiSO_4$ 溶液按 2）中①、②实验方法操作，观察现象，第二份沉淀留作下面实验用。

(2) 铁（Ⅲ）、钴（Ⅲ）、镍（Ⅲ）的化合物的氧化性

① 在前面实验中保留下来的氢氧化铁（Ⅲ）、氢氧化钴（Ⅲ）和氢氧化镍（Ⅲ）沉淀中均加入浓盐酸，振荡后各有何变化，并用碘化钾淀粉试纸检验所放出的气体。

② 在上述制得的 $FeCl_3$ 溶液中加入 KI 溶液，再加入 CCl_4，振荡后观察现象，写出反应方程式。

> **思考题**：综合上述实验所观察到的现象，总结 +2 氧化态的铁、钴、镍化合物的还原性和 +3 氧化态的铁、钴、镍化合物的氧化性的变化规律。

(3) 配合物的生成

1）铁的配合物

① 往盛有 1mL 亚铁氰化钾 [六氰合铁（Ⅱ）酸钾] 溶液的试管中，加入约 0.5mL 的碘水，摇动试管后，滴入数滴硫酸亚铁铵溶液，有何现象发生？此为 Fe^{2+} 的鉴定反应。

② 向盛有 1mL 新配制的 $(NH_4)_2Fe(SO_4)_2$ 溶液的试管中加入碘水，摇动试管后，将溶液分成两份，各滴入数滴硫氰酸钾溶液，然后向其中一支试管中注入约 0.5mL 3‰ H_2O_2 溶液，观察现象。此为 Fe^{3+} 的鉴定反应。

> **思考题**：试从配合物的生成对电极电势的改变来解释为什么 $[Fe(CN)_6]^{4-}$ 能把 I_2 还原成 I^-，而 Fe^{2+} 则不能。

③ 往 $FeCl_3$ 溶液中加入 $K_4[Fe(CN)_6]$ 溶液，观察现象，写出反应方程式。这也是鉴定 Fe^{3+} 的一种常用方法。

④ 往盛有 0.5mL 0.2mol·$L^{-1}FeCl_3$ 溶液的试管中，滴入浓氨水直至过量，观察沉淀是否溶解。

2）钴的配合物

① 往盛有 1mL $CoCl_2$ 溶液的试管里加入少量硫氰酸钾固体，观察固体周围的颜色。再加入 0.5mL 戊醇和 0.5mL 乙醚，振荡后，观察水相和有机相的颜色，这个反应可用来鉴定 Co^{2+}。

② 往 0.5mL $CoCl_2$ 溶液中滴加浓氨水，至生成的沉淀刚好溶解为止，静置一段时间后观察溶液的颜色有何变化。

3）镍的配合物　往盛有 2mL 0.1mol·$L^{-1}NiSO_4$ 溶液中加入过量 6mol·L^{-1} 氨水，观察现象。静置片刻，再观察现象，写出离子反应方程式。把溶液分成四份：一份加入 2mol·$L^{-1}NaOH$ 溶液，一份加入 1mol·$L^{-1}H_2SO_4$ 溶液，一份加水稀释，一份煮沸，观察有何变化。

> **思考题**：根据实验结果比较 $[Co(NH_3)_6]^{2+}$ 配离子和 $[Ni(NH_3)_6]^{2+}$ 配离子氧化还原稳定性的相对大小及溶液稳定性。

【实验习题】

① 制取 $Co(OH)_3$、$Ni(OH)_3$ 时，为什么要以 $Co(Ⅱ)$、$Ni(Ⅱ)$ 为原料在碱性溶液中进行氧化，而不用 $Co(Ⅲ)$、$Ni(Ⅲ)$ 直接制取？

② 今有一瓶含有 Fe^{3+}、Cr^{3+} 和 Ni^{2+} 的混合液，如何将它们分离出来？请设计分离示意图。

③ 总结 $Fe(Ⅱ、Ⅲ)$、$Co(Ⅱ、Ⅲ)$、$Ni(Ⅱ、Ⅲ)$ 所形成主要化合物的性质。

④ 有一浅绿色晶体 A，可溶于水得到溶液 B，于 B 中加入不含氧气的 $6mol \cdot L^{-1}NaOH$ 溶液，有白色沉淀 C 和气体 D 生成。C 在空气中逐渐变棕色，气体 D 使红色石蕊试纸变蓝。若将溶液 B 加以酸化再滴加一紫红色溶液 E，则得到浅黄色溶液 F，于 F 中加入黄血盐溶液，立即产生深蓝色的沉淀 G。若溶液 B 中加入 $BaCl_2$ 溶液，有白色沉淀 H 析出，此沉淀不溶于强酸。

问 A、B、C、D、E、F、G、H 是什么物质，写出分子式和有关的反应式。

【附注】

① 制备 $Fe(OH)_2$ 时，要细心操作，注意不能引入空气。

② 制备钴氨配合物时，如果放置一段时间后溶液颜色的变化不易于观察时，可新制一份 $Co(NH_3)_6^{2+}$ 作对比。

③ 制备镍氨配合物时，氨水一定要逐滴加入，加一滴并振荡试管使溶液混合均匀后再加，否则后续实验的现象观察不明显。

④ 欲使 $Co(OH)_2$、$Ni(OH)_2$ 沉淀在浓氨水中完全溶解，最好加入少量的固体 NH_4Cl。

实验二十五 常见非金属阴离子的分离与鉴定

【实验目的】

学习和掌握常见阴离子的分离和鉴定方法，以及离子检出的基本操作。

【实验原理】

在周期表中，形成阴离子的元素虽然不多，但是同一元素常常不只形成一种阴离子。阴离子多数是由两种或两种以上元素构成的酸根或配离子，同一种元素的中心原子能形成多种阴离子，例如：由 S 可以形成 S^{2-}、SO_3^{2-}、SO_4^{2-}、$S_2O_3^{2-}$、$S_2O_7^{2-}$、$S_2O_8^{2-}$ 和 $S_4O_6^{2-}$ 等常见的阴离子；由 P 可以构成 PO_4^{3-}、HPO_4^{2-}、$H_2PO_4^-$、$P_2O_7^{4-}$、HPO_3^{2-} 和 $H_2PO_2^-$ 等阴离子。

形成阴离子的元素，大部分是非金属元素，有一些金属元素组成的阴离子（如 CrO_4^{2-}、MnO_4^- 等）一般都在阳离子分析中鉴定。所以我们主要讨论 Cl^-、Br^-、I^-、S^{2-}、$S_2O_3^{2-}$、SO_3^{2-}、SO_4^{2-}、NO_3^-、NO_2^-、PO_4^{3-} 和 CO_3^{2-} 11 种常见阴离子的分析。

由于许多阴离子共存的机会较少，大多数情况下彼此也不妨碍鉴定，因此对阴离子一般都采用分别分析的方法。对未知样品的分析，并不是用这 11 种阴离子的鉴定反应逐一检出，而应预先做些初步试验，以消除某些离子存在的可能性，简化分析步骤。

在非金属阴离子中，有的与酸作用生成挥发性的物质，有的与试剂作用生成沉淀，也有的呈现氧化还原性质。利用这些特点，根据溶液中离子共存情况，应先通过初步试验或进行分组试验以排除不可能存在的离子，然后鉴定可能存在的离子。初步性质检验一般包括试液的酸碱性试验，与酸反应产生气体的试验，各种阴离子的沉淀性质、氧化还原性质。通过预先做初步检验，可以排除某些离子存在的可能性，从而简化分析步骤。初步检验包括以下内容。

(1) 试液的酸碱性试验

若试液呈强酸性，则易被酸分解的离子，如 $S_2O_3^{2-}$、NO_2^- 和 CO_3^{2-} 等阴离子不存在。

(2) 是否产生气体的试验

在试样中加入稀硫酸或稀盐酸溶液并加热产生气泡，表示可能含有 CO_3^{2-}、S^{2-}、SO_3^{2-}、$S_2O_3^{2-}$、NO_2^- 等离子，根据生成气体的颜色和气味以及生成气体具有的某些特征反应，确证其含有的阴离子，如 NO_2^- 被酸分解后生成的红棕色 NO_2 气体，能将湿润的碘化钾－淀粉试纸变蓝；S^{2-} 被酸分解后产生的 H_2S 气体可使醋酸铅试纸变黑，据此可判断 NO_2^- 和 S^{2-}。

需注意的是如试样是溶液且所含离子的浓度又不高时就不一定观察到明显的气泡。

(3) 还原性阴离子的检验

强还原性阴离子 S^{2-}、SO_3^{2-}、$S_2O_3^{2-}$ 可以被碘氧化，因此根据加入碘－淀粉溶液后是否褪色，可判断这些阴离子是否存在。若用强氧化剂酸化 $KMnO_4$ 溶液试验，Cl^-、Br^-、I^-、NO_2^- 也可与之反应。

(4) 氧化性阴离子的检验

在酸化的试液中加 KI 溶液和 CCl_4，若摇荡后 CCl_4 层显紫色，则有氧化性阴离子。在我们讨论的阴离子中只有 NO_2^- 有此反应。

(5) 难溶盐阴离子试验

1) 钡组阴离子　在中性或弱碱性试液中滴加 $BaCl_2$ 溶液，生成白色沉淀，表示可能存在 SO_4^{2-}、SO_3^{2-}、$S_2O_3^{2-}$、PO_4^{3-}、CO_3^{2-} 等阴离子；若没有沉淀生成，表示 SO_4^{2-}、CO_3^{2-}、SO_3^{2-}、PO_4^{3-} 不存在；$S_2O_3^{2-}$ 则不能肯定，因为 $S_2O_3^{2-}$ 浓度较大时（$>4.5g \cdot L^{-1}$）才生成沉淀。

2) 银组阴离子　用 $AgNO_3$ 能沉淀 S^{2-}、$S_2O_3^{2-}$、Cl^-、Br^-、I^- 等阴离子，再用 HNO_3 酸化，沉淀不溶解。由沉淀的颜色还可做出进一步的判断。

可以根据 Ba^{2+} 和 Ag^+ 相应盐类的溶解性，区分为易溶盐和难溶盐。加入一种阳离子（例如 Ag^+）可以试验整组阴离子是否存在，这种试剂就是相应的组试剂。

经过初步试验后，可以对试液中可能存在的阴离子做出判断，以上阴离子的初步检验汇于表 6-2，然后再根据阴离子的特性反应做出鉴定。

表 6-2　阴离子的初步检验

阴离子	稀 H_2SO_4	$BaCl_2$	$AgNO_3$(稀 HNO_3)	I_2-淀粉	$KMnO_4$(H_2SO_4)	KI(稀 H_2SO_4,CCl_4)
SO_4^{2-}		+				
SO_3^{2-}	(+)	+		+	+	
$S_2O_3^{2-}$	(+)	(+)	+	+	+	

续表

阴离子	稀 H_2SO_4	$BaCl_2$	$AgNO_3$(稀 HNO_3)	I_2-淀粉	$KMnO_4$(H_2SO_4)	KI(稀 H_2SO_4,CCl_4)
CO_3^{2-}	+	+				
PO_4^{3-}		+				
S_2^-	+		+	+	+	
Cl^-			+		+	
Br^-			+		+	
I^-			+		+	
NO_3^-						(+)
NO_2^-	+				+	+

注：表中"+"表示试验现象不明显，只有在适当条件下（例如浓度大时）才发生反应。

【实验用品】

① 仪器：试管（离心）、点滴板、离心机。

② 药品：硫酸亚铁（s）、锌粉或镁粉（s）、$CdCO_3$（s）、H_2SO_4（浓、2mol·L^{-1}、1mol·L^{-1}）、HNO_3（6mol·L^{-1}）、HCl（6mol·L^{-1}）、HAc（6mol·L^{-1}）、$NaOH$（2mol·L^{-1}）、$NH_3 \cdot H_2O$（6mol·L^{-1}、2mol·L^{-1}）、Na_2S（0.1mol·L^{-1}）、$NaCl$（0.1mol·L^{-1}）、$NaBr$（0.1mol·L^{-1}）、NaI（0.1mol·L^{-1}）、$Na_2S_2O_3$（0.1mol·L^{-1}）、Na_2SO_3（0.1mol·L^{-1}）、$NaNO_3$（0.1mol·L^{-1}）、$NaNO_2$（0.1mol·L^{-1}）、Na_3PO_4（0.1mol·L^{-1}）、Na_2CO_3（0.1mol·L^{-1}）、$AgNO_3$（0.1mol·L^{-1}）、$Pb(NO_3)_2$（0.1mol·L^{-1}）、$KMnO_4$（0.01mol·L^{-1}）、$BaCl_2$（0.1mol·L^{-1}）、I_2-淀粉溶液（0.5mol·L^{-1}）、$(NH_4)_2MoO_4$（0.1mol·L^{-1}）、新制石灰水、氯水、CCl_4、α-萘胺（0.4%）、对氨基苯磺酸（1%）。

③ 材料：玻璃棒、$PbAc_2$ 试纸。

【基本操作】

① 点滴板操作：参见 2.2 中（5）部分相关内容。

② 试管操作：参见 2.1.1 中（1）部分相关内容。

③ 离心分离：参见 3.8.1.3 部分相关内容。

【实验内容】

（1）常见阴离子的鉴定

1）CO_3^{2-} 的鉴定　取 10 滴 1mol·L^{-1} 的含 CO_3^{2-} 试液滴于离心管中，用 pH 试纸测定其 pH 值，然后加 10 滴 6mol·L^{-1} 的 HCl 溶液，并立即将事先沾有 1 滴新配制的石灰水或 $Ba(OH)_2$ 溶液的玻璃棒置于试管口上，仔细观察，如玻璃棒上溶液立即变为浑浊（白色），结合溶液的 pH 值，可以判断有 CO_3^{2-} 存在。

2）NO_3^- 的鉴定　取 10 滴 2mol·L^{-1} 的含 NO_3^- 试液滴于点滴板上，在溶液的中央放 1 小粒 $FeSO_4$ 晶体，然后在晶体上加 1 滴浓 H_2SO_4，如晶体周围有棕色出现则表示有 NO_3^-

存在。

3）NO_2^- 的鉴定　取 2 滴 0.0001mol·L^{-1} 的含 NO_2^- 试液（自己用 0.1mol·L^{-1}NaNO₂ 溶液稀释配制）于点滴板上，加 2 滴 6mol·L^{-1} 的 HAc 溶液酸化，再加 1 滴对氨基苯磺酸和 1 滴 α－萘胺，如有粉红色出现则表示有 NO_2^- 存在。

4）SO_4^{2-} 的鉴定　取 5 滴 1mol·L^{-1} 的含 SO_4^{2-} 试液于试管中，加 2 滴 6mol·L^{-1} 的 HCl 溶液和 1 滴 0.1mol·L^{-1} 的 $BaCl_2$ 溶液，如有白色沉淀则表示有 SO_4^{2-} 存在。

5）SO_3^{2-} 的鉴定　取 5 滴 0.1mol·L^{-1} 的含 SO_3^{2-} 试液于试管中，加入 2 滴 1mol·L^{-1} H_2SO_4 溶液，迅速加入 1 滴 0.01mol·L^{-1} 的 $KMnO_4$ 溶液，如紫色褪去则表示有 SO_3^{2-} 存在。

6）$S_2O_3^{2-}$ 的鉴定　取 3 滴 0.1mol·L^{-1} 的含 $S_2O_3^{2-}$ 试液于试管中，加入 10 滴 0.1mol·L^{-1} 的 $AgNO_3$ 溶液，摇动，如有白色沉淀迅速变棕变黑则表示有 $S_2O_3^{2-}$ 存在。

7）PO_4^{3-} 的鉴定　取 3 滴 0.1mol·L^{-1} 含 PO_4^{3-} 试液于离心试管中，加入 5 滴 6mol·L^{-1} 的 HNO_3 溶液，再加 8～10 滴 0.1mol·L^{-1} 的 $(NH_4)_2MoO_4$ 试剂，温热之，如有黄色沉淀生成则表示有 PO_4^{3-} 存在。

8）S^{2-} 的鉴定　取 3～5 滴 0.1mol·L^{-1} 的含 S^{2-} 试液于离心试管中，加 2 滴 2mol·L^{-1}NaOH 溶液碱化，再加 1 滴 0.1mol·L^{-1} 的 $Pb(NO_3)_2$ 溶液，如有黑色沉淀产生则表示有 S^{2-} 存在。

9）Cl^- 的鉴定　取 3 滴 0.1mol·L^{-1} 的含 Cl^- 试液于离心试管中，加入 1 滴 6mol·L^{-1} 的 HNO_3 溶液酸化，再滴加 0.1mol·L^{-1} 的 $AgNO_3$ 溶液。如有白色沉淀，初步说明可能试液中有 Cl^- 存在。将离心试管置于水浴上微热，离心分离，弃去清液，于沉淀上加入 3～5 滴 6mol·L^{-1} 的氨水，用细玻璃棒搅拌，沉淀立即溶解，再加 5 滴 6mol·L^{-1} 的 HNO_3 溶液酸化，如重新生成白色沉淀则表示有 Cl^- 存在。

10）I^- 的鉴定　取 5 滴 0.1mol·L^{-1} 的含 I^- 试液于离心试管中，加入 2 滴 2mol·L^{-1} 的 H_2SO_4 溶液及 3 滴 CCl_4，然后逐滴加入氯水，并不断振荡试管，如 CCl_4 层出现紫红色（I_2），然后褪至无色（IO_3^-），表示有 I^- 存在。

11）Br^- 的鉴定　取 5 滴 0.1mol·L^{-1} 的 Br^- 试液于离心试管中，加入 2 滴 2mol·L^{-1} 的 H_2SO_4 溶液及 3 滴 CCl_4，然后逐滴加入 5 滴氯水，并不断振荡试管，如 CCl_4 层出现黄色或橙红色则表示有 Br^- 存在。

（2）混合离子的分离

1）Cl^-、Br^-、I^- 混合物的分离和鉴定　常用方法是将卤素离子转化为卤化银 AgX，然后用氨水或 $(NH_4)_2CO_3$ 将 AgCl 溶解而与 AgBr、AgI 分离。在余下的 AgBr、AgI 混合物中加入稀 H_2SO_4 溶液酸化，再加入少许锌粉或镁粉，并加热将 Br^-、I^- 转入溶液。酸化后，根据 Br^-、I^- 的还原能力不同，用氯水分离和鉴定。

可按图 6-4 所述方法对含有 Cl^-、Br^-、I^- 的混合试液进行分离和鉴定。

2）S^{2-}、SO_3^{2-}、$S_2O_3^{2-}$ 混合物的分离和鉴定　通常的方法是取少量混合试液，加入 2mol·L^{-1} 的 NaOH 溶液碱化，再加 0.1mol·L^{-1} 的 $Pb(NO_3)_2$ 溶液，如有黑色沉淀产生，表示有 S^{2-} 存在。可用 $CdCO_3$ 固体除去 S^{2-}，再进行其他离子的分离鉴定。

除去 S^{2-} 的混合溶液中含有 SO_3^{2-}、$S_2O_3^{2-}$、CO_3^{2-}。向该溶液中加入 0.1mol·L^{-1} 的 $SrCl_2$ 溶液，产生的沉淀组成为 $SrSO_3$ 和 $SrCO_3$，溶液中含有 $S_2O_3^{2-}$。在沉淀中加入 I_2-淀

粉溶液，蓝色褪去，表示有 SO_3^{2-} 存在。向溶液中滴加过量的 $AgNO_3$ 溶液，若有沉淀由白→棕→黑色变化，表示有 $S_2O_3^{2-}$ 存在。可按图 6-5 所示方法对含有 S^{2-}、SO_3^{2-}、$S_2O_3^{2-}$ 的混合试液进行分离和鉴定。

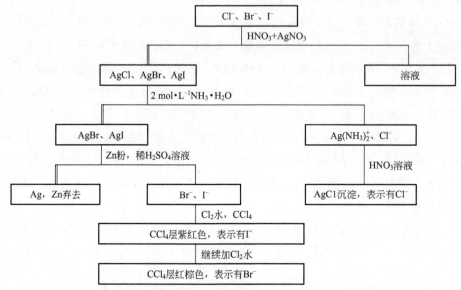

图 6-4 含有 Cl^-、Br^-、I^- 的混合试液进行分离和鉴定流程

"‖"表示固相（沉淀或残渣）；"│"表示液相（溶液）

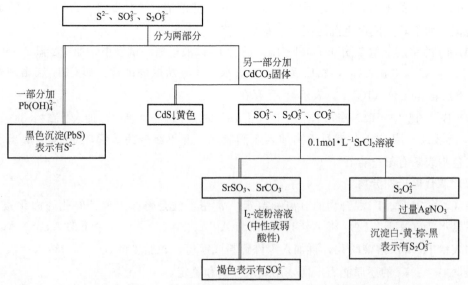

图 6-5 对含有 S^{2-}、SO_3^{2-}、$S_2O_3^{2-}$ 的混合试液进行分离和鉴定流程

【实验习题】

① 取下列盐中之两种混合，加水溶解时有沉淀产生。将沉淀分成两份，其中一份溶于 HCl 溶液，另一份溶于 HNO_3 溶液。试指出下列哪两种盐混合时可能有此现象？

$BaCl_2$、$AgNO_3$、Na_2SO_4、$(NH_4)_2CO_3$、KCl

② 一个能溶于水的混合物，已检出含 Ag^+ 和 Ba^{2+}。下列阴离子中哪几个可不必鉴定？

$$SO_3^{2-}、Cl^-、NO_3^-、SO_4^{2-}、CO_3^{2-}、I^-$$

③ 某阴离子未知液经初步试验结果如下：a. 试液呈酸性时无气体产生；b. 酸性溶液中加 $BaCl_2$ 溶液无沉淀产生；c. 加入稀硝酸溶液和 $AgNO_3$ 溶液产生黄色沉淀；d. 酸性溶液中加入 $KMnO_4$ 溶液，紫色褪去，加 I_2 — 淀粉溶液，蓝色不褪去；e. 与 KI 无反应。

由以上初步试验结果，推测哪些阴离子可能存在。说明理由，拟出进一步验证的步骤简表。

④ 加稀 H_2SO_4 或稀 HCl 溶液于固体试样中，如观察到有气泡产生，则该固体试样中可能存在哪些阴离子？

⑤ 有一阴离子未知液，用稀 HNO_3 调节其至酸性后，加入 $AgNO_3$ 试剂，发现并无沉淀生成，则可以确定哪几种阴离子不存在？

⑥ 在酸性溶液中能使 I_2 — 淀粉溶液褪色的阴离子是哪些？

⑦ 现有可溶性的溶液，含有 NO_3^-、SO_4^{2-} 和 PO_4^{3-}，请设计方案，分离并鉴定。

【附注】

① CO_3^{2-} 试液的鉴定中，用 $Ba(OH)_2$ 溶液检验时，SO_3^{2-}、$S_2O_3^{2-}$ 会有干扰，因为酸化时产生的 SO_2 也会使 $Ba(OH)_2$ 溶液浑浊：

$SO_2 + Ba(OH)_2 =\!=\!= BaSO_3 \downarrow + H_2O$，故初步试验时检出有 SO_3^{2-}、$S_2O_3^{2-}$，则要酸化前加入 3% H_2O_2，把这些干扰离子氧化除去：

$$SO_3^{2-} + H_2O_2 =\!=\!= SO_4^{2-} + H_2O$$

$$S_2O_3^{2-} + 4H_2O_2 =\!=\!= 2SO_4^{2-} + 2H^+ + 3H_2O$$

② I_2 能与氯水反应生成无色溶液，其反应式为：

$$I_2 + 5Cl_2 + 6H_2O =\!=\!= 2HIO_3 + 10HCl$$

③ 测定磷酸根时，反应生成的磷钼酸铵能溶于过量磷酸盐生成配位离子，因此需加入过量钼酸铵试剂才能观察到现象。

实验二十六　常见阳离子的分离与鉴定

【实验目的】

① 巩固和进一步掌握一些金属元素及其化合物的性质。
② 学习常见阳离子混合液的分离和检出的方法。
③ 学习离子鉴定的条件和方法，掌握检出离子的操作。
④ 熟练运用常见元素的性质。

【实验原理】

离子的分离和鉴定是以各离子对试剂的不同反应为依据的。这种反应常伴随有特殊的现象，如沉淀的生成或溶解，特殊颜色的出现，气体的产生等。各离子对试剂作用的相似性和差异性都是构成离子分离与检出方法的基础，也就是说离子的基本性质是进行分离检出的基础。因而要想掌握分离检出的方法就要熟悉离子的基本性质。

当一个试样需要鉴定或者一组未知物需要鉴别时，通常可根据以下几方面进行判断。

（1）物态

① 观察试样在常温时的状态，如果是固体要观察它的晶形。

② 观察试样的颜色。这是判断未知物的一个重要因素。溶液试样可根据未知物离子的颜色，固体试样可根据未知物的颜色以及配成溶液后离子的颜色，预测哪些离子可能存在，哪些离子不可能存在。

③ 嗅、闻试样的气味。

（2）溶解性

固体试样的溶解性也是判断未知物的一个重要因素。首先试验是否溶于水，在冷水中怎样，热水中怎样，不溶于水的再依次用盐酸（稀、浓）、硝酸（稀、浓）试验其溶解性。

（3）酸碱性

酸或碱可直接通过对指示剂的反应加以判断。两性物质借助于既能溶于酸，又能溶于碱的性质加以判别。可溶性盐的酸碱性可用它的水溶液加以判别。有时也可以根据试液的酸碱性来排除某些离子存在的可能性。

（4）热稳定性

物质的热稳定性是有差别的，有的物质常温时就不稳定，有的物质灼热时易分解，还有的物质受热时易挥发或升华。

（5）鉴定或鉴别反应

结合前面对试样的观察和初步试验，再进行相应的鉴定或鉴别反应，就能给出更准确的判断。在基础无机化学实验中鉴定反应大致采用以下几种方式：a.通过与某试剂反应，生成沉淀，或沉淀溶解，或放出气体，必要时再对生成的沉淀和气体做性质试验；b.显色反应；c.焰色反应；d.硼砂珠试验；e.其他特征反应。

离子的分离和检出只有在一定条件下才能进行。所谓一定的条件主要指溶液的酸度、反应物的浓度、反应温度、促进或妨碍此反应的物质是否存在等。为使反应向期望的方向进行，就必须选择适当的反应条件。因此，除了要熟悉离子的有关性质外，还要学会运用离子平衡（酸碱、沉淀、氧化还原、络合等平衡）的规律控制反应条件。这对于我们进一步了解离子分离条件和检出条件的选择将有很大帮助。

用于常见阳离子分离的性质是指常见阳离子与常用试剂的反应及其差异，重点在于应用这种差异性将离子分离。

离子混合溶液中诸组分若对鉴定不产生干扰，便可以利用特效反应直接鉴定某种离子。若共存的其他组分彼此干扰，就要选择适当的方法消除干扰。通常采用掩蔽剂消除干扰，这是一种简单有效的方法。沉淀分离法是最经典的分离方法，常用的沉淀剂有 HCl、H_2SO_4、$NaOH$、$NH_3 \cdot H_2O$、$(NH_4)_2CO_3$ 及 $(NH_4)_2S$ 溶液等。由于元素在元素周期表中的位置使相邻元素在化学性质上表现出相似性，因此一种沉淀剂往往使具有相似性质的元素同时产生沉淀。这种沉淀剂称为产生沉淀的元素的组试剂。组试剂将元素分成不同的组，逐渐达到分离的目的。

由于阳离子种类较多，又没有足够的特效鉴定反应可利用，所以当多种离子共存时，阳离子的定性分析多采用系统分析法，首先利用它们的某些共性，按照一定顺序加入若干种试剂，将离子一组一组地分批沉淀出来，分成若干组；然后在各组内根据它们的差异性进一步的分离和鉴定。

阳离子的系统分析方案已达百种以上，但应用比较广泛，比较成熟的是硫化氢系统分析法和两酸两碱系统分析法。

　　硫化氢系统分组方案依据的主要是各离子硫化物以及它们的氯化物、碳酸盐和氢氧化物的溶解度不同，采用不同的组试剂将阳离子分成 5 个组，然后在各组内根据它们的差异性进一步分离和鉴定。硫化氢系统的优点是系统严谨，分离较完全，能较好地与离子特性及溶液中离子平衡等理论相结合，但不足之处是硫化氢会污染空气、污染环境。

　　两酸两碱系统是以最普通的两酸（盐酸、硫酸）、两碱（氨水、氢氧化钠）作组试剂，根据各离子氯化物、硫酸盐、氢氧化物的溶解度不同，将阳离子分为 5 组，然后在各组内根据它们的差异性进一步分离和鉴定。两酸两碱系统的优点是避免了有毒的硫化氢，应用的是最普通最常见的两酸两碱。

　　两酸两碱系统具体的分析步骤是，首先在混合离子溶液中加入第 1 组试剂盐酸，使第 1 组离子沉淀下来。将沉淀分离后，在剩余溶液中加入第 2 组试剂硫酸，使第 2 组离子沉淀下来。将沉淀分离后，在剩余溶液中加入第 3 组试剂，即在弱碱性条件下加氨水，使第 3 组离子沉淀下来。将沉淀分离后，在剩余溶液中加入第 4 组试剂氢氧化钠，使第 4 组离子沉淀下来。将第 4 组分离后，溶液中剩余的离子即为第 5 组。分离后第 3 组的离子种类仍较多，可根据它们的氢氧化物沉淀是否溶于过量氢氧化钠溶液而进一步分为两个小组。由于 Pb^{2+} 的氯化物沉淀溶解度较大，往往在第 1 组中不能沉淀完全。故 Pb^{2+} 也同时属于第 2 组。分组后每组所含离子种类均较少，互相干扰也较少，因此可以比较容易地进行组内各离子的分别鉴定。由于在整个分析过程中需要加入 $NaOH$ 和 NH_4Cl，故 Na^+ 和 NH_4^+ 需另行单独鉴定。具体步骤见图 6-6。

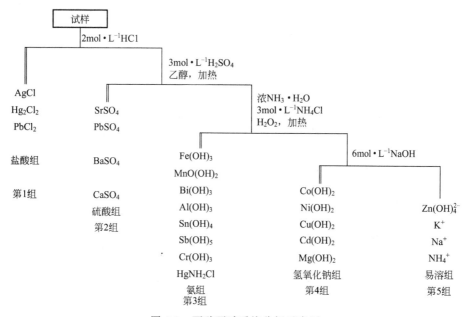

图 6-6　两酸两碱系统分析示意图
"‖"—固相（沉淀或残渣）；"｜"—液相（溶液）

【实验用品】

　　① 仪器：试管（离心）、烧杯、离心机。

　　② 药品：亚硝酸钠（s）、HCl（浓、6mol·L⁻¹、2mol·L⁻¹）、H_2SO_4（2mol·L⁻¹）、

HNO$_3$(6mol·L^{-1})、HAc(6mol·L^{-1}、2mol·L^{-1})、NaOH(6mol·L^{-1}、2mol·L^{-1})、KOH(2mol·L^{-1})、NH$_3$·H$_2$O(6mol·L^{-1})、NaCl(0.5mol·L^{-1})、KCl(0.5mol·L^{-1})、MgCl$_2$(0.5mol·L^{-1})、CaCl$_2$(0.5mol·L^{-1})、BaCl$_2$(0.5mol·L^{-1})、AlCl$_3$(0.5mol·L^{-1})、SnCl$_2$(0.5mol·L^{-1})、Pb(NO$_3$)$_2$(0.5mol·L^{-1})、SbCl$_3$(0.1mol·L^{-1})、HgCl$_2$(0.2mol·L^{-1})、Bi(NO$_3$)$_3$(0.1mol·L^{-1})、CuCl$_2$(0.5mol·L^{-1})、AgNO$_3$(0.1mol·L^{-1})、ZnSO$_4$(0.2mol·L^{-1})、Cd(NO$_3$)$_2$(0.2mol·L^{-1})、Na$_2$S(0.5mol·L^{-1})、KSb(OH)$_6$(饱和)、NaHC$_4$H$_4$O$_6$(饱和)、 (NH$_4$)$_2$C$_2$O$_4$(饱和)、NaAc(2mol·L^{-1})、K$_2$CrO$_4$(1mol·L^{-1})、Na$_2$CO$_3$(饱和)、K$_4$[Fe(CN)$_6$](0.5mol·L^{-1})、NH$_4$Ac(2mol·L^{-1})、镁试剂、0.1%铝试剂、罗丹明B、苯、2.5%硫脲、(NH$_4$)$_2$[Hg(SCN)$_4$]试剂。

③ 材料：玻璃棒、pH试纸、镍丝。

【基本操作】

① 混合离子的分离与鉴定：参见本实验有关内容。

② 点滴板操作：参见2.2中（5）部分相关内容

③ 试管操作：参见2.1.1中（1）部分相关内容

【实验内容】

(1) 碱金属、碱土金属离子的鉴定

1) Na$^+$的鉴定　在盛有0.5mL 1mol·L^{-1}NaCl溶液的试管中，加入0.5mL饱和六羟基锑（V）酸钾 KSb(OH)$_6$ 溶液，观察白色结晶状沉淀的产生。如无沉淀产生，可以用玻璃棒摩擦试管内壁，放置片刻，再观察。写出反应方程式。

2) K$^+$的鉴定　在盛有0.5mL 1mol·L^{-1}KCl溶液的试管中，加入0.5mL饱和酒石酸氢钠 NaHC$_4$H$_4$O$_6$ 溶液，如有白色结晶状沉淀的产生则表示有K$^+$存在。如无沉淀产生，可用玻璃棒摩擦试管内壁，再观察。写出反应方程式。

3) Mg^{2+}的鉴定　在试管中加2滴0.5mol·L^{-1}MgCl$_2$溶液，再滴加6mol·L^{-1}NaOH溶液，直到生成絮状的Mg(OH)$_2$沉淀为止；然后加入1滴镁试剂，搅拌之，生成蓝色沉淀，则表示有Mg^{2+}存在。写出反应方程式。

4) Ca^{2+}的鉴定　取0.5mL 0.5mol·L^{-1}CaCl$_2$溶液于离心试管中，再加10滴饱和草酸铵溶液，有白色沉淀产生。离心分离，弃去清液。若白色沉淀不溶于6mol·L^{-1}HAc溶液而溶于2mol·L^{-1}盐酸，则表示有Ca^{2+}存在。写出反应方程式。

5) Ba^{2+}的鉴定　取2滴0.5mol·L^{-1}BaCl$_2$溶液于试管中，加入2mol·L^{-1}HAc和2mol·L^{-1}NaAc各2滴，然后滴加2滴1mol·L^{-1}K$_2$CrO$_4$，有黄色沉淀生成则表示有Ba^{2+}存在。写出反应方程式。

(2) p区和ds区部分金属离子的鉴定

1) Al^{3+}的鉴定　取2滴0.5mol·L^{-1}AlCl$_3$溶液于小试管中，加2～3滴水，2滴2mol·L^{-1}HAc及2滴0.1%铝试剂，搅拌后，置水浴上加热片刻，再加入1～2滴6mol·L^{-1}氨水，有红色絮状沉淀产生，表示有Al^{3+}存在。

2) Sn^{2+}的鉴定　取5滴0.5mol·L^{-1}SnCl$_2$试液于试管中，逐滴加入0.2mol·L^{-1}HgCl$_2$溶液，边加边振荡，若产生的沉淀由白色变为灰色，然后变为黑色，表示有Sn^{2+}存在。

3) Pb^{2+} 的鉴定　取 5 滴 0.5mol·L^{-1}Pb(NO$_3$)$_2$ 试液于离心试管中，加 2 滴 1mol·L^{-1}K$_2$CrO$_4$ 溶液，如有黄色沉淀生成，在沉淀上滴加数滴 2mol·L^{-1}NaOH 溶液，沉淀溶解，表示有 Pb^{2+} 存在。

4) Sb^{3+} 的鉴定　取 5 滴 0.1mol·L^{-1}SbCl$_3$ 试液于离心试管中，加 3 滴浓盐酸及数粒亚硝酸钠，将 Sb(Ⅲ) 氧化为 Sb(Ⅴ)，当无气体放出时，加数滴苯及 2 滴罗丹明 B 溶液，苯层显紫色，表示 Sb^{3+} 存在。

5) Bi^{3+} 的鉴定　取 1 滴 0.1mol·L^{-1}Bi(NO$_3$)$_3$ 试液于试管中，加 1 滴 2.5% 的硫脲，生成鲜黄色配合物，表示有 Bi^{3+} 存在。

6) Cu^{2+} 的鉴定　取 1 滴 0.5mol·L^{-1}CuCl$_2$ 试液于试管中，加 1 滴 6mol·L^{-1}HAc 溶液酸化，再加 1 滴 0.5mol·L^{-1} 亚铁氰化钾 K$_4$[Fe(CN)$_6$] 溶液，生成红棕色 Cu$_2$[Fe(CN)$_6$] 沉淀，表示有 Cu^{2+} 存在。

7) Ag$^+$ 的鉴定　取 5 滴 0.1mol·L^{-1}AgNO$_3$ 试液于试管中，加 5 滴 2mol·L^{-1} 盐酸，产生白色沉淀。在沉淀中加入 6mol·L^{-1} 氨水至沉淀完全溶解。此溶液再用 6mol·L^{-1}HNO$_3$ 溶液酸化，生成白色沉淀，表示有 Ag$^+$ 存在。

8) Zn^{2+} 的鉴定　取 3 滴 0.2mol·L^{-1}ZnSO$_4$ 试液于试管中，加 2 滴 2mol·L^{-1}HAc 溶液酸化，再加入等体积硫氰酸汞铵 (NH$_4$)$_2$[Hg(SCN)$_4$] 溶液，摩擦试管壁，生成白色沉淀，表示有 Zn^{2+} 存在。

9) Cd^{2+} 的鉴定　取 3 滴 0.2mol·L^{-1}Cd(NO$_3$)$_2$ 试液于小试管中，加入 2 滴 0.5mol·L^{-1}Na$_2$S 溶液，生成亮黄色沉淀，表示有 Cd^{2+} 存在。

10) Hg^{2+} 的鉴定　取 2 滴 0.2mol·L^{-1}HgCl$_2$ 试液于小试管中，逐滴加入 0.5mol·L^{-1}SnCl$_2$ 溶液，边加边振荡，观察沉淀颜色变化过程，最后变为灰色，表示有 Hg^{2+} 存在（该反应可作为 Hg^{2+} 或 Sn^{2+} 的定性鉴定）。

(3) 部分混合离子的分离和鉴定

注：混合离子由相应的硝酸盐溶液配制。

取 Ag$^+$ 试液 2 滴和 Cd^{2+}、Al^{3+}、Ba^{2+}、Na$^+$ 试液各 5 滴，加到离心试管中，混合均匀后，按图 6-7 进行分离和鉴定。

1) Ag$^+$ 的分离和鉴定　在混合试液中加 1 滴 6mol·L^{-1} 盐酸，剧烈搅拌，在沉淀生成时再滴加 1 滴 6mol·L^{-1} 盐酸至沉淀完全，搅拌片刻，离心分离，把清液转移到另一支离心试管中，按下述步骤 2) 处理。沉淀用 1 滴 6mol·L^{-1} 盐酸和 10 滴蒸馏水洗涤，离心分离，洗涤液并入上面的清液中。在沉淀上加入 2～3 滴 6mol·L^{-1} 氨水，搅拌，使它溶解，在所得清液中加入 1～2 滴 6mol·L^{-1} 硝酸溶液酸化，有白色沉淀析出，表示有 Ag$^+$ 存在。

2) Al^{3+} 的分离和鉴定　往上述步骤 1) 的清液中滴加 6mol·L^{-1} 氨水至显碱性，搅拌片刻，离心分离，把清液转移到另一支离心试管中，按下述步骤 3) 处理。沉淀中加入 2mol·L^{-1}HAc 和 2mol·L^{-1}NaAc 各 2 滴，再加入 2 滴铝试剂，搅拌后微热之，产生红色沉淀，表示有 Al^{3+} 存在。

3) Ba^{2+} 的分离和鉴定　在上述步骤 2) 的清液中滴加 6mol·L^{-1}H$_2$SO$_4$ 溶液至产生白色沉淀，再过量 2 滴，搅拌片刻，离心分离，把清液转移到另一支试管中，按下述步骤 4) 处理。沉淀用热蒸馏水 10 滴洗涤，离心分离，清液并入上面的清液中。在沉淀中加入饱和 Na$_2$CO$_3$ 溶液 3～4 滴，搅拌片刻，再加 2mol·L^{-1}HAc 和 2mol·L^{-1}NaAc 各 3 滴，搅拌片刻，然后加入 1～2 滴 1mol·L⁻¹K₂CrO₄ 溶液，产生黄色沉淀，表示有 Ba²⁺ 存在。

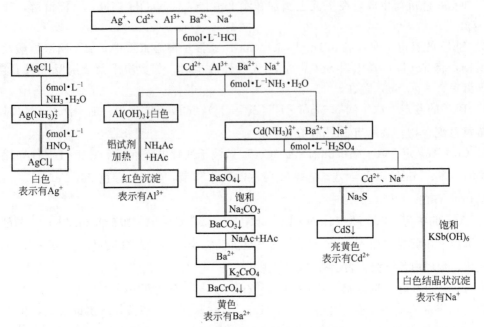

图 6-7　混合阳离子分离与鉴定步骤图

4）Cd²⁺、Na⁺ 的分离和鉴定　取少量上述步骤 3）的清液于一支试管中，加入 2～3 滴 0.5mol·L⁻¹Na₂S 溶液，产生亮黄色沉淀，表示有 Cd²⁺ 存在。

另取少量上述步骤 3）的清液于另一支试管中，加入几滴饱和六羟基锑（V）酸钾溶液，产生白色结晶状沉淀，表示有 Na⁺ 存在。

思考题：

1. 溶解 CaCO₃、BaCO₃ 沉淀时，为什么用 HAc 而不用 HCl 溶液？

2. 用 K₄[Fe(CN)₆] 检出 Cu²⁺ 时，为什么要用 HAc 酸化溶液？

3. 在未知溶液分析中，当由碳酸盐制取铬酸盐沉淀时为什么必须用醋酸溶液去溶解碳酸盐沉淀，而不用强酸如盐酸去溶解？

4. 在用硫代乙酰胺从离子混合试液中沉淀 Cd²⁺、Hg²⁺、Bi³⁺、Pb²⁺ 等离子时，为什么要控制溶液的酸度为 0.3mol·L⁻¹？酸度太高或太低对分离有何影响？控制酸度为什么用盐酸而不用硝酸？在沉淀过程中为什么还要加水稀释溶液？

【实验习题】

① 选用一种试剂区别下列 4 种溶液：KCl、Cd(NO₃)₂、AgNO₃、ZnSO₄。

② 选用一种试剂区别下列 4 种离子：Cu²⁺、Zn²⁺、Hg²⁺、Cd²⁺。

③ 用一种试剂分离下列各组离子：a. Zn²⁺ 和 Cd²⁺；b. Zn²⁺ 和 Al³⁺；c. Cu²⁺ 和 Hg²⁺；d. Zn²⁺ 和 Cu²⁺；e. Zn²⁺ 和 Sb³⁺。

④ 如何把 BaSO₄ 转化为 BaCO₃？与 Ag₂CrO₄ 转化为 AgCl 相比，哪一种转化比较容易？为什么？

【附注】

① 在一般情况下，为了沉淀完全，加入的沉淀剂只需比理论计量过量 $20\%\sim50\%$。沉淀剂过量太多，会引起较强盐效应、配合物生成等副作用，反而增大沉淀的溶解度。

② 硫氰酸汞铵（$NH_4)_2[Hg(SCN)_4]$ 试剂的配制：溶 8g 二氯化汞和 9g 硫氰酸铵于 100mL 蒸馏水中。

③ 部分混合离子的分离和鉴定实验中，其混合液由 $AgNO_3$、$Cd(NO_3)_2$、$Al(NO_3)_3$、$Ba(NO_3)_2$ 和 $NaNO_3$ 几种溶液组成。

④ 自制六羟基锑（Ⅴ）酸钾。在配制好的氢氧化钾饱和溶液中陆续加入五氯化锑，加热。当有少量白色沉淀不再溶解时停止加入五氯化锑。冷却，静置，上层清液为六羟基锑（Ⅴ）酸钾溶液。

第7章

无机化合物的制备实验

►►

实验二十七　硫代硫酸钠的制备

【实验目的】

① 学习实验室制备 $Na_2S_2O_3 \cdot 5H_2O$ 的一种方法。

② 学习无机化合物制备的一些基本操作：例如蒸发、浓缩、结晶、过滤与干燥等。

【实验原理】

硫代硫酸钠的五水化合物（$Na_2S_2O_3 \cdot 5H_2O$），俗称大苏打，也称海波，为单斜晶系大粒菱晶，在空气中稳定，329K 时溶于其结晶水，373K 时脱水。硫代硫酸钠晶体易溶于水，其水溶液呈弱碱性。实验室常用制备硫代硫酸钠的方法主要有两种。

(1) 硫粉和亚硫酸钠溶液方法制备硫代硫酸钠晶体

工业上或实验室里，可用硫粉和亚硫酸钠溶液在沸腾条件下直接合成。

$$Na_2SO_3 + S \Longrightarrow Na_2S_2O_3$$

经过滤、蒸发、浓缩结晶，即可制得 $Na_2S_2O_3 \cdot 5H_2O$ 晶体。

硫代硫酸钠溶液在浓缩时能形成过饱和溶液，此时加入几粒晶体（称为晶种），就可有晶体析出。

(2) 硫化钠法制备硫代硫酸钠晶体

用硫化钠制备硫代硫酸钠的反应大致可分为 3 步进行：

① 碳酸钠与二氧化硫中和生成亚硫酸钠

$$Na_2CO_3 + SO_2 \Longrightarrow Na_2SO_3 + CO_2$$

② 硫化钠与二氧化硫反应生成亚硫酸钠和硫

$$2Na_2S + 3SO_2 \Longrightarrow 2Na_2SO_3 + 3S \downarrow$$

③ 亚硫酸钠与硫反应生成硫代硫酸钠

$$Na_2SO_3 + S \Longrightarrow Na_2S_2O_3$$

总反应如下：

$$2Na_2S + Na_2CO_3 + 4SO_2 \Longrightarrow 3Na_2S_2O_3 + CO_2$$

含有硫化钠和碳酸钠的溶液，用二氧化硫气体饱和。反应中碳酸钠用量不宜过少。如用量过少，则中间产物亚硫酸钠量少，使析出的硫不能全部生成硫代硫酸钠。硫化钠和碳酸钠以 2∶1 的摩尔比取量较为适宜。

反应完毕，过滤得到 $Na_2S_2O_3$ 溶液，然后浓缩蒸发，冷却，析出晶体为 $Na_2S_2O_3$ · $5H_2O$，干燥后即为产品。

【实验用品】

(1) 方法一

① 仪器：烧杯、酒精灯、蒸发皿、表面皿、锥形瓶、抽滤瓶、布氏漏斗、真空泵、电子天平（0.1g 精度）、烘箱。

② 药品：硫粉（C.P.，s）、Na_2SO_3（A.R.，s）、活性炭（C.P.，s）、$Na_2S_2O_3$ · $5H_2O$（A.R.，s）、无水乙醇、乙醇（50%）、碘水。

③ 材料：滤纸。

(2) 方法二

① 仪器：分液漏斗、蒸馏烧瓶、洗气瓶、磁力搅拌器、烧杯、酒精灯、蒸发皿、表面皿、锥形瓶、抽滤瓶、布氏漏斗、真空泵、电子天平（0.1g 精度）、烘箱。

② 药品：硫化钠（C.P.，s）、Na_2CO_3（A.R.，s）、Na_2SO_3（A.R.，s）、浓硫酸、NaOH（6mol·L^{-1}）、碘水。

③ 材料：橡皮塞、滤纸、pH 试纸。

【基本操作】

① 抽滤操作：参见 3.8.1.2 中（2）相关内容。

② 仪器的组装：参见 3.11.1.3 相关内容。

③ 重结晶：参见 3.7.2 相关内容。

【实验内容】

(1) 硫粉和亚硫酸钠溶液方法制备硫代硫酸钠晶体

1）硫代硫酸钠的制备　称取 6.3g 亚硫酸钠置于烧杯中，加入 40mL 蒸馏水，用表面皿作盖，加热并不断搅拌使之溶解，继续加热至近沸。称取硫粉 2g 置于小烧杯中，加入少量50%乙醇，将硫粉调成糊状，在搅拌下分次加入近沸的 Na_2SO_3 溶液中，然后大火加热混合物至沸腾，改为小火加热保持溶液微沸状态约 1h（在此过程中，要经常搅拌，并将烧杯壁上黏附的硫用少量水冲淋下去，同时补充蒸发损失的水分，保持溶液体积不少于 30mL）。直至溶液中仅有少许硫粉，加入少许活性炭，再加热 1～2min，趁热用布氏漏斗减压过滤，弃去未反应的硫粉。将滤液转入蒸发皿，放在石棉网上加热蒸发。不断搅拌，蒸发浓缩滤液至溶液连续不断地产生大量小气泡为止。冷却至室温。若无结晶析出，可加几粒 $Na_2S_2O_3$ · $5H_2O$ 晶体以促使晶体析出，待大量晶体析出后，减压抽滤，用少量无水乙醇洗涤晶体，尽量抽干，再用滤纸吸干其水分。在 40℃下干燥 40～60min。称重，计算产率。

2）硫代硫酸钠的重结晶　将产品溶于适量热水中（按 7.0g 产品溶于 30mL 水计算），趁热过滤后，在不断搅拌下冷却到 273K 以制得较细的结晶，析出的晶体减压过滤后再在同样条件下重结晶一次，所得产品一般为分析纯品。

3）产品检验　取产品少许于试管中，加适量水溶解，逐滴加入 I_2 水，I_2 水颜色消失。（或反过来操作，先取 I_2 水于试管中，逐滴加入产品溶液）。

$$2Na_2S_2O_3 + I_2 \Longrightarrow 2NaI + Na_2S_4O_6$$

此反应是分析化学碘量法的基础。

（2）硫化钠法制备硫代硫酸钠晶体

在锥形瓶内加入 30gNa₂S·9H₂O，7g 无水 Na₂CO₃，加入 150mL 水搅拌使之溶解（可微热促其溶解）。按图 7-1 安装好制备硫代硫酸钠的仪器装置。

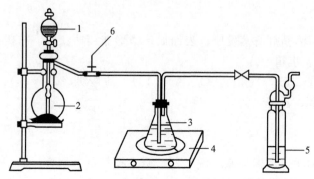

图 7-1　硫代硫酸钠制备装置

1—分液漏斗；2—蒸馏烧瓶；3—锥形瓶；4—电磁搅拌器；5—碱吸收瓶；6—止水夹

在蒸馏烧瓶中加入 32g 无水 Na₂SO₃，分液漏斗中加入 15mL 浓 H₂SO₄ 以反应产生 SO₂ 气体，在碱吸收瓶中加入 6mol·L⁻¹NaOH 溶液至洗气瓶出气小孔以上 2cm 以吸收多余的 SO₂ 气体。

打开分液漏斗，使硫酸慢慢滴下。打开螺旋夹，适当调节螺旋夹（防止倒吸），使反应产生的 SO₂ 气体较均匀地通入锥形瓶溶液中，磁力搅拌约 1h。随着 SO₂ 气体的通入，逐渐有大量浅黄色的硫析出。继续通 SO₂ 气体至溶液的 pH 值约等于 7 时（注意不要小于 7），停止通入 SO₂ 气体。

思考题：

1.在 Na₂S-Na₂CO₃ 溶液中通 SO₂ 的反应是放热反应，还是吸热反应？为什么？

2.停止通 SO₂ 时，为什么必须控制溶液的 pH 值约为 7 而不能使 pH 值小于 7？

将过滤所得 Na₂S₂O₃ 滤液转入烧杯中进行浓缩，直至有少许结晶析出，停止蒸发，冷却至室温，使 Na₂S₂O₃·5H₂O 结晶析出，抽滤，将晶体置于烘箱中，40℃下烘干 40～60min。称量，计算产率。

产品检验：见表 7-1。产品检验方法同上。

表 7-1　产品检验

实验内容	现象	结论及解释
产品溶液＋I₂ 水		

【实验结果记录】

产品＿＿＿＿＿g　　　　　理论产量＿＿＿＿＿g

产品外观＿＿＿＿＿　　　　$收率 = \dfrac{m_{实际}}{m_{理论}} \times 100\% = \underline{\qquad}$

【实验习题】

① 根据制备原理，方法一中哪种反应物过量？可以倒过来吗？

② 在蒸发浓缩时，溶液可蒸干吗？

【附注】

① 方法二中通 SO_2 结束时，夹死胶管，稍冷，把制备 SO_2 的装置拿到室外用水冲洗，防止室内空气污染。烧瓶内白色结块是 $Na_3H(SO_4)_2$，可加入热水（或加水后加热）除去。

② 方法二中锥形瓶内的实验反应现象为：锥形瓶内通入 SO_2 后，刚开始出现黄色硫→乳白色→无色（pH＝7）为止，若再度出现黄色，表明通 SO_2 过量，可用玻璃棒蘸取少量 Na_2CO_3 调至 pH＝7。

实验二十八　硫酸亚铁铵的制备

【实验目的】

① 了解复盐硫酸亚铁铵的制备原理和方法。

② 练习水浴加热和减压抽滤等操作。

【实验原理】

一般亚铁盐在空气中都易被氧化，但形成复盐后却比较稳定，不易被氧化。复盐是由两种或两种以上简单盐类以分子形式结合而成的晶形化合物。在水溶液中复盐全部解离为简单离子，溶解度比相应的简单盐要小。多数硫酸盐有形成复盐的趋势，例如硫酸亚铁铵就是由等物质的量硫酸亚铁和硫酸铵形成的。

硫酸亚铁铵又称摩尔盐，是浅蓝绿色单斜晶体，它能溶于水，但难溶于乙醇。在空气中它不易被氧化，比硫酸亚铁稳定，所以在化学分析中可作为基准物质，用来直接配制标准溶液或标定未知溶液浓度。

由硫酸铵、七水合硫酸亚铁和六水合硫酸亚铁铵在水中的溶解度数据（见表 7-2）可知，在一定温度范围内，硫酸亚铁铵的溶解度比组成它的每一组分的溶解度都小。因此，很容易从浓的硫酸亚铁和硫酸铵混合溶液中制得结晶状的摩尔盐 $FeSO_4 \cdot (NH_4)_2SO_4 \cdot 6H_2O$。

表 7-2　几种盐的溶解度数据　　　　　　　单位：$g/100g\ H_2O$

盐的分子量	温度			
	10℃	20℃	30℃	40℃
硫酸铵 $M＝132.1$	73.0	75.4	78.0	81.0
七水合硫酸亚铁 $M＝277.9$	37.0	48.0	60.2	73.6
六水合硫酸亚铁铵 $M＝392.1$		36.5	45.0	53.0

本实验是先将金属铁屑溶于稀硫酸制得硫酸亚铁溶液：

$$Fe + H_2SO_4 \Longrightarrow FeSO_4 + H_2\uparrow$$

然后加入等物质的量的硫酸铵制得混合溶液，加热浓缩，冷至室温，便析出溶解度较小的硫酸亚铁铵复盐。

$$FeSO_4 + (NH_4)_2SO_4 + 6H_2O \Longrightarrow (NH_4)_2SO_4 \cdot FeSO_4 \cdot 6H_2O$$

由于硫酸亚铁在中性溶液中，能被溶于水中的少量氧气所氧化，并进一步发生水解，甚至析出棕黄色的碱式硫酸铁（或氢氧化铁）沉淀，所以制备过程中，为了使 Fe^{2+} 不被氧化和水解，溶液需保持足够的酸度。

$$4FeSO_4 + O_2 + 6H_2O \Longrightarrow 2[Fe(OH)_2]_2SO_4 \downarrow + 2H_2SO_4$$

产品中 Fe^{3+} 的含量可用比色法来确定。Fe^{3+} 能与 SCN^- 生成血红色的 $[Fe(SCN)_n]^{3-n}$ 配离子，产品溶液加入 SCN^- 后显较深的红色，则表明产品中含 Fe^{3+} 较多；反之则表明产品含 Fe^{3+} 较少或不含 Fe^{3+}。

$$Fe^{3+} + nSCN^- \Longrightarrow [Fe(SCN)_n]^{3-n} \quad (n=1\sim6)$$

【实验用品】

① 仪器：电子天平（0.1g 精度）、锥形瓶、抽滤瓶、布氏漏斗、蒸发皿、表面皿、量筒、水浴锅。

② 药品：铁屑（C. P.，s）、$(NH_4)_2SO_4$（C. P.，s）、H_2SO_4（3mol·L^{-1}）、Na_2CO_3（10%）、KSCN（0.5mol·L^{-1}）。

【基本操作】

① 水浴加热：参见 3.6.1.1 中（2）部分相关内容。

② 蒸发、浓缩和结晶操作：参见 3.7.2 部分相关内容。

③ 抽滤操作：参见 3.8.1.2 中（2）部分相关内容。

【实验内容】

（1）铁屑的净化（去油污）

称取 2g 铁屑（不要过量），放在锥形瓶中，加入 15mL 10%Na_2CO_3 溶液。在水浴上加热 10min，倾析法除去碱液，用水洗净铁屑上的碱液（检查 pH 为中性），以防在加入 H_2SO_4 后产生 Na_2SO_4 晶体混入 $FeSO_4$ 中。

（2）硫酸亚铁的制备

往盛着铁屑的锥形瓶内加入 15mL 3mol·L^{-1} H_2SO_4 溶液，在水浴上加热，使铁屑与硫酸完全反应（30min 左右）。应不时地往锥形瓶中加水及 H_2SO_4 溶液（要始终保持反应溶液的 pH 值在 2 以下），以补充被蒸发掉的水分，趁热减压过滤，保留滤液。预先计算出 2g 铁屑生成硫酸亚铁的理论产量。

（3）硫酸亚铁铵的制备

根据上面计算出来的硫酸亚铁的理论产量，大约按照 $FeSO_4$ 与 $(NH_4)_2SO_4$ 的质量比为 1:0.75，称取固体硫酸铵若干克，溶于装有 20mL 微热蒸馏水的蒸发皿中，再将上述热的滤液倒入其中混合。然后将其在水浴上加热蒸发，浓缩至表面出现晶膜为止，静置让其慢慢冷却至室温，即得硫酸亚铁铵晶体。用减压过滤法除去母液，将晶体放在吸水纸上吸干，观察晶体的颜色和形状，最后称量，计算产率。

（4）产品检验

适量产品＋适量水配成溶液，滴加 1 滴 KSCN 溶液，观察现象。见表 7-3。

表 7-3　**产品检验**

实验内容	现象	结论及解释
产品溶液＋KSCN		

【实验结果记录】

产品产量_____ g　　　　　理论产量_____ g

产品外观_____　　　　　　$产率 = \dfrac{m_{实际}}{m_{理论}} \times 100\% = _____$

【实验习题】

① 什么叫复盐？复盐与形成它的简单盐相比有什么特点？

② 在蒸发、浓缩过程中，若发现溶液变黄色，是什么原因？应如何处理？

③ 计算硫酸亚铁铵产率时，应以 Fe 的用量为准还是以 $(NH_4)_2SO_4$ 的用量为准？为什么？

【附注】

① 铁屑应先剪碎，全部浸没在 H_2SO_4 溶液中，同时不要剧烈摇动锥形瓶，以防止铁暴露空气中氧化。由机械加工过程得到的铁屑表面沾有油污，可采用碱煮（Na_2CO_3 溶液，约 10min）的方法除去。

② 在铁屑与硫酸作用的过程中，会产生大量 H_2 及少量有毒气体（如 H_2S、PH_3 等），应注意通风，避免发生事故。由于反应中有氢气产生，为了安全，加热反应混合物时最好采用水浴加热，尽量不要用明火。

③ 铁与稀硫酸反应时为加快反应速度需加热，但最好控温在 60℃ 以下。若温度超过 60℃ 易生成 $FeSO_4 \cdot H_2O$ 白色晶体，过滤时会残留在滤纸上而降低产量，对 $(NH_4)_2SO_4$ 的物质的量的确定也有影响，会使 $(NH_4)_2SO_4$ 的物质的量偏高。

④ 步骤②中边加热边补充水，但不能加水过多。步骤②中的趁热减压过滤，为防透滤可同时用两层滤纸，并将滤液迅速倒入事先溶解好的 $(NH_4)_2SO_4$ 溶液中，以防 $FeSO_4$ 氧化。

⑤ 溶解 $(NH_4)_2SO_4$ 时，要先将蒸馏水加热至沸腾除氧，以防止 Fe^{2+} 被氧化为 Fe^{3+}。所制得的硫酸亚铁溶液和硫酸亚铁铵溶液均应保持较强的酸性（pH 值为 1～2），如 pH 值太高，Fe^{2+} 易氧化成 Fe^{3+}。

⑥ 目测比色法技术简介。用眼睛观察比较溶液颜色深浅来确定物质含量的分析方法称为目测比色法。其原理是用标准溶液和被测溶液在同样条件下进行比较，当溶液层厚度相同、颜色的深度一样时两者的浓度相等。

应用目测比色法时先要配制系列标准溶液。以 Fe^{3+} 含量测定为例，在测定之前，先要配制一组不同浓度 Fe^{3+} 的标准色阶。做法是先确定显色剂（如选用 KSCN 等）和测量条件，准备好一组同样的比色管，然后在管中依次加入一系列不同量的 Fe^{3+} 标准溶液，再分别加入等量的显色剂及其他辅助试剂（如 HCl），最后用蒸馏水溶解，然后按与上相同的条件进行显色并稀释到相同的体积。

比色操作时，可在比色管下衬以白瓷板，然后从管口垂直向下观察，将被测样品管逐支与标准色阶对比，寻求确定颜色深浅程度相同者。若被测样品的颜色是介于相邻的两色之间，则两色阶含量的平均值就为样品中该物质含量的测定值。

Fe^{3+} 标准溶液配制：先配制 $0.01mg \cdot mL^{-1}$ 的 Fe^{3+} 标准溶液，然后用移液管吸取该标准溶液 $5.00mL$、$10.00mL$ 和 $20.00mL$ 分别放入三支 $25mL$ 比色管中，各加入 $2.00mL$（$2.0mol \cdot L^{-1}$）HCl 溶液和 $0.50mL$（$1.0mol \cdot L^{-1}$）KSCN 溶液。用新制含氧较少的去离子水将溶液稀释到刻度，摇匀得到 $25mL$ 溶液中含 Fe^{3+} $0.05mg$、$0.10mg$ 和 $0.20mg$ 三个级别 Fe^{3+} 标准溶液，它们分别为Ⅰ级、Ⅱ级和Ⅲ级试剂中的 Fe^{3+} 的最高允许含量。

用上述相似的方法配制 $25mL$ 含 $1.00g$ 摩尔盐的溶液，若溶液颜色与Ⅰ级试剂的标准溶液的颜色相同或略浅，便可确定为Ⅰ级产品，其中

$$Fe^{3+} 的质量分数 = \frac{0.05 \times 10^{-3}g}{1.00g} \times 100\% = 0.005\%$$

Ⅱ级和Ⅲ级产品依此类推。

实验二十九　草酸亚铁的制备

【实验目的】

① 以硫酸亚铁铵为原料制备草酸亚铁。

② 了解草酸亚铁的定性检测方法。

【实验原理】

二水合草酸亚铁（$FeC_2O_4 \cdot 2H_2O$）为淡黄色结晶性粉末。真空下于 $142℃$ 失去结晶水，难溶于水，在冷盐酸中能缓慢地溶解。草酸亚铁在常温常压下稳定，加热易分解为氧化亚铁、一氧化碳、二氧化碳，化学方程式如下：

$$FeC_2O_4 \cdot 2H_2O =\!\!=\!\!= FeO + CO\uparrow + CO_2\uparrow + 2H_2O$$

因草酸亚铁难溶于水，故在适当条件下，往二价铁盐水溶液中加入草酸或草酸钾水溶液即可析出沉淀，得到草酸亚铁的水合物二水合草酸亚铁固体产品，反应式为：

$(NH_4)_2SO_4 \cdot FeSO_4 \cdot 6H_2O + H_2C_2O_4 =\!\!=\!\!= FeC_2O_4 \cdot 2H_2O + (NH_4)_2SO_4 + H_2SO_4 + 4H_2O$

经洗涤、抽滤、干燥得 $FeC_2O_4 \cdot 2H_2O$ 晶体。

【实验用品】

① 仪器：抽滤瓶、布氏漏斗、电子天平（$0.1g$ 精度）、量筒、点滴板、烧杯表面皿。

② 固体药品：硫酸亚铁铵、锌片。

③ 液体药品：H_2SO_4（$2mol \cdot L^{-1}$）、$H_2C_2O_4$（$1mol \cdot L^{-1}$）、丙酮、KSCN（$0.5mol \cdot L^{-1}$）、KMnO$_4$（$0.2mol \cdot L^{-1}$）。

【基本操作】

倾析操作：参见 3.8.1.1 部分相关内容。

【实验内容】

(1) 草酸亚铁制备

称取硫酸亚铁铵 $9g$ 于 $250mL$ 烧杯中加入 $45mL$ H_2O、$3mL$ H_2SO_4（$2mol \cdot L^{-1}$）酸

化,加热至溶解,向此溶液中加入 60mL 草酸 $(1mol \cdot L^{-1})$ 溶液,将溶液加热至沸,不断搅拌,至有黄色沉淀析出,静置使沉淀尽量沉降,倾出上清液,加入 30mL 蒸馏水,加热充分洗涤沉淀,抽滤(将沉淀在漏斗中铺平),尽量抽干,再用丙酮洗涤沉淀 2 遍,抽干,将产品移入表面皿,晾干(以不沾玻璃棒为准),观察产品外观并称重。

(2) 草酸亚铁产品定性分析

0.5g 产品＋$H_2SO_4$$(2mol \cdot L^{-1})$＋$H_2O$ 微热溶解为 5mL 溶液。

① 取 1 滴溶液于点滴板上,加 1 滴 KSCN 溶液,观察现象。

② 取 1 滴高锰酸钾溶液于试管中,滴加产品溶液至高锰酸钾刚好褪色,取 1 滴此溶液于点滴板上,加 1 滴 KSCN 溶液,观察现象。

③ 在步骤②剩余溶液中加 1 小片 Zn 片,观察现象,充分反应后取 1 滴此溶液于点滴板上,加 1 滴 KSCN 溶液,观察现象。

【实验结果记录】

产品产量_____g　　理论产量_____g

产品外观_____　　产率＝$\dfrac{m_{实际}}{m_{理论}} \times 100\% =$ _____

实验内容	现象	结论及解释
产品溶液＋KSCN		
产品溶液＋$KMnO_4$＋KSCN		
产品溶液＋$KMnO_4$＋Zn＋KSCN		

【实验习题】

产品溶液与高锰酸钾溶液和 Zn 片作用时,铁的价态有何变化?

【附注】

① 在制备过程中,要不断搅拌,以免爆沸。

② 丙酮是易燃物品,其蒸气有毒,使用时要在通风橱中进行或保持良好的排气通风,以防吸入;同时注意避开明火。

实验三十　三草酸合铁(Ⅲ)酸钾的制备

【实验目的】

① 以自制草酸亚铁为原料制备铁的配合物。

② 了解三草酸合铁酸钾的定性检测方法。

③ 了解 Fe(Ⅱ)、Fe(Ⅲ) 化合物的性质,Fe^{2+}、Fe^{3+} 的鉴定方法。

【实验原理】

三水合三草酸合铁(Ⅲ)酸钾 $[K_3Fe(C_2O_4)_3 \cdot 3H_2O]$ 是翠绿色单斜晶系晶体,易溶于水(0℃时,4.7g/100g 水;100℃,117.7g/100g 水),难溶于乙醇、丙酮等有机溶剂,

110℃下可失去结晶水，230℃时即分解。三水合三草酸合铁（Ⅲ）酸钾是光敏物质，光照下易分解成 FeC_2O_4、$K_2C_2O_4$ 及 CO_2：

$$2K_3[Fe(C_2O_4)_3] = 3K_2C_2O_4 + 2FeC_2O_4 + 2CO_2\uparrow$$

它在日光直射或强光下分解生成的草酸亚铁遇六氰合铁（Ⅲ）酸钾生成滕氏蓝，反应为：

$$3FeC_2O_4 + 2K_3[Fe(CN)_6] = Fe_3[Fe(CN)_6]_2\downarrow + 3K_2C_2O_4$$

因此，在实验室中可做成感光纸，进行感光实验。另外，由于它的光化学活性，能定量进行光化学反应，常用作化学光量计。

本制备实验是由铁（Ⅱ）盐为起始原料，通过氧化还原、沉淀、酸碱、配位反应等多步转化，最后制得三草酸合铁（Ⅲ）酸钾 $[K_3Fe(C_2O_4)_3 \cdot 3H_2O]$ 配合物。主要反应过程为：FeC_2O_4 在有 $K_2C_2O_4$ 存在时可被 H_2O_2 氧化生成三草酸合铁（Ⅲ）酸钾，同时还有 $Fe(OH)_3$ 生成，若加适量 $H_2C_2O_4$ 溶液可使 $Fe(OH)_3$ 转化成三草酸合铁（Ⅲ）酸钾，反应式为：

$$6FeC_2O_4 + 3H_2O_2 + 6K_2C_2O_4 + 12H_2O = 4K_3Fe(C_2O_4)_3 \cdot 3H_2O + 2Fe(OH)_3$$
$$2Fe(OH)_3 + 3H_2C_2O_4 + 3K_2C_2O_4 = 2K_3Fe(C_2O_4)_3 \cdot 3H_2O$$

因其难溶与乙醇，故加入乙醇便能从溶液中析出 $K_3[Fe(C_2O_4)_3] \cdot 3H_2O$ 晶体。总反应式为：

$$H_2C_2O_4 + 2FeC_2O_4 \cdot 2H_2O + H_2O_2 + 3K_2C_2O_4 = 2K_3[Fe(C_2O_4)_3] \cdot 3H_2O$$

【实验用品】

① 仪器：抽滤瓶、布氏漏斗、电子天平（0.1g 精度）、量筒、水浴锅。

② 固体药品：草酸亚铁、$K_2C_2O_4$、$H_2C_2O_4$、锌片。

③ 液体药品：$H_2SO_4(2mol \cdot L^{-1})$、$HCl(2mol \cdot L^{-1})$、$H_2O_2(30\%)$、乙醇：水（1：1）溶液、丙酮、$KSCN(0.5mol \cdot L^{-1})$、$KMnO_4(0.2mol \cdot L^{-1})$。

【基本操作】

抽滤操作：参见 3.8.1.2 中（2）部分相关内容。

【实验内容】

（1）三草酸合铁（Ⅲ）酸钾制备

称取 2.8g 自制的草酸亚铁，加入 5mL H_2O 配成悬浊液，边搅拌边加入 3.2g 草酸钾固体，加完后在水浴中加热至 40℃。再滴加 10mL $H_2O_2(30\%)$ 溶液，在此过程中要保持溶液温度约 40℃，此时会有棕色沉淀析出。把溶液加热至沸，将 1.2g 草酸固体慢慢加入，至体系成亮绿色透明溶液，保持溶液近沸，如有浑浊可趁热过滤。往清液中加 8mL 乙醇（95%），如产生浑浊可微热使其溶解，然后放在暗处水浴冷却至室温。待其析出晶体，抽滤，尽量抽干，再依次用 5mL 乙醇（1：1）溶液及 5mL 丙酮洗涤沉淀 2 遍，抽干，将产品移入表面皿，观察产品外观并称重，将产物置于暗处保存待用。

（2）三草酸合铁（Ⅲ）酸钾的定性分析

0.5g 产品＋5mL H_2O 配成溶液。

① 取 2 滴溶液于点滴板上，滴加 1 滴 KSCN 溶液，观察现象。

② 取 2 滴溶液加 1 滴 $HCl(2mol \cdot L^{-1})$ 溶液，再滴加 1 滴 KSCN 溶液，观察现象。

③ 取 1 滴高锰酸钾溶液于试管中，加 $0.5mL \ H_2SO_4(2mol \cdot L^{-1})$ 溶液，再滴加产品溶液至高锰酸钾刚好褪色，取 1 滴此溶液于点滴板上，加 1 滴 KSCN 溶液，观察现象。

④ 在 2 滴产品溶液中 1 滴 $HCl(2mol \cdot L^{-1})$ 溶液，再加 1 小片 Zn 片，观察现象；充分反应后，取 1 滴此溶液于点滴板上，加 1 滴 KSCN 溶液，观察现象。

【实验结果记录】

产品产量_____g　　　　　　理论产量_____g

产品外观_____　　　　　　产率 $= \dfrac{m_{实际}}{m_{理论}} \times 100\% = $ _____

实验内容	现象	结论及解释
产品溶液＋KSCN		
产品溶液＋HCl＋KSCN		
产品溶液＋H_2SO_4＋$KMnO_4$＋KSCN		
产品溶液＋HCl＋Zn＋KSCN		

【实验习题】

① 制备中加完 H_2O_2 后为什么要煮沸溶液？

② 制备中为使产品析出，可否采用蒸发浓缩来代替加入乙醇的方法？为什么？

③ 根据三草酸合铁（Ⅲ）酸钾的性质，应如何保存该化合物？

【附注】

① 滴加 H_2O_2 溶液时，此时需保持恒温 40℃，温度太低则 Fe^{2+} 氧化速度太慢，温度太高则易导致 H_2O_2 分解而影响 Fe^{2+} 氧化结果。控温的同时还应控制好 H_2O_2 的滴加速度，滴加太慢反应体系中的 H_2O_2 浓度太低，影响氧化效果；滴加太快 H_2O_2 分解过多也会导致反应不完全，以连续滴加同时快速搅拌为宜。因反应本身放热，水浴温度应略低于 40℃，以保持反应温度恒温在约 40℃。

② 加热除去过量 H_2O_2 时，当 H_2O_2 基本分解完全即可停止加热（约 2～3min）。不宜煮沸时间过长。若加热时间过长，生成的 $Fe(OH)_3$ 沉淀颗粒较大，下一步酸溶速度较慢，时间增长易造成 Fe^{3+} 被还原，影响产品纯度。

实验三十一　五水硫酸铜的制备

【实验目的】

① 了解不活泼金属与酸反应制备盐的方法。

② 以铜和硫酸为原料制备五水硫酸铜，掌握实验原理和实验方法。

③ 进一步练习并熟悉灼烧、蒸发浓缩、冷却结晶、抽滤、洗涤、干燥等基本操作。

【实验原理】

五水硫酸铜（$CuSO_4 \cdot 5H_2O$）俗称蓝矾或胆矾，它是一种蓝色的斜方晶体，易溶于水，不溶于乙醇，在干燥空气中缓慢风化，加热到 230℃时全部失水变为白色的 $CuSO_4$。硫酸铜是制备其他铜化合物的主要原料，也是电镀和纺织品媒染剂的原料。硫酸铜溶液具有一定的杀菌能力，它与石灰乳混合而得到的溶液称为波尔多液，可用来防治多种作物的病害。

铜是不活泼金属，不能直接和稀硫酸发生反应制备硫酸铜。由铜制备硫酸铜时，铜的价态升高，因此各种制备方法的共同点就是找一个合适的氧化剂。氧化剂不同，制备方法上有差异。同样由铜制备氯化铜、醋酸铜等盐的关键也是找氧化剂。

实验室制备硫酸铜根据使用的氧化剂不同，常用的方法主要有 3 种。

① 第 1 种方法采用的氧化剂是浓硝酸，在浓硝酸和稀硫酸的混合液中，浓硝酸将铜氧化成 Cu^{2+}，Cu^{2+} 与 SO_4^{2-} 结合得到硫酸铜。

$$Cu + 2HNO_3 + H_2SO_4 = CuSO_4 + 2NO_2\uparrow + 2H_2O$$

利用硝酸铜的溶解度在 $0\sim100℃$ 范围内均大于硫酸铜溶解度的性质，溶液经蒸发浓缩析出硫酸铜，经过滤与可溶性杂质硝酸铜分离，得到粗产品。

② 第 2 种方法采用的氧化剂是氧气，将铜粉在空气中灼烧氧化成氧化铜，再将其溶于稀硫酸中即可制得硫酸铜溶液。

$$2Cu + O_2 \xrightarrow{\text{灼烧}} 2CuO$$
$$CuO + H_2SO_4 = CuSO_4 + H_2O$$

$CuSO_4 \cdot 5H_2O$ 在水中的溶解度随温度变化较大，将硫酸铜溶液蒸发、浓缩、冷却、结晶、过滤、干燥，得到蓝色的五水硫酸铜晶体。

③ 第 3 种方法采用的氧化剂是过氧化氢，将铜屑在加热的条件下与稀硫酸和过氧化氢作用来制备硫酸铜。

$$Cu + H_2O_2 + H_2SO_4 = CuSO_4 + 2H_2O$$

本实验采用第 2 种方法来制备硫酸铜。

【实验用品】

① 仪器：电子天平（0.1g 精度）、烧杯、量筒、试管、布氏漏斗、抽滤瓶、真空泵、蒸发皿、瓷坩埚、酒精灯、石棉网、铁架台、表面皿。

② 药品：铜粉（s）、H_2SO_4（$2mol \cdot L^{-1}$）、Na_2CO_3 饱和溶液、浓氨水、无水乙醇（C.P.）。

③ 材料：滤纸、广泛 pH 试纸。

【基本操作】

① 坩埚的使用：参见 2.2 中（2）部分相关内容。

② 蒸发浓缩：参见 3.7.2 部分相关内容。

【实验内容】

（1）氧化铜的制备

称取 1.5g 铜粉，放入干燥、洁净的瓷坩埚中。用煤气灯（或酒精喷灯）加热，不断搅拌，加热至铜粉完全转化为黑色，停止加热，冷却。

（2）硫酸铜溶液的制备

将 CuO 粉倒入 50mL 小烧杯中，加入 15mL $2mol \cdot L^{-1}$ H_2SO_4 溶液，加热，搅拌，尽

量使 CuO 完全溶解。趁热抽滤，得硫酸铜溶液。

（3）五水硫酸铜晶体的制备

将硫酸铜溶液转移到洁净的蒸发皿中，先检验溶液的酸碱性（pH＝1，必要时可滴加 Na_2CO_3 饱和溶液调节）。水浴加热，蒸发至有晶膜出现。冷却至室温，有大量晶体析出。抽滤，用无水乙醇淋洗晶体 2～3 次。

（4）干燥

将晶体取出夹在两张干滤纸之间，轻轻按压吸干水分，之后将晶体转移到洁净干燥且已称重的表面皿中，称量。

（5）五水硫酸铜的性质

① 取少量 $CuSO_4 \cdot 5H_2O$ 产品于试管中，加热至白色，备用。观察现象。

② 将上一步得到的 $CuSO_4$ 晶体用适量水溶解，滴加浓氨水，振荡，直至沉淀全部溶解，得到硫酸四氨合铜（Ⅱ）溶液，观察现象。

【实验结果记录】

产品_____ g　　　　　　理论产量_____ g

产品外观_____　　　　　收率＝$\dfrac{m_{实际}}{m_{理论}} \times 100\%＝$_____

注：$m_{理论}$以铜粉量为基准计算。

实验内容	现象	结论及解释
$CuSO_4 \cdot 5H_2O$ 加热		
$CuSO_4$ 溶液＋浓氨水		

【实验习题】

结晶时滤液为什么不可蒸干？

【附注】

浓缩硫酸铜溶液时一般采用水浴蒸发的方式，主要是因为五水硫酸铜受热易失去结晶水，蒸发温度不宜过高。

$$CuSO_4 \cdot 5H_2O = CuSO_4 \cdot 3H_2O + 2H_2O \quad (375K)$$
$$CuSO_4 \cdot 3H_2O = CuSO_4 \cdot H_2O + 2H_2O \quad (386K)$$
$$CuSO_4 \cdot H_2O = CuSO_4 + H_2O \quad (531K)$$

------- **实验三十二** **硫酸四氨合铜（Ⅱ）的制备** -------

【实验目的】

① 了解配合物的制备，结晶，提纯的方法。

② 学习硫酸四氨合铜（Ⅱ）的制备原理及制备方法。

③ 进一步练习溶解、抽滤、洗涤、干燥等基本操作。

【实验原理】

一水合硫酸四氨合铜（Ⅱ）$[Cu(NH_3)_4]SO_4 \cdot H_2O$ 为蓝色正交晶体，在工业上用途广泛，常用作杀虫剂、媒染剂，在碱性镀铜中也常用作电镀液的主要成分，也用于制备某些含铜的化合物。本实验通过将过量氨水加入硫酸铜溶液中反应得硫酸四氨合铜（Ⅱ）。反应式为：

$$CuSO_4 + 4NH_3 + H_2O \Longrightarrow [Cu(NH_3)_4]SO_4 \cdot H_2O$$

由于硫酸四氨合铜（Ⅱ）在加热时易失氨，所以其晶体的制备不宜选用蒸发浓缩等常规的方法。硫酸四氨合铜（Ⅱ）溶于水但不溶于乙醇，因此在硫酸四氨合铜（Ⅱ）溶液中加入乙醇，即可析出深蓝色的 $[Cu(NH_3)_4]SO_4 \cdot H_2O$ 晶体。由于该配合物不稳定，常温下一水合硫酸四氨合铜（Ⅱ）易与空气中的二氧化碳，水反应生成铜的碱式盐，使晶体变成绿色粉末。而在高温下则分解成硫酸铵，氧化铜和水，故也不宜高温干燥。

【实验用品】

① 仪器：电子天平（0.1g 精度）、烧杯、量筒、玻璃棒、布氏漏斗、抽滤瓶、真空泵、表面皿。

② 药品：五水硫酸铜（s，A. R.）、氨水（A. R.）、$NH_3 \cdot H_2O(2mol \cdot L^{-1})$、无水乙醇（A. R.）、乙醇：浓氨水（1：2）、乙醇：乙醚（1：1）、$H_2SO_4(2mol \cdot L^{-1})$、$NaOH(2mol \cdot L^{-1})$、$Na_2S$（0.1mol $\cdot L^{-1}$）。

③ 材料：滤纸。

【基本操作】

结晶：参见 3.7.2 中（2）部分相关内容。

【实验内容】

（1）制备

用电子天平（0.1g 精度）称取 5.0g 五水硫酸铜，放入洁净的 100mL 烧杯中，加入 10mL 去离子水，搅拌至完全溶解，加入 10mL 浓氨水，搅拌混合均匀（此时溶液呈深蓝色，较为不透光。若溶液中有沉淀，抽滤使溶液中不含不溶物）。待溶液冷却至室温后，沿烧杯壁慢慢滴加 20mL 无水乙醇，然后盖上表面皿静置 15min。待晶体完全析出后，减压过滤，晶体用乙醇：浓氨水（1：2）的混合液洗涤 2~3 次，再用乙醇与乙醚的混合液淋洗，抽滤至干。然后将其在 60℃左右烘干，称量。

（2）铜氨络离子的性质

取产品 0.5g，加 5mL 2mol $\cdot L^{-1}NH_3 \cdot H_2O$ 溶解备用。

① 取少许产品溶液，滴加 2mol $\cdot L^{-1}$ 硫酸溶液，观察现象。

② 取少许产品溶液，滴加 2mol $\cdot L^{-1}$ 氢氧化钠溶液，观察现象。

③ 取少许产品溶液，加热至沸，观察现象；继续加热观察现象。

④ 取少许产品溶液，逐渐滴加无水乙醇，观察现象。

⑤ 在离心试管中逐渐滴加 0.1mol $\cdot L^{-1}Na_2S$ 溶液，观察现象。

铜氨络离子的性质检验如表 7-4 所列。

表 7-4　铜氨络离子的性质检验

实验内容	现象	结论及解释
产品溶液＋2mol·$L^{-1}H_2SO_4$		
产品溶液＋2mol·L^{-1}NaOH		
产品溶液加热至沸继续加热		
产品溶液＋无水乙醇		
产品溶液＋Na_2S溶液		

【实验结果记录】

产品_____g　　　　理论产量_____g

产品外观_____　　　收率$=\dfrac{m_{实际}}{m_{理论}}\times100\%=$_____

【实验习题】

为什么使用乙醇：浓氨水（1：2）的混合液洗涤晶体而不是蒸馏水？

【附注】

① 硫酸铜溶解较为缓慢，为加快溶解速度，应研细固体硫酸铜，同时可微热促使硫酸铜溶解。

② 本实验较易成功，对 $CuSO_4$ 以及氨水的浓度及用量要求不很严格，根据实验现象可适当增减氨水用量，只要保证反应后溶液无沉淀，透明即可，但氨水浓度过稀，会造成反应体系中含水量较高，不利于产物硫酸四氨合铜（Ⅱ）晶体的析出。

③ 氨水碱性较弱，与硫酸铜的反应产物不是氢氧化铜而是碱式硫酸铜，碱式硫酸铜的组成问题较复杂，主要与硫酸铜和氨水的浓度及用量有关，但不影响铜氨络离子的生成和其他主要反应，故可不考虑。

④ $[Cu(NH_3)_4]SO_4·H_2O$ 生成时放热，在加入乙醇前应充分冷却，并静置足够时间。如能放置过夜，则能制得较大颗粒的晶体。

第8章

综合性实验

实验三十三 硫酸铝钾的制备

【实验目的】

① 了解由金属铝制备硫酸铝钾的原理及过程。

② 学习复盐的制备及性质。

③ 认识铝及氢氧化铝的两性性质。

④ 巩固蒸发、结晶、沉淀的转移、抽滤、洗涤、干燥等无机物制备的基本操作。

【实验原理】

硫酸铝同碱金属的硫酸盐（K_2SO_4）生成硫酸铝钾复盐 $KAl(SO_4)_2$（俗称明矾）。它是一种无色晶体，易溶于水并水解生成 $Al(OH)_3$ 胶状沉淀，具有很强的吸附性能，是工业上重要的铝盐，可作为净水剂、媒染剂、造纸填充剂等。

本实验利用金属铝可溶于 $NaOH$ 溶液中，生成可溶性的四羟基铝酸钠 $Na[Al(OH)_4]$：

$$2Al + 2NaOH + 6H_2O \longrightarrow 2Na[Al(OH)_4] + 3H_2 \uparrow$$

金属铝中其他杂质则不溶，再用稀硫酸调节此溶液的 pH 值为 8~9，即有 $Al(OH)_3$ 沉淀产生，分离后在沉淀中加入 H_2SO_4 致使 $Al(OH)_3$ 沉淀转化为 $Al_2(SO_4)_3$：

$$2Al(OH)_3 + 3H_2SO_4 \longrightarrow Al_2(SO_4)_3 + 6H_2O$$

在 $Al_2(SO_4)_3$ 溶液中加入等量的 K_2SO_4，在水溶液中结合生成溶解度较小的复盐，当冷却溶液时硫酸铝钾以大块晶体结晶析出，即制得 $KAl(SO_4)_2 \cdot 12H_2O$。

$$Al_2(SO_4)_3 + K_2SO_4 + 12H_2O \Longrightarrow 2KAl(SO_4)_2 \cdot 12H_2O$$

【实验用品】

① 仪器：电子天平（0.1g 精度）、烧杯、量筒、布氏漏斗、抽滤瓶、真空泵、蒸发皿、表面皿、酒精灯、石棉网、铁三角。

② 药品：铝屑（s, C. P.）、K_2SO_4（s, C. P.）、H_2SO_4（3mol·L^{-1}、9mol·L^{-1}）、$NaOH$（s, C. P.）。

③ 材料：滤纸、广泛 pH 试纸。

【基本操作】

制备明矾大晶体：参见本实验有关内容。

【实验内容】

(1) $Na[Al(OH)_4]$ 的制备

称取 2.3g 固体 NaOH，置于 250mL 烧杯中，加入 30mL 蒸馏水溶解。称取 1g 铝屑，分批放入 NaOH 溶液中（反应激烈，为防止溅出，应在通风橱中进行），搅拌至不再有气泡产生，说明反应完毕。补充少量蒸馏水使溶液体积约为 40mL，反应后趁热抽滤。

(2) $Al(OH)_3$ 的生成

将滤液转入 250mL 烧杯中，加热至沸，在不断搅拌下，逐滴滴加 $3mol \cdot L^{-1} H_2SO_4$，使溶液的 pH 值为 8～9，继续搅拌煮沸数分钟，抽滤，用沸水洗涤沉淀，直至洗出液的 pH 值降至 7 左右，抽干。

(3) $Al_2(SO_4)_3$ 的制备

将制得的 $Al(OH)_3$ 沉淀转入烧杯中，加入约 16mL $9mol \cdot L^{-1} H_2SO_4$，并不断搅拌，小火加热使其溶解，得 $Al_2(SO_4)_3$ 溶液。

(4) 复盐的制备

将 $Al_2(SO_4)_3$ 溶液与 3.3g K_2SO_4 固体配成的饱和溶液相混合。搅拌均匀，充分冷却后，减压抽滤，尽量抽干，称重。

【实验结果记录】

产品_____ g　　　　　理论产量_____ g

产品外观_____　　　　　产率 $= \dfrac{m_{实际}}{m_{理论}} \times 100\% =$ _____

注：$m_{理论}$ 以铝屑量为基准进行计算。

【实验习题】

① 第一步反应中是碱过量还是铝屑过量？为什么？

② 铝屑中的杂质是如何除去的？

【附注】

(1) 制备明矾大晶体的方法

1) 籽晶的制备

① 把制得的盐倒入烧杯中，加水并加热至沸腾，然后把一根尼龙线悬于溶液中间（直接把尼龙线悬于溶液中，可省去绑籽晶的麻烦，而且这样更牢固）。

② 把溶液置于不易振荡，易蒸发，没有灰尘的地方，静置 1～2d。

③ 把线子上较小，不规则的晶体去掉，留下较大的，八面体形状的晶种。

2) 大晶体的制备

① 把取出晶种后的溶液加热，使烧杯底部的小晶体溶解，并持续加热一小段时间。

② 将溶液冷却至 30℃，若溶液析出晶体，过滤晶体，再重新加热，没有饱和则需加入

$KAl(SO_4)_2 \cdot 12H_2O$ 再加热,直至把溶液配成 30℃的饱和溶液(每次把母液配成 30~40℃的饱和溶液,有利于籽晶快速长大,不至于晶体在室温升高时溶解)。

③ 把晶种轻轻吊在饱和液并处于溶液中间。

④ 多次重复①②③,直至得到无色、透明、八面体形状的硫酸铝钾大晶体。

注:a.溶液饱和度太大易产生不规则小晶体附着原晶种上,晶体不透明,饱和度太低,则成长缓慢或造成原晶种溶解;b.制备晶体最好是在温差不太大的条件下进行,用冷却法制备,温差以 10℃左右为宜。温差较大时,易析出细小的晶体或晶体有裂痕,不透明的晶体较多,难以选择理想的晶体作为晶种。

(2)硫酸钾溶解度

见表 8-1。

表 8-1　硫酸钾在水中的溶解度　　　　　　单位:$g/100gH_2O$

温度	0℃	10℃	20℃	30℃	40℃	60℃	80℃	90℃	100℃
溶解度	7.4	9.3	11.1	13	14.8	18.2	21.4	22.9	24.1

实验三十四　高锰酸钾的制备——固体碱熔氧化法

【实验目的】

① 学习碱熔氧化法由二氧化锰制备高锰酸钾的基本原理和操作方法。

② 熟悉熔融、浸取,巩固抽滤、浓缩、结晶等操作。

③ 掌握锰的各种氧化态之间的相互转化。

【实验原理】

高锰酸钾($KMnO_4$)为黑紫色、细长的棱形结晶或颗粒,带蓝色的金属光泽,溶于水、碱液,微溶于甲醇、丙酮、硫酸。高锰酸钾具有强氧化性,在实验室中和工业上常用作氧化剂,遇乙醇即分解。在酸性介质中会缓慢分解成二氧化锰、钾盐和氧气。光对这种分解有催化作用,故在实验室里常存放在棕色瓶中。高锰酸钾是最强的氧化剂之一,作为氧化剂受 pH 值影响很大,在酸性溶液中氧化能力最强,其还原产物因反应介质的酸碱性不同而不同。其相应的酸高锰酸 $HMnO_4$ 和酸酐 Mn_2O_7,均为强氧化剂,能自动分解放热。

高锰酸钾具有强氧化性,遇浓硫酸、铵盐能发生爆炸。遇甘油能引起自燃。与有机物、还原剂、易燃物如硫、磷等接触或混合时有引起燃烧爆炸的危险。故要与还原剂、强酸、有机物、硫磷等易燃材料、过氧化物、醇类和化学活性金属等物质分开避光存放。

一般实验室常见的制备方法有以下两种:一种是用 PbO_2 或 $NaBiO_3$ 在碱性条件下氧化锰(Ⅱ)盐来制取;另一种是将软锰矿和氯酸钾在氢氧化钾存在下混合加热,产生锰酸钾,再于弱酸性溶液中歧化得到高锰酸钾。本实验采用第二种方法。

二氧化锰在较强氧化剂(如氯酸钾)存在下与碱共熔时,可被氧化成为锰酸钾:

$$3MnO_2 + KClO_3 + 6KOH \xrightarrow{灼烧} 3K_2MnO_4 + KCl + 3H_2O$$

熔块由水浸取后,随着溶液碱性降低,水溶液中的 MnO_4^{2-} 不稳定,发生歧化反应。一般在弱碱性或近中性介质中,歧化反应趋势较小,反应速率也较慢。但在弱酸性介质中,

MnO_4^{2-} 易发生歧化反应，生成 MnO_4^- 和 MnO_2。如向含有锰酸钾的溶液中通 CO_2 气体，可发生如下反应：

$$3K_2MnO_4+2CO_2 =\!=\!= 2KMnO_4+MnO_2\downarrow+2K_2CO_3$$

经减压过滤除去二氧化锰后，将溶液浓缩即可析出暗紫色的针状高锰酸钾晶体。

【实验用品】

① 仪器：启普发生器、电子天平（0.1g 精度）、泥三角、铁坩埚、坩埚钳、铁搅拌棒、抽滤瓶、布氏漏斗、蒸发皿、表面皿、烧杯、烘箱。

② 药品：二氧化锰（s）、氢氧化钾（s）、氯酸钾（s）、石子（s）、HCl(6mol·L^{-1})。

③ 材料：滤纸、广泛 pH 试纸、乳胶管。

【基本操作】

① 铁坩埚使用：参见 2.2 中（2）部分相关内容。

② 启普发生器的使用：参见 3.11.1.2 部分相关内容。

③ 蒸发浓缩：参见 3.7.2 中（1）部分相关内容。

【实验内容】

（1）二氧化锰熔融氧化

称取 2.5g 氯酸钾固体和 5.2g 氢氧化钾固体，放入铁坩埚中，用铁棒将物料混合均匀。将铁坩埚放在泥三角上，用坩埚钳夹紧，然后用小火加热，边加热边用铁棒搅拌，尽量不使熔融体飞溅。待混合物完全熔融后，将 3g 二氧化锰固体分多次，小心加入铁坩埚中，每次加入均用铁棒搅拌均匀，防止火星外溅。加完二氧化锰仍不断搅拌，随着熔融物的黏度增大，用力加快搅拌以防结块或粘在坩埚壁上。待反应物干涸后，提高温度，强热 5min，得到墨绿色锰酸钾熔融物。用铁棒尽量捣碎。停止加热。

> 思考题：
> 1.为什么制备锰酸钾时要用铁坩埚而不用瓷坩埚？
> 2.实验时，为什么使用铁棒而不使用玻璃棒搅拌？

（2）浸取

待盛有熔融物的铁坩埚冷却后，将熔块转移到 250mL 烧杯中，留在坩埚中的残余部分，以约 10mL 蒸馏水微热浸洗，溶液倾入盛熔块的烧杯中，如浸洗一次未浸完，可反复用水浸洗数次，直至完全浸出残余物。浸出液合并，最后使总体积为 90mL（不要超过 100mL），加热烧杯并搅拌，使熔体全部溶解。

（3）锰酸钾的歧化

趁热向浸出液中通二氧化碳气体至锰酸钾全部歧化为止（可用玻璃棒蘸取溶液于滤纸上，如果滤纸上只有紫红色而无绿色痕迹，即表示锰酸钾已歧化完全，pH 值在 10~11 之间），静止片刻后抽滤。

> 思考题：该操作步骤中，要使用玻璃棒搅拌溶液而不用铁棒，为什么?

（4）滤液的蒸发结晶

将滤液倒入蒸发皿中，在水浴上蒸发浓缩至表面开始析出高锰酸钾晶膜为止，自然冷却至室温，然后抽滤，将高锰酸钾晶体抽干。

（5）高锰酸钾晶体的干燥

将晶体转移到已知质量的洁净干燥的表面皿中，用玻璃棒将其分开。放入烘箱中（80℃为宜，不能超过240℃）干燥0.5h，冷却后称重，计算产率。

（6）锰各种氧化态间的相互转化（选做）

利用自制的高锰酸钾晶体，自行设计实验，实现锰的各种氧化态之间的相互转化。写出实验步骤及相关反应方程式。

【实验结果记录】

产品_____g　　　　　理论产量_____g

产品外观_____　　　　$收率 = \dfrac{m_{实际}}{m_{理论}} \times 100\% = _____$

【实验习题】

① 总结启普发生器的构造和使用方法。

② 为了使 K_2MnO_4 发生歧化反应，能否用盐酸代替 CO_2？为什么？

③ 由锰酸钾在酸性介质中歧化的方法来得到高锰酸钾的最大转化率是多少？还可采用何种实验方法提高高锰酸钾的转化率？

【附注】

① 第一步碱熔反应一定要保证有足够高的温度，氯酸钾固体和氢氧化钾完全熔融后再加入二氧化锰；分次加入二氧化锰时动作要快，间隔时间要短。

② 通 CO_2 过多，溶液的 pH 值较低，溶液中会生成大量的 $KHCO_3$，而 $KHCO_3$ 的溶解度比 K_2CO_3 小得多，在溶液蒸发浓缩时 $KHCO_3$ 会和 $KMnO_4$ 一起析出，使得产品纯度较低。

③ 一些化合物溶解度随温度的变化如下表所列：

温度/℃	0	10	20	30	40	50	60	70	80	90	100
KCl g/100gH₂O	27.6	31.0	34.0	37.0	40.0	42.6	45.5	48.3	51.1	54.0	56.7
K₂CO₃ g/100gH₂O	51.3	52.0	52.5	53.2	53.9	54.8	55.9	57.1	58.3	59.6	60.9
KMnO₄ g/100gH₂O	2.83	4.4	6.4	9.0	12.56	16.89	22.2	—	—	—	—

实验三十五　含碘废液的回收

【实验目的】

① 了解利用含碘废液提取碘的原理和方法。

② 继续练习加热、蒸发、冷却、结晶、抽滤、洗涤、干燥等基本操作。

③ 学习滴定操作。

④ 学习有害气体的处理操作。

【实验原理】

在含 I^- 和 I_2 的废液中，加入适量硝酸铜和硫代硫酸钠固体，生成碘化亚铜白色沉淀。用浓硝酸氧化碘化亚铜，得粗碘。再用升华法提纯，得到高纯度的单质碘。有关反应如下：

$$I_2 + 2S_2O_3^{2-} = 2I^- + S_4O_6^{2-}$$

$$2I^- + 2Cu^{2+} + 2S_2O_3^{2-} = 2CuI\downarrow + S_4O_6^{2-}$$

$$2CuI + 8HNO_3 = 2Cu(NO_3)_2 + 4NO_2\uparrow + I_2\downarrow + 4H_2O$$

【实验用品】

① 仪器：烧杯、蒸馏烧瓶、碱式滴定管、碘量瓶、抽滤瓶、布氏漏斗、电子天平（0.1g精度）、水浴锅、锥形瓶、蒸发皿。

② 药品：$Cu(NO_3)_2 \cdot 3H_2O(C.P.)$、$Na_2S_2O_3 \cdot 5H_2O(A.R.)$、浓 $HNO_3(C.P.)$、$0.100mol \cdot L^{-1}Na_2S_2O_3$、$1mol \cdot L^{-1}HAc$、$0.1mol \cdot L^{-1}KI$、$0.2\%$淀粉液。

【基本操作】

碘升华提纯操作：参见本实验有关内容。

【实验内容】

(1) 含 I^- 和 I_2 的废液中含碘量的测定

取含 I^- 和 I_2 的废液 25.00mL，加 $1mol \cdot L^{-1}HAc$ 1mL，以淀粉液为指示剂，用 $0.0100mol \cdot L^{-1}Na_2S_2O_3$ 标准溶液滴定，测其含碘量。

(2) 碘化亚铜的制备

取含 I^- 和 I_2 的废液 250mL，加热至 30℃，在不断搅拌下加入 1.0g $Cu(NO_3)_2 \cdot 3H_2O$ 固体粉末（约为 I_2 "物质的量"的 2.5 倍），再加 2.0g $Na_2S_2O_3 \cdot 5H_2O$，搅拌，立即产生碘化亚铜白色沉淀。加热至 40℃并保温 15～20min，使碘化亚铜形成较大的颗粒，便于抽滤。放置，陈化至上部澄清，底部有较多的 CuI 白色沉淀。用倾析弃去上部清液。布氏漏斗中铺双层滤纸，减压抽滤，得黏稠状白色碘化亚铜，转移到 250mL 锥形瓶中。

(3) 由碘化亚铜制取粗碘

在通风橱中进行以下操作：往锥形瓶内的碘化亚铜沉淀物上逐渐滴加浓硝酸，立即有黑色碘生成，轻轻摇动锥形瓶，使硝酸与碘化亚铜沉淀充分反应，加浓硝酸至沉淀物上不再起泡，锥形瓶底部有蓝绿色溶液出现时表示已氧化完全，停止滴加浓硝酸。尽量在通风橱里除去二氧化氮。

在锥形瓶内滴加少量水，用于稀释硝酸，洗涤碘。减压抽滤，用少量蒸馏水淋洗粗碘，至滤出液无蓝色，表明粗碘中的硝酸铜基本除净。抽滤至干，把粗碘转移到蒸发皿中，在 50℃水浴上烘干至散状，冷后称量粗碘质量。

(4) 粗碘中碘含量的测定

准确称取 0.0500g 粗碘于 250mL 碘量瓶中，依次加入 5mL $0.1mol \cdot L^{-1}KI$、25mL 水和 1mL $1mol \cdot L^{-1}HAc$，摇匀至碘完全溶解。以淀粉为指示剂，用 $0.100mol \cdot L^{-1}Na_2S_2O_3$ 标准溶液滴定。用下式求得碘含量：

$$I_2\% = \frac{C_{Na_2S_2O_3} V_{Na_2S_2O_3} M_{I_2}}{2m_{粗碘}} \times 100\%$$

（5）升华法提纯碘

如图 8-1 所示，将粗碘转移到干燥的 250mL 烧杯中，烧杯口放一合适的蒸馏烧瓶，蒸馏烧瓶口配一单孔塞，插入一根长玻璃管至蒸馏烧瓶底部，玻璃管另一端用胶皮管与自来水水源连接，蒸馏烧瓶支管接一根胶皮管导出冷却水。调节好水流，加热烧杯，碘不断升华，碘蒸气凝聚在蒸馏烧瓶底部。升华完毕后，稍冷，取下蒸馏烧瓶，倒净水，小心地将底部蒸馏烧瓶和烧杯内壁的固体碘刮到称量纸上。称量碘的质量，计算回收率。

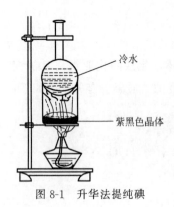

冷水

紫黑色晶体

图 8-1　升华法提纯碘

【实验结果记录】

含碘废液中含碘量_____ mol·L^{-1}　　制得粗碘质量_____ g

提纯后碘的质量_____ g　　提纯回收率_____ %

实验三十六　碳酸钠的制备和含量测定

【实验目的】

① 了解工业上联合制碱（简称"联碱"）法的基本原理。
② 学会利用各种盐类溶解度的差异使其彼此分离的某些技能。
③ 了解复分解反应及热分解反应的条件。
④ 初步学会用双指示剂法测定 Na_2CO_3 的含量。

【实验原理】

（1）制备原理

碳酸钠俗称苏打，工业上叫纯碱，一般较具规模的合成氨厂中设有"联碱"车间，就是利用二氧化碳和氨气通入氯化钠溶液中，先反应生成 $NaHCO_3$，再在高温下灼烧 $NaHCO_3$，使其分解而转化成 Na_2CO_3。其反应式为：

$$NH_3 + CO_2 + H_2O + NaCl \longrightarrow NaHCO_3 + NH_4Cl$$

$$2NaHCO_3 \xrightarrow{灼烧} Na_2CO_3 + H_2O + CO_2 \uparrow$$

第一个反应实际就是下列复分解反应：

$$NH_4HCO_3 + NaCl \longrightarrow NaHCO_3 \downarrow + NH_4Cl$$

因此，在实验室里直接使用 NH_4HCO_3 和 $NaCl$，并选择在特定的浓度与温度条件下进行反应。

从上述复分解反应可知，4 种盐同时存在于水溶液中，这在相图上叫作四元交互体系。根据相图可以选择出最佳的反应温度与各个盐的溶解度（也就是浓度）关系，使产品的质量和产量达到最经济的原则。将不同温度下各种纯盐在水中的溶解度作相互比较，可以粗略地估计出从反应的体系中分离出某些盐的较好条件和适宜的操作步骤。反应中所出现的 4 种盐在水中的溶解度如表 8-2 所列。

表 8-2　NaCl 等四种盐在不同温度下的溶解度　　　　单位：g/100gH$_2$O

温度/℃	0	10	20	30	40	50	60	70	80	90	100
NaCl	25.7	35.8	36.0	36.3	36.6	37.0	37.3	37.8	38.4	39.0	39.8
NH$_4$HCO$_3$	11.9	15.8	21.0	27.0	—	—	—	—	—	—	—
NaHCO$_3$	6.9	8.15	9.6	11.1	12.7	14.5	16.4	—	—	—	—
NH$_4$Cl	29.4	33.3	37.2	41.4	45.8	50.4	55.2	60.2	65.6	71.3	77.3

从表 8-2 中看出，当温度在 40℃ 时 NH$_4$HCO$_3$ 已分解，实际上在 35℃ 就开始分解了，由此决定了整个反应温度不允许超过 35℃。温度太低，NH$_4$HCO$_3$ 溶解度则又减小，要使反应最低限度地向产物 NaHCO$_3$ 方向移动，又要求 NH$_4$HCO$_3$ 的浓度尽可能地增加，故由表 8-2 可知，反应温度不宜低于 30℃。故本反应的适宜温度为 30～35℃。

如果在 30～35℃ 下将研细了的 NH$_4$HCO$_3$ 固体加到 NaCl 溶液中，在充分搅拌的条件下就能使复分解进行，并随即有 NaHCO$_3$ 晶体转化析出。通过以上分析，实验条件就可确定。

(2) 测定原理

Na$_2$CO$_3$ 产品中由于加热分解 NaHCO$_3$ 时的时间不足或未达分解温度而夹杂有 NaHCO$_3$ 及混进的其他杂质。一般说来，其他杂质不易混进，所以通常只分析 NaHCO$_3$ 及 Na$_2$CO$_3$ 两项即可。

Na$_2$CO$_3$ 的水解是分两步进行的，故用 HCl 滴定 Na$_2$CO$_3$ 时，反应也分两步进行：

$$Na_2CO_3 + HCl \longrightarrow NaHCO_3 + NaCl$$
$$NaHCO_3 + HCl \longrightarrow H_2CO_3 + NaCl$$

从反应式可知，如是纯 Na$_2$CO$_3$，用 HCl 滴定时两步反应所消耗的 HCl 应该是相等的，若产品中有 NaHCO$_3$ 时，则在第二步反应消耗的 HCl 要比第一步多一些。

又根据两步反应的结果来看：第一步产物为 NaHCO$_3$，此时溶液 pH 值约为 8.5；当第二步反应结束时，最后产物为 H$_2$CO$_3$（进一步分解成 H$_2$O 和 CO$_2$），此时溶液的 pH 值约为 4，利用这两个 pH 值可选择酸碱指示剂酚酞［变色范围为 8.0（无色）～10.0（红色）］及甲基橙［变色范围为 3.1（红色）～4.4（黄色）］作滴定终点指示剂。由两次指示剂的颜色突变指示，测出每一步所消耗的 HCl 体积，再进行含量计算。

【实验用品】

① 仪器：电磁搅拌器、吸滤瓶、布氏漏斗、坩埚、坩埚钳、研钵、滤纸、蒸发皿、马弗炉、电子天平（0.1g 精度、0.1mg 精度）、酸式滴定管（50mL）、锥形瓶（150mL）。

② 药品：粗盐饱和溶液、HCl(6mol·L^{-1})、酒精水溶液（1∶1，用 NaHCO$_3$ 饱和过的）、Na$_2$CO$_3$（饱和溶液）、NH$_4$HCO$_3$（固）、HCl（2moL·L^{-1}、0.1mol·L^{-1} 标准溶液）、酚酞指示剂、甲基橙指示剂。

【基本操作】

① 磁力加热搅拌器操作：参见 2.6.1（5）部分。

② 马弗炉操作：参见 2.6.1（3）部分。

【实验内容】

(1) 除去杂质

量取 20mL 饱和粗盐溶液，放在 100mL 烧杯中加热至近沸，保持在此温度下用滴管逐滴加入饱和 Na_2CO_3 溶液，调节 pH 值至 11 左右，此时溶液中有大量胶状沉淀物 $[Mg(OH)_2 \cdot MgCO_3 \cdot CaCO_3]$ 析出，继续加热至沸，趁热常压过滤，弃去沉淀，滤液转入 150mL 烧杯中，再用 $2mol \cdot L^{-1}$ HCl 调节溶液 pH 值至 7 左右。

(2) 复分解反应转化制 NaHCO₃

将盛有上述滤液的烧杯放在控制温度为 30~35℃之间的水浴中（用电磁搅拌器加热水浴，其水温为 32~37℃），在不断搅拌的条件下，将预先研细了的 8.5g NH₄HCO₃ 分数次（约 5~8 次）全部投入滤液中。加完后，继续保持此温度连续搅拌约 30min 使反应充分进行，从水浴中取出后稍静置，用吸滤法除去母液，白色晶体即为 NaHCO₃。在停止抽滤的情况下，在产品上均匀地滴 1:1 酒精水溶液（用 NaHCO₃ 饱和过的）使之充分润湿（不要加很多），然后再抽滤，使晶体中的洗涤液被抽干，如此重复 3~4 次，将大部分吸附在 NaHCO₃ 上的铵盐及过量的 NaCl 洗去。

(3) NaHCO₃ 加热分解制 Na₂CO₃

将湿产品放入蒸发皿中。先在石棉网上以小火烘干，然后移入坩埚，放入马弗炉，调节温度控制器在 300℃的工作状态。当炉温恒定在 300℃时，继续加热 30min，然后停止加热，降温稍冷后，即将坩埚移入干燥器中保存备用。产品使用前，应称取其质量并用研钵研细后转入称量瓶中，根据产品质量计算产率。

(4) 碳酸钠的含量测定

在电子天平（0.1mg 精度）上以差减法准确称取 3 份自制的 Na_2CO_3 产品（每份约 0.12g），分别置于 3 个 150mL 锥形瓶中，然后每份按下法操作。

向锥形瓶中加入蒸馏水约 50mL，产品溶解后加入酚酞指示剂 1~2 滴，用盐酸标准溶液滴定，溶液由紫红色变至浅粉红色，读取所消耗 HCl 之体积 (V_1)（注意：第一个滴定终点一定要使 HCl 逐滴滴入，并不断振荡溶液，以防 HCl 局部过浓而有 CO_2 逸出，造成 $V_总 < 2V_1$）。再在溶液中加 2 滴甲基橙指示剂，这时溶液为黄色，继续用原滴定管（已读取 V_1 体积数）滴入 HCl，使溶液由黄色突变至橙色，将锥形瓶置石棉网上加热至沸 1~2min，冷却（可用冷水浴冷却）后溶液又变黄色（如果不变仍为橙色，则表明终点已过），再小心慢慢地用 HCl 滴定至溶液再突变成橙色即达终点（记下所消耗 HCl 的总体积 $V_总$）如表 8-3 所列。

表 8-3　碳酸钠含量测定（指示剂：酚酞、甲基橙）

项目　　　　　　编号	1	2	3
试样质量 m/g			
V_1/mL			
$V_总$/mL			
C_{HCl}/(mol·L⁻¹)			
$x_{Na_2CO_3}$			
x_{NaHCO_3}			

【实验结果记录】

产品 _____ g   理论产量 _____ g

产品外观 _____   产率 $= \dfrac{m_{实际}}{m_{理论}} \times 100\% =$ _____

【实验习题】

① 为什么在洗涤 $NaHCO_3$ 时要用饱和 $NaHCO_3$ 的酒精洗涤液，且不能一次多加洗涤液，而要采用少量多次地洗涤？

② 如果 $NaHCO_3$ 上的铵盐洗不净是否会影响产品 Na_2CO_3 的纯度？$NaCl$ 不能洗净是否会影响产品纯度？你认为怎样才能检查产品中是否含有 $NaCl$ 或 NH_4Cl？

③ 如果在滴定过程中所记录的数据发现 $V_1 > V_2$，也即 $2V_1 > V_{总}$ 时，说明什么问题？

【附注】

① 制备中，第一次沉淀多为氢氧化物沉淀，需煮沸一段时间并用常压过滤，或用中速滤纸过滤。

② 使用磁力搅拌器加热时，加热档不要拧至最大，以防仪器过热损坏；保存好磁子，以免丢失。

③ 加 NH_4HCO_3 前，应先将溶液放在水浴中使烧杯内溶液温度达到 35℃（不能超过 35℃），再加 NH_4HCO_3。将 NH_4HCO_3 研细，分 5～8 次加完后继续搅拌 30min，绝不能减少搅拌时间或停止搅拌，以保证复分解反应进行完全。

④ 产品一定要抽滤得很干，小火烘干时要不断搅拌，防止固体凝结成块．然后转入做好标记的坩埚中待烧。

⑤ 含量测定时，正式滴定前应先做终点练习。

⑥ 第一步滴定终点一定要滴至浅粉红色为止，防止造成 $2V_1 > V_{总}$。

实验三十七 由铬铁矿制备重铬酸钾

【实验目的】

① 学习固体碱熔氧化法从铬铁矿粉制备重铬酸钾的基本原理和操作方法。

② 熟悉熔融、浸取，巩固抽滤、浓缩、结晶等操作。

【实验原理】

经过精选后的铬铁矿的主要成分是亚铬酸铁 $[Fe(CrO_2)_2$ 或 $FeO \cdot Cr_2O_3]$，其中 Cr_2O_3 含量为 35%～45%。除铁外，还有硅、铝等杂质。由铬铁矿精粉制备重铬酸钾是将有效成分 Cr_2O_3 由矿石中提取出来。根据 $Cr(Ⅲ)$ 的还原性质通常选择在强碱性条件下，用强氧化剂将 $Cr(Ⅲ)$ 氧化成 $Cr(Ⅵ)$，从而将难溶于水的 Cr_2O_3 氧化成易溶于水的铬酸盐。其具体反应过程是，将铬铁矿粉与碱混合，在空气中用氧气或与其他强氧化剂，例如氯酸钾加热熔融，能生成可溶性的六价铬酸盐。

$$4FeO \cdot Cr_2O_3 + 8Na_2CO_3 + 7O_2 \xrightarrow{\text{加热}} 8Na_2CrO_4 + 2Fe_2O_3 + 8CO_2$$

在实验室中，为降低熔点，使上述反应能在较低温度下进行，可加入固体氢氧化钠做助熔剂，并以氯酸钾代替氧气加速氧化，其反应为：

$$6FeO \cdot Cr_2O_3 + 12Na_2CO_3 + 7KClO_3 \xrightarrow{\text{加热}} 12Na_2CrO_4 + 3Fe_2O_3 + 7KCl + 12CO_2 \uparrow$$

$$6FeO \cdot Cr_2O_3 + 24NaOH + 7KClO_3 \xrightarrow{\text{加热}} 12Na_2CrO_4 + 3Fe_2O_3 + 7KCl + 12H_2O$$

同时，三氧化二铝、三氧化二铁和二氧化硅转变为相应的可溶性盐：

$$Al_2O_3 + Na_2CO_3 = 2NaAlO_2 + CO_2 \uparrow$$

$$Fe_2O_3 + Na_2CO_3 = 2NaFeO_2 + CO_2 \uparrow$$

$$SiO_2 + Na_2CO_3 = Na_2SiO_3 + CO_2 \uparrow$$

用水浸取熔体，铁酸钠强烈水解，氢氧化铁沉淀与其他不溶性杂质（如三氧化二铁、未反应的铬铁矿等）一起成为残渣；而铬酸钠、偏铝酸钠、硅酸钠则进入溶液。经抽滤分离，弃去残渣，将滤液的 pH 值调到 7～8，促使偏铝酸钠、硅酸钠水解生成沉淀，与铬酸钠分开：

$$NaAlO_2 + 2H_2O = Al(OH)_3 \downarrow + NaOH$$

$$Na_2SiO_3 + 2H_2O = H_2SiO_3 \downarrow + 2NaOH$$

过滤后，将含有铬酸钠的滤液酸化，使其转变为重铬酸钠：

$$2CrO_4^{2-} + 2H^+ = Cr_2O_7^{2-} + H_2O$$

重铬酸钾则由重铬酸钠与氯化钾进行复分解反应制得：

$$Na_2Cr_2O_7 + 2KCl = K_2Cr_2O_7 + 2NaCl$$

思考题：重铬酸钾和氯化钠均为可溶性盐，怎样利用不同温度下溶解度的差异使它们分离？

【实验用品】

① 仪器：电子天平（0.1g 精度）、泥三角、铁坩埚、坩埚钳、抽滤瓶、布氏漏斗、蒸发皿、表面皿、烧杯、水浴锅、烘箱、研钵、煤气灯。

② 药品：铬铁矿粉（100 目）、氢氧化钠（s）、氯酸钾（s）、氯化钾（s）、无水碳酸钠（s）、H_2SO_4（3mol · L^{-1}、6mol · L^{-1}）。

③ 材料：滤纸、广泛 pH 试纸、火柴。

【基本操作】

铁坩埚操作：参见 2.2 中（2）部分相关内容。

【实验内容】

称取 6g 铬铁矿粉与 4g 氯酸钾在研钵中混合均匀，取碳酸钠和氢氧化钠各 4.5g 于铁坩埚中混匀后，先用小火熔融，再将矿粉分 3～4 次加入铁坩埚中并不断搅拌。加完矿粉后，用煤气灯强热，灼烧 30～35min，稍冷几分钟，将坩埚置于冷水中骤冷一下，以便浸取。

用少量去离子水于坩埚中加热至沸，将溶液倾入 100mL 烧杯中，再往坩埚中加水，加热至沸，如此 3～4 次即可取出熔块；将全部熔块与溶液一起在烧杯中煮沸 15min，不断搅拌，稍冷后抽滤，残渣用 10mL 去离子水洗涤，控制溶液与洗涤液总体积为 40mL 左右，抽滤，弃去残渣。

将滤液用 3mol·L^{-1} 硫酸调节 pH 值为 7～8，加热煮沸 3min 后，趁热过滤，残渣用少量去离子水洗涤后弃去。将滤液转移至 100mL 蒸发皿中，用 6mol·L^{-1} 硫酸调 pH 值至强酸性（注意溶液颜色的变化）。再加 1g 氯化钾，在水浴上浓缩至表面有晶膜为止。冷却结晶，抽滤，得重铬酸钾晶体（若需提纯，可按 $K_2Cr_2O_7$：H_2O=1：1.5 质量比加水，加热使晶体溶解，浓缩，冷却结晶，得纯重铬酸钾晶体），最后在 40～50℃ 下烘干，冷却后称重，计算产率。

【实验结果记录】

产品_____g　　　　　理论产量_____g

产品外观_____　　　　收率=$\dfrac{m_{实际}}{m_{理论}}\times100\%$=_____

【实验习题】

中和除铝，为何调节 pH=7～8，pH 值过高或过低有什么影响？

【附注】

① 氢氧化钾具有腐蚀性，熔融的碳酸钾和氢氧化钾腐蚀性极强，操作要万分小心。

② 六价铬具有致癌性，且对环境有持久危险性，因此在制备过程中应防止与身体接触，废液也应还原处理后再排放。

第9章

设计性实验

▶▶

四氧化三铅组成的测定

【实验目的】

① 测定四氧化三铅的组成。

② 学习用 EDTA 测定溶液中的金属离子，练习碘量法操作。

【实验原理】

Pb_3O_4 为红色粉末状固体，俗称铅丹或红铅，为混合价态的氧化物，其化学式可写成 $2PbO \cdot PbO_2$，但根据其结构，Pb_3O_4 应为铅酸盐 Pb_2PbO_4。

由于其组成中的 PbO 偏碱性，PbO_2 偏酸性，Pb_3O_4 与 HNO_3 反应时，故仅 PbO 与 HNO_3 反应，PbO_2 不溶于 HNO_3，固体的颜色很快从红色变为棕黑色的 PbO_2 沉淀，其反应式为：

$$Pb_3O_4 + 4HNO_3 =\!=\!= PbO_2 + 2Pb(NO_3)_2 + 2H_2O$$

很多金属离子均能与多齿配体 EDTA 以 1:1 的比例生成稳定的螯合物，以 +2 价的金属离子为例，其反应如下：

$$M^{2+} + H_2Y^{2-} =\!=\!= MY^{2-} + 2H^+$$

只需控制溶液的 pH 值，选用适当的指示剂，即可用 EDTA 标准溶液，对溶液中的特定金属离子进行定量测定。本实验中 Pb_3O_4 经 HNO_3 作用分解后生成的 Pb^{2+}，可用六亚甲基四胺控制溶液的 pH 值为 5～6，以二甲酚橙为指示剂，用 EDTA 标准液进行测定。

反应生成的 PbO_2 是很强的氧化剂，在酸性溶液中它能定量地氧化溶液中的 I^-：

$$PbO_2 + 4I^- + 4HAc =\!=\!= PbI_2 + I_2 + 2H_2O + 4Ac^-$$

从而可用碘量法来测定所生成的 PbO_2。

$$2S_2O_3^{2-} + I_2 =\!=\!= S_4O_6^{2-} + 2I^-$$

【实验用品】

① 仪器：电子天平（0.1g 精度、0.1mg 精度）、称量瓶、干燥管、量筒（10mL，100mL）、烧杯（50mL）、锥形瓶（250mL）、酸式滴定管（50mL）、碱式滴定管（50mL）、

抽滤瓶、布氏漏斗、真空泵。

② 固体药品：四氧化三铅（A.R.）、碘化钾（A.R.）。

③ 液体药品：HNO_3（$6mol \cdot L^{-1}$）、EDTA 标准溶液（$0.05mol \cdot L^{-1}$）、$Na_2S_2O_3$（$0.05mol \cdot L^{-1}$）、HAc-NaAc（1∶1）混合液、$NH_3 \cdot H_2O$（1∶1）、六亚甲基四胺（20%）、淀粉（2%）、二甲酚橙指示剂。

④ 材料：滤纸、pH 试纸。

【基本操作】

① 差减法称量：参见 3.4 中（3）部分相关内容。

② 抽滤操作：参见 3.8.1.2 中（2）部分相关内容。

③ 滴定操作：参见 3.12 部分相关内容。

【实验内容】

（1）Pb_3O_4 的分解

用差减法准确称取 0.5g 干燥的 Pb_3O_4，置于洁净干燥的 50mL 小烧杯中，同时加入 2mL $6mol \cdot L^{-1}$ 的 HNO_3 溶液，搅拌使之充分反应，可以看到红色的 Pb_3O_4 很快变为棕黑色的 PbO_2。抽滤将反应产物进行固液分离，用蒸馏水少量多次洗涤固体，保留滤液及固体供下面实验使用。

（2）PbO 含量的测定

将上述滤液全部转入锥形瓶中，加入 4~6 滴二甲酚橙指示剂，逐滴加入 1∶1 的 $NH_3 \cdot H_2O$ 至溶液由黄色变为橙色，再加入 20% 的六亚甲基四胺至溶液呈稳定的紫红色（或橙红色），再过量 5mL，此时溶液的 pH 值为 5~6。然后以 EDTA 标准液滴定至溶液由紫红色变为亮黄色时，即为终点，记下消耗的 EDTA 溶液的体积。

（3）PbO_2 含量的测定

将上述固体 PbO_2 连同滤纸全部转入另一只锥形瓶中，往其中加入 30mL HAc-NaAc（1∶1）混合液，再向其中加入 0.8g 固体 KI，摇动锥形瓶，使 PbO_2 全部反应溶解，此时溶液呈透明棕色。以 $Na_2S_2O_3$ 标准溶液滴定至溶液呈淡黄色时，加入 1mL 2% 淀粉液，继续滴定至溶液蓝色刚好褪去为止，记下所用去的 $Na_2S_2O_3$ 溶液的体积。

（4）Pb_3O_4 的测量

同法再称量两份 Pb_3O_4 分别测量。

【实验结果记录】

如表 9-1 所列。

表 9-1　Pb_3O_4 组成测定（指示剂：二甲酚橙、淀粉溶液）

项目＼编号	1	2	3
Pb_3O_4 质量/g			
EDTA 溶液浓度/（$mol \cdot L^{-1}$）			
$Na_2S_2O_3$ 溶液浓度/（$mol \cdot L^{-1}$）			
消耗 EDTA 体积 V/mL			

续表

项目 \ 编号	1	2	3
消耗 $Na_2S_2O_3$ 体积 V/mL			
试样中的 PbO 含量/%			
试样中的 PbO_2 含量/%			
试样中 Pb_3O_4 的质量分数/%			
PbO : PbO_2（摩尔比）			

【实验习题】

① 能否加其他酸如 H_2SO_4 或 HCl 溶液来分解 Pb_3O_4？为什么？

② 自行设计另外一个实验，以测定 Pb_3O_4 的组成？

【附注】

① 本实验中抽滤时可使用 $2^\#$ 或 $3^\#$ 砂芯漏斗，亦可使用布氏漏斗，若使用布氏漏斗抽滤产物，为避免滤渣损失，以 HAc-NaAc 混合液溶解 PbO_2 时，必须连滤纸一起溶解。

② 以 $Na_2S_2O_3$ 标准溶液滴定测 PbO_2 含量时，要滴至溶液呈淡黄色时再加入淀粉液。

实验三十九　粗硫酸铜的提纯

【实验目的】

① 学习固体物质提纯的一般方法。

② 掌握溶解、过滤、蒸发、冷却、结晶、抽滤、洗涤、干燥等基本操作。

【实验原理】

粗硫酸铜中的可溶性杂质主要是 $FeSO_4$ 和 $Fe_2(SO_4)_3$。本实验将待提纯的粗 $CuSO_4$ 溶于适量水，用 H_2O_2 将其中的 Fe^{2+} 氧化成 Fe^{3+}，再用 NaOH 调节溶液 pH=4，使 Fe^{3+} 水解为 $Fe(OH)_3$ 沉淀，在过滤时和其他不溶性杂质一起被除去。有关反应式如下：

$$2Fe^{2+} + 2H^+ + H_2O_2 = 2Fe^{3+} + 2H_2O$$

$$Fe^{3+} + 3H_2O = Fe(OH)_3\downarrow + 3H^+ \qquad (pH=4)$$

溶液中的 Fe^{3+} 是否除净，可用 KSCN 检验：

$$Fe^{3+} + nSCN^- = Fe(SCN)_n^{3-n} \qquad (n=1\sim6)$$

将初步除杂后的滤液加热蒸发，使 $CuSO_4 \cdot 5H_2O$ 在有适量溶液存在的情况下结晶析出，其他微量的可溶性杂质则留在母液中被过滤除去。

【实验用品】

① 仪器：电子天平（0.1g 精度）、烧杯、量筒、玻璃棒、短颈漏斗、布氏漏斗、抽滤瓶、真空泵、蒸发皿、酒精灯、石棉网、铁架台、白色点滴板。

② 药品：$CuSO_4 \cdot 5H_2O$（粗品）、$1mol \cdot L^{-1}H_2SO_4$、$0.5mol \cdot L^{-1}NaOH$、3%

H_2O_2、$0.1mol \cdot L^{-1}KSCN$。

③ 材料：滤纸、广泛 pH 试纸。

【基本操作】

① 常压过滤操作：参见 3.8.1.2 中（1）部分相关内容。

② 抽滤操作：参见 3.8.1.2 中（2）部分相关内容。

③ 点滴板操作：参见 2.2 中（5）部分相关内容。

【实验内容】

(1) 称量和溶解

用电子天平（0.1g 精度）称取 5.0g 粗硫酸铜，放入洁净的 100mL 烧杯中，加入 30mL 去离子水，小火加热，搅拌至完全溶解，停止加热。

(2) 除杂

待溶液稍冷后，加入 1mL 3% H_2O_2 溶液搅拌 2～3min，再逐滴加入 $0.5mol \cdot L^{-1}NaOH$ 至 pH=4（用 pH 试纸检验）。用滴管吸取数滴溶液与点滴板上，加入 1 滴 $0.1mol \cdot L^{-1}KSCN$，如果呈现红色，说明 Fe^{3+} 未沉淀完全，需继续滴加 NaOH 溶液，至检测不呈红色，说明 Fe^{3+} 沉淀完全。之后再继续加热溶液片刻，停止加热，静置。

(3) 常压过滤

装配好常压过滤装置，将烧杯中的上层清液小心地沿玻璃棒转入漏斗中过滤，残存在烧杯中的沉淀用少量水（不超过 5mL）洗涤，将洗涤液也倒入漏斗中过滤，依然残留在烧杯内的沉淀不必转入漏斗中，可直接弃去。

(4) 蒸发与结晶

将滤液转入洁净的蒸发皿中，往滤液中滴加 $1mol \cdot L^{-1}H_2SO_4$ 溶液调节 pH 值在 1～2，置于石棉网上小火加热蒸发，也可水浴蒸发，切不可加热过猛以免飞溅。蒸发至溶液表面有晶膜出现（勿蒸干），停止加热，自然冷却至室温，有大量晶体析出。抽滤，将晶体尽量抽干。

(5) 干燥

将晶体夹在两张干滤纸之间，轻轻按压吸干水分，之后将晶体转移到洁净干燥且已称重的表面皿中，称量。

(6) 产品纯度的检验

各取粗品和精制产品 0.5g，用 5mL 蒸馏水分别溶解备用。

各取上述两种溶液 1mL 置于点滴板中，分别滴加 1～2 滴 $0.1mol \cdot L^{-1}KSCN$ 溶液，观察现象。

【实验结果记录】

产品_____g   理论产量_____g

产品外观_____   收率＝$\dfrac{m_{实际}}{m_{理论}}×100\%$＝_____

实验内容	现象	结论及解释
产品溶液＋$0.1mol \cdot L^{-1}KSCN$		
粗品溶液＋$0.1mol \cdot L^{-1}KSCN$		

【实验习题】

氧化 Fe^{2+} 时选用 H_2O_2 作为氧化剂有何优点？

【附注】

① 除去 Fe^{3+} 时，调节 pH 值在 3.5～4.0 左右，pH 值太大会析出 $Cu(OH)_2$；pH 值太小则 Fe^{3+} 水解不完全。

② 调节溶液 pH 值常选用稀酸、稀碱或弱酸弱碱盐。选用原则：一是容易除去且不能引进新的杂质；二是不能影响物质的分离。

实验四十 三氯化六氨合钴（Ⅲ）的制备

【实验目的】

① 了解三氯化六氨合钴（Ⅲ）的制备原理及方法。

② 加深理解配合物的形成对三价钴稳定性的影响。

【实验原理】

根据有关电对的标准电极电势可以知道，在通常情况下，二价钴盐较三价钴盐稳定的多，而在它们的配合物状态下却正相反，三价钴反而比二价钴稳定。因此，通常采用空气或过氧化氢氧化二价钴的方法来制备三价钴盐的配合物。

氯化钴（Ⅲ）的氨合物有许多种，其制备方法各不相同。三氯化六氨合钴（Ⅲ）的制备条件是以活性炭为催化剂，用过氧化氢氧化有氨及氯化铵存在的氯化钴（Ⅱ）溶液。反应式为：

$$2CoCl_2 + 10NH_3 + 2NH_4Cl + H_2O_2 =\!\!=\!\!= 2[Co(NH_3)_6]Cl_3 + 2H_2O$$

得到的固体粗产品中混有大量活性炭，可以将其溶解在酸性溶液中，过滤掉活性炭，在高盐酸浓度下令其结晶出来。

$[Co(NH_3)_6]Cl_3$ 为橙黄色晶体，20℃在水中的溶解度为 $0.26mol \cdot L^{-1}$。$[Co(NH_3)_6]^{3+}$ 是很稳定的，其 $K_f^{\ominus} = 1.6 \times 10^{35}$，因此在强碱的作用下（冷时）或强酸作用下基本不被分解，只有加入强碱并在沸热的条件下才分解。

$$2[Co(NH_3)_6]Cl_3 + 6NaOH =\!\!=\!\!= 2Co(OH)_3 + 12NH_3 + 6NaCl$$

在酸性溶液中，Co^{3+} 具有很强的氧化性（$\varphi_{Co^{3+}/Co^{2+}}^{\ominus} = 1.95V$），易与许多还原剂发生氧化还原反应而转变成稳定的 Co^{2+}。

【实验用品】

① 仪器：电子天平（0.1g 精度）、锥形瓶、抽滤瓶、布氏漏斗、量筒、烧杯、水浴锅、表面皿。

② 药品：$CoCl_2 \cdot 6H_2O$（s，C.P.）、NH_4Cl（s，C.P.）、活性炭（s）、HCl（6mol · L^{-1}、浓）、浓氨水、H_2O_2（10%）、冰、无水乙醇（C.P.）。

【基本操作】

① 冷却操作：参见 3.6.2 部分相关内容。

② 水浴加热：参见 3.6.1.1 中（2）部分相关内容。

③ 抽滤操作：参见 3.8.1.2 中（2）部分相关内容。

【实验内容】

准确称量 4.5g 研细的 $CoCl_2 \cdot 6H_2O$ 粉末置于 100mL 锥形瓶内，再加入 3g NH_4Cl 和 5mL 水，加热并搅拌使溶质完全溶解，得到蓝色溶液。向锥形瓶中加入 0.3g 活性炭，然后用水冷却至室温后，加入 10mL 浓氨水，此时溶液为黑紫色。进一步用冰水冷却到 10℃ 以下后，缓慢加入 10mL 10％ 的 H_2O_2 溶液，溶液变成棕黑色。在水浴上加热至 60℃ 左右，恒温 20min（适当摇动锥形瓶，以使充分反应）。

反应结束后，先用流水冷却，再以冰水冷却至有晶体析出，即得到 $[Co(NH_3)_6]Cl_3$ 的粗产品。用布氏漏斗抽滤。将滤饼（用勺刮下）溶于含有 1.5mL 浓盐酸的 40mL 沸水中，充分溶解后趁热抽滤，保留滤液。向滤液中慢慢加入 5mL 浓盐酸，用冰水冷却即有晶体析出。抽滤，用 10mL 无水乙醇洗涤，抽干，将产品连同滤纸一同取出并放入表面皿上，置于 105℃ 的干燥箱中烘干 25min，冷却后称重，计算产率。

【实验结果记录】

产品_____g   理论产量_____g

产品外观_____   产率 $= \dfrac{m_{实际}}{m_{理论}} \times 100\% = $ _____

分子量：$M(CoCl_2 \cdot 6H_2O) = 237.83$ $M\{[Co(NH_3)_6]Cl_3\} = 267.28$

【实验习题】

① 在制备过程中，在 60℃ 左右的水浴加热 20min 的目的是什么？可否加热至沸？

② 在加入 H_2O_2 和浓盐酸时都要求慢慢加入，为什么？它们在制备三氯化六氨合钴（Ⅲ）过程中起什么作用？

③ 将粗产品溶于含盐酸的沸水中，趁热过滤后再加入浓盐酸的目的是什么？

【附注】

① 活性炭在使用前一定要充分研磨以提供较大的比表面积。

② 实验过程需严格控制好每一步的加热时间及温度，因为温度不同会生成不同的产物。

实验四十一 铵盐中含氮量的测定——甲醛法

【实验目的】

① 掌握甲醛法测定铵盐中含氮量的原理和方法。

② 学会用酸碱滴定法间接测定氮肥中的含氮量。

【实验原理】

含有铵态氮的氮肥，主要是各类铵盐，如硫酸铵、氯化铵、碳酸氢铵等。除碳酸氢铵可用标准酸直接滴定外，其他铵盐由于 NH_4^+ 是一种极弱酸（$K_a = 5.6 \times 10^{-10}$），不能用标准碱直接滴定。一般可用蒸馏法和甲醛法两种间接方法测定其含量。

(1) 蒸馏法

称为凯氏定氮法，适于无机、有机物质中氮含量的测定，准确度高。在试样中加入过量的碱，加热，把 NH_3 蒸馏出来，吸收于一定量过量的酸标准溶液中，然后用碱标准溶液回滴过量的酸，以求出试样中含氨量。也有的是把蒸出的 NH_3 用硼酸溶液吸收，然后用酸标准溶液直接滴定。蒸馏法虽较准确，但比较麻烦和费时。

(2) 甲醛法

适于铵盐中铵态氮的测定，方法简便，生产中实际应用较广。

铵盐与甲醛作用，能定量地生成质子化的六亚甲基四胺（$K_a = 7.1 \times 10^{-6}$）和 H^+，其反应如下：

$$4NH_4^+ + 6HCHO =\!\!= (CH_2)_6N_4H^+ + 3H^+ + 6H_2O$$

再以酚酞为指示剂，用 NaOH 标准溶液滴定反应中生成的酸。

$$(CH_2)_6N_4H^+ + 3H^+ + 4OH^- =\!\!= (CH_2)_6N_4 + 4H_2O$$

滴定终点生成的 $(CH_2)_6N_4$ 是弱碱，化学计量点时溶液的 pH 值约为 8.7，应选用酚酞为指示剂，滴定至溶液呈现微红色即为终点。

铵盐与甲醛的反应在室温下进行较慢，加甲醛后，需放置几分钟，使反应进行完全。

甲醛法准确度较差，但比较快速，故在生产上应用较多。试样如含 Fe^{3+}，影响终点观察，可改用蒸馏法。本法也可用于测定有机物中的氮，但须先将它转化为铵盐，然后再进行测定。

【实验用品】

① 仪器：碱式滴定管、电子天平（0.1mg 精度）、移液管、锥形瓶、容量瓶、量筒、烧杯。

② 药品：试样（s）、NaOH（$0.1mol \cdot L^{-1}$）、甲醛溶液（1:1）、酚酞（0.2%）、甲基红（0.2%）。

【基本操作】

① 滴定操作：参见 3.12 部分相关内容。

② 移液操作：参见 2.1.3.2 部分相关内容。

【实验内容】

(1) 甲醛溶液的处理

甲醛中常含有微量的甲酸（甲醛受空气氧化所致），应事先中和除去，否则会产生误差。处理方法如下：取原装甲醛上清液于烧杯中用用水稀释 1 倍，加入 1~2 滴酚酞指示剂，用 $0.1mol \cdot L^{-1}$ NaOH 溶液滴定至甲醛溶液呈淡红色。

(2) 试样中含氮量的测定

准确称取 1.5~2.5g 铵盐试样于 100mL 洁净干燥的小烧杯中，加入少量蒸馏水使之溶解，然后定量转移至 250mL 容量瓶中，稀释至刻度，定容，摇匀。

　　准确移取上述试液 25.00mL 于 250mL 锥形瓶中 [加入 1 滴甲基红指示剂，用 0.1mol·L^{-1}NaOH 溶液或 HCl 溶液中和至溶液呈黄色，以除去试样中原有的酸或碱性物质（例如 NH_4HCO_3），再加入甲醛。若为纯的硫酸铵则不必去除！]。然后，加入 10mL(1:1) 甲醛溶液，充分摇匀，放置 5min 后再加 2 滴酚酞指示剂，用 0.1mol·L^{-1}NaOH 标准溶液滴定至溶液呈微橙红色，并持续 30s 不褪色即为终点。记录读数，平行测定 3 份，计算试样中氮的含量。

【实验结果记录】

　　如表 9-2 所列。

表 9-2　铵盐中含氮量的测定（指示剂：酚酞）

项目 \ 编号	1	2	3
试样质量/g			
试样溶液体积/mL			
NaOH 标准溶液体积/mL			
铵盐中氮含量/%			
铵盐中平均氮含量/%			

【实验习题】

　　① 中和甲醛及试样中的游离酸时，为什么要采用不同的指示剂？

　　② NH_4NO_3、NH_4Cl 或 NH_4HCO_3 中的含氮量能否用甲醛法测定？为什么？

　　③ 若试样中含有 PO_4^{3-}、Fe^{3+}、Al^{3+} 等离子，对测定结果有何影响？

【附注】

　　① 甲醛常以白色聚合状态存在（多聚甲醛），是链状聚合体的混合物。甲醛中含少量的多聚甲醛不影响测定结果。

　　② 试样中含有游离酸，则应在滴定之前在试样中加入 1～2 滴甲基红指示剂，用 NaOH 标准溶液中和至溶液呈黄色；在同一份溶液中，再加 1～2 滴酚酞指示剂，用 NaOH 标准溶液继续滴定，致使溶液呈微红色为终点。因有两种指示剂混合，终点不很敏锐，有点拖尾现象。如试样中含有游离酸不多，则不必事先以甲基红为指示剂滴定。也可采用另一份试液，加入甲基红，用 NaOH 标准溶液滴定到微红色，事先测定此值为多少，然后加 2 滴酚酞作为指示剂测定需要多少体积的 NaOH，从中扣除测定游离酸时所消耗的 NaOH 体积。

第 10 章

定量分析实验

▶▶

实验四十二 　碱液中 NaOH 及 Na₂CO₃

含量的测定（双指示剂法）

【实验目的】

① 继续练习移液管、酸式和碱式滴定管的使用方法。
② 继续练习滴定操作。
③ 了解双指示剂法测定碱液中 NaOH 及 Na₂CO₃ 含量的原理。
④ 了解混合指示剂的使用及其优点。

【实验原理】

碱液中 NaOH 和 Na₂CO₃ 的含量，可以在同一份试液中用两种不同的指示剂来测定，这种方法即所谓的双指示剂法。此法方便快速，在生产中应用普遍。

常用的两种指示剂是酚酞和甲基橙（变色范围 pH 值在 3.0～4.4 之间）。在试液中先加酚酞，用 HCl 标准溶液滴定至红色刚刚褪去，此时发生的反应是：

$$NaOH + HCl \longrightarrow NaCl + H_2O$$
$$HCl + Na_2CO_3 \longrightarrow NaCl + NaHCO_3$$

记下此时消耗的 HCl 标准液的体积 V_1，再加入甲基橙指示剂，滴定至溶液由黄色变为橙色，记下所消耗的 HCl 标准液的总体积 V，此时发生的反应是：

$$HCl + NaHCO_3 \longrightarrow NaCl + CO_2 \uparrow + H_2O$$

根据 V_1 和 V 值即可计算出试液中 NaOH 和 Na₂CO₃ 的含量。计算式如下：

$$X_{NaOH} = \frac{[V_1 - (V - V_1)]c_{HCl}M_{NaOH}}{V_{试液}} \qquad X_{Na_2CO_3} = \frac{(V - V_1)c_{HCl}M_{Na_2CO_3}}{V_{试液}}$$

式中，X_{NaOH}、$X_{Na_2CO_3}$ 分别为 NaOH 或 Na₂CO₃ 的含量，$g \cdot L^{-1}$。

双指示剂中的酚酞指示剂可用甲酚红和百里酚蓝混合指示剂来代替。甲酚红的变色范围为 6.7（黄色）～8.4（红色），百里酚蓝的变色范围为 8.0（黄色）～9.6（蓝色），混合之后指示剂的变色范围为 8.3，酸色呈黄色，碱色呈紫色，在 pH 值为 8.2 时为樱桃色，变色较为敏锐。

双指示剂中的甲基橙可用溴甲酚绿-二甲基黄混合指示剂代替，溴甲酚绿的变色范围为 3.8（黄色）～5.4（蓝色），二甲基黄的变色范围为 2.9（红色）～4.0（黄色），混合后的混合指示剂变色点为 3.9，用 HCl 标准液滴定碱液时，其终点颜色变化为绿色（或蓝绿色）到亮黄色（pH＝3.9），变色非常敏锐。

【实验用品】

① 仪器：50mL 酸式和碱式滴定管、25mL 移液管、锥形瓶、铁架台、滴定管夹。
② 药品：Na_2CO_3（s，A.R.）、HCl 标准溶液、NaOH 及 Na_2CO_3 混合碱液、甲酚红-百里酚蓝混合指示剂、溴甲酚绿-二甲基黄混合指示剂、酚酞指示剂、甲基橙指示剂。

【基本操作】

① 酸式和碱式滴定管的使用方法：参见 2.1.3.4 部分相关内容。
② 移液管的洗涤和使用：参见 2.1.3.2 部分相关内容。
③ 滴定操作：参见 3.12 部分相关内容。

【实验内容】

（1）HCl 标准溶液浓度的标定

准确称取已在 180℃下烘干的无水 Na_2CO_3 三份，每份 0.15～0.2g，置于 3 只 150mL 锥形瓶中，加水约 25mL 振荡使之溶解（如不能完全溶解，可稍微加热）。加入 9 滴溴甲酚绿-二甲基黄混合指示剂（或甲基橙指示剂），此时溶液呈绿色（或亮黄色），用 HCl 标准溶液滴定至溶液变为亮黄色（或橙色），即为终点。记录消耗的 HCl 溶液的体积。同样三份测定的最大差值不应超过 0.2%，否则应重复测定。

（2）混合碱液含量测定

准确移取碱液试样 10mL 于锥形瓶中，加酚酞指示剂（或甲酚红－百里酚蓝混合指示剂）1～2 滴，用 HCl 标准溶液滴定，边滴加边充分振荡锥形瓶，以免局部 Na_2CO_3 直接被滴至 H_2CO_3。滴至溶液恰好褪色为止，此时即为终点，记下所用 HCl 标准液的体积 V_1；然后再加入 9 滴溴甲酚绿-二甲基黄混合指示剂（或甲基橙指示剂），此时溶液呈绿色（或亮黄色），继续以 HCl 溶液滴定至溶液呈亮黄色（或橙色），即为终点，记下所消耗的 HCl 标准液的总体积 V。平行滴定三份以上，直至两次滴定所消耗 HCl 溶液的体积最大差值不超过 ±0.04mL，符合精密度要求为止。

【实验结果记录】

如表 10-1、表 10-2 所列。

表 10-1　HCl 标准溶液浓度的标定（指示剂：甲基橙）

项目 ＼ 编号	1	2	3
无水 Na_2CO_3 质量/g			
消耗 HCl 体积/mL			
HCl 浓度/(mol·L^{-1})			
HCl 平均浓度/(mol·L^{-1})			

表 10-2　混合碱液的标定（指示剂：酚酞、甲基橙）

项目 \ 编号	1	2	3
试液体积/mL	10.00	10.00	10.00
V_1/mL			
V/mL			
X_{NaOH}			
HCl 标准液浓度/(mol·L^{-1})			
$X_{Na_2CO_3}$			
$\dfrac{X_{NaOH}}{X_{Na_2CO_3}}$			

【实验习题】

① 滴定管读数的起点为何每次均要调到 0.00 刻度处，其道理为何？

② 滴定管有气泡存在对滴定有何影响？应如何除去滴定管中的气泡？

③ 无水 Na_2CO_3 保存不当，吸收了 1% 的水分，用此基准物质标定 HCl 溶液浓度时，对其结果产生何种影响？

④ 标定 HCl 的两种基准物质 Na_2CO_3 和 $Na_2B_4O_7 \cdot 10H_2O$ 各有哪些优缺点？

⑤ 在以 HCl 溶液滴定时，怎样使用甲基橙及酚酞两种指示剂来判别试样是由 NaOH-Na_2CO_3 或 Na_2CO_3-$NaHCO_3$ 组成的？

【附注】

第一个滴定终点滴定速度要慢，特别是在近终点前，每滴 1 滴都要充分振荡，至颜色稳定后再加入第 2 滴，否则因为颜色变化太慢，容易过量。这是因为在到达第一个终点前，若溶液中 HCl 局部过浓，会使反应 $HCl + NaHCO_3 \!=\!=\! NaCl + CO_2\uparrow + H_2O$ 提前发生，导致 V_1 偏大 V_2 偏小，造成结果不准确。

⸺⸺⸺ 实验四十三　有机酸（草酸）摩尔质量的测定 ⸺⸺⸺

【实验目的】

① 进一步练习移液管、滴定管的使用方法；继续练习滴定操作。

② 巩固学习差减称量法的基本操作要点。

③ 了解以滴定分析法测定酸碱物质摩尔质量的基本方法。

【实验原理】

绝大多数有机酸为弱酸，它们和 NaOH 溶液的反应为：

$$n\,NaOH + H_n A \!=\!=\! Na_n A + n\,H_2O$$

当一元有机弱酸的浓度在 $0.1\,mol \cdot L^{-1}$ 左右，且 $c_a K_a \geqslant 10^{-8}$ 时，可用 NaOH 标准溶液准确滴定。多元有机酸则应根据其每级酸能否被准确滴定的判别式（$c_{a1} K_{a1} \geqslant 10^{-8}$）及相邻两级酸之间能否分级滴定的判别式（$c_{a1}K_{a1}/c_{a2}K_{a2} \geqslant 10^5$）来判断计量关系；若其逐级解离常数均符合准确滴定的要求时，有机酸中的氢均能被准确滴定。根据 NaOH 标准溶液的浓度和滴定时所消耗的体积以及称取的纯有机酸的质量，可计算该有机酸的摩尔质量。计算公式如下：

$$M_A = nm_A/(cV)_{NaOH}$$

用酸碱滴定法，测定有机酸的摩尔质量时，n 值需已知。由于滴定产物是强碱弱酸盐，化学计量点时，溶液呈弱碱性，可选用酚酞作指示剂。

本实验选用草酸为测量试样，草酸为二元弱酸，与 NaOH 的反应为：

$$2NaOH + H_2A =\!=\!= Na_2A + 2H_2O$$

草酸的摩尔质量可根据下式计算得出：

$$\frac{m_{草酸}}{M_{草酸}} = \frac{1}{2}(cV)_{NaOH}$$

【实验用品】

① 仪器：碱式滴定管、25mL 移液管、锥形瓶、铁架台、滴定管夹、电子天平（0.1mg 精度、0.1g 精度）、容量瓶、烧杯、试剂瓶。

② 药品：NaOH（s，A.R.）、邻苯二甲酸氢钾（s，A.R.）、草酸（s，A.R.）、酚酞指示剂。

【基本操作】

① 移液管及滴定管的使用方法：参见 2.1.3 部分相关内容。

② 滴定操作：参见 3.12 部分相关内容。

③ 溶液的配制：参见 3.5 部分相关内容。

【实验内容】

(1) NaOH 标准溶液浓度的配制及标定

用洁净干燥的烧杯称取 4g 固体 NaOH，加入适量煮沸后冷却的蒸馏水，搅拌使其完全溶解，冷却至室温，加水稀释至 1L，搅拌混合均匀后转入带橡胶塞的试剂瓶中，保存备用。

以差减法准确称取三份已在 105～110℃烘干的邻苯二甲酸氢钾，每份 0.4～0.6g，放入 3 只 150mL 锥形瓶中，加 25mL 煮沸后刚刚冷却的蒸馏水，振荡使之溶解（如不能完全溶解，可稍微加热）。加入 2 滴酚酞指示剂，用 NaOH 标准溶液滴定至溶液呈微红色（半分钟内不褪色）即为终点。记录消耗的 NaOH 溶液的体积。三份测定的最大差值不超过 0.2%，否则应重复测定。

(2) 草酸溶液的配制

用差减法准确称取所需的草酸固体，置于小烧杯中，用少量煮沸并冷却至室温的蒸馏水溶解，将溶液转移到 200mL 容量瓶中，再用少量蒸馏水洗涤烧杯几次，洗涤液一并转入容量瓶中，定容，摇匀备用。

(3) 用 NaOH 标准溶液滴定 $H_2C_2O_4$ 溶液

准确移取 25.00mL $H_2C_2O_4$ 溶液于锥形瓶中，加酚酞指示剂 1～2 滴，摇匀。用 NaOH 标准溶液滴定至溶液呈微红色（半分钟内不褪色）即为终点。记录消耗的 NaOH 溶液的体积 V。平行滴定三份。

【实验结果记录】

如表 10-3、表 10-4 所列。

表 10-3 NaOH 标准溶液浓度的标定（指示剂：酚酞）

项目 \ 编号	1	2	3
邻苯二甲酸氢钾质量/g			
消耗 NaOH 体积/mL			
NaOH 浓度/(mol·L^{-1})			
NaOH 平均浓度/(mol·L^{-1})			

表 10-4 草酸摩尔质量的测定（指示剂：酚酞）

项目 \ 编号	1	2	3
草酸质量/g			
试液体积/mL	25.00	25.00	25.00
NaOH 溶液浓度/(mol·L^{-1})			
草酸摩尔质量/(g/mol)			
平均值/(g/mol)			

【实验习题】

① 使用移液管的操作要领是什么？为何要垂直靠在接收容器的内壁上流下液体？为何放完液体后要停一定时间？最后留于管尖的液体如何处理？为什么？

② 接近终点时为什么要用蒸馏水冲洗锥形瓶内壁？

③ 在用 NaOH 滴定有机酸时能否使用甲基橙作为指示剂？为什么？

④ 柠檬酸、酒石酸等多元有机酸能否用 NaOH 溶液分步滴定？

⑤ $Na_2C_2O_4$ 能否作为酸碱滴定的基准物质？为什么？

【附注】

实验需称量多少试样，按不同试样预先估算，除需要知道 n 值外，所测有机酸的摩尔质量范围也应知道，才可预先进行计算。估算原则是：一般按照消耗滴定剂的体积在 20～30mL 时所需的试样量。试样量太多造成浪费，太少则影响准确度。

---- **实验四十四** 阿司匹林中乙酰水杨酸含量的测定 ----

【实验目的】

① 学习返滴定法的原理与操作。

② 熟悉用酸碱滴定法测定阿司匹林药片含量。

【实验原理】

乙酰水杨酸（阿司匹林）是最常用的解热镇疼药之一，是有机弱酸（$pK_a=3.0$），摩尔质量为 180.16g/mol，微溶于水，易溶于乙醇；干燥状态稳定，遇潮易水解。阿司匹林片剂在强碱性溶液中溶解并分解［乙酰水杨酸中的酯结构在碱性溶液中很容易水解为水杨酸（邻羟基苯甲酸）和乙酸盐］。其反应为：

$$HOOCC_6H_4OCOCH_3 + 3OH^- = (OOCC_6H_4O)^{2-} + CH_3COO^- + 2H_2O$$

水杨酸（邻羟基苯甲酸）易升华，随水蒸气一同挥发。水杨酸的酸性较苯甲酸强，与 Na_2CO_3 或 $NaHCO_3$ 中和去羧基上的氢，与 NaOH 中和去羟基上的氢。由于药片中一般都添加一定量的赋形剂如硬脂酸镁、淀粉等不溶物（不溶于乙醇），不宜直接滴定，因此其含量的测定经常采用返滴定法。将药片研磨成粉状后加入过量的 NaOH 标准溶液，加热一段时间使乙酰基水解完全。再用 HCl 标准溶液回滴过量的 NaOH（碱液在受热时易吸收 CO_2，用酸回滴定时会影响测定结果，故需要在同样条件下进行空白校正）滴定至溶液由红色或恰褪至无色即为终点。在这一滴定反应中，总的反应结果是 1mol 乙酰水杨酸消耗 2mol NaOH（酚羟基 pK_a 约为 10。在 NaOH 溶液中为钠盐，加酸，pH＜10 时酚又游离出）

含量可根据下式计算得出：

$$\omega_{乙酰水杨酸} = \frac{\frac{1}{2} \dfrac{\left[\dfrac{c_{NaOH}V_{NaOH}}{10} - c_{HCl}V_{HCl}\right]}{1000} M_{乙酰水杨酸}}{\dfrac{m_{药粉}}{10}}$$

式中，ω 单位为%；c 单位为 $mol \cdot L^{-1}$；V 单位为 mL；M 单位为 $g \cdot mol^{-1}$。

【实验用品】

① 仪器：电子天平（0.1mg 精度）、50mL 碱式滴定管、25.00mL 移液管、烧杯、容量瓶、表面皿、锥形瓶。

② 药品：NaOH 标准溶液、HCl 标准溶液、酚酞指示剂、无水 Na_2CO_3 基准试剂、甲基橙指示剂、阿司匹林药片。

【基本操作】

① 返滴定操作：参见本实验有关内容。
② 溶液的配制：参见 3.5 部分相关内容。

【实验内容】

(1) HCl 溶液的标定

用电子天平（0.1mg 精度）准确称取 0.13～0.15g 基准 Na_2CO_3，置于 250mL 锥形瓶中，加入 20～30mL 蒸馏水溶解后，滴加 3 滴甲基橙指示剂，用待标定的 HCl 溶液滴定，溶液由黄色变为橙色即为终点。平行滴定 3 次，根据所消耗的 HCl 体积，计算 HCl 的浓度。

(2) 药片中乙酰水杨酸含量的测定

将阿司匹林药片研成粉末后，准确称取约 0.6g（约两片）药粉置于干燥 100mL 烧杯中，用移液管准确加入 25.00mL 1mol·L^{-1} NaOH 标准溶液后，盖上表面皿，轻摇几下，水浴加热 15min，迅速用冰水冷却，将烧杯中的溶液定量转移至 100mL 容量瓶中，用蒸馏水稀释至刻度线，摇匀。

准确移取上述试液 10.00mL 于 250mL 锥形瓶中，加 20～30mL 蒸馏水，2～3 滴酚酞指示剂，用 HCl 标准溶液滴至红色刚刚消失即为终点。平行滴定 3 次，根据所消耗的 HCl 溶液的体积计算药片中乙酰水杨酸的质量分数。

（3）NaOH 标准溶液与 HCl 标准溶液体积比的测定

用移液管准确移取 25.00mL 1mol·L⁻¹NaOH 标准溶液于小烧杯中，在与测定药粉相同条件下进行加热。冷却后，定量转移至 100mL 容量瓶中，稀释至刻度，摇匀。准确移取上述试液 10.00mL 于 250mL 锥形瓶中，加 20～30mL 蒸馏水，2～3 滴酚酞指示剂，用 HCl 标准溶液滴至红色刚刚消失即为终点。平行滴定 3 次，根据所消耗的 HCl 溶液的体积，计算 V_{NaOH}/V_{HCl} 的值。

【实验结果记录】

如表 10-5～表 10-7 所列。

表 10-5　HCl 溶液的标定（指示剂：甲基橙）

项目　　　　　　编号	1	2	3
$m_{Na_2CO_3}/g$			
V_{HCl}/mL			
$c_{HCl}/(mol·L^{-1})$			
$\bar{c}_{HCl}/(mol·L^{-1})$			

表 10-6　NaOH 标准溶液与 HCl 标准溶液体积比的测定（指示剂：酚酞）

项目　　　　　　编号	1	2	3
$c_{HCl}/(mol·L^{-1})$			
V_{HCl}/mL			
V_{NaOH}/V_{HCl}			
V_{NaOH}/V_{HCl} 的平均值			

表 10-7　药片中乙酰水杨酸含量的测定（指示剂：酚酞）

项目　　　　　　编号	1	2	3
$m_{阿司匹林}/g$			
移取试液体积数/mL			
V_{HCl}/mL			
乙酰水杨酸的含量/%			
乙酰水杨酸的平均含量/%			

【实验习题】

① 使用移液管的操作要领是什么？为何要垂直靠在接收容器的内壁上流下液体？为何放完液体后要停一定时间？最后留于管尖的液体如何处理？为什么？

② 接近终点时为什么要用蒸馏水冲洗锥形瓶内壁？

【附注】

① 水浴水解阿司匹林后迅速用冰水冷却是为了防止水杨酸挥发，减少热溶液吸收空气中的 CO_2，以及防止淀粉、糊精等进一步水解。

② 水解后阿司匹林溶液不必过滤，带着沉淀移入容量瓶中。注意上清液的移取。

实验四十五 维生素 C 含量的测定（直接碘量法）

【实验目的】

① 掌握硫代硫酸钠溶液的配制及标定要点。
② 掌握碘标准溶液的配制及标定。
③ 了解直接碘量法测定维生素 C(Vc) 的原理及操作过程。
④ 继续练习滴定操作。

【实验原理】

维生素 C(Vc) 又称抗坏血酸，分子式为 $C_6H_8O_6$，由于分子中的烯二醇基具有还原性，能被 I_2 氧化成二酮基：

$$C_6H_8O_6 + I_2 =\!=\!= 2HI + C_6H_6O_6$$

1mol Vc 与 1mol I_2 定量反应，Vc 的摩尔质量为 176.12g/mol。该反应可以用于测定药片、注射液及果蔬中的 Vc 含量。由于 Vc 的还原性很强，在空气中极易被氧化，尤其是在碱性介质中，测定时加入 HAc 使溶液呈弱酸性，减少 Vc 的副反应。Vc 在医药和化学上应用非常广泛。在分析化学中常用在光度法和络合滴定法中作为还原剂使用，如使 Cu^{2+} 还原为 Cu^+，硒（Ⅲ）还原为硒等。

I_2 不是基准物质，常采用 As_2O_3（剧毒物质，应严格管理）或 $Na_2S_2O_3$ 标定其浓度：

$$2Na_2S_2O_3 + I_2 =\!=\!= 2NaI + Na_2S_4O_6$$

而标定 $Na_2S_2O_3$ 的浓度物质有 $K_2Cr_2O_7$、纯铜、KIO_3 等。

$$K_2Cr_2O_7 + 6KI + 14HCl =\!=\!= 3I_2 + 2CrCl_3 + 8KCl + 7H_2O$$

反应生成的 I_2 使用 $Na_2S_2O_3$ 溶液定量滴定。

【实验用品】

① 仪器：量筒、吸量管、移液管、碱式滴定管、酸式滴定管、锥形瓶、烧杯、电子天平（0.1mg 精度）、容量瓶、碘量瓶、试剂瓶（棕色）、研钵。

② 药品：KI(s)、I_2(s)、$Na_2S_2O_3 \cdot 5H_2O$(s)、Na_2CO_3(s)、$K_2Cr_2O_7$(s)、HCl(3mol·L^{-1})、HAc(2mol·L^{-1})、淀粉溶液（0.2%）、Vc 药片、橙子或橘子。

【基本操作】

① 移液操作：参见 2.1.3.2 部分相关内容。
② 滴定操作：参见 3.12 部分相关内容。
③ 溶液的配制：参见 3.5 部分相关内容。

【实验内容】

(1) $K_2Cr_2O_7$ 标准溶液的配制

将 $K_2Cr_2O_7$ 在 150～180℃干燥 2h，置于干燥器中冷却至室温，准确称取 0.6129g $K_2Cr_2O_7$ 于小烧杯中，加水溶解，定量转移至 250mL 容量瓶中，加水稀释至刻度，摇匀备用。

(2) $Na_2S_2O_3$ 溶液的配制及标定

称取 0.5g $Na_2S_2O_3 \cdot 5H_2O$ 于烧杯中，加入 200mL 新煮沸并冷却的蒸馏水，溶解后，加入约 0.02g 的 Na_2CO_3，贮存于棕色试剂瓶中，放置于暗处 3～5d 后标定。

准确移取 5.00mL $K_2Cr_2O_7$ 标准溶液，置于 150mL 碘量瓶中，加入 1mL 3mol·L^{-1} HCl 溶液，2mL 1mol·L^{-1} 的 KI 溶液，摇匀，加盖，放置暗处 5min；待反应完全后，再加入 20mL 蒸馏水，用待标定的 $Na_2S_2O_3$ 溶液滴定至淡黄色；然后加入 8 滴淀粉指示剂，继续滴定至溶液呈现绿色，即为终点。平行测定三份。计算出 $Na_2S_2O_3$ 溶液的浓度。

(3) I_2 溶液的配制及标定

称取 0.7g I_2 和 1g KI，置于研钵中，在通风橱中操作。加入少量水研磨，待 I_2 全部溶解后，将溶液转入棕色试剂瓶中，加水稀释至 500mL，充分摇匀，放暗处保存。

移取 $Na_2S_2O_3$ 溶液 25.00mL，置于 150mL 碘量瓶中，加 20mL 水，8 滴淀粉指示剂，用 I_2 溶液滴定至呈稳定的蓝色，30s 内不褪色，即为终点。平行测定三份。计算出 I_2 溶液的浓度。

(4) 药品中 Vc 含量的测定

准确称取 Vc 药片粉末约 0.04g，溶于新煮沸并冷却的蒸馏水 20mL 与 2mol·L^{-1} HAc 溶液 2mL 的混合液中，加淀粉指示剂 8 滴，立即用 I_2 标准溶液滴定至溶液呈稳定的蓝色，计算 Vc 的含量。平行测定三份。

(5) 水果中 Vc 含量的测定

用 100mL 小烧杯准确称取新捣碎的果浆（橙或橘等）30～50g，立即加入 10mL 2mol·L^{-1} HAc 溶液，定量转入 250mL 锥形瓶中，加入 8 滴淀粉指示剂，立即用 I_2 溶液滴定至呈现稳定的蓝色。计算果浆中 Vc 的含量。平行测定三份。

【实验结果记录】

如表 10-8～表 10-11 所列。

表 10-8 $Na_2S_2O_3$ 溶液的标定（指示剂：淀粉溶液）

项目 ＼ 编号	1	2	3
$K_2Cr_2O_7$ 溶液体积 V/mL	5.00	5.00	5.00
$Na_2S_2O_3$ 溶液体积 V/mL			
$Na_2S_2O_3$ 溶液浓度 c/(mol·L^{-1})			
$\overline{c_{Na_2S_2O_3}}$/(mol·L^{-1})			

表 10-9 I_2 溶液的标定（指示剂：淀粉溶液）

项目 ＼ 编号	1	2	3
$Na_2S_2O_3$ 溶液体积 V/mL			

续表

项目 ＼ 编号	1	2	3
I_2 溶液体积 V/mL			
I_2 溶液浓度 c_2/(mol·L^{-1})			
$\overline{c_{I_2}}$/(mol·L^{-1})			

表 10-10　**药品中 Vc 含量的测定**（指示剂：淀粉溶液）

项目 ＼ 编号	1	2	3
药片质量 m/g			
I_2 溶液体积/mL			
I_2 溶液浓度 c/(mol·L^{-1})			
Vc 含量/g			

表 10-11　**水果中 Vc 含量的测定**（指示剂：淀粉溶液）

项目 ＼ 编号	1	2	3
果浆质量/g			
I_2 溶液体积/mL			
I_2 溶液浓度 c/(mol·L^{-1})			
Vc 含量/g			

【实验习题】

① 配制 I_2 标准溶液时，为什么要加过量 KI？可否将称得的 I_2 和 KI 一起加水至一定体积？

② 溶解样品时，为什么要用新煮沸并冷却的蒸馏水？

【附注】

滴定速度要控制好，既要主反应进行完全又不能有挥发损失或空气氧化。滴定过程中，锥形瓶不宜剧烈摇动。

------ 实验四十六 **水样中化学需氧量的测定** ------

——高锰酸钾法

【实验目的】

① 了解测定 COD 的意义。

② 掌握高锰酸钾标准溶液的标定方法。

③ 掌握酸性高锰酸钾法测定水中 COD 的分析方法。

【实验原理】

化学需氧量（COD）是指在一定条件下，用适量的强氧化剂处理水样时，水样中需氧污染物所消耗的氧化剂的量，通常以相应的氧量（单位为 $mg \cdot L^{-1}$）来表示。COD 是表示水体或污水的污染程度的重要综合指标之一，是环境保护和水质控制中经常需要测定的项目。COD 值越高，说明水体污染越严重。水中还原性物质包括有机物、亚硝酸盐、亚铁盐、硫化物等。水被有机物污染是很普遍的，因此 COD 也是作为水中有机物相对含量的指标之一。污水综合排放标准（GB 8978—1996）规定，新建和扩建厂 COD 允许排放浓度为：一级标准 $100mg \cdot L^{-1}$，二级标准 $150mg \cdot L^{-1}$。对向地面水域排放的污水执行一、二级标准，其中城镇集中水源地、重点风景名胜区等执行一级标准，一般工业用水区和农业用水区执行二级标准，排入下水道进污水处理厂的才能执行三级标准。

COD 的测定分酸性高锰酸钾法、碱性高锰酸钾法和重铬酸钾法及碘酸盐法。

本实验采用酸性高锰酸钾法，其原理如下：在酸性条件下，高锰酸钾具有很高的氧化性，向被测水样中定量加入高锰酸钾溶液，加热水样，水溶液中多数的有机污染物都可以氧化，但反应过程相当复杂，主要发生以下反应：

$$KMnO_4 + H_2SO_4 + 5C =\!=\!= 2K_2SO_4 + MnSO_4 + 6H_2O + 5CO_2 \uparrow$$

加入定量且过量的 $Na_2C_2O_4$ 还原过量的高锰酸钾，最后再用高锰酸钾标准溶液返滴过量的草酸钠至微红色为终点，由此计算出水样的耗氧量。

反应如下：

$$2MnO_4^- + 5C_2O_4^{2-} + 16H^+ =\!=\!= 10CO_2 \uparrow + 8H_2O + 2Mn^{2+}$$

氧化温度与时间会影响结果，本实验用 30min 煮沸法。

若水样中含有 F^-、H_2S（或 S^{2-}）、SO_3^{2-}、NO_2^- 等还原性离子，会干扰测定，可在冷的水样中直接用高锰酸钾滴定至微红色后，再进行 COD 测定。

【实验用品】

① 仪器：50mL 酸式滴定管、25mL 移液管、1mL 吸量管、锥形瓶、铁架台、滴定管夹、电子天平（0.1mg 精度）、容量瓶。

② 药品：基准物 $Na_2C_2O_4$、H_2SO_4（1+2）溶液、$KMnO_4$ 标准溶液、水样 $AgNO_3$ 溶液（0.1%）。

【基本操作】

① 移液操作：参见 2.1.3.2 部分相关内容。

② 抽滤操作：参见 3.8.1.2 中（2）部分相关内容。

③ 水浴加热：参见 3.6.1 中（1）部分相关内容。

【实验内容】

取适量水样（50.00mL）于锥形瓶中，加蒸馏水 100mL，加硫酸（1+2)10mL，再加入 w 为 0.10 的硝酸银溶液 5mL 以除去水样中的 Cl^-（当水样 Cl^- 中浓度很小时可不加硝酸银），摇匀后准确加入 $0.005mol \cdot L^{-1}$ 高锰酸钾溶液 10.00mL(V_1)，将锥形瓶置于沸水浴中加热 30min，氧化需氧污染物。稍冷后（约 80℃），加 $0.013mol \cdot L^{-1}$ 草酸钠标准溶液 10.00mL，摇匀（此时溶液应为无色若仍为红色，再补加 5.00mL），在 70~80℃ 的水浴中用 $0.005mol \cdot L^{-1}$ 高锰酸钾溶液滴定至微红色，30s 内不褪色即为终点，记下高锰酸钾溶液的用量为 V_2。

在锥形瓶中加入 100mL 蒸馏水和 10mL 硫酸（1+2），移入 $0.013mol \cdot L^{-1}$ 草酸钠标

准溶液 10.00mL，摇匀，在 70～80℃的水浴中，用 0.005mol·L^{-1} 高锰酸钾溶液滴定至溶液呈微红色，30s 内不褪色即为终点，记下高锰酸钾溶液的用量为 V_3。

在锥形瓶中加入蒸馏水 100mL 和 10mL 硫酸（1+2），在 70～80℃下用 0.005mol·L^{-1} 高锰酸钾溶液滴定至溶液呈微红色，30s 内不褪色即为终点，记下高锰酸钾溶液的用量为 V_4。

按下式计算化学需氧量 COD$_{Mn}$：

$$COD_{Mn} = \frac{[(V_1+V_2-V_4)f-10.00] \times c_{Na_2C_2O_4} \times 16.00 \times 1000}{V_s}$$

式中，$f=10.00/(V_3-V_4)$，即每毫升高锰酸钾溶液相当于 f mL 草酸钠标准溶液；V_s 为水样体积；16.00 为氧的原子量。

【实验结果记录】

如表 10-12 所列。

表 10-12　水样中化学需氧量的测定

项目 ＼ 编号	1	2	3
水样体积/mL			
KMnO$_4$ 浓度/(mol·L^{-1})			
消耗 KMnO$_4$ 体积 V_1/mL			
消耗 KMnO$_4$ 体积 V_2/mL			
消耗 KMnO$_4$ 体积 V_3/mL			
消耗 KMnO$_4$ 体积 V_4/mL			
水样 COD			

【实验习题】

① 哪些因素影响 COD 测定的结果？为什么？

② 酸性溶液测定 COD 时，若加热煮沸出现棕色是什么原因？需重做吗？而碱性溶液测定 COD 时出现绿色或棕色可以吗？为什么？

③ 可以采用哪些方法避免水中 Cl$^-$ 对测定结果的影响？

④ 在 KMnO$_4$ 法中，如果 H$_2$SO$_4$ 用量不足对结果有何影响？

【附注】

① 当水样中 Cl 量较高（大于 100mg·L^{-1}）时，在酸性高锰酸钾中能被氧化，会发生以下反应，使结果偏高：

$$2MnO_4^- + 16H^+ + 10Cl^- \Longrightarrow 2Mn^{2+} + 8H_2O + 5Cl_2 \uparrow$$

为了避免这一干扰，水样应先加蒸馏水稀释后再测定，或改用碱性高锰酸钾法测定，反应为：

$$4MnO_4^- + 3C + 2H_2O \Longrightarrow 4MnO_2 \downarrow + 3CO_2 \uparrow + 4OH^-$$

然后再将溶液调成酸性，加入 Na$_2$C$_2$O$_4$，把 MnO$_2$ 和过量的 KMnO$_4$ 还原，再利用 KMnO$_4$ 滴至水样至微红色终点。由上述反应可知，在碱性溶液中进行氧化，虽然生成 MnO$_2$，但最后仍被还原成 Mn^{2+}，所以酸性溶液中和碱性溶液中所得的结果是相同的。

按上述操作用蒸馏水做空白实验，平行两次。计算公式同酸性高锰酸钾法。

② 高锰酸钾法适用测定地表水、饮用水和生活污水。

③ 重铬酸钾法可以将难氧化的物质在较高温度下彻底氧化。

④ 超过 85℃ 时草酸钠会分解，使测量的结果偏高。

实验四十七 双氧水中 H_2O_2 含量的测定

——高锰酸钾法

【实验目的】

① 掌握高锰酸钾标准溶液的配制和标定方法。

② 学习高锰酸钾法测定过氧化氢含量的方法。

【实验原理】

(1) $KMnO_4$ 溶液标定

$KMnO_4$ 是强氧化剂，常含有杂质，不能直接配制标准溶液。蒸馏水中常含有少量的还原性物质，使 $KMnO_4$ 还原为 $MnO_2 \cdot nH_2O$，它能加速 $KMnO_4$ 的分解，故要将 $KMnO_4$ 溶液煮沸一段时间，在暗处放置数天，待 $KMnO_4$ 把水中还原性杂质充分氧化后且使自身分解产生的 K_2MnO_4 充分歧化，再过滤除去 MnO_2 沉淀才能标定其准确浓度。

标定 $KMnO_4$ 溶液的基准物质有 $Na_2C_2O_4 \cdot H_2C_2O_4 \cdot 2H_2O$、$(NH_4)_2Fe(SO_4)_2 \cdot 6H_2O$、$As_2O_3$ 等，其中以分析纯 $Na_2C_2O_4$ 最常用，$Na_2C_2O_4$ 不含结晶水，易精制。在硫酸溶液中 $KMnO_4$ 和 $Na_2C_2O_4$ 的反应如下式：

$$2MnO_4^- + 5C_2O_4^{2-} + 16H^+ \Longrightarrow 2Mn^{2+} + 8H_2O + 10CO_2\uparrow$$

此标定反应要在 H_2SO_4 酸性、溶液预热至 75~85℃ 和有 Mn^{2+} 催化的条件下进行。滴定开始时反应很慢，$KMnO_4$ 溶液必须先加入 1 滴，待褪色后再逐滴加入，如果滴加过快，$KMnO_4$ 在热、酸溶液中能部分分解而造成误差。

$$4KMnO_4 + 6H_2SO_4 \Longrightarrow 2K_2SO_4 + 4MnSO_4 + 6H_2O + 5O_2\uparrow$$

在滴定过程中（保持溶液温度：温低反应慢，温高 $H_2C_2O_4$ 分解），溶液中生成了 Mn^{2+}，使反应速度加快（自动催化），所以滴定速度可稍加快些，以每秒 2~3 滴为宜。由于 $KMnO_4$ 溶液本身具有颜色，滴定时溶液中有稍微过量的 $KMnO_4$ 即显粉红色，故不需另加指示剂（自身指示剂）。

(2) 双氧水中 H_2O_2 含量的测定

H_2O_2 是医药、卫生行业上广泛使用的消毒剂，常需要测定它的浓度。在酸性溶液中 H_2O_2 能被 $KMnO_4$ 定量氧化而生成氧气和水，其反应如下：

$$5H_2O_2 + 2MnO_4^- + 6H^+ \Longrightarrow 2Mn^{2+} + 5O_2\uparrow + 8H_2O$$

滴定在酸性溶液中进行，反应时锰的氧化数由 +7 变到 +2。开始时反应速度很慢，滴入的 $KMnO_4$ 溶液褪色缓慢，待 Mn^{2+} 生成后，由于 Mn^{2+} 的催化作用，反应速度逐渐加快。化学计量点后，稍微过量的滴定剂 $KMnO_4$（约 $10^{-6}\,mol \cdot L^{-1}$）呈现微红色指示终点的到达。根据 $KMnO_4$ 标准溶液的浓度和滴定所消耗的体积，可算出试样中 H_2O_2 的含量。

生物化学中，也常利用此法间接测定过氧化氢酶的活性。在血液中加入一定量的

H_2O_2，由于过氧化氢酶能使过氧化氢分解，作用完后，在酸性条件下用标准 $KMnO_4$ 溶液滴定剩余的 H_2O_2，就可以了解酶的活性。

【实验用品】

① 仪器：酸式滴定管（棕色）、电子天平（0.1mg 精度）、移液管、锥形瓶、容量瓶、量筒、微孔玻璃漏斗（4$^\#$）、真空泵、烘箱、干燥器、水浴锅、烧杯、表面皿。

② 药品：$Na_2C_2O_4$(A.R.)、H_2SO_4(6mol·L^{-1})、$KMnO_4$(0.02mol·L^{-1})、H_2O_2(30%)。

【基本操作】

① 砂芯漏斗的使用：参见 2.1.4 中（3）部分相关内容。
② 差减称量法：参见 3.4 部分相关内容。
③ 移液操作：参见 2.1.3.2 部分相关内容。

【实验内容】

（1）$KMnO_4$ 溶液的配制

称取 $KMnO_4$ 固体 1.6g，于烧杯中加 500mL 水溶解，盖上表面皿，加热至沸，并保持微沸 1h（或提早 2 周配制，暗处静置），冷却后，用 4$^\#$ 微孔玻璃漏斗过滤。滤液贮存于棕色试剂瓶中。

（2）$KMnO_4$ 溶液的标定

准确称取干燥的分析纯 $Na_2C_2O_4$ 0.15～0.20g（用差减称量法，准确至 0.0001g）3 份，分别置于 250mL 锥形瓶中，加入 67mL 水，使之溶解加入 8mL 6mol·L^{-1} H_2SO_4，在水浴上加热到 75～85℃。趁热用 $KMnO_4$ 溶液滴至微红。开始先 1 滴，充分振摇，等第 1 滴紫红色褪去再加第 2 滴，然后再继续滴。接近终点时，紫红色褪去很慢，应减慢速度，同时充分摇匀，直至最后半滴 $KMnO_4$ 溶液滴入摇匀后，保持 30s 不褪色。

（3）双氧水中 H_2O_2 含量的测定

准确移取原装双氧水（原装 H_2O_2 约 30%）1.000mL 于 250mL 容量瓶中，用水稀释至刻度，充分摇匀。

准确移取待测溶液 25.00mL 于 250mL 锥形瓶中，加入 75mL 水和 15mL 6mol·L^{-1} H_2SO_4 溶液，用 $KMnO_4$ 标准溶液滴定至溶液显粉红色，经过 30s 不消褪，即达终点。平行测定三份。

【实验结果记录】

如表 10-13、表 10-14 所列。

表 10-13 $KMnO_4$ 标准溶液的标定

项目＼编号	1	2	3
$Na_2C_2O_4$ 质量/g			
$KMnO_4$ 标准溶液体积/mL			
$KMnO_4$ 溶液浓度/(mol·L^{-1})			
$KMnO_4$ 溶液平均浓度/(mol·L^{-1})			

表 10-14　双氧水中 H_2O_2 含量的测定

项目 ＼ 编号	1	2	3
原装双氧水体积/mL			
待测双氧水体积/mL			
$KMnO_4$ 标准溶液体积/mL			
H_2O_2 含量/$(g \cdot L^{-1})$			
H_2O_2 平均含量/$(g \cdot L^{-1})$			

【实验习题】

① 用 $KMnO_4$ 法测定双氧水中 H_2O_2 的含量，为什么要在酸性条件下进行？能否用 HNO_3 或 HCl 代替 H_2SO_4 调节溶液的酸度？

② 用 $KMnO_4$ 滴定双氧水时，溶液是否可以加热？为什么？

③ 为什么本实验要把市售双氧水稀释后才进行滴定？

④ 本实验过滤用玻璃砂漏斗，能否用定量滤纸过滤？

【附注】

① 标定 $KMnO_4$ 溶液浓度时，整个滴定过程要注意控制溶液的酸度、温度、滴定速度。

② 温度不宜太高。

③ $KMnO_4$ 滴定的终点是不太稳定的，由于空气中含有还原性气体及尘埃等杂质，落入溶液中能使 $KMnO_4$ 慢慢分解，而使粉红色消失，所以经过 30s 不褪色，即可认为已达终点。

------- 实验四十八　食盐中氯含量的测定——莫尔法 -------

【实验目的】

① 学习 $AgNO_3$ 标准溶液的配制与标定的原理和方法。

② 掌握莫尔法沉淀滴定测定氯离子的方法原理。

③ 掌握铬酸钾指示剂的正确使用的方法。

【实验原理】

某些可溶性氯化物中氯含量的测定常采用莫尔法。此法是在中性或弱碱性溶液中，以 K_2CrO_4 为指示剂，用 $AgNO_3$ 标准溶液进行滴定。由于 AgCl 的溶解度比 Ag_2CrO_4 的小，因此溶液中首先析出 AgCl 沉淀，当 AgCl 定量析出后，过量 1 滴 $AgNO_3$ 溶液即与 CrO_4^{2-} 生成砖红色 Ag_2CrO_4 沉淀，表示达到终点。主要反应式如下：

$$Ag^+ + Cl^- \longrightarrow AgCl \downarrow （白色） \qquad K_{sp} = 1.8 \times 10^{-10}$$

$$2Ag^+ + CrO_4^{2-} \longrightarrow Ag_2CrO_4 \downarrow （砖红色） \qquad K_{sp} = 2.0 \times 10^{-12}$$

滴定必须在中性或在弱碱性溶液中进行，最适宜 pH 值范围为 6.5～10.5，如有铵盐存在，溶液的 pH 值范围最好控制在 6.5～7.2 之间。

指示剂的用量对滴定有影响，一般以 $5.0 \times 10^{-3} mol \cdot L^{-1}$ 为宜（用量大，终点提前；用量小，终点拖后），凡是能与 Ag^+ 生成难溶化合物或配合物的阴离子都干扰测定。如 AsO_4^{3-}、AsO_3^{3-}、S^{2-}、CO_3^{2-}、$C_2O_4^{2-}$ 等，其中 H_2S 可加热煮沸除去，将 SO_3^{2-} 氧化成 SO_4^{2-} 后不再干扰测定。大量 Cu^{2+}、Ni^{2+}、Co^{2+} 等有色离子将影响终点的观察。凡是能与 CrO_4^{2-} 指示剂生成难溶化合物的阳离子也干扰测定，如 Ba^{2+}、Pb^{2+} 能与 CrO_4^{2-} 分别生成 $BaCrO_4$ 和 $PbCrO_4$ 沉淀。Ba^{2+} 的干扰可加入过量 Na_2SO_4 消除。

Al^{3+}、Fe^{3+}、Bi^{3+}、Sn^{4+} 等高价金属离子在中性或弱碱性溶液中易水解产生沉淀，会干扰测定。

【实验用品】

① 仪器：酸式滴定管、移液管、吸量管、锥形瓶、铁架台、滴定管夹、电子天平（0.1mg 精度）、容量瓶、烧杯、瓷坩埚、试剂瓶（棕色）、马弗炉。

② 药品：NaCl（A.R.）、K_2CrO_4（5％，s）、$AgNO_3$（$0.1mol \cdot L^{-1}$，s）。

【基本操作】

① 马弗炉的使用：参见 2.6.1 中（3）部分相关内容。

② 终点的判定：参见本实验有关内容。

③ 滴定操作：参见 3.12 部分相关内容。

【实验内容】

(1) 试剂准备

1）NaCl 基准试剂 在 500～600℃ 马弗炉中灼烧半小时后，放置干燥器中冷却。也可将 NaCl 置于带盖的瓷坩埚中，加热，并不断搅拌，待爆炸声停止后将坩埚放入干燥器中冷却后使用。

2）$0.1mol \cdot L^{-1} AgNO_3$ 溶液 称取 8.5g $AgNO_3$ 溶解于 500mL 不含 Cl^- 的蒸馏水中，将溶液转入棕色试剂瓶中，置暗处保存，以防止见光分解。

3）5％K_2CrO_4 溶液 称取 5g K_2CrO_4 溶解于 95mL 不含 Cl^- 的蒸馏水中。

(2) $0.1mol \cdot L^{-1} AgNO_3$ 溶液的标定

准确称取 0.5～0.65g 基准 NaCl，置于小烧杯中，用蒸馏水溶解后，转入 100mL 容量瓶中，加水稀释至刻度，摇匀。

准确移取 25.00mL NaCl 标准溶液注入锥形瓶中，加入 25mL 水，加入 1mL 5％K_2CrO_4 溶液，在不断摇动下，用 $AgNO_3$ 溶液滴定至呈现砖红色即为终点。平行测定三份。根据所消耗 $AgNO_3$ 的体积和 NaCl 的标准浓度，计算 $AgNO_3$ 的浓度。

(3) 试样分析

准确称取 1.3～1.5g NaCl 试样置于烧杯中，加水溶解后，转入 250mL 容量瓶中，用水稀释至刻度，摇匀。准确移取 25.00mL NaCl 试液注入锥形瓶中，加入 25mL 水和 1mL 5％ K_2CrO_4 溶液，在不断摇动下，用 $AgNO_3$ 溶液滴定至呈现砖红色即为终点，平行测定三份。

根据试样的重量和滴定中消耗 $AgNO_3$ 标准溶液的体积计算试样中 Cl^- 的含量，计算出算术平均偏差及相对平均偏差。

【实验结果记录】

如表 10-15、表 10-16 所列。

表 10-15 硝酸银溶液的标定（指示剂：5%K$_2$CrO$_4$ 溶液）

项目 ＼ 编号	1	2	3
NaCl 质量/g			
NaCl 标准溶液体积/mL			
AgNO$_3$ 标准溶液体积/mL			
AgNO$_3$ 溶液浓度/(mol·L^{-1})			
AgNO$_3$ 溶液平均浓度/(mol·L^{-1})			

表 10-16 氯化物中氯含量的测定（指示剂：5%K$_2$CrO$_4$ 溶液）

项目 ＼ 编号	1	2	3
试样质量/g			
试样溶液体积/mL			
AgNO$_3$ 标准溶液体积/mL			
试样中 Cl$^-$ 含量/%			
试样中 Cl$^-$ 平均含量/%			

【实验习题】

① 莫尔法测氯时，为什么溶液的 pH 值必须控制在 6.5～10.5？

② 以 K$_2$CrO$_4$ 溶液作指示剂时，指示剂浓度过大或过小对测定结果有何影响？

③ 能否用莫尔法以 NaCl 标准溶液直接滴定 Ag$^+$？为什么？

④ 配制好的 AgNO$_3$ 溶液要贮于棕色瓶中并置于暗处，为什么？

【附注】

莫尔法不适用于以 NaCl 标准溶液直接滴定 Ag$^+$。因为在 Ag$^+$ 试液中加入指示剂 KCrO$_4$ 后，就会立即析出 Ag$_2$CrO$_4$ 沉淀。用 NaCl 标准溶液滴定时，Ag$_2$CrO$_4$ 再转化成的 AgCl 的速度极慢，使终点推迟。

实验四十九 自来水总硬度的测定

【实验目的】

① 掌握 EDTA 标准溶液的配制与标定的原理。

② 掌握配位滴定法测定水总硬度的原理、条件及方法，掌握掩蔽干扰离子的条件及方法。

③ 了解标定 EDTA 所用指示剂的性质和使用的条件。

④ 掌握用 $CaCO_3$ 标定 EDTA 的方法。

【实验原理】

(1) 水的总硬度的测定

Ca^{2+}、Mg^{2+} 是自来水中的主要金属离子（还含有微量的 Fe^{3+}、Al^{3+}、Cu^{2+} 等）通常以钙镁含量来表示水的硬度。水的硬度可分为总硬度和钙镁硬度两种，前者是测定钙镁总量，以钙化合物含量表示，后者是分别测定钙镁的含量。测定水的硬度常采用配位滴定法，用乙二胺四乙酸二钠盐（EDTA）的标准溶液滴定水中 Ca、Mg 总量，然后换算为相应的硬度单位。

各国对水硬度表示的方法尚未统一，我国生活饮用水卫生标准中规定硬度（以 $CaCO_3$ 计）不得超过 450mg/L。除了生活饮用水，我国目前水硬度采用 $mmol \cdot L^{-1}$ 或 $mg \cdot L^{-1}$ （$CaCO_3$）表示。

德国：CaO　$10mg \cdot L^{-1}$ 或 $0.178mmol \cdot L^{-1}$。

法国：$CaCO_3$　$10mg \cdot L^{-1}$ 或 $0.1mmol \cdot L^{-1}$。

英国：$CaCO_3$　格令/英仑，或 $0.143mmol \cdot L^{-1}$。

美国：$CaCO_3$　$1mg \cdot L^{-1}$ 或 $0.01mmol \cdot L^{-1}$。

按国际标准方法测定水的总硬度：在 $pH \approx 10$ 的 NH_3-NH_4Cl 缓冲溶液中，以铬黑 T（EBT）为指示剂，用 EDTA 标准溶液滴定至溶液由紫红色变为纯蓝色即为终点。若分测钙、镁硬度可控制 pH 值介于 $12 \sim 13$ 之间（此时，氢氧化镁沉淀），选用钙指示剂进行测定。镁硬度可由总硬度减去钙硬度求出。

若水样中存在 Fe^{3+}、Al^{3+} 等微量杂质时，可用三乙醇胺进行掩蔽，Cu^{2+}、Pb^{2+}、Zn^{2+} 等重金属离子可用 Na_2S 或 KCN 掩蔽。

指示剂铬黑 T（EBT）在 $pH < 6.3$ 时为紫色，pH 值在 $6.3 \sim 11.5$ 时为蓝色，$pH > 11.5$ 时显橙色。

滴定前：$EBT + Mg^{2+} =\!=\!= Mg\text{-}EBT$
　　　　　蓝色　　　　　紫红色

滴定时：$EDTA + Ca^{2+} =\!=\!= Ca\text{-}EDTA$　　　　　　　$EDTA + Mg^{2+} =\!=\!= Mg\text{-}EDTA$
　　　　　　　　　　无色　　　　　　　　　　　　　　　　　　　　　无色

终点时：$EDTA + Mg\text{-}EBT =\!=\!= Mg\text{-}EDTA + EBT$
　　　　　　　　紫红色　　　　　　　　　　蓝色

(2) EDTA 的标定

EDTA 标准溶液常采用间接法配制，由于 EDTA 与金属形成 1∶1 配合物，因此标定 EDTA 溶液常用的基准物是一些金属以及它们的氧化物和盐，如 Zn、ZnO、$CaCO_3$、Bi、Cu、$MgSO_4 \cdot 7H_2O$、Ni、Pb、$ZnSO_4 \cdot 7H_2O$ 等。通常选用其中与被测物组分相同的物质作基准物，这样，滴定条件较一致，可减小误差。

EDTA 溶液若用于测定试样中钙镁含量时，则宜用 $CaCO_3$ 为基准物，首先可加 HCl 溶液将 $CaCO_3$ 溶解，其反应如下：

$$CaCO_3 + 2HCl =\!=\!= CaCl_2 + CO_2 \uparrow + H_2O$$

然后把溶液转移到容量瓶中并稀释，制成钙标准溶液。吸取一定量钙标准溶液，用

NH_3-NH_4Cl 缓冲溶液调节 pH$\approx$10，以 EDTA 溶液滴定至溶液由紫红色变为纯蓝色，即为终点。

EDTA 溶液若用于测定 Pb^{2+}、Bi^{3+}，则宜以 ZnO 或金属锌为基准物，以二甲酚橙为指示剂。在 pH$\approx$5~6 的溶液中，二甲酚橙指示剂本身显黄色，与 Zn^{2+} 的配合物呈紫红色。EDTA 与 Zn^{2+} 形成更稳定的配合物，因此用 EDTA 溶液滴定至近终点时，二甲酚橙被游离了出来，溶液由紫红色变为黄色。配位滴定中所用的水，应不含 Fe^{3+}、Al^{3+}、Cu^{2+}、Ca^{2+}、Mg^{2+} 等杂质离子。

为了减小系统误差，本实验选用 $CaCO_3$ 为基准物，在 pH=10 的 NH_3-NH_4Cl 缓冲溶液中，以铬黑 T 为指示剂，进行标定（标定条件与测定条件一致）。用待标定的 EDTA 溶液滴至溶液由紫红色变为纯蓝色即为终点。

【实验用品】

① 仪器：酸式滴定管、电子天平（0.1mg 精度）、移液管、锥形瓶、容量瓶、量筒、烧杯、表面皿、聚乙烯试剂瓶。

② 药品：$CaCO_3$(A.R.,s)、乙二胺四乙酸二钠（A.R.,s）、HCl(1:1)、三乙醇胺(20%)、铬黑 T 指示剂、氨性缓冲溶液（pH$\approx$10）、Na_2S(2%)。

【基本操作】

① 缓冲溶液的使用：参见本实验有关内容。
② 滴定操作：参见 3.12 部分相关内容。
③ 溶液的配制：参见 3.5 部分相关内容。

【实验内容】

(1) $CaCO_3$ 标准溶液的配制

准确称取 0.1~0.16g $CaCO_3$ 基准物，置于烧杯中，用少量水先润湿，盖上表面皿，慢慢滴加 2mL(1:1)HCl，待其全部溶解后，微沸数分钟以除去 CO_2，冷却后用少量水冲洗表面皿及烧杯内壁，定量转移入 100mL 容量瓶中，用水稀释至刻度，摇匀。

(2) 0.01mol·L^{-1} EDTA 标准溶液的配制和标定

在电子天平（0.1mg 精度）上称取 1.0g EDTA 于烧杯中，用少量水加热溶解，再加入约 0.025g $MgCl_2$·$6H_2O$，冷却后转入聚乙烯试剂瓶中，稀释至 250mL。

移取 25.00mL Ca^{2+} 标准溶液于 250mL 锥形瓶中，加入 20mL 氨性缓冲溶液，3 滴铬黑 T 指示剂，立即用待标定的 EDTA 溶液滴定至溶液由暗红色变为纯蓝色，即为终点。平行标定三次，计算 EDTA 溶液的准确浓度。

(3) 自来水总硬度的测定

移取水样 50.00mL 于 250mL 锥形瓶中，加入 1~2 滴 HCl(1:1) 微沸数分钟以除去 CO_2；冷却后，加入 3mL 三乙醇胺，5mL 氨性缓冲溶液，2~3 滴铬黑 T（EBT）指示剂，EDTA 标准溶液滴定至溶液由暗红色变为纯蓝色，即为终点。平行测定三次，计算水的总硬度。

【实验结果记录】

如表 10-17、表 10-18 所列。

表 10-17　**EDTA 标准溶液的标定**（指示剂：铬黑 T）

项目 ＼ 编号	1	2	3
CaCO₃ 质量/g			
CaCO₃ 标准溶液体积/mL			
EDTA 标准溶液体积/mL			
EDTA 溶液浓度/(mol·L⁻¹)			
EDTA 溶液平均浓度/(mol·L⁻¹)			

表 10-18　**自来水总硬度的测定**（指示剂：铬黑 T）

项目 ＼ 编号	1	2	3
水样体积/mL			
EDTA 标准溶液体积/mL			
EDTA 溶液浓度/(mol·L⁻¹)			
自来水总硬度/(mg·L⁻¹)			
自来水平均总硬度/(mg·L⁻¹)			

【实验习题】

① 配制 $CaCO_3$ 溶液和 EDTA 溶液时各采用何种天平称量？为什么？

② 阐述 Mg^{2+}-EDTA 能够提高终点敏锐度的原理。

③ 配位滴定中为什么要加入缓冲溶液？如果没有缓冲溶液存在，将会导致什么现象发生？

④ 测定水的总硬度有何实际意义？

⑤ 如要分别测定钙、镁含量应如何进行？

⑥ 用 EDTA 法测定水的硬度时哪些离子的存在有干扰？如何消除？

【附注】

① 铬黑 T 与 Mg^{2+} 显色灵敏度高，与 Ca^{2+} 显色灵敏度低，当水样中 Ca^{2+} 含量高而 Mg^{2+} 很低时得到不敏锐的终点，可采用 K-B 混合指示剂。

② 水样中含铁量超过 $10mg·mL^{-1}$ 时用三乙醇胺掩蔽有困难，需用蒸馏水将水样稀释到 Fe^{3+} 不超过 $10mg·mL^{-1}$ 即可。

③ 配位反应进行的速度较慢（不像酸碱反应能在瞬间完成），故滴定时加入 EDTA 溶液的速度不能太快，在室温低时尤要注意；特别是近终点时应逐滴加入，并充分振摇。

④ 配位滴定中，加入指示剂的量是否适当对于终点的观察十分重要，宜在实践中总结经验，加以掌握。

⑤ EDTA 是乙二胺四乙酸及其盐的简称，配制好的 EDTA 溶液应贮存在聚乙烯塑料瓶或硬质玻璃瓶中，若贮存于软质玻璃瓶中，会不断溶解玻璃中的 Ca^{2+}，形成 CaY^{2-}，致使 EDTA 浓度不断降低。若长期贮存，最好在 4℃ 下避光密封保存，远离热源，远离挥发性物质；使用时一般 1 个月需重新标定一次浓度。

第 **11** 章

开放性实验

---- 实验五十 **四碘化锡的制备——非水溶剂制备法** ----

【实验目的】

① 了解无水四碘化锡的制备原理和方法。

② 学习非水溶剂重结晶的方法。

【实验原理】

四碘化锡是橙色针状晶体，熔点 416.6K，沸点 637K，遇水即发生水解，在空气中也会缓慢水解，故不宜在水溶液中制备，一般多采用非水溶剂制备法。本实验采用金属锡和碘在非水溶剂冰乙酸和乙酸酐体系中直接合成：

$$Sn + 2I_2 \xrightarrow{\text{无水乙酸+乙酸酐}} SnI_4$$

以无水乙酸和乙酸酐作溶剂比用二硫化碳、四氯化碳、三氯甲烷、苯等非水溶剂的毒性要小，产物不水解，可得较纯的晶状产品。

【实验用品】

① 仪器：台秤、圆底烧瓶（100~150mL）、冷凝管、干燥管、提勒管、温度计、烧杯、蒸发皿、表面皿、抽滤瓶、布氏漏斗、真空泵。

② 药品：锡片（或者锡箔）（C.P.，s）、碘（A.R.，s）、无水氯化钙（A.R.，s）、无水乙酸（A.R.）、乙酸酐（A.R.）、氯仿（A.R.）、$AgNO_3$（$0.1mol \cdot L^{-1}$）、$Pb(NO_3)_2$（$0.1mol \cdot L^{-1}$）、H_2SO_4（稀）、NaOH（稀）、丙酮（A.R.）、KI（饱和）、甘油（C.P.）

③ 材料：滤纸、毛细管（作熔点管）、软木塞玻璃管。

【基本操作】

① 非水制备：参见本实验有关内容。

② 蒸馏操作：参见本实验有关内容。

③ 熔点测定：参见本实验有关内容。

【实验内容】

(1) 四碘化锡的制备

称取 0.5g 剪碎的锡片和 2.2g 碘置于洁净干燥的 100~150mL 圆底烧瓶中，加入 25mL 无水乙酸和 25mL 乙酸酐，为防爆沸加入少量沸石。装好冷凝管和干燥管，空气浴加热使混合物沸腾，保持回流 1~1.5h，至烧瓶中无紫色蒸气，停止加热，冷却，抽滤。

将晶体放在小烧杯中，加入 20~30mL 氯仿，温水浴溶解，迅速抽滤，滤液倒入蒸发皿，在通风橱内将氯仿全部蒸发，得到橙红色针状晶体，称重，计算产率。

(2) 四碘化锡熔点测定

① 装样：将研细的四碘化锡试样置于表面皿中，把熔点管开口端插入试样装料，将熔点管竖起在桌面顿几下，如此重复取样几次，再取长 40~50cm 的玻璃管一根，在管内将熔点管自由落下数次至试样紧密为止，试样高度为 2~3mm。

② 在提勒管中倒入甘油，甘油液面高出侧管 0.5cm。将熔点管借少量甘油粘贴在温度计旁，使熔点管中试样处于温度计水银球中间，将温度计插入提勒管中，其插入深度以水银球的中点恰好在提勒管的两侧管口连接线的中点为准。

③ 加热提勒管弯曲支管底部，以每分钟 4~5℃ 的速率升温，直到试样熔化读取温度计读数，得到近似熔点。

将甘油冷却，换一根新的熔点管再次测定，距熔点 20℃ 以下时加热可快些，接近熔点时调节火焰，控制升温速率为每分钟 1℃ 左右。注意观察熔点管中的试样变化，记下熔点管中刚有微细液滴出现（初熔）和全部变为液体（全熔）的温度，即为试样的熔点范围。

(3) 四碘化锡的性质试验 (见表 11-1)

① 取少量四碘化锡试样于试管中，加入少量蒸馏水，观察现象。其溶液和沉淀留作下面实验用。

② 取四碘化锡水解液，分盛于两支试管中：一支滴加硝酸银溶液；另一支滴加硝酸铅溶液，观察现象。

③ 取实验①中四碘化锡水解生成的沉淀，分别滴加稀酸和稀碱，观察现象。

④ 取少量四碘化锡溶于丙酮，分为两份，分别滴加 H_2O 和饱和 KI 溶液，观察现象。

表 11-1 四碘化锡性质试验

实验内容	现象	结论及解释
产品＋水		
水解液＋$AgNO_3$		
水解液＋$Pb(NO_3)_2$		
(1)中沉淀＋稀 HNO_3		
(1)中沉淀＋稀 NaOH		
产品＋丙酮＋水		
产品＋丙酮＋饱和 KI		

【实验结果记录】

产品_____g   理论产量_____g

产品外观_____　　　　收率 $=\dfrac{m_{实际}}{m_{理论}}\times100\%=$_____

【实验习题】

① 实验中使用的无水乙酸和乙酸酐的作用是什么？

② 在制备反应完毕，锡已经完全反应，但体系还有少量碘，用什么方法除去？

【附注】

① 制备过程中所用仪器都必须干燥。

② 反应宜用锡片或锡箔，市售锡粒不适宜本实验。

③ 蒸发氯仿必须在通风橱中进行。

④ 测试样熔点时熔点管中试样一定要堆紧密。

实验五十一　钴（Ⅲ）亚氨基二乙酸配合物的制备与表征

【实验目的】

① 掌握双（亚氨基二乙酸根）合钴（Ⅲ）酸钾的两种几何异构体的合成方法。

② 练习称量、量取溶液、加热、冷却、结晶、抽滤、洗涤、干燥等基本操作。

③ 掌握配合物的紫外-可见光谱及红外吸收光谱的测试方法。

【实验原理】

通常二价钴盐较稳定，而三价钴盐以配合物状态较稳定，故制备三价钴配合物通常从二价钴出发，一般采用空气或过氧化氢氧化的方法来制备三价钴盐的配合物。本实验采用过氧化氢在碱性介质中氧化二价钴的方法来制备目标产物：

$$2Co^{2+}+4H_2(IDA)+H_2O_2+6OH^-\!=\!\!=\!2[Co(IDA)_2]^-+8H_2O$$

钴（Ⅲ）和亚氨基二乙酸形成 ML_6 型的配合物：$[Co(OOCCH_2HNCH_2COO)_2]^-$，一般简写为 $[Co(IDA)_2]^-$（IDA 代表亚氨基二乙酸根）。$[Co(IDA)_2]^-$ 为八面体构型，存在三种可能的几何异构体（图 11-1），构型（Ⅲ）处于较高的能量态，是不稳定的。因此，合成时所得到的反式异构体将是面角式的，这已被 NMR 谱所证实。

(a) Ⅰ顺式[不对称-面式(*u-fac-*)]　　(b) Ⅱ反式[对称-面式(*s-fac-*)]　　(c) Ⅲ反式(子午线)[经式(*mer-*)]

图 11-1　$[Co(IDA)_2]^-$ 构型

本实验制备了 Co（Ⅲ）和亚氨基二乙酸配合物的两种异构体，即顺式异构体和反式（面角）异构体。这两种异构体都有较深的颜色，一为棕色，另一为紫色，究竟这两种颜色分别对应哪种异构体可通过可见光谱进行分析。

具有正八面体对称性的反磁性配合物，通常在可见光区有两个吸收带，它们分别被指派为：a. $^1A_{1g} \longrightarrow {}^1T_{1g}$（低频区）；b. $^1A_{1g} \longrightarrow {}^1T_{2g}$（高频区）。当配合物对称性低时，谱带将会发生分裂。配合物 $[\text{Co}^{\text{III}}A_4B_2]$ 的顺式异构体（$C_{2v} \to$ 对称性）和反式异构体（D_{4h} 对称性）的光谱研究指出：a. 反式异构体的谱带 I 分裂成 I_a 和 I_b 两个谱带；b. 顺式异构体的谱带 I 所分裂成的两个谱带间隔很小，在谱图上常常看不到明显分开的两个峰，只是谱带 I 变得不对称或以肩峰形式出现；c. 两种异构体谱带 II 均观察不到分裂，但顺式异构体谱带 II 的最大吸收向频率更低的波区（与反式异构体相比）。

根据所测得的紫色和棕色两种几何异构体的电子光谱图，并和配合物 $[\text{Co(EDTA)}]^-$ 的谱图相比，即可推断它们分别属何种几何构型。

通过红外光谱进一步印证配合物的构型。

【实验用品】

① 仪器：电子天平（0.1g 精度）、烧杯、量筒、玻璃棒、锥形瓶、布氏漏斗、抽滤瓶、真空泵、蒸发皿。

② 药品：KOH(s,A.R.)、亚氨基二乙酸（s,C.P.）、$\text{CoCl}_2 \cdot 6\text{H}_2\text{O}$(s,A.R.)、过氧化氢（30%，15%）、无水乙醇（C.P.）、KBr(s,C.P.)。

【基本操作】

① 恒温反应：参见本实验有关内容。

② 水浴加热：参见 3.6.1.1（2）相关内容。

③ 紫外-可见光谱及红外光谱测试：参见本实验有关内容。

【实验内容】

（1）紫色异构体的制备

在 50mL 烧杯中将 0.8g KOH 溶于 4mL 水，加 1g 亚氨基二乙酸，溶解后，加 0.8g $\text{CoCl}_2 \cdot 6\text{H}_2\text{O}$，使其完全溶解。将该溶液置于 10～12℃ 的冷水浴中，在搅拌下于 2～3min 内滴入 2.5mL 15% 的 H_2O_2，加完在 10～12℃ 保温 2～3h（不能超过 12℃），并不断搅拌溶液，有紫色晶体析出。用布氏漏斗抽滤产品，用无水乙醇溶液洗涤产品，空气中干燥后称重并计算产率。

（2）棕色异构体的制备

将 0.8g KOH 加入在 50mL 锥形瓶中，用 8mL 水溶解，加 1g 亚氨基二乙酸，溶解后，加 0.8g $\text{CoCl}_2 \cdot 6\text{H}_2\text{O}$，在水浴上将反应混合物加热至 80℃，加 0.5mL 30% 的 H_2O_2。反应停止后继续在上述温度下加热 45min。取出静止冷却 2～3h，析出棕色晶体。用布氏漏斗抽滤产品，用无水乙醇溶液洗涤产品，空气中干燥后称重并计算产率。

（3）配合物的紫外-可见光谱测试

称取 10mg 紫色异构体、10mg 棕色异构体，分别溶于 5mL 水中。利用紫外分光光度计测试其吸收光谱，并分析异构体的结构。

（4）配合物的红外吸收光谱测试

称取 1mg 亚氨基二乙酸、1mg 紫色异构体、1mg 棕色异构体，分别与 80mg 干燥过的 KBr 混合，压片并测试其红外吸收光谱。对两种异构体红外谱图的吸收峰进行归属并分析。

【实验结果记录】

紫色产品＿＿＿＿g　产品外观＿＿＿＿　产率%＝＿＿＿＿
棕色产品＿＿＿＿g　产品外观＿＿＿＿　产率%＝＿＿＿＿
紫外-可见吸收光谱图：
红外吸收光谱图：

【实验习题】

① 根据所测紫外-可见光谱图，判断两种产物各属于何种异构体？
② 还有什么测试方法可以区分本实验合成的两种异构体？

【附注】

不同反应温度的产物构型不同，故需严格控制实验中每一步的反应温度。

实验五十二　纳米 TiO_2 的制备与表征

【实验目的】

① 了解一种制备纳米材料的合成方法。
② 掌握溶胶-凝胶法制备 TiO_2 的原理。
③ 掌握纳米材料基本的形貌表征方法。

【实验原理】

胶体是一种分散相粒径很小的分散体系，分散相粒子的重力可以忽略，粒子之间的相互作用主要是短程作用力。溶胶（Sol）是具有液体特征的胶体体系，分散的粒子是固体或者大分子，分散的粒子大小在 1～100nm 之间。凝胶（Gel）是具有固体特征的胶体体系，被分散的物质形成连续的网状骨架，骨架空隙中充有液体或气体，凝胶中分散相的含量很低，一般在 1%～3% 之间。凝胶与溶胶的最大不同在于：溶胶具有良好的流动性，其中的胶体质点是独立的运动单位，可以自由行动；凝胶的胶体质点相互联结，在整个体系内形成网络结构，液体包在其中，凝胶流动性较差。

溶胶-凝胶是合成纳米材料的方法之一，主要用来制备薄膜和粉体材料。其原理是将金属醇盐或无机盐经水解直接形成溶胶或解凝形成溶胶，然后使溶质聚合凝胶化，再将凝胶干燥、焙烧去除有机成分，最后得到无机材料。其工艺流程见图 11-2。

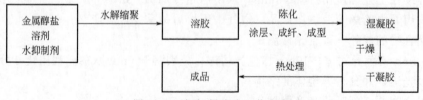

图 11-2　溶胶-凝胶法工艺流程

溶胶-凝胶法制备 TiO_2 通常以钛醇盐 $Ti(OR)_4$ 为原料，合成工艺为：钛醇盐溶于溶剂中形成均相溶液,逐滴加入水后,钛醇盐发生水解反应,同时发生失水和失醇缩聚反应,生成 1nm 左右粒子并形成溶胶,经陈化,溶胶形成三维网络而成凝胶,凝胶在恒温箱中加热以去除残余水分和有机溶剂,得到干凝胶,经研磨后煅烧,除去吸附的羟基和烷基团以及物理吸附的有机溶剂和水,得到纳米 TiO_2 粉体。

实验采用钛酸正丁酯作为合成纳米二氧化钛的原料,由于钛酸正丁酯水解速率相当快,因此控制其水解成为钛酸酯溶胶凝胶过程中一个至关重要的环节。引入对水解相对稳定的功能性基团,将有效控制金属烷氧化合物的水解,本实验中采用乙酰丙酮。其水解反应方程式为:

$$Ti(OC_4H_9)_4 + 2H_2O \xrightarrow{\hspace{1cm}} TiO_2 + 4C_4H_9OH$$

【实验用品】

① 仪器:量筒、三颈烧瓶、温度计、滴液漏斗、烧杯、电磁搅拌器、磁转子、烘箱、马弗炉、透射电子显微镜。

② 药品:钛酸正丁酯、无水乙醇、乙酰丙酮、硝酸。

【基本操作】

① 恒温磁力搅拌器操作:参见 2.6.1(5)相关内容。

② 滴液漏斗的使用:参见 2.1.4 中(5)部分相关内容。

③ 马弗炉的使用:参见 2.6.1(3)相关内容。

【实验内容】

(1) 纳米 TiO_2 的合成

① 水浴加热集热式恒温电磁搅拌器至 65℃ 左右,安装三颈烧瓶装置、温度计和滴液漏斗,量取 60mL 无水乙醇置于三颈烧瓶中。

② 将 30mL 的钛酸正丁酯 $[Ti(OC_4H_9)_4]$ 装入滴液漏斗,自滴液漏斗缓慢滴加钛酸正丁酯至装有无水乙醇三颈烧瓶中,保持反应温度为 65℃ 左右,约 0.5h 滴加完毕。

③ 滴加完毕后,将 3mL 乙酰丙酮装入滴液漏斗,自滴液漏斗缓慢滴加乙酰丙酮至三颈烧瓶中,滴加完毕。再搅拌 0.5h。

④ 将 1.1mL 硝酸、9mL 去离子水、32mL 的无水乙醇预先混合,装入滴液漏斗,再缓慢加入三颈烧瓶中,0.5h 滴加完毕,再搅拌 3h,得到二氧化钛溶胶,陈化 12h。

⑤ 制备的二氧化钛溶胶过滤并在 60℃ 真空烘箱干燥 2h,然后在 600℃ 马弗炉内煅烧 2h,得到纳米 TiO_2。

(2) 纳米 TiO_2 的形貌表征

将少量纳米 TiO_2 分散于适量无水乙醇中,进行透射电子显微镜测试。

【实验结果记录】

产品_____g 颜色_____ 产率=_____%

透射电镜图:

【实验习题】

① 实验中加硝酸的目的?

② 除了溶胶-凝胶法,制备纳米材料的方法还有哪些?

Ag/TiO₂ 光催化剂的制备及

光催化降解亚甲基蓝

【实验目的】

① 掌握溶胶-凝胶法制备 Ag/TiO₂ 的原理。

② 了解 Ag/TiO₂ 纳米材料在氙灯光源下的光催化性能。

【实验原理】

近年来研究发现，TiO₂ 光催化能实现绝大多数有机污染物的彻底矿化降解，故 TiO₂ 光催化剂因其制备成本低、催化活性高、化学性质稳定、无毒、原料来源丰富等优点而受到重点关注。然而，由于 TiO₂ 禁带较宽（3.23eV），只能被波长较短的紫外光激发（$\lambda < 387$nm），而在太阳光谱中紫外光能量仅为 4% 左右，故 TiO₂ 光催化剂对可见光利用率极低。另外，TiO₂ 的光量子效率也较低，光生电子-空穴对容易复合。

通过采用贵金属沉积、过渡金属掺杂、非金属掺杂、染料敏化、半导体复合等方法对 TiO₂ 进行表面改性，以提高其对可见光的利用率和降低光生电子和空穴对的复合率，其中贵金属离子掺杂被认为是最为有效的改性方法。研究发现将贵金属 Ag 掺杂进半导体材料 TiO₂ 中，形成的 Ag 与 TiO₂ 的复合结构，可以降低光生电子和空穴对的复合率，提高 TiO₂ 纳米材料的光催化活性。

贵金属 Ag 掺杂进半导体材料 TiO₂ 中可以提高光催化性能，其原理是掺杂金属离子可以使 TiO₂ 纳米材料的晶型发生转化，而且 Ag 本身有一定的光催化性能。TiO₂ 纳米材料的晶型主要有金红石型、锐钛矿型和板钛型三种。其中，对光催化起作用的主要有两种：金红石型和锐钛矿型，而相对于金红石型 TiO₂，锐钛矿型的光催化性能更好一些。通过掺杂，能够生成高催化活性的金红石型和锐钛矿型的混合物-锐钛矿型晶体的表面长出薄的金红石型晶体。这种混合物的光生电子和空穴对易分离（混晶效应），可以有效提高 TiO₂ 光量子效率。

制备 Ag/TiO₂ 的方法主要有水热法、高温雾化法、溶胶凝胶法、溅射法、光沉淀法等。

本实验采用溶胶-凝胶法制备了 Ag 掺杂 TiO₂ 光催化剂粉体，以钛酸正丁酯作为合成纳米二氧化钛的原料，有效控制钛酸正丁酯水解的速度，使其水解成为钛酸酯溶胶凝胶，然后在下一步水热晶化的同时进行 Ag 的负载，制备得到了 Ag/TiO₂ 样品。

可以利用热重分析、透射电镜、红外光谱等技术对 Ag/TiO₂ 样品的形貌和结构进行表征。

以亚甲基蓝溶液（MB）作为目标降解物，在氙灯光源下进行了所制得 Ag/TiO₂ 样品光催化性能的实验。经过不同时间的光催化降解，用 723 型分光光度计测定了降解后的亚甲基蓝溶液在波长为 664nm 的吸光度值 A，即可用下列公式计算出亚甲基蓝溶液的降解率：

$$\eta = (A_0 - A_t)/A_0 \times 100\%$$

式中，A_0 为（本实验中 A_0 为 1.661）光催化剂吸附-脱附达到平衡后 MB 溶液的吸光度；A_t 是反应 t 分钟后 MB 溶液的吸光度。

【实验用品】

① 仪器：量筒、温度计、滴液漏斗、烧杯、电磁搅拌器、磁转子、恒温水浴锅、烘箱、

马弗炉、透射电子显微镜、光催化装置、分光光度计、离心机、试剂瓶。

② 药品：硝酸银、钛酸正丁酯、无水乙醇、冰醋酸、硝酸、亚甲基蓝。

【基本操作】

① 溶胶-凝胶制备法：参见本实验有关内容。

② 光催化操作：参见本实验有关内容。

【实验内容】

(1) Ag/TiO₂ 光催化剂的制备

量取 20mL 无水乙醇置于 100mL 烧杯中，在磁力搅拌下，将 5mL 钛酸正丁酯缓慢滴加到 20mL 的无水乙醇中（如果钛酸正丁酯的加入速度过快，水解产生的聚合物发生缩聚反应生成沉淀，得不到稳定的溶胶），滴加完毕后继续搅拌 30min，形成均匀透明的溶液。

在另一 100mL 烧杯中加入 20mL 的无水乙醇、5mL 的蒸馏水、2mL 的冰醋酸（冰醋酸为螯合剂和酸催化剂，可以起到稳定溶胶均匀性和控制钛酸丁酯的水解速率的作用），并滴加适量的硝酸调节 pH 值，使 pH<3；加入 0.0124g 的 AgNO₃，搅拌使之完全溶解；然后在 40℃于剧烈搅拌下，将 AgNO₃ 溶液用分液漏斗缓慢滴加到钛酸正丁酯溶液中，搅拌 1h 形成溶胶；然后在水浴锅中恒温（40℃）陈化 2h 形成凝胶（倾斜烧杯凝胶不流动）。

将凝胶放在烘箱中，在 80℃下干燥 12h，得到复合材料 Ag/TiO₂。最后将产物置于马弗炉中，在 600℃下煅烧 7h，得到 Ag/TiO₂ 粉体。

(2) 光催化活性测试

① 配制 10mg·L⁻¹ 的亚甲基蓝溶液。称取 0.001g 亚甲基蓝，置于烧杯中，加入适量蒸馏水，搅拌使其完全溶解，定容到 100mL，转入试剂瓶保存备用。

② 称取 0.2g Ag/TiO₂ 粉体，将光催化剂加入 100mL 的 10mg·L⁻¹ 的亚甲基蓝溶液中，将混合溶液放在磁力搅拌器上，避光搅拌 1h。

③ 等到光催化剂吸附-脱附达平衡后，将混合溶液在氙灯光源下进行光催化实验，每隔 15min 取样，每次取样的量为 5mL，将所取样品在离心机中以 4000r/min 离心 5min。

④ 离心后，取上层清液，然后用 723 型分光光度计测定亚甲基蓝溶液在波长为 664nm 的吸光度值 A。

【实验结果记录】

产品_____g。

Ag/TiO₂ 纳米材料对亚甲基蓝的降解率见表 11-2。

表 11-2 Ag/TiO₂ 纳米材料对亚甲基蓝的降解率

时间/min	0	15	30	45	60	75	90
吸光度 A							
降解率 η							

【实验习题】

① 实验中加硝酸的目的？

② 除了溶胶-凝胶法，制备纳米材料的方法还有哪些？

实验五十四 金属有机骨架材料 ZIF-8 的制备

【实验目的】

① 了解一种新型材料的结构特点及应用前景。

② 学习新型材料的一种制备方法。

③ 了解金属有机骨架材料的常用分析表征方法。

【实验原理】

金属有机骨架材料（Metal-Organic Frameworks）简称 MOFs，是由有机配体和金属离子或团簇通过配位键自组装形成的一种具有周期性骨架结构的有机-无机杂化材料，是一种新型的多孔材料。因其具有大的比表面积和孔隙率、孔尺寸可调控性强等优势，已被广泛应用于气体贮存、催化、光学和传感器技术等领域。此外，MOFs 还可作为良好的药物控释载体，并同时具备生物可降解性、抗细菌活性等生物医学性质。

目前，已经有大量的 MOFs 材料被合成，主要是以含羧基有机阴离子配体为主，或与含氮杂环有机中性配体共同使用。一般有机材料都是有两部分组成，即有机配位体和金属中心，分别作为支柱和结点的作用，因此可按组分单元和在合成方面的不同将 MOFs 材料分为以下几大类：a. 网状金属和有机骨架材料（英文名称 Isoreticular Metal-Organic Frameworks，简称 IMOFs）；b. 类沸石咪唑骨架材料（英文名称 Zeoliticimidazolate Frameworks，简称 ZFs）；c. 莱瓦希尔骨架材料（英文名称 Material Sofistitute Lavoisierframeworks，简称 MSLs）；d. 孔、通道式骨架材料（Ocket-Channel Frameworks，简称 OCFs）。

上述不同类型的 MOFs 材料只需改变其中结构或其中一个元素就可以互相转化。由于 MOFs 是材料中的有机配体与金属离子可以选择，有机连接配体可以与四价金属离子在内的大多数过渡金属元素相结合，因此可以合成许多新的 MOFs 材料。

在 MOFs 中，有机配体和金属离子或团簇的排列具有明显的方向性，可以形成不同的框架孔隙结构，从而表现出不同的吸附性能、光学性质、电磁学性质等。MOFs 在现代材料学方面呈现出巨大的发展潜力和诱人的发展前景。

在多种类型的 MOFs 化合物中，沸石咪唑酯类骨架材料（ZIFs）具有独特的优势，ZIFs 主要由 Zn^{2+} 与咪唑配体反应形成，而锌是生物学中第二丰富的过渡金属，在生理系统中起重要作用。因此，ZIFs 材料比较适宜用作药物载体，而 ZIF-8 由于其优异的特性是 ZIFs 材料中最具有代表性的一种。目前，ZIF-8 的研究工作主要集中在气体的选择性吸附、催化以及装载抗癌药物等方面。

MOFs 通常采用的合成方法与常规无机合成方法并没有显著不同，蒸发溶剂法、扩散法（又可细分为气相扩散、液相扩散、凝胶扩散等）、水热或溶剂热法、超声和微波法等均可用于 MOFs 合成。

本实验采用液相扩散法以乙酸锌和 2-甲基咪唑为原料制备了 ZIF-8。可以通过 X 射线衍射（XRD）、红外光谱仪（IR）、电子透射显微镜（TEM）、电子扫描显微镜（SEM）等对制备得到的试样表征分析。

【实验用品】

① 仪器：电子天平（0.1g 精度）、烧杯、量筒、恒温磁力搅拌器、离心机、真空干

燥箱。

② 药品：乙酸锌（s,A. R.）、2-甲基咪唑（s,A. R.）、无水乙醇（A. R.）。

【基本操作】

① 恒温磁力搅拌器的使用：参见 2.6.1（5）相关内容。

② 研磨操作：参见 2.2 中（4）部分相关内容。

③ 离心操作：参见 3.8.1.3 部分相关内容。

【实验内容】

将 1mmol 乙酸锌置于 20mL 去离子水中，搅拌使其充分溶解。再取 30mmol 的 2-甲基咪唑（$C_4H_6N_2$）溶于 20mL 去离子水中，搅拌溶液至澄清后缓慢加入上述乙酸锌溶液中，混合均匀后加入磁子，并将烧杯口用封口膜密封，将其放于恒温磁力搅拌器上搅拌 6h。之后分装入离心管中，以 10000r/min 的速度离心 10min 收集产物，并分别用无水乙醇和去离子水洗涤 3 次以除去未反应的有机酸和无机盐。最后将产物在 60℃真空干燥 12h，研磨后得到白色的固体粉末为 ZIF-8。

ZIF-8 的表征：ZIF-8 样品的 XRD 分析；IR（红外光谱图）分析；透射电子显微镜（TEM）分析；扫描电子显微镜（SEM）分析。

【实验结果记录】

产品＿＿＿＿＿＿g

XRD 分析：

IR（红外光谱图）：

透射电子显微镜（TEM）图：

扫描电子显微镜（SEM）图：

实验五十五　三维球状结构磷酸氧钒的可控制备

【实验目的】

① 学习一种新型电极材料的应用前景及性质特点。

② 了解溶剂热法制备三维球状结构磷酸氧钒的方法。

③ 了解微米球结构的形貌表征方法。

【实验原理】

便携式电子设备，电能汽车和电网的迅猛发展，对能量的储存，利用的需求日益增长，对储能设备提出了越来越高的要求，电化学储能技术以电池和电化学电容器为主要的形式得到广泛应用，一些能量密度较高，工作温度范围宽且没有记忆效应的锂离子电池，有着较为理想的电化学性能，绿色环保，得到了较为广泛的应用。然而锂资源的储量不足严重制约了锂离子电池的发展。钠元素与锂元素同属于碱金属元素，物理、化学性质和储能机制方面有着诸多相似之处，钠离子的储量更为丰富，价格低廉，钠离子电池有望代替锂离子电池，成为新一代的储能二次电池。只是钠离子与锂离子相比有着更大的体积，更大的质量，使得钠离子在电极材料中难以进行一系列的可逆性脱嵌，极大地影响到了钠离子电池的电化学性能。开发出先进的钠离子正极材料成了消除钠离子电池电化学性能受影响的关键。$NaVOPO_4$理论比容量较大，工作电压高，循环性能好，操作安全，制作成本低。且钒是价态丰富的过渡金属元素，既可以与钠离子、锂离子、磷酸根离子结合生成聚阴离子型化合物也可以与氧发生反应后再与锂离子和磷酸根离子等一系列离子结合，是较为理想的钠离子电池正极材料。

聚阴离子型的电极材料磷酸氧钒（$VOPO_4$）能够可控地插入各种插入剂（如有机小分子和聚电解质物质），且具有可控的间距。该特征可用以改进电化学循环过程中的离子迁移能力并维持电极结构的完整性。而且磷酸氧钒（$VOPO_4$）拥有接近 4V 电压平台和166mAh/g 的理论比容量，是理想的钠离子电池正极材料，一系列的相关的钠离子聚阴离子存储样品都可以通过球状磷酸氧钒（$VOPO_4$）来制备获得。我国钒资源丰富，储量居世界前列，对此，在当今储能设备急需改进的情况下，三维球状磷酸氧钒（$VOPO_4$）的制备与研究有着极其重要的意义。

电极材料的合成方法有很多，主要有固相法、化学还原法、溶胶-凝胶法、溶剂热法，以及离子交换法等。固相法设备和工艺简单，但是产物粒径分布难以控制、均匀性、一致性和重现性均较差。乳液干燥法可以生成形貌较好的反应产物，反应所需的表面活性剂在反应完成后难以回收，容易造成污染和浪费。化学还原法需在有机溶液中进行，尽管反应温度低，但该方法工艺复杂。溶胶-凝胶法可以使原料获得分子水平上的均匀性，进而制备出高纯度、高比表面积、高性能的材料，存在的缺点是反应时间过长、能耗较高。而对于离子交换法，设备较简单，操作易于控制，但离子交换剂的再生及再生液的处理同样也是一个难以解决的问题。溶剂热法的反应温度低、操作易于控制、合成物相均一、材料粒径小，得到的产物易于进行一系列的后续研究，是现在实验室常用的一种合成方法。

本实验采用溶剂热法，以磷酸二氢铵，偏钒酸铵，草酸为原料，以无水乙醇和去离子水的混合液为反应溶剂，在 pH 值约为 8 的条件下制备了三维球状 $VOPO_4$。

【实验用品】

① 仪器：电子天平（0.1g 精度）、烧杯、量筒、磁力搅拌器、离心机、离心管、烘箱、水热反应釜（聚四氟乙烯内衬）、管式炉、滴管。

② 药品：偏钒酸铵（s, A. R.）、磷酸二氢铵（s, A. R.）、草酸（s, A. R.）、无水乙醇（A. R.）、氨水。

【基本操作】

溶剂热合成法：参见本实验有关内容。

【实验内容】

在电子天平上分别称取偏钒酸铵约 0.1438g（约 1.2mmol），磷酸二氢铵约 0.1380g（约 1.2mmol），放入 100mL 烧杯中，加入 20mL 去离子水，置于磁力搅拌器上搅拌溶解片刻，至溶液逐渐由无色变为黄绿色，称取约 0.3026g（约 2.4mmol）草酸放入 50mL 烧杯中，加入 10mL 去离子水，搅拌至完全溶解，用滴管以每秒 1～2 滴的速率缓慢将草酸溶液滴加到偏钒酸铵和磷酸二氢铵的混合溶液中，滴加完毕后再搅拌 10min，然后加入 10mL 无水乙醇，溶液由黄绿色变为橙色，测得溶液 pH 值介于 1～2 之间。加入氨水调节溶液的 pH

值到 8 左右。之后将混合溶液倒入聚四氟乙烯内衬的反应釜中。放入烘箱中，在 220℃的温度下反应 12h。反应结束后将反应釜中得到的产物分别用三次去离子水和乙醇洗涤。在 6000r/min 的转速下离心 2min（或者将反应得到的产物进行抽滤）。洗涤完成后将产物微米球前驱体置于烘箱中干燥 12h，研磨所得固体。之后再放入管式炉中进行煅烧（煅烧之前需要进行预热，从室温下的 10℃左右以 3～5℃/min 的速率经过 60min 升高到 200℃，在 200℃的温度下煅烧 20min 后，以 2℃/min 的速率经过 75min 升高到 350℃），在 350℃的温度下在空气中进行高温煅烧 2h，得到目标产物磷酸氧钒。

通过 X 射线衍射光谱仪、高分辨率透射电子显微镜（TEM）等进行表征，分析表征结果。

【实验结果记录】

产品 _____ g

X 射线衍射光谱图：

高分辨率透射电子显微镜（TEM）图：

第**12**章

微型化学实验 ▶▶▶

···········**实验五十六** 多用滴管的使用与加工

【实验目的】

① 掌握多用滴管的使用方法。
② 微型滴定管液滴体积的测定。
③ 用多用滴管制作简单仪器。
④ 水的电解与氢氧爆鸣试验。

【实验用品】

① 仪器：多用滴管、6 孔井穴板、移液器吸头、5mL 小烧杯、5mL 小量筒、酒精灯、剪刀、钝头铁钉、不干胶标签、滤纸片、离心机。

② 药品：$CuSO_4$（$0.1mol \cdot L^{-1}$）、$NH_3 \cdot H_2O$（$2mol \cdot L^{-1}$）、$BaCl_2$（$0.1mol \cdot L^{-1}$）、Na_2CO_3（$0.1mol \cdot L^{-1}$）、HCl（$6mol \cdot L^{-1}$）、硫化亚铁（s,C. P.）。

【基本操作】

① 多用滴管的使用：参见 3.13.4.1 中（1）部分相关内容。
② 简单仪器的制作：参见 3.13.4.3 部分相关内容。

【实验内容】

(1) 多用滴管的使用

1）多用滴管的洗涤　多用滴管可以代替常规实验的滴管，用于滴加液体试剂，但需注意专管专用。一管多用时，要先将多用滴管清洗干净。清洗方法：挤捏吸泡，将吸泡内的液体挤出到指定的容器中，然后吸取少量的自来水，手持径管，振荡，反复 2～3 次；然后再用蒸馏水荡洗 2～3 次。必要时，用被吸溶液荡洗 2～3 次，以免被吸液体变稀。

2）多用滴管作反应器　多用滴管透明度较好，容易观察现象，易于振荡，可作为反应器进行液-液反应发生颜色变化或有沉淀产生的实验。方法是：挤捏吸泡排出空气，吸入溶液约 0.5mL；然后，使径管口朝上，轻捏吸泡赶出径管中残留的液体，也可用小滤纸片吸去挤出的液滴并把径管外壁擦干。挤捏吸泡，排出空气，将径管弯曲，吸入另一种溶液约

0.5mL。手持径管，振荡，观察现象。实验之后，要将废液及时挤出，依次用自来水、蒸馏水清洗干净。

进行沉淀的产生与性质实验时，多用滴管也可以在离心机上进行离心分离，挤出上清液，继续进行沉淀的洗涤或性质实验。实验之后，要将多用滴管及时清洗干净，若吸泡内有残留沉淀物，要吸取少量合适的试剂，振荡，沉淀物溶解后，再依次用自来水、蒸馏水清洗干净。

按上述实验方法，用多用滴管进行如下实验：a. $CuSO_4$ 溶液与适量、过量稀氨水的反应，观察现象；b. $BaCl_2$ 与 Na_2CO_3 溶液反应，先观察现象，之后，将多用滴管的吸泡放入离心机中离心分离，挤出清液，吸入少量蒸馏水，振荡，再离心分离，洗涤沉淀。挤出清液，然后用稀盐酸或醋酸试验沉淀的溶解性。

（2）微型滴定管液滴体积的测定

多用滴管或加工成尖嘴的多用滴管都可以作为微型滴定管用于微型滴定实验。使用之前，要标定液滴体积。方法是：在 6 孔井穴板或 5mL 小烧杯中加入适量水，取一支多用滴管，挤捏吸泡排出空气后吸入 2/3 体积的水。轻轻挤捏吸泡，排出径管内的空气和欲滴未下的水珠，再用小滤纸片擦净管口外附着的水。手持吸泡部位，使径管与桌面保持垂直，将水逐渐滴入洁净、干燥的 5mL 小量筒中，当水的液面至 0.5mL、1.0mL、1.5mL、2.0mL 刻度时分别记下每次加入水的滴数，据此可以计算出每滴水的平均体积。多用滴管的液滴体积约为 0.04mL，拉细成尖嘴的多用滴管，液滴体积约为 0.025mL。

取一个医用移液器吸头（图 12-1）（规格 1mL）套在多用滴管上，滴出的液体的体积更为一致和准确。液滴体积的测量方法同上。

图 12-1　医用移液器吸头

（3）用多用滴管制作简单仪器

1）试剂滴瓶的制作　先将多用滴管拉细。方法是：右手拇指和食指捏住多用滴管吸泡，左手持径管左端，选择离管口 3cm 左右的部位，在酒精灯火焰上方热空气中烘烤，边烘烤边旋转，加热部位变为透明时离开火焰，拉至所需粗细（不要拉断），待拉细的部位变为白色时松手即可定型。

试剂滴瓶瓶盖的制作：把径管在拉细的部位处剪断，剪下的小段把尖嘴加热封口，粗口处烘烤至软，插入钝头铁钉将管口扩至喇叭状。

将瓶盖套在多用滴管的尖嘴上，贴上不干胶标签，如图 12-2 所示。

2）微型气体发生器的制作　取一支多用滴管，将吸泡部剪下，用烧热的铁丝（细铁钉）烙几个孔，放入吸泡内，作为固定固体的隔板。配上 0 号胶塞，就制成了简易气体发生器，如图 12-3 所示。此发生器，可用于 H_2S、CO_2、H_2 气体的制备，使用十分方便。

在微型气体发生器中加入几块小的硫化亚铁，吸入适量稀盐酸，在径管口可以闻到臭鸡蛋味，可进一步试验 H_2S 的性质。

（4）水的电解与氢氧爆鸣

水的电解如图 12-4 所示：取一支多用滴管，吸入 10% NaOH 溶液约 3mL，在吸泡中间两侧各插入一根大头针作电极（两根互不接触）。在微型小烧杯（或 6 孔井穴板的一个孔穴）中盛入适量肥皂水（或洗衣粉水）。电源由四节 1.5V 干电池串联而成，正、负两极分别与大头针连接，电解即可发生。将多用滴管的径管弯曲，插入到肥皂水中，观察现象，划着火柴，试验氢氧混合气体的爆炸性。

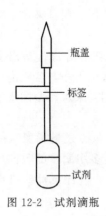

图 12-2　试剂滴瓶

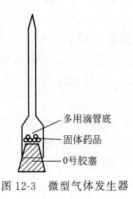

图 12-3　微型气体发生器

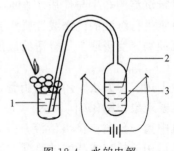

图 12-4　水的电解
1—肥皂水；2—10％NaOH；3—大头针

【实验习题】

① 多用滴管拉细时，为什么要在酒精灯火焰上方的热空气中烘烤，而不能直接在酒精灯火焰上进行？

② 能否用称量法测量微型滴定管液滴的体积，请自己设计。

③ 用微型气体发生器产生硫化氢后，能否直接点燃试验其可燃性。

④ 进行水的电解试验时，与阳极连接的大头针若换上细的铅笔芯，效果会如何？

【附注】

① 利用多用滴管进行液-液反应时，若需要加热，可以将吸泡置入盛有热水或沸水的小烧杯中，不可将吸泡在酒精灯火焰上直接加热。

② 往量筒内滴加水进行微型滴定管液滴体积的测量时，要注意保持径管与桌面垂直，这样滴出的液滴体积基本相同。因为径管与桌面角度的大小会影响液滴的体积，若径管倾斜小于90°，角度越小，液滴的体积就越大；径管倾斜角度大小不定，液滴体积也时大时小不稳定。

③ 用微型气体发生器产生氢气、硫化氢后不可以直接点燃，因为塑料尖嘴容易烧坏。所以，点燃时可以用一小段气门芯在经管口上连接一个带有尖嘴的细玻璃管。

④ 试验水的电解时，可在肥皂水中加入 1 滴甘油，使产生的肥皂泡大而不破。

实验五十七　井穴板的使用

【实验目的】

① 练习井穴板的洗涤。

② 熟悉井穴板的用途和使用方法。

③ 用井穴板进行有关气体性质的验证实验。

④ 食盐水的电解。

【实验用品】

① 仪器：9孔井穴板、6孔井穴板、小试管刷、医用棉球、搅拌棒、多用滴管。

② 药品：$0.01mol \cdot L^{-1}KMnO_4$、$0.1mol \cdot L^{-1}NaCl$、$0.1mol \cdot L^{-1}NaBr$、$0.1mol \cdot L^{-1}KI$、$0.1mol \cdot L^{-1}AgNO_3$、$2mol \cdot L^{-1}NH_3 \cdot H_2O$、饱和食盐水、一品红试液、酚酞指示剂。

【基本操作】

井穴板的使用：参见 3.13.4.1 中（3）部分相关内容。

【实验内容】

（1）井穴板的洗涤

9 孔井穴板主要用作反应器，可进行点滴实验或制备色阶进行比色实验，6 孔井穴板可以用作容器盛放试剂，也可以用作反应器。井穴板一旦使用，应及时清洗干净。方法是：用多用滴管将各个孔穴内的废液吸出，集中到废液缸内。先用自来水冲洗净孔穴，再用少量蒸馏水冲洗干净。

（2）目视比色实验

准备一个洁净的 9 孔井穴板和已知液滴体积的多用滴管。在多用滴管中吸入 $0.01mol \cdot L^{-1}KMnO_4$ 溶液，向井穴板的 5 个孔穴内依次分别滴加 30 滴、20 滴、15 滴、10 滴、5 滴 $KMnO_4$ 溶液。将多用滴管洗涤干净，吸入蒸馏水，从第二个孔穴开始，依次滴加 10 滴、15 滴、20 滴、25 滴蒸馏水。用一支洁净的搅拌棒搅匀各孔穴内的溶液，得到浓度为 $0.01\sim 1.70mol \cdot L^{-1}KMnO_4$ 溶液的色阶。

将上述多用滴管的蒸馏水挤干净，从教师处吸取 2mL 未知浓度的 $KMnO_4$ 溶液。另取一个洁净的 9 孔井穴板，在其中一个孔穴内滴加 30 滴 $KMnO_4$ 未知液，使之与 $KMnO_4$ 溶液色阶俯视比色。未知液的颜色与色阶中哪一个孔穴中的颜色最接近，则该色阶孔穴中的溶液浓度即为未知液的浓度。

（3）卤化银的生成与性质

在 9 孔井穴板的 3 个孔穴内分别加入 $0.1mol \cdot L^{-1}$ 的 NaCl、NaBr、KI 溶液各 5 滴，依次分别滴加 $0.1mol \cdot L^{-1}AgNO_3$ 溶液至有沉淀产生，观察卤化银沉淀的颜色。分别滴加 $2mol \cdot L^{-1}NH_3 \cdot H_2O$，搅拌，观察沉淀是否溶解。

（4）食盐水的电解

食盐水的电解装置如图 12-5 所示。直流电源由四节 1.5V 干电池串联而成，青霉素药瓶用于盛食盐水，阳极用铅笔芯，阴极用一段细铁丝（或曲别针），气体导管由多用滴管的径管弯制而成。

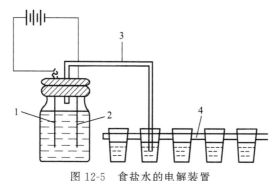

图 12-5　食盐水的电解装置

1—阳极；2—阴极；3—气体导管；4—9 孔井穴板

在青霉素药瓶中加入适量饱和食盐水和 1 滴酚酞指示剂，按表 12-1 的要求在井穴板的孔穴内依次加入少量试剂。

表 12-1　电解食盐水产物的性质实验

孔穴编号	1	2	3	4	5
试剂	蒸馏水	一品红试液	KI 试液	$AgNO_3$ 试液	H_2S 水
现象					
解释					

接通电源，观察食盐水的颜色变化。将气体导管依次通入井穴板的空穴中，观察并解释实验现象。

【实验习题】

① 实验后，若井穴内有冲洗不掉 AgCl、AgBr、AgI 沉淀，应分别选择哪种试剂使其溶解？

② 食盐水中加入 1 滴酚酞，电解发生之后食盐水的颜色会发生哪些变化？

③ 将电解食盐水得到的气体通入 H_2S 水中，有何现象？最后得到何种产物？

【附注】

① 井穴板使用后，若孔穴内的沉淀物冲洗不掉，可以根据沉淀的性质加入适量溶剂使其溶解，必要时可以用棉棒或小毛刷洗刷孔穴，然后再依次用自来水、蒸馏水洗净。

② 进行目视比色时，可在井穴板下衬一白纸，便于观察和比较颜色的深浅。

③ 对于卤化银的试验，可以重新制备沉淀，在有阳光的地方或窗台上放置一会，观察 AgCl、AgBr、AgI 沉淀的颜色变化。

④ 关于食盐水的电解，可以用 6 孔井穴板的 1 个井穴作容器，盛放食盐水。方法是在孔穴的上口盖上一个带有单孔的盖子，插上导气管即可。

第 **13** 章

生活化学实验

▶▶

----- 实验五十八 镜画的制作-玻璃刻字与镀银 -----

【实验目的】

① 掌握氢氟酸腐蚀玻璃的方法。

② 掌握玻璃镀银的方法。

③ 制作玻璃镜画。

【实验原理】

氢氟酸能够腐蚀玻璃：

$$SiO_2 + 4HF \Longrightarrow SiF_4 \uparrow + 2H_2O$$

葡萄糖与银氨溶液发生银镜反应，将还原出来的银均匀的镀在刻蚀的画迹上面：

$$CH_2OH(CHOH)_4CHO + 2[Ag(NH_3)_2]^+ + 2OH^- \Longrightarrow CH_2OH(CHOH)_4COONH_4 +$$
$$2Ag \downarrow + 3NH_3 \uparrow + H_2O$$

【实验用品】

① 仪器：普通平板玻璃、固体石蜡、脱脂棉、搪瓷盘、小刀、坩埚、镊子、砂纸、烧杯。

② 药品：氧化铁(Fe_2O_3)粉、红丹(Pb_3O_4)粉、氢氟酸试剂、2%$SnCl_2$、清漆、汽油。

③ 药液 A（多伦试剂）：硝酸银溶液（9g/L）、稀氨水（19mL 浓氨水稀释至 1L）、氢氧化钠溶液（45mL 20%氢氧化钠稀释至 1L）。

④ 药液 B（还原剂）：葡萄糖溶液（20g/L）、乙醇溶液（50mL 95%乙醇稀释至 1L）、硫酸溶液（2mL 浓硫酸稀释至 1L）。

【实验内容】

（1）玻璃涂蜡

选择平整无瑕疵的平板玻璃，用玻璃刀切割成 20cm×20cm 见方，用砂纸将周边棱角打磨一下。洗净、晾干。在坩埚中将固体石蜡加热融化，将玻璃板放平，用油画笔蘸取石蜡，均匀地涂在准备刻蚀作画范围内的玻璃板平面上，石蜡层的厚度为 0.3～0.5mm 为宜。

（2）刻画腐蚀

在蜡层区域内构思好花卉、植物、动物或艺术文字的图案，用小刀按从上到下、从左至右的顺序在蜡面上刻画出纹路（注意：刻画时要小心翼翼，用力均匀，既要将蜡层刻透，露出玻璃，又不使非画面的蜡层松动）。最后，用毛刷将蜡屑清理干净。

用毛笔蘸取氢氟酸，均匀地涂在画面的刻迹上进行腐蚀，约 10min 之后，用脱脂棉球擦去剩余的氢氟酸残液，如此反复 2～3 次，直至刻痕出现清晰凹痕。最后用清水冲洗干净。

（3）去蜡、画面处理

将雕刻后的玻璃板在酒精灯火焰上方热空气中均匀受热，使蜡层软化（不要融化），用刀片将蜡层刮净。冷却后，用脱脂棉球用力擦净残余的蜡迹。

用泡沫塑料块蘸取氧化铁粉磨洗，再用水冲洗干净。然后用 2% 氯化亚锡溶液冲洗，最后用蒸馏水漂洗干净。用镊子夹持玻璃板，将水空净、晾干。

（4）画面镀银

取一搪瓷盘，里面放上一块厚度均匀、平整的薄木块，把玻璃板（画面朝上）平放在木块上面。将 A 液、B 液按体积比 2∶1 倒入烧杯中混合，迅速搅拌均匀后，徐徐倒在玻璃板上面。轻轻摇动搪瓷盘，使溶液均匀的覆盖在整个玻璃平面上。约 3min 后，银镜膜形成，倾斜玻璃板，空净镜面上的药液，用水冲洗干净，晾干。

（5）银层保护

把红丹粉、清漆、汽油按体积比 1∶2∶1 混合，调成红丹漆。用油画笔蘸取，小心的涂刷在银膜外面封闭银层。晾干，装上铝制或木制镜框，即成一幅精美的镜画。

【实验习题】

① 若实验室内没有氢氟酸试剂，而有氟化钙和浓硫酸，请设计玻璃的刻蚀方法。

② 镀银时玻璃板下面要垫一木块，为什么？

【附注】

① 氢氟酸对皮肤有伤害，而且有毒，使用时要小心操作，注意通风。

② 用于刻画、镀银的玻璃一定要平整，表面无沙粒、疙瘩、气泡、伤痕。

③ 配制 A、B 两种药液时，可以根据量的需要，按比例缩减。

④ 如果镀银后镜面效果不理想，在用红丹漆封闭之前，可以用 1∶1 的溶解除去硝酸银层，冲洗干净后重新镀银。

------------ 实验五十九 白花变五彩 ------------

【实验目的】

① 了解三氯化铁与不同试剂的化学反应及实验现象。

② 增加化学实验的趣味性。

【实验原理】

三氯化铁溶液与亚铁氰化钾、苯酚、氢氧化钠、硫氰酸钾、碘化钾，分别发生如下反应：

$$FeCl_3 + K_4[Fe(CN)_6] = 3KCl + [KFe(CN)_6Fe] \downarrow （蓝色）$$
$$FeCl_3 + 6C_6H_5OH = 3HCl + H_3[Fe(OC_6H_5)_6] \downarrow （紫色）$$
$$FeCl_3 + 3NaOH = 3NaCl + Fe(OH)_3 \downarrow （棕褐色）$$
$$FeCl_3 + 3KCNS = 3KCl + Fe(CNS)_3 \downarrow （血红色）$$
$$2FeCl_3 + 2KI = 2FeCl_2 + 2KCl + I_2 （黄色）$$

【实验用品】

① 仪器：滤纸、毛笔、细铁丝、树枝（带绿叶，如冬青）、喷雾器。

② 药品：$0.1mol \cdot L^{-1} FeCl_3$、$0.1mol \cdot L^{-1} K_4[Fe(CN)_6]$、$0.1mol \cdot L^{-1} C_6H_5OH$、$0.1mol \cdot L^{-1} NaOH$、$0.1mol \cdot L^{-1} KSCN$、$0.1mol \cdot L^{-1} KI$。

【实验内容】

① 花朵的制作。将滤纸裁成 10cm×10cm 正方形，用毛笔在五张滤纸上分别涂刷 $K_4[Fe(CN)_6]$、C_6H_5OH、$NaOH$、$KSCN$、KI，晾干。把滤纸制作成花朵，将花朵用细铁丝捆扎在有绿叶的树枝上，形成一束花。

② 把 $FeCl_3$ 溶液盛在喷雾器内，表演时，将溶液分别喷向不同花朵，五朵白花立即变为蓝色、紫色、棕褐色、血红色和黄色五种颜色，非常好看。

【实验习题】

① 若实验室内没有氢氟酸试剂，而有氟化钙和浓硫酸，请设计玻璃的刻蚀方法。

② 镀银时玻璃板下面要垫一木块，为什么？

【附注】

(1) 花朵的制作

将晾干的滤纸片对折两次，沿折线处剪一下（纸中间留 1~2cm，不要剪断），形成连在一起的 4 片花瓣。将花瓣卷在筷子上，两手拇指和食指捏住滤纸两端，相向用力挤压，会出现均匀的褶皱，抽出筷子，再将花瓣展开。将 3~4 片花瓣叠加，用细铁丝串在一起即成花朵。将五种白花朵捆扎在有绿叶的树枝上，形成一束白花。

(2) 实验用途

此实验用于化学晚会魔术表演，会引人入胜。实验之后，将花束插在花瓶里，可以保存数日，随时观赏。

附　录　▶▶

气体在水中的溶解度

气体	$t/℃$	溶解度 ($mL/100mL\ H_2O$)	气体	$t/℃$	溶解度 ($mL/100mL\ H_2O$)	气体	$t/℃$	溶解度 ($mL/100mL\ H_2O$)
H_2	0	2.14	N_2	0	2.33	O_2	0	4.89
	20	0.85		40	1.42		25	3.16
CO	0	3.5	NO	0	7.34	H_2S	0	437
	20	2.32		60	2.37		40	186
CO_2	0	171.3	NH_3	0	89.9	Cl_2	10	310
	20	90.1		100	7.4		30	177
SO_2	0	22.8						

注：摘自 weast R C. Handbook of chemistry and Physics. B68-161. 66th ed. 1985～1986。

附录 2 **实验室常用酸碱的密度、质量分数和浓度**

试剂名称	密度 ($g\cdot mL^{-1}$)	质量分数 %	物质的量浓度 ($mol\cdot L^{-1}$)	试剂名称	密度 ($g\cdot mL^{-1}$)	质量分数 %	物质的量浓度 ($mol\cdot L^{-1}$)
浓硫酸	1.84	98%	18	氢溴酸	1.38	40	7
稀硫酸	1.1	9	2	氢碘酸	1.70	57	7.5
浓盐酸	1.19	38	12	冰醋酸	1.05	99	17.5
稀盐酸	1.0	7	2	稀醋酸	1.04	30	5
浓硝酸	1.4	68	16		1.0	12	2
稀硝酸	1.2	32	6	浓氢氧化钠	1.44	约41	约14.4
	1.1	12	2	稀氢氧化钠	1.1	8	2
浓磷酸	1.7	85	14.7	浓氨水	0.91	～28	14.8
稀磷酸	1.05	9	1	稀氨水	1.0	3.5	2
浓高氯酸	1.67	70	11.6	氢氧化钙水溶液		0.15	
稀高氯酸	1.12	19	2	氢氧化钡水溶液		2	约0.1
浓氢氟酸	1.13	40	23				

注：摘自北京师范大学化学系无机化学教研室. 简明化学手册. 北京：北京出版社，1980。

附录 3 水的密度

温度/K	密度/(g·mL^{-1})	温度/K	密度/(g·mL^{-1})	温度/K	密度/(g·mL^{-1})
273.2	0.999841	281.2	0.999849	289.2	0.998943
273.4	0.999854	281.4	0.999837	289.4	0.998910
273.6	0.999866	281.6	0.999824	289.6	0.998877
273.8	0.999878	281.8	0.999810	289.8	0.998843
274.0	0.999889	282.0	0.999796	290.0	0.998809
274.2	0.999900	282.2	0.999781	290.2	0.998774
274.4	0.999909	282.4	0.999766	290.4	0.998739
274.6	0.999918	282.6	0.999751	290.6	0.998704
274.8	0.999927	282.8	0.999734	290.8	0.998668
275.0	0.999934	283.0	0.999717	291.0	0.998632
275.2	0.999941	283.2	0.999700	291.2	0.998595
275.4	0.999947	283.4	0.999682	291.4	0.998558
275.6	0.999953	283.6	0.999664	291.6	0.998520
275.8	0.999958	283.8	0.999645	291.8	0.998482
276.0	0.999962	284.0	0.999625	292.0	0.998444
276.2	0.999965	284.2	0.999605	292.2	0.998405
276.4	0.999968	284.4	0.999585	292.4	0.998365
276.6	0.999970	284.6	0.999564	292.6	0.998325
276.8	0.999972	284.8	0.999542	292.8	0.998285
277.0	0.999973	285.0	0.999520	293.0	0.998244
277.2	0.999973	285.2	0.999498	293.2	0.998203
277.4	0.999973	285.4	0.999475	293.4	0.998162
277.6	0.999972	285.6	0.999451	293.6	0.998120
277.8	0.999970	285.8	0.999427	293.8	0.998078
278.0	0.999968	286.0	0.999402	294.0	0.998035
278.2	0.999965	286.2	0.999377	294.2	0.997992
278.4	0.999961	286.4	0.999352	294.4	0.997948
278.6	0.999957	286.6	0.999326	294.6	0.997904
278.8	0.999952	286.8	0.999299	294.8	0.997860
279.0	0.999947	287.0	0.999272	295.0	0.997815
279.2	0.999941	287.2	0.999244	295.2	0.997770
279.4	0.999935	287.4	0.999216	295.4	0.997724
279.6	0.999927	287.6	0.999188	295.6	0.997678
279.8	0.999920	287.8	0.999159	295.8	0.997632
280.0	0.999911	288.0	0.999129	296.0	0.997585
280.2	0.999902	288.2	0.999099	296.2	0.997538
280.4	0.999893	288.4	0.999069	296.4	0.997490
280.6	0.999883	288.6	0.999038	296.6	0.997442
280.8	0.999872	288.8	0.999007	296.8	0.997394
281.0	0.999861	289.0	0.998975	297.0	0.997345

续表

温度/K	密度/(g·mL⁻¹)	温度/K	密度/(g·mL⁻¹)	温度/K	密度/(g·mL⁻¹)
297.2	0.997296	299.2	0.996783	301.2	0.996232
297.4	0.997246	299.4	0.996729	301.4	0.996175
297.6	0.997196	299.6	0.996676	301.6	0.996118
297.8	0.997146	299.8	0.996621	301.8	0.996060
298.0	0.997095	300.0	0.996567	302.0	0.996002
298.2	0.997044	300.2	0.996512	302.2	0.995944
298.4	0.996992	300.4	0.996457	302.4	0.995885
298.6	0.996941	300.6	0.996401	302.6	0.995826
298.8	0.996888	300.8	0.996345	302.8	0.995766
299.0	0.996836	301.0	0.996289	303.0	0.995706

注：1. 摘自 JA Lange's · Handbook of chemistry. 10-127. 第 11 版 (1973)。
2. 温度 (K) 由 273.2+t 得到。

---- **附录 4** 不同温度下水的饱和蒸气压（单位：kPa） ----

（由熔点 0℃ 至临界温度 370℃）

t/℃	0	1	2	3	4	5	6	7	8	9
0	0.61129	0.65716	0.70605	0.75813	0.81359	0.87260	0.93537	1.0021	1.0730	1.1482
10	1.2281	1.3129	1.4027	1.4979	1.5988	1.7056	1.8185	1.9380	2.0644	2.1978
20	2.3388	2.4877	2.6447	2.8104	2.9850	3.1690	3.3629	3.5670	3.7818	4.0078
30	4.2455	4.4953	4.7578	5.0335	5.3229	5.6267	5.9453	6.2795	6.6298	6.9969
40	7.3814	7.7840	8.2054	8.6463	9.1075	9.5898	10.094	10.620	11.171	11.745
50	12.344	12.970	13.623	14.303	15.012	15.752	16.522	17.324	18.159	19.028
60	19.932	20.873	21.851	22.868	23.925	25.022	26.163	27.347	28.576	29.852
70	31.176	32.549	33.972	35.448	36.978	38.563	40.205	41.905	43.665	45.487
80	47.373	49.324	51.342	53.428	55.585	57.815	60.119	62.499	64.958	67.496
90	70.117	72.823	75.614	78.494	81.465	84.529	87.688	90.945	94.301	97.759
100	101.32	104.99	108.77	112.66	116.67	120.79	125.03	129.39	133.88	138.50
110	143.24	148.12	153.13	158.29	163.58	169.02	174.61	180.34	186.23	192.28
120	198.48	204.85	211.38	218.09	224.96	232.01	239.24	246.66	254.25	262.04
130	270.02	278.20	286.57	295.15	303.93	312.93	322.14	331.57	341.22	351.09
140	361.19	371.53	382.11	392.92	403.98	415.29	426.85	438.67	450.75	463.10
150	457.72	488.61	501.78	515.23	528.96	542.99	557.32	571.94	586.87	602.11
160	617.66	633.53	649.73	666.25	683.10	700.29	717.83	735.70	753.94	772.52
170	791.47	810.78	830.47	850.53	870.98	891.80	913.03	934.64	956.66	979.09
180	1001.9	1025.2	1048.9	1073.0	1097.5	1122.5	1147.9	1173.8	1200.1	1226.1
190	1254.2	1281.9	1310.1	1338.8	1368.0	1397.6	1427.8	1458.5	1489.7	1521.4
200	1553.6	1568.4	1619.7	1653.6	1688.0	1722.9	1758.4	1794.5	1831.1	1868.4

续表

$t/℃$	0	1	2	3	4	5	6	7	8	9
210	1906.2	1944.6	1983.6	2023.2	2063.4	2104.2	2145.7	2187.8	2230.5	2273.8
220	2317.8	2362.5	2407.8	2453.8	2500.8	2547.9	2595.9	2644.6	2694.1	2744.2
230	2795.1	2864.7	2899.0	2952.1	3005.9	3060.4	3115.7	3171.8	3288.8	3286.3
240	3344.7	3403.9	3463.9	3524.7	3586.3	3648.8	3712.1	3776.2	3841.2	3907.0
250	3973.6	4041.2	4109.6	4178.9	4249.1	4320.2	4392.2	4465.1	4539.0	4613.7
260	4689.4	4766.1	4843.7	4922.3	5001.8	5082.3	5163.8	5246.3	5329.8	5414.3
270	5499.9	5586.4	5674.0	5762.7	5852.4	5943.1	6035.0	6127.9	6221.9	6317.2
280	6413.2	6510.5	6608.9	6708.5	6809.2	6911.1	7014.1	7118.3	7223.7	7330.2
290	7438.0	7547.0	7657.2	7768.6	7881.3	7995.2	8110.3	8226.8	8344.5	8463.5
300	8583.8	8705.4	8828.3	8952.6	9078.2	9205.1	9333.4	9463.1	9594.2	9726.7
310	9860.5	9995.8	10133	10271	10410	10551	10694	10838	10984	11131
320	11279	11429	11581	11734	11889	12046	12204	12364	12525	12688
330	12852	13019	13187	13357	13528	13701	13876	14053	14232	14412
340	14594	14778	14964	15152	15342	15533	15727	15922	16120	16320
350	16521	16825	16932	17138	17348	17561	17775	17992	18211	18432
360	18655	18881	19110	19340	19574	19809	20048	20289	20533	20780
370	21030	21286	21539	21799	22055					

注：摘自 Lide D R. Handbook of chemistry and Physica. 6-8～6-9. 78th ed. 1997～1998。

附录 5　国际原子量表

序数	名称	符号	原子量	序数	名称	符号	原子量
1	氢	H	[1.00784;1.00811]	16	硫	S	[32.059;32.076]
2	氦	He	4.002602(2)	17	氯	Cl	[35.446;35.457]
3	锂	Li	[6.938;6.997]	18	钾	K	39.948(1)
4	铍	Be	9.012182(3)	19	氩	Ar	39.0983(1)
5	硼	B	[10.806;10.821]	20	钙	Ca	40.078(4)
6	碳	C	[12.0096;12.0116]	21	钪	Sc	44.955912(6)
7	氮	N	[14.00643;14.00728]	22	钛	Ti	47.867(1)
8	氧	O	[15.99903;15.99977]	23	钒	V	50.9415(1)
9	氟	F	18.998 4032(5)	24	铬	Cr	51.9961(6)
10	氖	Ne	20.1797(6)	25	锰	Mn	54.938045(5)
11	钠	Na	22.98976928(2)	26	铁	Fe	55.845(2)
12	镁	Mg	24.3050(6)	27	镍	Ni	58.933195(5)
13	铝	Al	26.9815386(8)	28	钴	Co	58.6934(4)
14	硅	Si	[28.084;28.086]	29	铜	Cu	63.546(3)
15	磷	P	30.973762(2)	30	锌	Zn	65.38(2)

续表

序数	名称	符号	原子量	序数	名称	符号	原子量
31	镓	Ga	69.723(1)	68	铒	Er	167.259(3)
32	锗	Ge	72.63(1)	69	铥	Tm	168.93421(2)
33	砷	As	74.92160(2)	70	镱	Yb	173.054(5)
34	硒	Se	78.96(3)	71	镥	Lu	174.9668(1)
35	溴	Br	79.904(1)	72	铪	Hf	178.49(2)
36	氪	Kr	83.798(2)	73	钽	Ta	180.94788(2)
37	铷	Rb	85.4678(3)	74	钨	W	183.84(1)
38	锶	Sr	87.62(1)	75	铼	Re	186.207(1)
39	钇	Y	88.90585(2)	76	锇	Os	190.23(3)
40	锆	Zr	91.224(2)	77	铱	Ir	192.217(3)
41	铌	Nb	92.90638(2)	78	铂	Pt	195.084(9)
42	钼	Mo	95.96(2)	79	金	Au	196.966569(4)
43	锝	Tc	97.9072	80	汞	Hg	200.59(2)
44	钌	Ru	101.07(2)	81	铊	Tl	[204.382;204.385]
45	铑	Rh	102.90550(2)	82	铅	Pb	207.2(1)
46	钯	Pd	106.42(1)	83	铋	Bi	208.98040(1)
47	银	Ag	107.8682(2)	84	钋	Po	208.9824
48	镉	Cd	112.411(8)	85	砹	At	209.9871
49	铟	In	114.818(3)	86	氡	Rn	222.0176
50	锡	Sn	118.710(7)	87	钫	Fr	223
51	锑	Sb	121.760(1)	88	镭	Ra	226
52	碘	I	127.60(3)	89	锕	Ac	227
53	碲	Te	126.90447(3)	90	钍	Th	232.03806(2)
54	氙	Xe	131.293(6)	91	镤	Pa	231.03588(2)
55	铯	Cs	132.90545(2)	92	铀	U	238.02891(3)
56	钡	Ba	137.327(7)	93	镎	Np	238.8486
57	镧	La	138.90547(7)	94	钚	Pu	242.8798
58	铈	Ce	140.116(1)	95	镅	Am	244.8594
59	镨	Pr	140.90765(2)	96	锔	Cm	246.911
60	钕	Nd	144.242(3)	97	锫	Bk	248.9266
61	钷	Pm	145	98	锎	Cf	252.9578
62	钐	Sm	150.36(2)	99	锿	Es	253.9656
63	铕	Eu	151.964(1)	100	镄	Fm	259.0046
64	钆	Gd	157.25(3)	101	钔	Md	260.0124
65	铽	Tb	158.92535(2)	102	锘	No	261.0202
66	镝	Dy	162.500(1)	103	铹	Lr	264.0436
67	钬	Ho	164.93032(2)	104	𬬻	Rf	269.0826

序数	名称	符号	原子量	序数	名称	符号	原子量
105	𬭊	Db	270.0904	112	鎶	Cn	287.223
106	𬭳	Sg	273.1138	113		Nh	286.2152
107	𬭛	Bh	274.1216	114	鈇	Fl	291.1964
108	𬭶	Hs	272.106	115	镆	Mc	290.1888
109	䥑	Mt	278.1528	116	𫟼	Lv	295.2268
110	𫟼	Ds	283.1918	117		Ts	293.2116
111	𬬭	Rg	282.184	118		Og	299.2572

注：1. 摘自 2005 年 IUPAC 元素周期表（IUPAC 2005 standard atomic weights），以^{12}C＝12 为标准，按照原子序数排列。

2. 表中方括号内的原子量为放射性元素的半衰期最长的同位素质量数。

3. 括号内数据表示原子量末位数的不确定度。

4. 112～118 号元素数据未被 IUPAC 确定。

附录 6　弱电解质的解离常数

（1）弱酸的解离常数

名称（分子式）	级数	T/K	K_a	pK_a	名称（分子式）	级数	T/K	K_a	pK_a
砷酸（H_3AsO_4）	1	298	5.50×10^{-3}	2.26	磷酸（H_3PO_4）	1	298	7.11×10^{-3}	2.15
	2	298	1.74×10^{-7}	6.76		2	298	6.34×10^{-8}	7.198
	3	298	5.13×10^{-12}	11.29		3	298	4.79×10^{-13}	12.32
亚砷酸（H_3AsO_3）	1	298	5.10×10^{-10}	9.29	焦磷酸（$H_4P_2O_7$）	1	298	1.23×10^{-1}	0.91
硼酸（H_3BO_3）	1	293	5.81×10^{-10}	9.24		2	298	7.94×10^{-3}	2.10
碳酸（H_2CO_3）	1	298	4.45×10^{-7}	6.38		3	298	2.00×10^{-7}	6.70
	2	298	4.69×10^{-11}	10.32		4	298	4.47×10^{-10}	9.35
铬酸（H_2CrO_4）	1	298	1.8×10^{-1}	0.74	硒酸（H_2SeO_4）	2	298	2.19×10^{-2}	1.66
	2	298	3.2×10^{-7}	6.49	亚硒酸（H_2SeO_3）	1	298	2.40×10^{-3}	2.62
亚氯酸（$HClO_2$）	1	298	1.15×10^{-2}	1.94		2	298	5.01×10^{-9}	8.30
氰酸（HCNO）	1	298	3.47×10^{-4}	3.46	硅酸（H_2SiO_4）	1	303	2.51×10^{-10}	9.60
氢氰酸（HCN）	1	298	6.17×10^{-10}	9.21		2	303	1.58×10^{-12}	11.8
氢氟酸（HF）	1	298	6.31×10^{-4}	3.20	硫酸（H_2SO_4）	2	298	1.02×10^{-2}	1.99
过氧化氢（H_2O_2）	1	298	2.29×10^{-12}	11.64	亚硫酸（H_2SO_3）	1	298	1.29×10^{-2}	1.89
次磷酸（HPO_3）	1	298	5.89×10^{-2}	1.23		2	298	6.24×10^{-8}	7.205
硫化氢（H_2S）	1	298	1.07×10^{-7}	6.97	碲酸（H_6TeO_6）	1	298	2.24×10^{-8}	7.65
	2	298	1.26×10^{-13}	12.90		2	298	1.00×10^{-11}	11.00
次氯酸（HClO）	1	298	2.90×10^{-8}	7.54	亚碲酸（H_2TeO_3）	1	293	5.37×10^{-7}	6.27
次溴酸（HBrO）	1	298	2.82×10^{-9}	8.55		2	293	3.72×10^{-9}	8.43
次碘酸（HIO）	1	298	3.16×10^{-11}	10.5	甲酸（HCOOH）	1	298	1.77×10^{-4}	3.75
碘酸（HIO_3）	1	298	1.57×10^{-1}	0.804	乙酸（CH_3COOH）	1	298	1.75×10^{-5}	4.76

续表

名称(分子式)	级数	T/K	K_a	pK_a	名称(分子式)	级数	T/K	K_a	pK_a
高碘酸(HIO$_4$)	1	298	2.29×10^{-2}	1.64	草酸(H$_2$C$_2$O$_4$)	1	298	5.36×10^{-2}	1.27
亚硝酸(HNO$_2$)	1	298	7.24×10^{-4}	3.14		2	298	5.35×10^{-5}	4.27
亚磷酸(H$_3$PO$_3$)	1	293	3.72×10^{-2}	1.43	邻苯二甲酸	1	298	1.12×10^{-3}	2.95
	2	293	2.09×10^{-7}	6.68	(C$_8$H$_6$O$_4$)	2	298	3.91×10^{-6}	5.41

（2）弱碱的解离常数

名称(分子式)	级数	T/K	K_a	pK_a	名称(分子式)	级数	T/K	K_a	pK_a
氨水(NH$_3$·H$_2$O)	1	298	1.76×10^{-5}	4.75	二甲胺[(CH$_3$)$_2$NH]	1	298	5.89×10^{-4}	3.23
苯胺(C$_6$H$_5$NH$_2$)	1	298	3.98×10^{-10}	9.40	二乙胺[(C$_2$H$_5$)$_2$NH]	1	298	6.31×10^{-4}	3.20
甲胺(CH$_3$NH$_2$)	1	298	4.17×10^{-4}	3.38	羟胺(NH$_2$OH)	1	298	9.10×10^{-9}	8.04
乙胺(C$_2$H$_5$NH$_2$)	1	298	4.27×10^{-4}	3.37	肼(N$_2$H$_4$)	1	298	8.71×10^{-7}	6.06
吡啶(C$_5$H$_5$N)	1	298	1.48×10^{-9}	8.83		2	298	1.86×10^{-14}	13.73

注：摘自 James G. Speight. LANGE's Handbook of Chemistry. 16th ed. New York: McGraw-Hill Companies Inc, 2005: Table 1.74.

附录7　难溶化合物溶度积（25℃）

化合物	溶度积	化合物	溶度积
醋酸盐		碳酸盐	
②AgAc	1.94×10^{-3}	Ag$_2$CO$_3$	8.46×10^{-12}
卤化物		①BaCO$_3$	2.58×10^{-9}
①AgBr	5.35×10^{-13}	CaCO$_3$	2.8×10^{-9}
①AgCl	1.77×10^{-10}	CdCO$_3$	1.0×10^{-12}
①AgI	8.52×10^{-17}	①CuCO$_3$	1.4×10^{-10}
BaF$_2$	1.84×10^{-7}	FeCO$_3$	3.13×10^{-11}
①CaF$_2$	5.3×10^{-9}	Hg$_2$CO$_3$	3.6×10^{-17}
①CuBr	6.27×10^{-9}	Li$_2$CO$_3$	2.5×10^{-2}
①CuCl	1.72×10^{-7}	MgCO$_3$	6.82×10^{-6}
①CuI	1.27×10^{-12}	MnCO$_3$	2.24×10^{-11}
①Hg$_2$Cl$_2$	1.43×10^{-18}	NiCO$_3$	1.42×10^{-7}
①Hg$_2$I$_2$	5.20×10^{-29}	①PbCO$_3$	7.4×10^{-14}
HgI$_2$	2.90×10^{-29}	SrCO$_3$	5.60×10^{-10}
PbBr$_2$	6.60×10^{-6}	ZnCO$_3$	1.46×10^{-10}
①PbCl$_2$	1.70×10^{-5}	铬酸盐	
PbF$_2$	3.3×10^{-8}	Ag$_2$CrO$_4$	1.12×10^{-12}
①PbI$_2$	9.8×10^{-9}	①Ag$_2$Cr$_2$O$_7$	2.0×10^{-7}
SrF$_2$	4.33×10^{-9}	①BaCrO$_4$	1.17×10^{-10}

化合物	溶度积	化合物	溶度积
铬酸盐		① $SrC_2O_4 \cdot H_2O$	1.6×10^{-7}
① $CaCrO_4$	7.1×10^{-4}	$ZnC_2O_4 \cdot 2H_2O$	1.38×10^{-9}
① $CuCrO_4$	3.6×10^{-6}	硫酸盐	
① Hg_2CrO_4	2.0×10^{-9}	① Ag_2SO_4	1.2×10^{-5}
① $PbCrO_4$	2.8×10^{-13}	① $BaSO_4$	1.08×10^{-10}
① $SrCrO_4$	2.2×10^{-5}	① $CaSO_4$	4.93×10^{-5}
氢氧化物		Hg_2SO_4	6.5×10^{-7}
① $AgOH$	2.0×10^{-8}	① $PbSO_4$	2.53×10^{-8}
① $Al(OH)_3$(无定形)	1.3×10^{-33}	① $SrSO_4$	3.44×10^{-7}
① $Be(OH)_2$	6.92×10^{-22}	硫化物	
① $Ca(OH)_2$	5.5×10^{-6}	① Ag_2S	6.3×10^{-50}
① $Cd(OH)_2$	7.2×10^{-15}	① CdS	8.0×10^{-27}
② $Co(OH)_2$(粉红)	1.09×10^{-15}	① CoS(α-型)	4.0×10^{-21}
② $Co(OH)_2$(蓝)	5.92×10^{-15}	① CoS(β-型)	2.0×10^{-25}
① $Co(OH)_3$	1.6×10^{-44}	① Cu_2S	2.5×10^{-48}
① $Cr(OH)_2$	2×10^{-16}	① CuS	6.3×10^{-36}
① $Cr(OH)_3$	6.3×10^{-31}	① FeS	6.3×10^{-18}
① $Cu(OH)_2$	2.2×10^{-20}	① HgS(黑色)	1.6×10^{-52}
① $Fe(OH)_2$	4.87×10^{-17}	① HgS(红色)	4×10^{-53}
① $Fe(OH)_3$	2.79×10^{-39}	① MnS(晶形)	2.5×10^{-13}
① $Mg(OH)_2$	5.61×10^{-12}	② NiS	1.07×10^{-21}
① $Mn(OH)_2$	1.9×10^{-13}	① PbS	8.0×10^{-28}
① $Ni(OH)_2$	5.48×10^{-16}	① SnS	1×10^{-25}
① $Pb(OH)_2$	1.43×10^{-15}	② SnS_2	2×10^{-27}
① $Sn(OH)_2$	5.45×10^{-28}	② ZnS	2.93×10^{-25}
① $Sr(OH)_2$	9×10^{-4}	磷酸盐	
① $Zn(OH)_2$	3.0×10^{-17}	① Ag_3PO_4	8.89×10^{-17}
草酸盐		① $AlPO_4$	9.84×10^{-21}
$Ag_2C_2O_4$	5.4×10^{-12}	$Ba_3(PO_4)_2$	3.4×10^{-23}
① BaC_2O_4	2.3×10^{-8}	① $CaHPO_4$	1×10^{-7}
① $CaC_2O_4 \cdot H_2O$	2.32×10^{-9}	① $Ca_3(PO_4)_2$	2.07×10^{-29}
CuC_2O_4	4.43×10^{-10}	② $Cd_3(PO_4)_2$	2.53×10^{-33}
① $FeC_2O_4 \cdot 2H_2O$	3.2×10^{-7}	$Cu_3(PO_4)_2$	1.40×10^{-37}
$Hg_2C_2O_4$	1.75×10^{-13}	$FePO_4 \cdot 2H_2O$	9.91×10^{-16}
$MgC_2O_4 \cdot 2H_2O$	4.83×10^{-6}	① $MgNH_4PO_4$	2.5×10^{-13}
$MnC_2O_4 \cdot 2H_2O$	1.70×10^{-7}	$Mg_3(PO_4)_2$	1.04×10^{-24}
② PbC_2O_4	4.8×10^{-10}	① $Pb_3(PO_4)_2$	8.0×10^{-43}

续表

化合物	溶度积	化合物	溶度积
$Sr_3(PO_4)_2$	4.0×10^{-26}	① $AgIO_3$	3.17×10^{-8}
① $Zn_3(PO_4)_2$	9.0×10^{-33}	$Cu(IO_3)_2\cdot H_2O$	7.4×10^{-8}
其他盐		$KHC_4H_4O_6$	3×10^{-4}
① $Ag^+[Ag(CN)_2]$	7.2×10^{-11}	② $Al(8\text{-羟基喹啉})_3$	5×10^{-33}
① $Ag_4[Fe(CN)_6]$	1.6×10^{-41}	① $K_2Na[Co(NO_2)_6]\cdot H_2O$	2.2×10^{-11}
① $Cu_2[Fe(CN)_6]$	1.3×10^{-16}	① $Na(NH_4)_2[Co(NO_2)_6]$	4×10^{-12}
$AgSCN$	1.03×10^{-12}	② $Ni(丁二酮肟)_2$	4×10^{-24}
$CuSCN$	4.8×10^{-15}	② $Mg(8\text{-羟基喹啉})_2$	4×10^{-16}
① $AgBrO_3$	5.3×10^{-5}	② $Zn(8\text{-羟基喹啉})_2$	5×10^{-25}

①摘自 J. A. Dean Ed. Lange's Handbook of Chemistry，13th. edition 1985.

②摘自其他参考书.

注：摘自 David R. Lide，Handbook of Chemistry and Physics，78th. edition，1997-1998.

附录 8 常见沉淀物的 pH 值

（1）金属氢氧化物沉淀的 pH 值（包括形成氢氧配离子的大约值）

氢氧化物	开始沉淀时的 pH 值		沉淀完全时的 pH 值（残留离子浓度 $<10^{-5}$ mol·L^{-1})	沉淀开始溶解的 pH 值	沉淀完全溶解时的 pH 值
	初浓度[M^{n+}]				
	1mol·L^{-1}	0.01mol·L^{-1}			
$Sn(OH)_4$	0	0.5	1	13	15
$TiO(OH)_2$	0	0.5	2	—	—
$Sn(OH)_2$	0.9	2.1	4.7	10	13.5
$ZrO(OH)_2$	1.3	2.3	3.8	—	—
HgO	1.3	2.4	5	11.5	—
$Fe(OH)_3$	1.5	2.3	4.1	14	—
$Al(OH)_3$	3.3	4	5.2	7.8	10.8
$Cr(OH)_3$	4	4.9	6.8	12	15
$Be(OH)_2$	5.2	6.2	8.8	—	—
$Zn(OH)_2$	5.4	6.4	8	10.5	12~13
Ag_2O	6.2	8.2	11.2	12.7	—
$Fe(OH)_2$	6.5	7.5	9.7	13.5	—
$Co(OH)_2$	6.6	7.6	9.2	14.1	—
$Ni(OH)_2$	6.7	7.7	9.5	—	—
$Cd(OH)_2$	7.2	8.2	9.7	—	—
$Mn(OH)_2$	7.8	8.8	10.4	14	—
$Mg(OH)_2$	9.4	10.4	12.4	—	—

续表

氢氧化物	开始沉淀时的 pH 值		沉淀完全时的 pH 值(残留离子浓度 $<10^{-5}$ mol·L^{-1})	沉淀开始溶 解的 pH 值	沉淀完全溶 解时的 pH 值
	初浓度[M^{n+}]				
	1 mol·L^{-1}	0.01 mol·L^{-1}			
Pb(OH)$_2$		7.2	8.7	10	13
Ce(OH)$_2$		0.8	1.2	—	—
Th(OH)2		0.5			—
Tl(OH)$_2$		约 0.6	约 1.6	—	—
H$_2$WO$_4$		约 0.6	约 0		
H$_2$MoO$_4$				~8	~9
稀土		6.8~8.5	约 9.5		
H$_2$UO$_4$		3.6	5.1	—	—

（2）沉淀金属硫化物的 pH 值

pH 值	被 H$_2$S 所沉淀的金属
1	Cu,Ag,Hg,Pb,Bi,Cd,Rh,Pd,Os As,Au,Pt,Sb,Ir,Ge,Se,Te,Mo
2~3	Zn,Ti,In,Ga
5~6	Co,Ni
>7	Mn,Fe

在溶液中硫化物能沉淀时的盐酸最高浓度

硫化物	Ag$_2$S	HgS	CuS	Sb$_2$S$_3$	Bi$_2$S$_3$	SnS$_2$	CdS	PbS	SnS	ZnS	CoS	NiS	FeS	MnS
盐酸浓度/(mol·L^{-1})	12	7.5	7.0	3.7	2.5	2.3	0.7	0.35	0.30	0.02	0.001	0.001	0.0001	0.00008

注：摘自北京师范大学化学系无机化学教研室编. 简明化学手册. 北京：北京出版社. 1980

附录9　标准电极电势（298.15K）

（本表按元素符号的字母顺序排列）

（1）在酸性溶液中

电对符号	电极反应	$E^{\ominus}$/V
	氧化型＋ze$^-$⇌还原型	
Ag$^+$/Ag	Ag$^+$＋e$^-$⇌Ag	0.7996
Ag^{2+}/Ag$^+$	Ag^{2+}＋e$^-$⇌Ag$^+$	1.980
AgAc/Ag	AgAc＋e$^-$⇌Ag＋Ac$^-$	0.643
AgBr/Ag	AgBr＋e$^-$⇌Ag＋Br$^-$	0.07133
AgBrO$_3$/Ag	AgBrO$_3$＋e$^-$⇌Ag＋BrO$_3^-$	0.546
Ag$_2$C$_2$O$_4$/Ag	Ag$_2$C$_2$O$_4$＋2e$^-$⇌2Ag＋C$_2$O$_4^{2-}$	0.4647
AgCl/Ag	AgCl＋e$^-$⇌Ag＋Cl$^-$	0.22233
Ag$_2$CO$_3$/Ag	Ag$_2$CO$_3$＋2e$^-$⇌2Ag＋CO$_3^{2-}$	0.47
Ag$_2$CrO$_4$/Ag	Ag$_2$CrO$_4$＋2e$^-$⇌2Ag＋CrO$_4^{2-}$	0.4470

续表

电对符号	电极反应 氧化型$+z$e$^-$⇌还原型	$E^{\ominus}$/V
AgF/Ag	AgF$+$e$^-$⇌Ag$+$F$^-$	0.779
AgI/Ag	AgI$+$e$^-$⇌Ag$+$I$^-$	$-$0.15224
Ag$_2$S/Ag	Ag$_2$S$+$2H$^+$$+$2e$^-$⇌2Ag$+H_2$S	$-$0.0366
AgSCN/Ag	AgSCN$+$e$^-$⇌Ag$+$SCN$^-$	0.08951
Ag$_2$SO$_4$/Ag	Ag$_2$SO$_4$$+$2e$^-$⇌2Ag$+SO_4^{2-}$	0.654
Al^{3+}/Al	Al^{3+}$+$3e$^-$⇌Al	$-$1.662
AlF$_6^{3-}$/Al	AlF$_6^{3-}$$+$3e$^-$⇌Al$+$6F$^-$	$-$2.069
As$_2$O$_3$/As	As$_2$O$_3$$+$6H$^+$$+$6e$^-$⇌2As$+$3H$_2$O	0.234
HAsO$_2$/As	HAsO$_2$$+$3H$^+$$+$3e$^-$⇌As$+$2H$_2$O	0.248
H$_3$AsO$_4$/HAsO$_2$	H$_3$AsO$_4$$+$2H$^+$$+$2e$^-$⇌HAsO$_2$$+$2H$_2$O	0.560
Au$^+$/Au	Au$^+$$+e^-$⇌Au	1.692
AuBr$_2^-$/Au	AuBr$_2^-$$+e^-$⇌Au$+$2Br$^-$	0.959
Au^{3+}/Au	Au^{3+}$+$3e$^-$⇌Au	1.498
AuCl$_4^-$/Au	AuCl$_4^-$$+$3e$^-$⇌Au$+$4Cl$^-$	1.002
AuBr$_4^-$/Au	AuBr$_4^-$$+$3e$^-$⇌Au$+$4Br$^-$	0.854
Au^{3+}/Au$^+$	Au^{3+}$+$2e$^-$⇌Au$^+$	1.401
AuOH^{2+}/Au$^+$	AuOH^{2+}$+$H$^+$$+$2e$^-$⇌Au$^+$$+H_2$O	1.32
H$_3$BO$_3$/B	H$_3$BO$_3$$+$3H$^+$$+$3e$^-$⇌B$+$3H$_2$O	$-$0.8698
Ba^{2+}/Ba	Ba^{2+}$+$2e$^-$⇌Ba	$-$2.912
Ba^{2+}/Ba(Hg)	Ba^{2+}$+$2e$^-$⇌Ba(Hg)	$-$1.570
Be^{2+}/Be	Be^{2+}$+$2e$^-$⇌Be	$-$1.847
Bi$^+$/Bi	Bi$^+$$+e^-$⇌Bi	0.5
Bi^{3+}/Bi	Bi^{3+}$+$3e$^-$⇌Bi	0.308
BiCl$_4^-$/Bi	BiCl$_4^-$$+$3e$^-$⇌Bi$+$4Cl$^-$	0.16
Bi$_2$O$_4$/BiO$^+$	Bi$_2$O$_4$$+$4H$^+$$+$2e$^-$⇌2BiO$^+$$+$2H$_2$O	1.593
BiO$^+$/Bi	BiO$^+$$+$2H$^+$$+$3e$^-$⇌Bi$+H_2$O	0.320
BiOCl/Bi	BiOCl$+$2H$^+$$+$3e$^-$⇌Bi$+Cl^-$$+H_2$O	0.1583
Br$_2$(aq)/Br$^-$	Br$_2$(aq)$+$2e$^-$⇌2Br$^-$	1.0873
Br$_2$(l)/Br$^-$	Br$_2$(l)$+$2e$^-$⇌2Br$^-$	1.066
HBrO/Br$^-$	HBrO$+$H$^+$$+$2e$^-$⇌Br$^-$$+H_2$O	1.331
HBrO/Br$_2$(aq)	2HBrO$+$2H$^+$$+$2e$^-$⇌Br$_2(aq)+$2H$_2$O	1.574
HBrO/Br$_2$(l)	2HBrO$+$2H$^+$$+$2e$^-$⇌Br$_2(l)+$2H$_2$O	1.596
BrO$_3^-$/Br$_2$	BrO$_3^-$$+$6H$^+$$+$5e$^-$⇌(1/2)Br$_2$$+$3H$_2$O	1.482
BrO$_3^-$/Br$^-$	BrO$_3^-$$+$6H$^+$$+$6e$^-$⇌Br$^-$$+$3H$_2$O	1.423
(CN)$_2$/HCN	(CN)$_2$$+$2H$^+$$+$2e$^-$⇌2HCN	0.373
(CNS)$_2$/CNS$^-$	(CNS)$_2$$+$2e$^-$⇌2CNS$^-$	0.77

电对符号	电极反应	$E^{\ominus}/V$
	氧化型$+z\mathrm{e}^-\Longleftrightarrow$还原型	
$CO_2/H_2C_2O_4$	$2CO_2+2H^++2e^-\Longleftrightarrow H_2C_2O_4$	-0.49
$CO_2/HCOOH$	$CO_2+2H^++2e^-\Longleftrightarrow HCOOH$	-0.199
Ca^{2+}/Ca	$Ca^{2+}+2e^-\Longleftrightarrow Ca$	-2.868
Cd^{2+}/Cd	$Cd^{2+}+2e^-\Longleftrightarrow Cd$	-0.4030
$CdSO_4/Cd$	$CdSO_4+2e^-\Longleftrightarrow Cd+SO_4^{2-}$	-0.246
$Cd^{2+}/Cd(Hg)$	$Cd^{2+}+2e^-\Longleftrightarrow Cd(Hg)$	-0.3521
Ce^{3+}/Ce	$Ce^{3+}+3e^-\Longleftrightarrow Ce$	-2.336
$Cl_2(g)/2Cl^-$	$Cl_2(g)+2e^-\Longleftrightarrow 2Cl^-$	1.35827
$HClO/Cl_2$	$2HClO+2H^++2e^-\Longleftrightarrow Cl_2+2H_2O$	1.611
$HClO/Cl^-$	$HClO+H^++2e^-\Longleftrightarrow Cl^-+H_2O$	1.482
$ClO_2/HClO_2$	$ClO_2+H^++e^-\Longleftrightarrow HClO_2$	1.277
$HClO_2/HClO$	$HClO_2+2H^++2e^-\Longleftrightarrow HClO+H_2O$	1.645
$HClO_2/Cl_2$	$2HClO_2+6H^++6e^-\Longleftrightarrow Cl_2+4H_2O$	1.628
$HClO_2/Cl^-$	$HClO_2+3H^++4e^-\Longleftrightarrow Cl^-+2H_2O$	1.570
ClO_3^-/ClO_2	$ClO_3^-+2H^++e^-\Longleftrightarrow ClO_2+H_2O$	1.152
$ClO_3^-/HClO_2$	$ClO_3^-+3H^++2e^-\Longleftrightarrow HClO_2+H_2O$	1.214
ClO_3^-/Cl_2	$2ClO_3^-+12H^++10e^-\Longleftrightarrow Cl_2+6H_2O$	1.47
ClO_3^-/Cl^-	$ClO_3^-+6H^++6e^-\Longleftrightarrow Cl^-+3H_2O$	1.451
ClO_4^-/ClO_3^-	$ClO_4^-+2H^++2e^-\Longleftrightarrow ClO_3^-+H_2O$	1.189
ClO_4^-/Cl_2	$2ClO_4^-+16H^++14e^-\Longleftrightarrow Cl_2+8H_2O$	1.39
ClO_4^-/Cl^-	$ClO_4^-+8H^++8e^-\Longleftrightarrow Cl^-+4H_2O$	1.389
Co^{2+}/Co	$Co^{2+}+2e^-\Longleftrightarrow Co$	-0.28
Co^{3+}/Co^{2+}	$Co^{3+}+e^-\Longleftrightarrow Co^{2+}(2\mathrm{mol}\cdot L^{-1}H_2SO_4)$	1.83
Co^{3+}/Co^{2+}	$Co^{3+}+e^-\Longleftrightarrow Co^{2+}$	1.92
Cr^{2+}/Cr	$Cr^{2+}+2e^-\Longleftrightarrow Cr$	-0.913
Cr^{3+}/Cr^{2+}	$Cr^{3+}+e^-\Longleftrightarrow Cr^{2+}$	-0.407
Cr^{3+}/Cr	$Cr^{3+}+3e^-\Longleftrightarrow Cr$	-0.744
$Cr_2O_7^{2-}/Cr^{3+}$	$Cr_2O_7^{2-}+14H^++6e^-\Longleftrightarrow 2Cr^{3+}+7H_2O$	1.232
$HCrO_4^-/Cr^{3+}$	$HCrO_4^-+7H^++3e^-\Longleftrightarrow Cr^{3+}+4H_2O$	1.350
Cu^+/Cu	$Cu^++e^-\Longleftrightarrow Cu$	0.521
Cu^{2+}/Cu^+	$Cu^{2+}+e^-\Longleftrightarrow Cu^+$	0.153
Cu^{2+}/Cu	$Cu^{2+}+2e^-\Longleftrightarrow Cu$	0.3419
$Cu^{2+}/Cu(Hg)$	$Cu^{2+}+2e^-\Longleftrightarrow Cu(Hg)$	0.345
$CuCl/Cu$	$CuCl+e^-\Longleftrightarrow Cu+Cl^-$	0.124
CuI_2^-/Cu	$CuI_2^-+e^-\Longleftrightarrow Cu+2I^-$	0.00
F_2/HF	$F_2+2H^++2e^-\Longleftrightarrow 2HF$	3.053

电对符号	电极反应	$E^\ominus/\text{V}$
	氧化型$+z\text{e}^-$⇌还原型	
F_2/F^-	$\text{F}_2+2\text{e}^- \rightleftharpoons 2\text{F}^-$	2.866
Fe^{2+}/Fe	$\text{Fe}^{2+}+2\text{e}^- \rightleftharpoons \text{Fe}$	-0.447
Fe^{3+}/Fe	$\text{Fe}^{3+}+3\text{e}^- \rightleftharpoons \text{Fe}$	-0.037
$\text{Fe}^{3+}/\text{Fe}^{2+}$	$\text{Fe}^{3+}+\text{e}^- \rightleftharpoons \text{Fe}^{2+}$	0.771
$[\text{Fe(CN)}_6]^{3-}/[\text{Fe(CN)}_6]^{4-}$	$[\text{Fe(CN)}_6]^{3-}+\text{e}^- \rightleftharpoons [\text{Fe(CN)}_6]^{4-}$	0.358
$\text{FeO}_4^{2-}/\text{Fe}^{3+}$	$\text{FeO}_4^{2-}+8\text{H}^++3\text{e}^- \rightleftharpoons \text{Fe}^{3+}+4\text{H}_2\text{O}$	2.20
Ga^{3+}/Ga	$\text{Ga}^{3+}+3\text{e}^- \rightleftharpoons \text{Ga}$	-0.560
Ge^{4+}/Ge	$\text{Ge}^{4+}+4\text{e}^- \rightleftharpoons \text{Ge}$	0.124
$\text{Ge}^{4+}/\text{Ge}^{2+}$	$\text{Ge}^{4+}+2\text{e}^- \rightleftharpoons \text{Ge}^{2+}$	0.0
$\text{GeO}_2/\text{GeO(棕色)}$	$\text{GeO}_2+2\text{H}^++2\text{e}^- \rightleftharpoons \text{GeO(棕色)}+\text{H}_2\text{O}$	-0.118
$\text{GeO}_2/\text{GeO(黄色)}$	$\text{GeO}_2+2\text{H}^++2\text{e}^- \rightleftharpoons \text{GeO(黄色)}+\text{H}_2\text{O}$	-0.273
$\text{H}_2\text{GeO}_3/\text{Ge}$	$\text{H}_2\text{GeO}_3+4\text{H}^++4\text{e}^- \rightleftharpoons \text{Ge}+3\text{H}_2\text{O}$	-0.182
H^+/H_2	$2\text{H}^++2\text{e}^- \rightleftharpoons \text{H}_2$	0.00000
$\text{H}_2(\text{g})/\text{H}^-$	$\text{H}_2(\text{g})+2\text{e}^- \rightleftharpoons 2\text{H}^-$	-2.23
Hg^{2+}/Hg	$\text{Hg}^{2+}+2\text{e}^- \rightleftharpoons \text{Hg}$	0.851
$\text{Hg}^{2+}/\text{Hg}_2^{2+}$	$2\text{Hg}^{2+}+2\text{e}^- \rightleftharpoons \text{Hg}_2^{2+}$	0.920
$\text{Hg}_2^{2+}/\text{Hg}$	$\text{Hg}_2^{2+}+2\text{e}^- \rightleftharpoons 2\text{Hg}$	0.7973
$\text{Hg}_2\text{Br}_2/\text{Hg}^-$	$\text{Hg}_2\text{Br}_2+2\text{e}^- \rightleftharpoons 2\text{Hg}+2\text{Br}^-$	0.13923
$\text{Hg}_2\text{Cl}_2/\text{Hg}$	$\text{Hg}_2\text{Cl}_2+2\text{e}^- \rightleftharpoons 2\text{Hg}+2\text{Cl}^-$	0.26808
$\text{Hg}_2\text{I}_2/\text{Hg}$	$\text{Hg}_2\text{I}_2+2\text{e}^- \rightleftharpoons 2\text{Hg}+2\text{I}^-$	-0.0405
$\text{Hg}_2\text{SO}_4/\text{Hg}$	$\text{Hg}_2\text{SO}_4+2\text{e}^- \rightleftharpoons 2\text{Hg}+\text{SO}_4^{2-}$	0.6125
I_2/I^-	$\text{I}_2+2\text{e}^- \rightleftharpoons 2\text{I}^-$	0.5355
I_3^-/I^-	$\text{I}_3^-+2\text{e}^- \rightleftharpoons 3\text{I}^-$	0.536
$\text{H}_5\text{IO}_6/\text{IO}_3^-$	$\text{H}_5\text{IO}_6+\text{H}^++2\text{e}^- \rightleftharpoons \text{IO}_3^-+3\text{H}_2\text{O}$	1.601
HIO/I_2	$2\text{HIO}+2\text{H}^++2\text{e}^- \rightleftharpoons \text{I}_2+2\text{H}_2\text{O}$	1.439
HIO/I^-	$\text{HIO}+\text{H}^++2\text{e}^- \rightleftharpoons \text{I}^-+\text{H}_2\text{O}$	0.987
IO_3^-/I_2	$2\text{IO}_3^-+12\text{H}^++10\text{e}^- \rightleftharpoons \text{I}_2+6\text{H}_2\text{O}$	1.195
IO_3^-/I^-	$\text{IO}_3^-+6\text{H}^++6\text{e}^- \rightleftharpoons \text{I}^-+3\text{H}_2\text{O}$	1.085
In^+/In	$\text{In}^++\text{e}^- \rightleftharpoons \text{In}$	-0.14
$\text{In}^{3+}/\text{In}^+$	$\text{In}^{3+}+2\text{e}^- \rightleftharpoons \text{In}^+$	-0.443
In^{3+}/In	$\text{In}^{3+}+3\text{e}^- \rightleftharpoons \text{In}$	-0.3382
Ir^{3+}/Ir	$\text{Ir}^{3+}+3\text{e}^- \rightleftharpoons \text{Ir}$	1.159
$\text{IrCl}_6^{3-}/\text{Ir}$	$\text{IrCl}_6^{3-}+3\text{e}^- \rightleftharpoons \text{Ir}$	0.77
$\text{IrCl}_6^{2-}/\text{IrCl}_6^{3-}$	$\text{IrCl}_6^{2-}+\text{e}^- \rightleftharpoons \text{IrCl}_6^{3-}$	0.8665
K^+/K	$\text{K}^++\text{e}^- \rightleftharpoons \text{K}$	-2.931
La^{3+}/La	$\text{La}^{3+}+3\text{e}^- \rightleftharpoons \text{La}$	-2.379

电对符号	电极反应	$E^{\ominus}/V$
	氧化型$+z$e^{-}$\Longleftrightarrow$还原型	
Li^{+}/Li	$Li^{+}+e^{-}\Longleftrightarrow Li$	-3.0401
Mg^{2+}/Mg	$Mg^{2+}+2e^{-}\Longleftrightarrow Mg$	-2.372
Mn^{2+}/Mn	$Mn^{2+}+2e^{-}\Longleftrightarrow Mn$	-1.185
Mn^{3+}/Mn^{2+}	$Mn^{3+}+e^{-}\Longleftrightarrow Mn^{2+}$	1.5415
MnO_2/Mn^{2+}	$MnO_2+4H^{+}+2e^{-}\Longleftrightarrow Mn^{2+}+2H_2O$	1.224
MnO_4^{-}/MnO_4^{2-}	$MnO_4^{-}+e^{-}\Longleftrightarrow MnO_4^{2-}$	0.558
MnO_4^{-}/MnO_2	$MnO_4^{-}+4H^{+}+3e^{-}\Longleftrightarrow MnO_2+2H_2O$	1.679
MnO_4^{-}/Mn^{2+}	$MnO_4^{-}+8H^{+}+5e^{-}\Longleftrightarrow Mn^{2+}+4H_2O$	1.507
Mo^{3+}/Mo	$Mo^{3+}+3e^{-}\Longleftrightarrow Mo$	-0.200
MoO_2/Mo	$MoO_2+4H^{+}+4e^{-}\Longleftrightarrow Mo+2H_2O$	-0.152
$N_2/NH_3 \cdot H_2O$	$N_2+2H_2O+6H^{+}+6e^{-}\Longleftrightarrow 2NH_3 \cdot H_2O$	0.092
N_2/HN_3	$3N_2+2H^{+}+2e^{-}\Longleftrightarrow 2HN_3$	-3.09
$NH_3OH^{+}/N_2H_5^{+}$	$2NH_3OH^{+}+H^{+}+2e^{-}\Longleftrightarrow N_2H_5^{+}+2H_2O$	1.42
N_2O/N_2	$N_2O+2H^{+}+2e^{-}\Longleftrightarrow N_2+H_2O$	1.766
N_2O_4/NO_2^{-}	$N_2O_4+2e^{-}\Longleftrightarrow 2NO_2^{-}$	0.867
N_2O_4/HNO_2	$N_2O_4+2H^{+}+2e^{-}\Longleftrightarrow 2HNO_2$	1.065
N_2O_4/NO	$N_2O_4+4H^{+}+4e^{-}\Longleftrightarrow 2NO+2H_2O$	1.035
NO/N_2O	$2NO+2H^{+}+2e^{-}\Longleftrightarrow N_2O+H_2O$	1.591
HNO_2/NO	$HNO_2+H^{+}+e^{-}\Longleftrightarrow NO+H_2O$	0.983
HNO_2/N_2O	$2HNO_2+4H^{+}+4e^{-}\Longleftrightarrow N_2O+3H_2O$	1.297
NO_3^{-}/HNO_2	$NO_3^{-}+3H^{+}+2e^{-}\Longleftrightarrow HNO_2+H_2O$	0.934
NO_3^{-}/NO	$NO_3^{-}+4H^{+}+3e^{-}\Longleftrightarrow NO+2H_2O$	0.957
NO_3^{-}/N_2O_4	$2NO_3^{-}+4H^{+}+2e^{-}\Longleftrightarrow N_2O_4+2H_2O$	0.803
Na^{+}/Na	$Na^{+}+e^{-}\Longleftrightarrow Na$	-2.71
Nb^{3+}/Nb	$Nb^{3+}+3e^{-}\Longleftrightarrow Nb$	-1.1
NbO_2/NbO	$NbO_2+2H^{+}+2e^{-}\Longleftrightarrow NbO+H_2O$	-0.646
Nb_2O_5/Nb	$Nb_2O_5+10H^{+}+10e^{-}\Longleftrightarrow 2Nb+5H_2O$	-0.644
Nd^{2+}/Nd	$Nd^{2+}+2e^{-}\Longleftrightarrow Nd$	-2.1
Nd^{3+}/Nd	$Nd^{3+}+3e^{-}\Longleftrightarrow Nd$	-2.323
Ni^{2+}/Ni	$Ni^{2+}+2e^{-}\Longleftrightarrow Ni$	-0.257
NiO_2/Ni^{2+}	$NiO_2+4H^{+}+2e^{-}\Longleftrightarrow Ni^{2+}+2H_2O$	1.678
O_2/H_2O_2	$O_2+2H^{+}+2e^{-}\Longleftrightarrow H_2O_2$	0.695
O_2/H_2O	$O_2+4H^{+}+4e^{-}\Longleftrightarrow 2H_2O$	1.229
$O(g)/H_2O$	$O(g)+2H^{+}+2e^{-}\Longleftrightarrow H_2O$	2.421
HO_2/H_2O_2	$HO_2+H^{+}+e^{-}\Longleftrightarrow H_2O_2$	1.495
H_2O_2/H_2O	$H_2O_2+2H^{+}+2e^{-}\Longleftrightarrow 2H_2O$	1.776

续表

电对符号	电极反应	$E^{\ominus}/\text{V}$
	氧化型$+z\text{e}^-\rightleftharpoons$还原型	
F_2O/H_2O	$F_2O+2H^++4\text{e}^-\rightleftharpoons H_2O+2F^-$	2.153
O_3/O_2	$O_3+2H^++2\text{e}^-\rightleftharpoons O_2+H_2O$	2.076
OsO_4/Os	$OsO_4+8H^++8\text{e}^-\rightleftharpoons Os+4H_2O$	0.838
OsO_4/OsO_2	$OsO_4+4H^++4\text{e}^-\rightleftharpoons OsO_2+2H_2O$	1.02
$P(\text{red})/PH_3(\text{g})$	$P(\text{red})+3H^++3\text{e}^-\rightleftharpoons PH_3(\text{g})$	-0.111
$P(\text{white})/PH_3(\text{g})$	$P(\text{white})+3H^++3\text{e}^-\rightleftharpoons PH_3(\text{g})$	-0.063
H_3PO_2/P	$H_3PO_2+H^++\text{e}^-\rightleftharpoons P+2H_2O$	-0.508
H_3PO_3/H_3PO_2	$H_3PO_3+2H^++2\text{e}^-\rightleftharpoons H_3PO_2+H_2O$	-0.499
H_3PO_3/P	$H_3PO_3+3H^++3\text{e}^-\rightleftharpoons P+3H_2O$	-0.454
H_3PO_4/H_3PO_3	$H_3PO_4+2H^++2\text{e}^-\rightleftharpoons H_3PO_3+H_2O$	-0.276
Pb^{2+}/Pb	$Pb^{2+}+2\text{e}^-\rightleftharpoons Pb$	-0.1262
$PbBr_2/Pb$	$PbBr_2+2\text{e}^-\rightleftharpoons Pb+2Br^-$	-0.284
$PbCl_2/Pb$	$PbCl_2+2\text{e}^-\rightleftharpoons Pb+2Cl^-$	-0.2675
PbF_2/Pb	$PbF_2+2\text{e}^-\rightleftharpoons Pb+2F^-$	-0.3444
PbI_2/Pb	$PbI_2+2\text{e}^-\rightleftharpoons Pb+2I^-$	-0.365
PbO_2/Pb^{2+}	$PbO_2+4H^++2\text{e}^-\rightleftharpoons Pb^{2+}+2H_2O$	1.4555
$PbO_2/PbSO_4$	$PbO_2+SO_4^{2-}+4H^++2\text{e}^-\rightleftharpoons PbSO_4+2H_2O$	1.693
$PbSO_4/Pb+SO_4^{2-}$	$PbSO_4+2\text{e}^-\rightleftharpoons Pb+SO_4^{2-}$	-0.3588
Pd^{2+}/Pd	$Pd^{2+}+2\text{e}^-\rightleftharpoons Pd$	0.951
$[PdCl_4]^{2-}/Pd$	$[PdCl_4]^{2-}+2\text{e}^-\rightleftharpoons Pd+4Cl^-$	0.591
$[PdCl_6]^{2-}/[PdCl_4]^{2-}$	$[PdCl_6]^{2-}+2\text{e}^-\rightleftharpoons[PdCl_4]^{2-}+2Cl^-$	1.288
Pt^{2+}/Pt	$Pt^{2+}+2\text{e}^-\rightleftharpoons Pt$	1.118
$[PtCl_4]^{2-}/Pt$	$[PtCl_4]^{2-}+2\text{e}^-\rightleftharpoons Pt+4Cl^-$	0.755
PtO_2/Pt	$PtO_2+4H^++4\text{e}^-\rightleftharpoons Pt+2H_2O$	1.00
$[PtCl_6]^{2-}/[PtCl_4]^{2-}$	$[PtCl_6]^{2-}+2\text{e}^-\rightleftharpoons[PtCl_4]^{2-}+2Cl^-$	1.288
Rb^+/Rb	$Rb^++\text{e}^-\rightleftharpoons Rb$	-2.98
Re^{3+}/Re	$Re^{3+}+3\text{e}^-\rightleftharpoons Re$	0.300
ReO_2/Re	$ReO_2+4H^++4\text{e}^-\rightleftharpoons Re+2H_2O$	0.2513
ReO_4^-/Re	$ReO_4^-+8H^++7\text{e}^-\rightleftharpoons Re+4H_2O$	0.368
ReO_4^-/ReO_2	$ReO_4^-+4H^++3\text{e}^-\rightleftharpoons ReO_2+2H_2O$	0.510
$S/H_2S(\text{aq})$	$S+2H^++2\text{e}^-\rightleftharpoons H_2S(\text{aq})$	0.142
$S_2O_6^{2-}/H_2SO_3$	$S_2O_6^{2-}+4H^++2\text{e}^-\rightleftharpoons 2H_2SO_3$	0.564
$S_2O_8^{2-}/SO_4^{2-}$	$S_2O_8^{2-}+2\text{e}^-\rightleftharpoons 2SO_4^{2-}$	2.010
$S_2O_8^{2-}/HSO_4^-$	$S_2O_8^{2-}+2H^++2\text{e}^-\rightleftharpoons 2HSO_4^-$	2.123
$H_2SO_3/HS_2O_4^-$	$2H_2SO_3+H^++2\text{e}^-\rightleftharpoons HS_2O_4^-+2H_2O$	-0.056
H_2SO_3/S	$H_2SO_3+4H^++4\text{e}^-\rightleftharpoons S+3H_2O$	0.449

续表

电对符号	电极反应	$E^{\ominus}/\mathrm{V}$
	氧化型$+z\mathrm{e}^- \rightleftharpoons$还原型	
SO_4^{2-}/H_2SO_3	$SO_4^{2-}+4H^++2\mathrm{e}^- \rightleftharpoons H_2SO_3+H_2O$	0.172
$SO_4^{2-}/S_2O_6^{2-}$	$2SO_4^{2-}+4H^++2\mathrm{e}^- \rightleftharpoons S_2O_6^{2-}+2H_2O$	-0.22
Sb/SbH_3	$Sb+3H^++3\mathrm{e}^- \rightleftharpoons SbH_3$	-0.510
Sb_2O_3/Sb	$Sb_2O_3+6H^++6\mathrm{e}^- \rightleftharpoons 2Sb+3H_2O$	0.152
Sb_2O_5/SbO^+	$Sb_2O_5+6H^++4\mathrm{e}^- \rightleftharpoons 2SbO^++3H_2O$	0.581
SbO^+/Sb	$SbO^++2H^++3\mathrm{e}^- \rightleftharpoons Sb+H_2O$	0.212
Sc^{3+}/Sc	$Sc^{3+}+3\mathrm{e}^- \rightleftharpoons Sc$	-2.077
Se/Se^{2-}	$Se+2\mathrm{e}^- \rightleftharpoons Se^{2-}$	-0.924
$Se/H_2Se(aq)$	$Se+2H^++2\mathrm{e}^- \rightleftharpoons H_2Se(aq)$	-0.399
H_2SeO_3/Se	$H_2SeO_3+4H^++4\mathrm{e}^- \rightleftharpoons Se+3H_2O$	-0.74
SeO_4^{2-}/H_2SeO_3	$SeO_4^{2-}+4H^++2\mathrm{e}^- \rightleftharpoons H_2SeO_3+H_2O$	1.151
SiF_6^{2-}/Si	$SiF_6^{2-}+4\mathrm{e}^- \rightleftharpoons Si+6F^-$	-1.24
$SiO_2(quartz)/Si$	$SiO_2(quartz)+4H^++4\mathrm{e}^- \rightleftharpoons Si+2H_2O$	0.857
Sn^{2+}/Sn	$Sn^{2+}+2\mathrm{e}^- \rightleftharpoons Sn$	-0.1375
Sn^{4+}/Sn^{2+}	$Sn^{4+}+2\mathrm{e}^- \rightleftharpoons Sn^{2+}$	0.151
$Sn(OH)_3^+/Sn^{2+}$	$Sn(OH)_3^++3H^++2\mathrm{e}^- \rightleftharpoons Sn^{2+}+3H_2O$	0.142
SnO_2/Sn	$SnO_2+4H^++4\mathrm{e}^- \rightleftharpoons Sn+2H_2O$	-0.117
$SnO_2/SnOH^+$	$SnO_2+3H^++2\mathrm{e}^- \rightleftharpoons SnOH^++H_2O$	-0.194
Sr^+/Sr	$Sr^++\mathrm{e}^- \rightleftharpoons Sr$	-4.10
Sr^{2+}/Sr	$Sr^{2+}+2\mathrm{e}^- \rightleftharpoons Sr$	-2.899
$Sr^{2+}/Sr(Hg)$	$Sr^{2+}+2\mathrm{e}^- \rightleftharpoons Sr(Hg)$	-1.793
Ta^{3+}/Ta	$Ta^{3+}+3\mathrm{e}^- \rightleftharpoons Ta$	-0.6
Ta_2O_5/Ta	$Ta_2O_5+10H^++10\mathrm{e}^- \rightleftharpoons 2Ta+5H_2O$	-0.750
Tc^{2+}/Tc	$Tc^{2+}+2\mathrm{e}^- \rightleftharpoons Tc$	0.400
Tc^{3+}/Tc^{2+}	$Tc^{3+}+\mathrm{e}^- \rightleftharpoons Tc^{2+}$	0.3
TcO_4^-/TcO_2	$TcO_4^-+4H^++3\mathrm{e}^- \rightleftharpoons TcO_2+2H_2O$	0.782
Te/H_2Te	$Te+2H^++2\mathrm{e}^- \rightleftharpoons H_2Te$	-0.793
Te^{4+}/Te	$Te^{4+}+4\mathrm{e}^- \rightleftharpoons Te$	0.568
TeO_2/Te	$TeO_2+4H^++4\mathrm{e}^- \rightleftharpoons Te+2H_2O$	0.593
TeO_4^-/Te	$TeO_4^-+8H^++7\mathrm{e}^- \rightleftharpoons Te+4H_2O$	0.472
H_6TeO_6/TeO_2	$H_6TeO_6+2H^++2\mathrm{e}^- \rightleftharpoons TeO_2+4H_2O$	1.02
Th^{4+}/Th	$Th^{4+}+4\mathrm{e}^- \rightleftharpoons Th$	-1.899
Ti^{2+}/Ti	$Ti^{2+}+2\mathrm{e}^- \rightleftharpoons Ti$	-1.630
Ti^{3+}/Ti	$Ti^{3+}+3\mathrm{e}^- \rightleftharpoons Ti$	-1.37
Ti^{3+}/Ti^{2+}	$Ti^{3+}+\mathrm{e}^- \rightleftharpoons Ti^{2+}$	-0.9
TiO^{2+}/Ti^{3+}	$TiO^{2+}+2H^++\mathrm{e}^- \rightleftharpoons Ti^{3+}+H_2O$	0.099

续表

电对符号	电极反应	$E^{\ominus}/\text{V}$
	氧化型$+ze^-\Longleftrightarrow$还原型	
TiO_2/Ti^{2+}	$TiO_2+4H^++2e^-\Longleftrightarrow Ti^{2+}+2H_2O$	-0.502
$TiOH^{3+}/Ti^{3+}$	$TiOH^{3+}+H^++e^-\Longleftrightarrow Ti^{3+}+H_2O$	-0.055
Tl^+/Tl	$Tl^++e^-\Longleftrightarrow Tl$	-0.336
$Tl^+/Tl(Hg)$	$Tl^++e^-\Longleftrightarrow Tl(Hg)$	-0.3338
Tl^{3+}/Tl	$Tl^{3+}+3e^-\Longleftrightarrow Tl$	0.741
Tl^{3+}/Tl^+	$Tl^{3+}+2e^-\Longleftrightarrow Tl^+$	1.252
$TlBr/Tl$	$TlBr+e^-\Longleftrightarrow Tl+Br^-$	-0.658
$TlCl/Tl$	$TlCl+e^-\Longleftrightarrow Tl+Cl^-$	-0.5568
TlI/Tl	$TlI+e^-\Longleftrightarrow Tl+I^-$	-0.752
Tl_2SO_4/Tl	$Tl_2SO_4+2e^-\Longleftrightarrow 2Tl+SO_4^{2-}$	-0.436
V^{2+}/V	$V^{2+}+2e^-\Longleftrightarrow V$	-1.175
V^{3+}/V^{2+}	$V^{3+}+e^-\Longleftrightarrow V^{2+}$	-0.255
VO^{2+}/V^{3+}	$VO^{2+}+2H^++e^-\Longleftrightarrow V^{3+}+H_2O$	0.337
VO_2^+/VO^{2+}	$VO_2^++2H^++e^-\Longleftrightarrow VO^{2+}+H_2O$	0.991
$V(OH)_4^+/VO^{2+}$	$V(OH)_4^++2H^++e^-\Longleftrightarrow VO^{2+}+3H_2O$	1.00
$V(OH)_4^+/V$	$V(OH)_4^++4H^++5e^-\Longleftrightarrow V+4H_2O$	-0.254
V_2O_5/V	$V_2O_5+10H^++10e^-\Longleftrightarrow 2V+5H_2O$	-0.242
W^{3+}/W	$W^{3+}+3e^-\Longleftrightarrow W$	0.1
W_2O_5/WO_2	$W_2O_5+2H^++2e^-\Longleftrightarrow 2WO_2+H_2O$	-0.031
WO_2/W	$WO_2+4H^++4e^-\Longleftrightarrow W+2H_2O$	-0.119
WO_3/W	$WO_3+6H^++6e^-\Longleftrightarrow W+3H_2O$	-0.090
WO_3/WO_2	$WO_3+2H^++2e^-\Longleftrightarrow WO_2+H_2O$	0.036
WO_3/W_2O_5	$2WO_3+2H^++2e^-\Longleftrightarrow W_2O_5+H_2O$	-0.029
Y^{3+}/Y	$Y^{3+}+3e^-\Longleftrightarrow Y$	-2.372
Zn^{2+}/Zn	$Zn^{2+}+2e^-\Longleftrightarrow Zn$	-0.7618
$Zn^{2+}/Zn(Hg)$	$Zn^{2+}+2e^-\Longleftrightarrow Zn(Hg)$	-0.7628
ZrO_2/Zr	$ZrO_2+4H^++4e^-\Longleftrightarrow Zr+2H_2O$	-1.553

(2) 在碱性溶液中

电对符号	电极反应	$E^{\ominus}/\text{V}$
	氧化型$+ze^-\Longleftrightarrow$还原型	
$AgCN/Ag^-$	$AgCN+e^-\Longleftrightarrow Ag+CN^-$	-0.017
$[Ag(CN)_2]^-/Ag$	$[Ag(CN)_2]^-+e^-\Longleftrightarrow Ag+2CN^-$	-0.31
$[Ag(NH_3)_2]^+/Ag$	$[Ag(NH_3)_2]^++e^-\Longleftrightarrow Ag+2NH_3$	0.373
Ag_2O/Ag	$Ag_2O+H_2O+2e^-\Longleftrightarrow 2Ag+2OH^-$	0.342
AgO/Ag_2O	$2AgO+H_2O+2e^-\Longleftrightarrow Ag_2O+2OH^-$	0.607

续表

电对符号	电极反应	$E^{\ominus}/V$
	氧化型$+z$e$^-$⇌还原型	
Ag_2S/Ag	$Ag_2S+2e^- \rightleftharpoons 2Ag+S^{2-}$	-0.691
$H_2AlO_3^-/Al$	$H_2AlO_3^-+H_2O+3e^- \rightleftharpoons Al+4OH^-$	-2.33
AsO_2^-/As	$AsO_2^-+2H_2O+3e^- \rightleftharpoons As+4OH^-$	-0.68
AsO_4^{3-}/AsO_2^-	$AsO_4^{3-}+2H_2O+2e^- \rightleftharpoons AsO_2^-+4OH^-$	-0.71
$H_2BO_3^-/BH_4^-$	$H_2BO_3^-+5H_2O+8e^- \rightleftharpoons BH_4^-+8OH^-$	-1.24
$H_2BO_3^-/B$	$H_2BO_3^-+H_2O+3e^- \rightleftharpoons B+4OH^-$	-1.79
$Ba(OH)_2/Ba$	$Ba(OH)_2+2e^- \rightleftharpoons Ba+2OH^-$	-2.99
$Be_2O_3^{2-}/Be$	$Be_2O_3^{2-}+3H_2O+4e^- \rightleftharpoons 2Be+6OH^-$	-2.63
Bi_2O_3/Bi	$Bi_2O_3+3H_2O+6e^- \rightleftharpoons 2Bi+6OH^-$	-0.46
BrO^-/Br^-	$BrO^-+H_2O+2e^- \rightleftharpoons Br^-+2OH^-$	0.761
BrO_3^-/Br^-	$BrO_3^-+3H_2O+6e^- \rightleftharpoons Br^-+6OH^-$	0.61
$Ca(OH)_2/Ca$	$Ca(OH)_2+2e^- \rightleftharpoons Ca+2OH^-$	-3.02
$Cd(OH)_2/Cd(Hg)$	$Cd(OH)_2+2e^- \rightleftharpoons Cd(Hg)+2OH^-$	-0.809
$Cd(OH)_4^{2-}/Cd$	$Cd(OH)_4^{2-}+2e^- \rightleftharpoons Cd+4OH^-$	-0.658
CdO/Cd	$CdO+H_2O+2e^- \rightleftharpoons Cd+2OH^-$	-0.783
ClO^-/Cl^-	$ClO^-+H_2O+2e^- \rightleftharpoons Cl^-+2OH^-$	0.81
ClO_2^-/ClO^-	$ClO_2^-+H_2O+2e^- \rightleftharpoons ClO^-+2OH^-$	0.66
ClO_2^-/Cl^-	$ClO_2^-+2H_2O+4e^- \rightleftharpoons Cl^-+4OH^-$	0.76
ClO_3^-/ClO_2^-	$ClO_3^-+H_2O+2e^- \rightleftharpoons ClO_2^-+2OH^-$	0.33
ClO_3^-/Cl^-	$ClO_3^-+3H_2O+6e^- \rightleftharpoons Cl^-+6OH^-$	0.62
ClO_4^-/ClO_3^-	$ClO_4^-+H_2O+2e^- \rightleftharpoons ClO_3^-+2OH^-$	0.36
$[Co(NH_3)_6]^{3+}/[Co(NH_3)_6]^{2+}$	$[Co(NH_3)_6]^{3+}+e^- \rightleftharpoons [Co(NH_3)_6]^{2+}$	0.108
$Co(OH)_2/Co$	$Co(OH)_2+2e^- \rightleftharpoons Co+2OH^-$	-0.73
$Co(OH)_3/Co(OH)_2$	$Co(OH)_3+e^- \rightleftharpoons Co(OH)_2+OH^-$	0.17
CrO_2^-/Cr	$CrO_2^-+2H_2O+3e^- \rightleftharpoons Cr+4OH^-$	-1.2
$CrO_4^{2-}/Cr(OH)_3$	$CrO_4^{2-}+4H_2O+3e^- \rightleftharpoons Cr(OH)_3+5OH^-$	-0.13
$Cr(OH)_3/Cr$	$Cr(OH)_3+3e^- \rightleftharpoons Cr+3OH^-$	-1.48
$Cu^{2+}/[Cu(CN)_2]^-$	$Cu^{2+}+2CN^-+e^- \rightleftharpoons [Cu(CN)_2]^-$	1.103
$[Cu(CN)_2]^-/Cu$	$[Cu(CN)_2]^-+e^- \rightleftharpoons Cu+2CN^-$	-0.429
Cu_2O/Cu	$Cu_2O+H_2O+2e^- \rightleftharpoons 2Cu+2OH^-$	-0.360
$Cu(OH)_2/Cu$	$Cu(OH)_2+2e^- \rightleftharpoons Cu+2OH^-$	-0.222
$Cu(OH)_2/Cu_2O$	$2Cu(OH)_2+2e^- \rightleftharpoons Cu_2O+2OH^-+H_2O$	-0.080
$Fe(OH)_3/Fe(OH)_2$	$Fe(OH)_3+e^- \rightleftharpoons Fe(OH)_2+OH^-$	-0.56
$H_2GaO_3^-/Ga$	$H_2GaO_3^-+H_2O+3e^- \rightleftharpoons Ga+4OH^-$	-1.219

电对符号	电极反应	$E^{\ominus}/\text{V}$
	氧化型$+z\text{e}^-$⇌还原型	
$\text{H}_2\text{O}/\text{H}_2$	$2\text{H}_2\text{O}+2\text{e}^-\rightleftharpoons\text{H}_2+2\text{OH}^-$	-0.8277
$\text{Hg}_2\text{O}/\text{Hg}$	$\text{Hg}_2\text{O}+\text{H}_2\text{O}+2\text{e}^-\rightleftharpoons2\text{Hg}+2\text{OH}^-$	0.123
HgO/Hg	$\text{HgO}+\text{H}_2\text{O}+2\text{e}^-\rightleftharpoons\text{Hg}+2\text{OH}^-$	0.0977
$\text{H}_3\text{IO}_3^{2-}/\text{O}_3^-$	$\text{H}_3\text{IO}_3^{2-}+2\text{e}^-\rightleftharpoons\text{IO}_3^-+3\text{OH}^-$	0.7
IO^-/I^-	$\text{IO}^-+\text{H}_2\text{O}+2\text{e}^-\rightleftharpoons\text{I}^-+2\text{OH}^-$	0.485
$\text{IO}_3^-/\text{IO}^-$	$\text{IO}_3^-+2\text{H}_2\text{O}+4\text{e}^-\rightleftharpoons\text{IO}^-+4\text{OH}^-$	0.15
IO_3^-/I^-	$\text{IO}_3^-+3\text{H}_2\text{O}+6\text{e}^-\rightleftharpoons\text{I}^-+6\text{OH}^-$	0.26
$\text{Ir}_2\text{O}_3/\text{Ir}$	$\text{Ir}_2\text{O}_3+3\text{H}_2\text{O}+6\text{e}^-\rightleftharpoons2\text{Ir}+6\text{OH}^-$	0.098
$\text{La(OH)}_3/\text{La}$	$\text{La(OH)}_3+3\text{e}^-\rightleftharpoons\text{La}+3\text{OH}^-$	-2.90
$\text{Mg(OH)}_2/\text{Mg}$	$\text{Mg(OH)}_2+2\text{e}^-\rightleftharpoons\text{Mg}+2\text{OH}^-$	-2.690
$\text{MnO}_4^-/\text{MnO}_2$	$\text{MnO}_4^-+2\text{H}_2\text{O}+3\text{e}^-\rightleftharpoons\text{MnO}_2+4\text{OH}^-$	0.595
$\text{MnO}_4^{2-}/\text{MnO}_2$	$\text{MnO}_4^{2-}+2\text{H}_2\text{O}+2\text{e}^-\rightleftharpoons\text{MnO}_2+4\text{OH}^-$	0.60
$\text{Mn(OH)}_2/\text{Mn}$	$\text{Mn(OH)}_2+2\text{e}^-\rightleftharpoons\text{Mn}+2\text{OH}^-$	-1.56
$\text{Mn(OH)}_3/\text{Mn(OH)}_2$	$\text{Mn(OH)}_3+\text{e}^-\rightleftharpoons\text{Mn(OH)}_2+\text{OH}^-$	0.15
$\text{NO}/\text{N}_2\text{O}$	$2\text{NO}+\text{H}_2\text{O}+2\text{e}^-\rightleftharpoons\text{N}_2\text{O}+2\text{OH}^-$	0.76
NO_2^-/NO	$\text{NO}_2^-+\text{H}_2\text{O}+\text{e}^-\rightleftharpoons\text{NO}+2\text{OH}^-$	-0.46
$\text{NO}_2^-/\text{N}_2\text{O}_2^{2-}$	$2\text{NO}_2^-+2\text{H}_2\text{O}+4\text{e}^-\rightleftharpoons\text{N}_2\text{O}_2^{2-}+4\text{OH}^-$	-0.18
$\text{NO}_2^-/\text{N}_2\text{O}$	$2\text{NO}_2^-+3\text{H}_2\text{O}+4\text{e}^-\rightleftharpoons\text{N}_2\text{O}+6\text{OH}^-$	0.15
$\text{NO}_3^-/\text{NO}_2^-$	$\text{NO}_3^-+\text{H}_2\text{O}+2\text{e}^-\rightleftharpoons\text{NO}_2^-+2\text{OH}^-$	0.01
$\text{NO}_3^-/\text{N}_2\text{O}_4$	$2\text{NO}_3^-+2\text{H}_2\text{O}+2\text{e}^-\rightleftharpoons\text{N}_2\text{O}_4+4\text{OH}^-$	-0.85
$\text{Ni(OH)}_2/\text{Ni}$	$\text{Ni(OH)}_2+2\text{e}^-\rightleftharpoons\text{Ni}+2\text{OH}^-$	-0.72
$\text{Ni(OH)}_3/\text{Ni(OH)}_2$	$\text{Ni(OH)}_3+\text{e}^-\rightleftharpoons\text{Ni(OH)}_2+\text{OH}^-$	0.48
$\text{NiO}_2/\text{Ni(OH)}_2$	$\text{NiO}_2+2\text{H}_2\text{O}+2\text{e}^-\rightleftharpoons\text{Ni(OH)}_2+2\text{OH}^-$	0.490
O_2/HO_2^-	$\text{O}_2+\text{H}_2\text{O}+2\text{e}^-\rightleftharpoons\text{HO}_2^-+\text{OH}^-$	-0.076
$\text{O}_2/\text{H}_2\text{O}_2$	$\text{O}_2+2\text{H}_2\text{O}+2\text{e}^-\rightleftharpoons\text{H}_2\text{O}_2+2\text{OH}^-$	-0.146
O_2/OH^-	$\text{O}_2+2\text{H}_2\text{O}+4\text{e}^-\rightleftharpoons4\text{OH}^-$	0.401
O_3/O_2	$\text{O}_3+\text{H}_2\text{O}+2\text{e}^-\rightleftharpoons\text{O}_2+2\text{OH}^-$	1.24
$\text{HO}_2^-/\text{OH}^-$	$\text{HO}_2^-+\text{H}_2\text{O}+2\text{e}^-\rightleftharpoons3\text{OH}^-$	0.878
$\text{OH(g)}/\text{OH}^-$	$\text{OH(g)}+\text{e}^-\rightleftharpoons\text{OH}^-$	2.02
$\text{P}/\text{PH}_3\text{(g)}$	$\text{P}+3\text{H}_2\text{O}+3\text{e}^-\rightleftharpoons\text{PH}_3\text{(g)}+3\text{OH}^-$	-0.87
$\text{H}_2\text{PO}_2^-/\text{P}$	$\text{H}_2\text{PO}_2^-+\text{e}^-\rightleftharpoons\text{P}+2\text{OH}^-$	-1.82
$\text{HPO}_3^{2-}/\text{H}_2\text{PO}_2^-$	$\text{HPO}_3^{2-}+2\text{H}_2\text{O}+2\text{e}^-\rightleftharpoons\text{H}_2\text{PO}_2^-+3\text{OH}^-$	-1.65
$\text{HPO}_3^{2-}/\text{P}$	$\text{HPO}_3^{2-}+2\text{H}_2\text{O}+3\text{e}^-\rightleftharpoons\text{P}+5\text{OH}^-$	-1.71
$\text{PO}_4^{3-}/\text{HPO}_3^{2-}$	$\text{PO}_4^{3-}+2\text{H}_2\text{O}+2\text{e}^-\rightleftharpoons\text{HPO}_3^{2-}+3\text{OH}^-$	-1.05

电对符号	电极反应	$E^{\ominus}/V$
	氧化型 $+ze^- \rightleftharpoons$ 还原型	
PbO/Pb	$PbO + H_2O + 2e^- \rightleftharpoons Pb + 2OH^-$	-0.580
$HPbO_2^-/Pb$	$HPbO_2^- + H_2O + 2e^- \rightleftharpoons Pb + 3OH^-$	-0.537
PbO_2/PbO	$PbO_2 + H_2O + 2e^- \rightleftharpoons PbO + 2OH^-$	0.247
$Pd(OH)_2/Pd$	$Pd(OH)_2 + 2e^- \rightleftharpoons Pd + 2OH^-$	0.07
$Pt(OH)_2/Pt$	$Pt(OH)_2 + 2e^- \rightleftharpoons Pt + 2OH^-$	0.14
ReO_4^-/Re	$ReO_4^- + 4H_2O + 7e^- \rightleftharpoons Re + 8OH^-$	-0.584
RuO_4^-/RuO_4^{2-}	$RuO_4^- + e^- \rightleftharpoons RuO_4^{2-}$	0.59
RuO_4/RuO_4^-	$RuO_4 + e^- \rightleftharpoons RuO_4^-$	1.00
S/S^{2-}	$S + 2e^- \rightleftharpoons S^{2-}$	-0.47627
S/HS^-	$S + H_2O + 2e^- \rightleftharpoons HS^- + OH^-$	-0.478
S/S_2^{2-}	$2S + 2e^- \rightleftharpoons S_2^{2-}$	-0.42836
$S_4O_6^{2-}/S_2O_3^{2-}$	$S_4O_6^{2-} + 2e^- \rightleftharpoons 2S_2O_3^{2-}$	0.08
$SO_3^{2-}/S_2O_4^{2-}$	$2SO_3^{2-} + 2H_2O + 2e^- \rightleftharpoons S_2O_4^{2-} + 4OH^-$	-1.12
$SO_3^{2-}/S_2O_3^{2-}$	$2SO_3^{2-} + 3H_2O + 4e^- \rightleftharpoons S_2O_3^{2-} + 6OH^-$	-0.571
SO_4^{2-}/SO_3^{2-}	$SO_4^{2-} + H_2O + 2e^- \rightleftharpoons SO_3^{2-} + 2OH^-$	-0.93
SbO_2^-/Sb	$SbO_2^- + 2H_2O + 3e^- \rightleftharpoons Sb + 4OH^-$	-0.66
SbO_3^-/SbO_2^-	$SbO_3^- + H_2O + 2e^- \rightleftharpoons SbO_2^- + 2OH^-$	-0.59
SeO_3^{2-}/Se	$SeO_3^{2-} + 3H_2O + 4e^- \rightleftharpoons Se + 6OH^-$	-0.366
SeO_4^{2-}/SeO_3^{2-}	$SeO_4^{2-} + H_2O + 2e^- \rightleftharpoons SeO_3^{2-} + 2OH^-$	0.05
SiO_3^{2-}/Si	$SiO_3^{2-} + 3H_2O + 4e^- \rightleftharpoons Si + 6OH^-$	-1.697
$HSnO_2^-/Sn$	$HSnO_2^- + H_2O + 2e^- \rightleftharpoons Sn + 3OH^-$	-0.909
SnO_2/Sn	$SnO_2 + 2H_2O + 4e^- \rightleftharpoons Sn + 4OH^-$	-0.954
$Sn(OH)_6^{2-}/HSnO_2^-$	$Sn(OH)_6^{2-} + 2e^- \rightleftharpoons HSnO_2^- + 3OH^- + H_2O$	-0.93
$Sr(OH)_2/Sr$	$Sr(OH)_2 + 2e^- \rightleftharpoons Sr + 2OH^-$	-2.88
TeO_3^{2-}/Te	$TeO_3^{2-} + 3H_2O + 4e^- \rightleftharpoons Te + 6OH^-$	-0.57
$Th(OH)_4/Th$	$Th(OH)_4 + 4e^- \rightleftharpoons Th + 4OH^-$	-2.48
$TlOH/Tl$	$TlOH + e^- \rightleftharpoons Tl + OH^-$	-0.34
$Tl(OH)_3/TlOH$	$Tl(OH)_3 + 2e^- \rightleftharpoons TlOH + 2OH^-$	-0.05
Tl_2O_3/Tl^+	$Tl_2O_3 + 3H_2O + 4e^- \rightleftharpoons 2Tl^+ + 6OH^-$	0.02
ZnO/Zn	$ZnO + H_2O + 2e^- \rightleftharpoons Zn + 2OH^-$	-1.260
$Zn(OH)_2/Zn$	$Zn(OH)_2 + 2e^- \rightleftharpoons Zn + 2OH^-$	-1.249
ZnO_2^{2-}/Zn	$ZnO_2^{2-} + 2H_2O + 2e^- \rightleftharpoons Zn + 4OH^-$	-1.215
$Zn(OH)_4^{2-}/Zn$	$Zn(OH)_4^{2-} + 2e^- \rightleftharpoons Zn + 4OH^-$	-1.199

注：本表数据摘自 R. C. Weast. Handbook of Chemistry and Physics，D-151. 70th ed. 1989-1990。

附录 10 常见配离子的稳定常数

配离子	$K_{稳}$	$\lg K_{稳}$	配离子	$K_{稳}$	$\lg K_{稳}$
1∶1			1∶3		
$[NaY]^{3-}$	5.0×10^1	1.69	$[FeNCS_3]$	2.0×10^3	3.30
$[AgY]^{3-}$	2.09×10^7	7.32	$[CdI_3]^-$	1.2×10^1	1.07
$[CuY]^{2-}$	5.01×10^{18}	18.7	$[CdCN_3]^-$	1.1×10^4	4.04
$[MgY]^{2-}$	4.37×10^8	8.64	$[Ag(CN)_3]^{2-}$	5×10^0	0.69
$[CaY]^{2-}$	1.00×10^{11}	11.0	$[Ni(en)_3]^{2+}$	2.14×10^{18}	18.33
$[SrY]^{2-}$	4.2×10^8	8.62	$[Al(C_2O_4)_3]^{3-}$	2.0×10^{16}	16.30
$[BaY]^{2-}$	6.0×10^7	7.77	$[Fe(C_2O_4)_3]^{3-}$	1.6×10^{20}	20.20
$[ZnY]^{2-}$	2.51×10^{16}	16.4	1∶4		
$[CdY]^{2-}$	3.8×10^{16}	16.57	$[Cu(NH_3)_4]^{2+}$	2.09×10^{13}	13.32
$[HgY]^{2-}$	6.31×10^{21}	21.80	$[Zn(NH_3)_4]^{2+}$	2.88×10^9	9.46
$[PbY]^{2-}$	1.0×10^{18}	18.00	$[Cd(NH_3)_4]^{2+}$	1.32×10^7	7.12
$[MnY]^{2-}$	6.31×10^{13}	13.80	$[Zn(CNS)_4]^{2-}$	2.0×10^1	1.30
$[FeY]^{2-}$	2.14×10^{14}	14.33	$[Zn(CN)_4]^{2-}$	5.01×10^{16}	16.7
$[CoY]^{2-}$	2.04×10^{16}	16.31	$[Cd(SCN)_4]^{2-}$	1.0×10^3	3.00
$[NiY]^{2-}$	3.63×10^{18}	18.56	$[CdCl_4]^{2-}$	3.1×10^2	2.49
$[FeY]^-$	1.70×10^{24}	24.23	$[CdI_4]^{2-}$	2.57×10^5	5.41
$[CoY]^-$	1.0×10^{36}	36.00	$[Cd(CN)_4]^{2-}$	6.03×10^{18}	18.78
$[GaY]^-$	1.8×10^{20}	20.25	$[Hg(CN)_4]^{2-}$	3.1×10^{41}	41.51
$[InY]^-$	8.9×10^{24}	24.94	$[Hg(SCN)_4]^{2-}$	1.70×10^{21}	21.23
$[TiY]^-$	3.2×10^{22}	22.51	$[HgCl_4]^{2-}$	1.6×10^{15}	15.20
$[TiHY]$	1.5×10^{23}	23.17	$[HgI_4]^{2-}$	7.2×10^{29}	29.80
$[CuOH]^+$	1.0×10^5	5.00	$[Co(NCS)_4]^{2-}$	3.8×10^2	2.58
$[AgNH_3]^+$	2.0×10^3	3.30	$[Ni(CN)_4]^{2-}$	1×10^{22}	22.00
1∶2			1∶6		
$[Cu(NH_3)_2]^+$	7.24×10^{10}	10.86	$[Cd(NH_3)_6]^{2+}$	1.4×10^6	6.15
$[Cu(CN)_2]^-$	1.0×10^{24}	24.0	$[Co(NH_3)_6]^{2+}$	2.4×10^4	4.38
$[Ag(NH_3)_2]^+$	1.12×10^7	7.05	$[Ni(NH_3)_6]^{2+}$	1.1×10^8	8.04
$[Ag(en)_2]^+$	5.01×10^7	7.70	$[Co(NH_3)_6]^{3+}$	1.4×10^{35}	35.15
$[Ag(NCS)_2]^{3-}$	4.0×10^8	8.60	$[AlF_6]^{3-}$	6.9×10^{19}	19.84
$[Ag(CN)_2]^-$	1.0×10^{21}	21.00	$[Fe(CN)_6]^{3-}$	1×10^{42}	42.00
$[Au(CN)_2]^-$	2×10^{38}	38.30	$[Fe(CN)_6]^{4-}$	1×10^{35}	35.00
$[Cu(en)_2]^{2+}$	4.0×10^{19}	19.69	$[Co(CN)_6]^{3-}$	1×10^{64}	64.00
$[Ag(S_2O_3)_2]^{3-}$	1.6×10^{13}	13.20	$[FeF_6]^{3-}$	2.0×10^{17}	17.3

注：1. 表中 Y 表示 EDTA 的酸根；en 表示乙二胺。

2. 摘自 James G. Speight. LANGE's Handbook of Chemistry. 16th ed. New York：McGraw-Hill Companies Inc，2005：Table 1.76.

附录 11　一些物质的热力学性质

（标准压力 $p^{\ominus}=100\text{kPa}$，298.15K）

物质	状态	$\Delta_{\mathrm{r}}H_{\mathrm{m}}^{\ominus}/(\text{kJ}\cdot\text{mol}^{-1})$	$\Delta_{\mathrm{r}}G_{\mathrm{m}}^{\ominus}/(\text{kJ}\cdot\text{mol}^{-1})$	$S^{\ominus}/(\text{J}\cdot\text{K}^{-1}\cdot\text{mol}^{-1})$
Ag	s	0	0	42.6
Al	s	0	0	28.3
As	s	0	0	35.1
Au	s	0	0	47.4
B	s		0	5.9
Ba	s	0	0	62.5
Bi	s	0	0	56.7
Br_2	g	30.9	3.1	245.5
Br_2	l	0	0	152.2
C(金刚石)	s	1.9	2.9	2.4
C(石墨)	s	0	0	5.7
Ca-α	s	0	0	41.6
Cd-α	s	0	0	51.8
Cl_2	g	0	0	223.1
Co	s	0	0	30.0
Cr	s	0	0	23.8
Cu	s	0	0	33.2
F_2	g	0	0	202.8
Fe-α	s	0	0	27.3
H_2	g	0	0	130.7
Hg	l	0	0	75.9
I_2	s	0	0	116.1
I_2	g	62.4	19.3	260.7
K	s	0	0	64.7
Mg	s	0	0	32.7
Mn-α	s	0	0	32.0
N_2	g	0	0	191.6
Na	s	0	0	51.3
Ni-α	s	0	0	29.9
O_2	g	0	0	205.2
O_3	g	142.7	163.2	238.9
P(黄磷)	s	0	0	41.1
P(赤磷)	s	−17.6	—	22.8
Pb	s	0	0	64.8

物质	状态	$\Delta_r H_m^{\ominus}/(kJ \cdot mol^{-1})$	$\Delta_r G_m^{\ominus}/(kJ \cdot mol^{-1})$	$S^{\ominus}/(J \cdot K^{-1} \cdot mol^{-1})$
Pt	s	0	0	41.6
S(正交)	s	0	0	32.1
S(单斜)	s	0.3	—	—
S	g	277.20	236.7	167.8
Sb	s	0	0	45.7
Si	s	0	0	18.8
Sn(白)	s	0	0	51.2
Zn	s	0	0	41.6
AgBr	s	−100.4	−96.9	107.1
AgCl	s	−127.0	−109.8	96.3
AgI	s	−61.8	−66.2	115.5
$AgNO_3$	s	−124.4	−33.4	140.9
Ag_2O	s	−24.3	27.6	117.0
$AlCl_3$	s	−704.2	−628.8	109.3
$\alpha-Al_2O_3$(刚玉)	s	−1675.7	−1582.3	50.9
$Al_2(SO_4)_3$	s	−3434.98	−3091.93	239.3
As_2O_3	s	−619.2	−538.1	107.1
B_2O_3	s	−1273.5	−1194.3	54.0
$BaCl_2$	s	−855.0	−806.7	123.7
$BaCO_3$	s	−1213.8	−1134.4	112.1
$Ba(NO_3)_2$	s	−988.0	−792.6	214.0
BaO	s	−548.0	−520.3	72.1
$BaSO_4$	s	−1473.2	−1362.2	132.2
Bi_2O_3	s	−573.9	−493.7	151.5
CCl_4	g	−102.9	−60.59	309.85
CCl_4	l	−135.44	−65.21	216.40
CO	g	−110.5	−137.2	197.7
CO_2	g	−393.5	−394.4	213.8
$COCl_2$	g	−219.1	−204.9	283.5
CS_2	g	116.7	67.1	237.8
$\alpha-CaC$	s	−59.2	−64.9	70.0
$CaCO_3$(方解石)	s	−1207.6	−1129.1	91.7
$CaCl_2$	s	−795.4	−748.8	108.4
CaO	s	−634.9	−603.3	38.1
$Ca(OH)_2$	s	−985.2	−879.5	83.4
$Ca(NO_3)_2$	s	−938.2	−742.8	193.2
$CaSO_4$	s	−1434.5	−1322.0	106.5

物质	状态	$\Delta_r H_m^{\ominus}/(\text{kJ} \cdot \text{mol}^{-1})$	$\Delta_r G_m^{\ominus}/(\text{kJ} \cdot \text{mol}^{-1})$	$S^{\ominus}/(\text{J} \cdot \text{K}^{-1} \cdot \text{mol}^{-1})$
$\alpha\text{-Ca}_3(\text{PO}_4)_2$	s	-4120.8	-3884.7	236.0
CdO	s	-258.4	-228.7	54.8
CdS	s	-161.9	-156.5	64.9
CoCl_2	s	-312.5	-269.8	109.2
Cr_2O_3	s	-1139.7	-1058.1	81.2
CuCl	s	-137.2	-119.9	86.2
CuCl_2	s	-220.1	-175.7	108.1
CuO	s	-157.3	-129.7	42.6
CuSO_4	s	-771.4	-662.2	109.2
Cu_2O	s	-168.6	-146.0	93.1
FeCO_3	s	-740.6	-666.7	92.9
FeO	s	-272.0	—	—
FeS_2	s	-178.2	-166.9	52.9
Fe_2O_3	s	-824.2	-742.2	87.4
Fe_3O_4	s	-1118.4	-1015.4	146.4
HBr	g	-36.3	-53.4	198.7
HCN	g	135.1	124.7	201.8
HCl	g	-92.3	-95.3	186.9
HF	g	-273.3	-275.4	173.8
HI	g	26.5	1.7	206.6
HNO_3	l	-174.1	-80.7	155.6
H_2O	g	-241.8	-228.6	188.8
H_2O	l	-285.8	-237.1	70.0
H_2O_2	l	-187.8	-120.4	109.6
H_2S	g	-20.6	-33.4	205.8
H_2SO_4	l	-814.0	-690.0	156.9
HgCl_2	s	-224.3	-178.6	146.0
HgI_2	s	-105.4	-101.7	180.0
HgO	s	-90.8	-58.5	70.3
HgS	s	-58.2	-50.6	82.4
Hg_2SO_4	s	-743.1	-625.8	200.7
Hg_2Cl_2	s	-265.4	-210.7	191.6
$\text{KAl}(\text{SO}_4)_2$	s	-2465.38	-2235.47	204.6
KBr	s	-393.8	-380.7	95.9
KCl	s	-436.5	-408.5	82.6
KClO_3	s	-397.7	-296.3	143.1
KI	s	-327.9	-324.9	106.3

物质	状态	$\Delta_r H_m^\ominus/(kJ \cdot mol^{-1})$	$\Delta_r G_m^\ominus/(kJ \cdot mol^{-1})$	$S^\ominus/(J \cdot K^{-1} \cdot mol^{-1})$
$KMnO_4$	s	−837.2	−737.6	171.7
KNO_3	s	−494.6	−394.9	133.1
$K_2Cr_2O_7$	s	−2043.9	—	—
K_2SO_4	s	−1437.8	−1321.4	175.6
$MgCl_2$	s	−641.3	−591.8	89.6
$MgCO_3$	s	−1095.8	−1012.1	65.7
$Mg(NO_3)_2$	s	−790.7	−589.4	164.0
MgO	s	−601.6	−569.3	27.0
$Mg(OH)_2$	s	−924.5	−833.5	63.2
$MgSO_4$	s	−1284.9	−1170.6	91.6
MnO	s	−385.2	−362.9	59.7
MnO_2	s	−520.0	−465.1	53.1
NH_3	g	−45.9	−16.4	192.8
NH_4Cl	s	−314.4	−202.9	94.6
NH_4NO_3	s	−365.5	−183.9	151.1
$NH_4(SO_4)_2$	s	−1180.9	−901.7	220.1
NO	g	91.3	87.6	210.8
NO_2	g	33.2	51.3	240.1
$NOCl_2$	g	52.59	66.36	263.6
N_2O	g	81.6	103.7	220.0
N_2O_4	g	11.1	99.8	304.4
N_2O_5	g	13.3	117.1	355.7
$NaCl$	s	−411.2	−384.1	72.1
$NaHCO_3$	s	−950.8	−851.0	101.7
$NaNO_3$	s	−467.85	−367.00	116.52
$NaOH$	s	−425.6	−379.5	64.5
Na_2CO_3	s	−1130.7	−1044.4	135.0
Na_2SO_4	s	−1387.1	−1270.2	149.6
$NiCl_2$	s	−305.3	−259.0	97.7
NiO	s	−244.4	−216.3	38.58
PCl_3	g	−287.0	−267.8	311.8
PCl_5	g	−374.9	−305.0	364.6
PH_3	g	5.4	13.4	210.2
$PbCl_2$	s	−359.4	−314.1	136.0
$PbCl_4$	l	329.3		
$PbCO_3$	s	−699.1	−625.5	131.0
PbC_2O_4	s	−851.4	−750.1	146.0

物质	状态	$\Delta_r H_m^{\ominus}/(kJ \cdot mol^{-1})$	$\Delta_r G_m^{\ominus}/(kJ \cdot mol^{-1})$	$S^{\ominus}/(J \cdot K^{-1} \cdot mol^{-1})$
$Pb(NO_3)_2$	s	-451.9	—	—
PbF_4	s	-941.8	—	—
PbI_2	s	-175.5	-173.6	174.9
PbO	s	-219.0	-188.9	66.5
PbO_2	s	-277.4	-217.3	68.6
PbS	s	-100.4	-98.7	91.2
$PbSO_4$	s	-920.0	-813.0	148.5
SO_2	g	-296.8	-300.1	248.2
SO_3	g	-395.7	-371.1	256.8
α-SiO_2	s	-910.7	-856.3	41.5
ZnO	s	-350.5	-320.5	43.7
ZnS	s	-206.0	-201.3	57.7
$ZnSO_4$	s	-982.8	-871.5	110.5
CH_4(甲烷)	g	-74.6	-50.5	186.3
C_2H_2(乙炔)	g	227.4	209.9	200.9
C_2H_4(乙烯)	g	52.4	68.4	219.3
C_2H_6(乙烷)	g	-84.0	32.0	229.2
C_3H_6(丙烯)	g	20.42	62.79	267.05
C_3H_8(丙烷)	g	-103.8	-23.4	270.3
C_4H_6(1,3-丁二烯)	g	110.16	150.74	278.85
C_4H_{10}(正丁烷)	g	-126.15	-17.02	310.23
C_6H_6(苯)	g	82.9	129.7	269.2
C_6H_6(苯)	l	49.1	124.5	173.4
C_6H_{12}(环己烷)	g	-123.14	31.92	298.35
C_6H_{12}(环己烷)	l	-156.4	—	—
C_7H_8(甲苯)	g	50.00	122.11	320.77
C_7H_8(甲苯)	l	12.01	113.89	220.96
C_8H_{10}(苯乙烯)	g	147.36	213.90	345.21
C_8H_{10}(乙苯)	l	-12.47	119.86	255.18
$C_{10}H_8$(萘)	s	78.5	201.6	167.4
CH_3OH(甲醇)	l	-239.2	-166.6	126.8
CH_3OH(甲醇)	g	-201.0	-162.3	239.9
C_2H_5OH(乙醇)	l	-277.6	-174.8	160.7
C_2H_5OH(乙醇)	g	-234.8	-167.9	281.6
C_3H_8O(丙醇)	g	-257.91	-162.86	324.91
C_3H_8O(异丙醇)	l	-318.1	-180.26	181.1
C_3H_8O(异丙醇)	g	-272.6	-173.48	310.02

物质	状态	$\Delta_r H_m^{\ominus}/(kJ \cdot mol^{-1})$	$\Delta_r G_m^{\ominus}/(kJ \cdot mol^{-1})$	$S^{\ominus}/(J \cdot K^{-1} \cdot mol^{-1})$
$C_4H_{10}O$(乙醚)	l	−279.5	−122.75	253.1
$C_4H_{10}O$(乙醚)	g	−252.21	−112.19	342.78
CH_2O(甲醛)	g	−108.6	−102.5	218.8
C_2H_4O(乙醛)	g	−166.2	−133.0	263.8
C_7H_6O(苯甲醛)	l	−87.0	—	221.2
C_3H_6O(丙酮)	g	−217.1	−152.7	295.3
CH_2O_2(蚁酸)	l	−425.0	−361.4	129.0
CH_2O_2(蚁酸)	g	−378.57	—	—
C_2H_4O(乙酸)	l	−484.3	−389.9	159.8
C_2H_4O(乙酸)	g	−432.2	−374.2	283.5
$C_2H_2O_4$(草酸)	s	−821.7	—	109.7
C_2H_4O(苯甲酸)	s	−385.2	−245.14	167.6
$C_7H_6O_2$(苯酚)	s	−165.1	−50.31	144.0
$CHCl_3$(三氯甲烷)	g	−103.14	−70.34	295.7
CH_3Cl(氯甲烷)	g	−80.83	−57.4	234.6
C_2H_5Cl(氯乙烷)	g	−112.1	−60.4	276.0
C_6H_5Cl(氯苯)	l	10.79	209.2	89.30
$C_6H_5NO_2$(硝基苯)	l	12.5	—	—
$C_6H_{12}O_6$(葡萄糖)	s	−1273.3	—	—

注：数据引自：DavidR. L.，CRC Handbook of Chemistry and Physics，77th ed.，1996-1997。

附录 12 水溶液中某些离子的热力学性质

（标准压力 $p^{\ominus}=100kPa$，298.15K）

离子	$\Delta_r H_m^{\ominus}$ /(kJ $\cdot$ mol^{-1})	$\Delta_r G_m^{\ominus}$ /(kJ $\cdot$ mol^{-1})	$S^{\ominus}$ /(J $\cdot$ K$^{-1} \cdot$ mol^{-1})	离子	$\Delta_r H_m^{\ominus}$ /(kJ $\cdot$ mol^{-1})	$\Delta_r G_m^{\ominus}$ /(kJ $\cdot$ mol^{-1})	$S^{\ominus}$ /(J $\cdot$ K$^{-1} \cdot$ mol^{-1})
Ag^+	105.579	77.107	72.68	$HCOO^-$	−425.55	−351.0	92
$Ag(NH_3)_2^+$	−111.29	−17.12	245.2	HCO_3^-	−691.99	−586.77	91.2
Al^{3+}	−531	−485	−321.7	HS^-	−17.6	12.08	62.8
Ba^{2+}	−537.64	−560.77	9.6	HSO_3^-	−626.22	−527.73	139.7
Br^-	−121.55	−103.96	82.4	Hg^{2+}	171.1	164.40	−32.2
CH_3COO^-	−486.01	−369.31	86.6	Hg_2^{2+}	172.4	153.52	84.5
CN^-	150.6	172.4	94.1	I^-	−55.19	−51.57	111.3
CO_3^{2-}	−677.14	−527.81	−56.9	K^+	−252.38	−283.27	102.5
$C_2O_4^{2-}$	−825.1	−673.9	45.6	La^{3+}	−707.1	−683.7	−217.6
Ca^{2+}	−542.83	−553.58	−53.1	Li^+	−278.49	−293.31	13.4

离子	$\Delta_r H_m^{\ominus}$ /(kJ·mol^{-1})	$\Delta_r G_m^{\ominus}$ /(kJ·mol^{-1})	$S^{\ominus}$ /(J·K^{-1}· mol^{-1})	离子	$\Delta_r H_m^{\ominus}$ /(kJ·mol^{-1})	$\Delta_r G_m^{\ominus}$ /(kJ·mol^{-1})	$S^{\ominus}$ /(J·K^{-1}· mol^{-1})
Cd^{2+}	−75.9	−77.612	−73.2	Mg^{2+}	−466.85	−454.8	−138.1
Ce^{3+}	−696.2	−672.0	−205	Mn^{2+}	−220.75	−228.1	−73.6
Ce^{4+}	−537.2	−503.8	−301	NH_4^+	−132.51	−79.31	113.4
Cl^-	−167.16	−131.228	56.5	NO_2^-	−104.6	−32.2	123.0
ClO^-	−107.1	−36.8	42	NO_3^-	−205.0	−108.74	146.4
ClO_2^-	−66.5	−17.2	101.3	Na^+	−240.12	−261.905	59.0
ClO_3^-	−103.97	−7.95	162.3	Ni^{2+}	−54.0	−45.6	−128.9
ClO_4^-	−129.33	−8.52	182.0	OH^-	−229.994	−157.244	−10.75
Co^{2+}	−58.2	−54.4	−113	PO_4^{3-}	−1277.4	−1018.7	−222
$[Co(NH_3)_4]^+$	−145.2	−92.4	13	Pb^{2+}	−1.7	−24.43	10.5
$[Co(NH_3)_6]^+$	−584.9	−157.0	14.6	S^{2-}	33.1	85.8	−14.6
Cu^+	71.67	49.98	40.6	SCN^-	76.44	92.71	144.3
Cu^{2+}	64.77	65.49	−99.6	SO_3^{2-}	−635.6	−486.5	−29
$Cu(NH_3)_2^{2+}$	−142.3	−30.36	111.3	SO_4^{2-}	−909.27	−744.53	20.1
$Cu(NH_3)_4^{2+}$	−348.5	−111.07	273.6	$S_2O_3^{2-}$	−648.5	−522.5	67
F^-	−332.63	−278.79	−13.8	Th^{4+}	−769.0	−705.1	−422.6
Fe^{2+}	−89.1	−78.90	−137.7	Tl^+	5.36	−32.40	125.5
Fe^{3+}	−48.5	−4.7	−315.9	Zn^{2+}	−153.89	−147.06	−112.1
H^+	0	0	0	VO^{2+}	−486.6	−446.4	−133.9

附录 13　某些特殊溶液的配制

试剂	浓度 /(mol·L^{-1})	配制方法
氯化亚锡 $SnCl_2$	0.1	溶解 22.6g $SnCl_2$·$2H_2O$ 于 160mL 浓 HCl 中,加水稀释至 1L,加入数粒纯锡以防氧化
三氯化铋 $BiCl_3$	0.1	溶解 31.6g $BiCl_3$ 于 330mL 6mol·L^{-1} HCl 中,加水稀释至 1L
三氯化锑 $SbCl_3$	0.1	溶解 22.8g $SbCl_3$ 于 330mL 6mol·L^{-1} HCl 中,加水稀释至 1L
硝酸汞 $Hg(NO_3)_2$	0.1	溶解 33.4g $Hg(NO_3)_2$·$(1/2)H_2O$ 于 1L 0.6mol·L^{-1} HNO$_3$ 中
硝酸亚汞 $Hg_2(NO_3)_2$	0.1	溶解 56.1g $Hg_2(NO_3)_2$·$2H_2O$ 于 1L 0.6mol·L^{-1} HNO$_3$ 中,并加入少许金属汞
硝酸铅 $Pb(NO_3)_2$	0.25	溶解 83g $Pb(NO_3)_2$ 于少量水中,加入 15mL 6mol·L^{-1} HNO$_3$ 中,用水稀释至 1L
硫酸亚铁 $FeSO_4$	0.5	溶解 69.5g $FeSO_4$·$7H_2O$ 于适量水中,加入 5mL 18mol·L^{-1} H$_2$SO$_4$,用水稀释至 1L,再放入数枚小铁钉

试剂	浓度 /(mol·L^{-1})	配制方法
乙酸铅	0.25	95g Pb(Ac)$_2$·2H$_2$O 溶于 500mL 含有 10mL 17mol·L^{-1} HAc 的水中,加水稀释至 1L
硫酸铵(NH$_4$)$_2$SO$_4$	饱和	溶解 50g(NH$_4$)$_2$SO$_4$ 于 100mL 热水,冷却后过滤
碳酸铵(NH$_4$)$_2$CO$_3$	1	将 96g 研细的(NH$_4$)$_2$CO$_3$ 溶于 1L 2mol·L^{-1} 氨水中
钼酸铵 (NH$_4$)$_6$Mo$_7$O$_{24}$·4H$_2$O	0.1	溶解 124g(NH$_4$)$_6$Mo$_7$O$_{24}$·4H$_2$O 于 1L 水中,将所得溶液倾入 1L 6mol·L^{-1} HNO$_3$ 中(切不可将硝酸倒入溶液中),放置 24h 后取其上清液使用
六硝基钴酸钠 Na$_3$[Co(NO$_2$)$_6$]		溶解 230g NaNO$_2$ 于 500mL H$_2$O 中,加入 165mL 6mol·L^{-1} HAc 和 30g Co(NO$_3$)$_2$·6H$_2$O 放置 24h,取其上清液,稀释至 1L,并保存在棕色瓶中。此液应呈橙色,若变成红色,表示已分解,应重新配制
亚硝酰铁氰化钠 Na$_2$[Fe(CN)$_5$NO]	3%	3g 亚硝酰铁氰化钠溶解于 100mL 水中,保存于棕色瓶中。如果溶液变成绿色则须重新配制
醋酸铀酰锌 ZnUO$_2$(Ac)$_4$		(1)将 10g UO$_2$(Ac)$_2$·2H$_2$O 和 6mL 6mol·L^{-1} HAc 溶于 50mL 水中; (2)溶解 30g Zn(Ac)$_2$·2H$_2$O 和 3mL 6mol·L^{-1} HCl 于 50mL 水中 将(1)、(2)两种溶液混合,24h 后取上清液使用
六羟基锑(V)酸钾 K[Sb(OH)$_6$]	饱和	在配制好的氢氧化钾饱和溶液中陆续加入五氯化锑,加热。当有少量白色沉淀不再溶解时停止加入五氯化锑。冷却,静置,上层清液为六羟基锑(V)酸钾溶液
铁铵矾 (NH$_4$)Fe(SO$_4$)$_2$	40%	铁铵矾 NH$_4$Fe(SO$_4$)$_2$·7H$_2$O 的饱和溶液加浓硝酸至溶液变清
硫化钠 Na$_2$S	1	溶解 240g Na$_2$S·9H$_2$O 和 40g NaOH 于适量水中,稀释至 1L
硫化铵(NH$_4$)$_2$S	3	于 200mL 浓氨水(冷却于冰水中)中通 H$_2$S 至饱和,再加 200mL 浓氨水,然后加水稀释至 1L(现用现制)
多硫化铵(NH$_4$)$_2$S$_x$	3	于 150mL 浓氨水(冷却于冰水中)中通 H$_2$S 至饱和,再加 10g 硫粉和 250mL 浓氨水,振荡至硫粉完全溶解为止,然后用水稀释至 1L(现用现制)
硫代乙酰胺	5%	溶解 5g 硫代乙酰胺于 100mL 水中,如浑浊需过滤
铁氰化钾 K$_3$[Fe(CN)$_6$]		取铁氰化钾约 0.7～1g 溶解于水,稀释至 100mL(使用前临时配制)
镍试剂		溶解 10g 镍试剂(丁二酮肟)于 1L 95% 的酒精中
镁试剂		0.01g 镁试剂溶于 1L 1mol·L^{-1} NaOH 溶液
铝试剂	0.1%	1g 铝试剂溶于 1L 水中
镁铵试剂		将 100g MgCl$_2$·6H$_2$O 和 100g NH$_4$Cl 溶于水中,加 50mL 浓氨水,用水稀释至 1L
对氨基苯磺酸	0.34%	将 0.5g 对氨基苯磺酸溶于 150mL 2mol·L^{-1} HAc 中,温度低时可加热
α-萘胺	0.4%	0.4g α-萘胺加入 20mL 水中,煮沸后加 2mol·L^{-1} HAc 稀释至 100mL
氨性缓冲液		20gNH$_4$Cl 溶于适量水中,加入 100mL 氨水(密度为 0.9g·mL^{-1}),混合后稀释至 1L,即为 pH=10 的缓冲溶液

续表

试剂	浓度/(mol·L^{-1})	配制方法
奈氏试剂		溶解 115g HgI$_2$ 和 80gKI 于水中,稀释至 500mL,加入 500mL 6mol·L^{-1}NaOH 溶液,静置后,取其清液,保存在棕色瓶中
格里斯试剂		(1)在加热下溶解 0.5g 对氨基苯磺酸于 50mL 30％HAc 中,贮于暗处保存; (2)将 0.4g α-萘胺与 100mL 水混合煮沸,再向蓝色渣滓中倾出的无色溶液中加入 6mL 80％HAc 使用前将(1)、(2)两液等体积混合
二苯胺		将 1g 二苯胺在搅拌下溶于 100mL 密度 1.84g·mL^{-1} 硫酸或 100mL 密度 1.70g·mL^{-1} 磷酸中(该溶液可保存较长时间)
打萨宗 (二苯缩氨硫脲)		溶解 0.1g 打萨宗于 1L CCl$_4$ 或 CHCl$_3$ 中
氯水		在水中通入氯气直至饱和,该溶液使用时临时配制
溴水	饱和	3.2mL 液溴注入有 1L 水的具塞磨口瓶中,振荡至饱和(临用前配制)
碘水(I$_2$－KI)	0.01	将 1.3g I$_2$ 和 5g KI,置于研钵中,加入少量水在通风橱研磨,待 I$_2$ 全部溶解后,再加水稀释至 1L,转入棕色试剂瓶中置于暗处保存
淀粉溶液	0.2％	将 0.2g 淀粉和少量冷水调成糊状,倒入 100mL 沸水中,煮沸后冷却即可
甲基红	0.2％	每升 60％乙醇中溶解 2g 该指示剂
甲基橙	0.1％	每升水中溶解 1g 该指示剂
酚酞	0.1％	每升 90％乙醇中溶解 1g 该指示剂
溴甲酚蓝 (溴甲酚绿)	0.1％	0.1g 该指示剂与 2.9mL 0.05mol·L^{-1}NaOH 一起搅匀,用水稀释至 250mL 或每升 20％乙醇中溶解 1g 该指示剂
石蕊	2％	2g 石蕊溶于 50mL 水中,静置一昼夜后过滤,在滤液中加 30mL 95％乙醇,再加水稀释至 100mL
品红溶液	0.1％	0.1％的水溶液
铬黑 T		将铬黑 T 和烘干的 NaCl 按 1∶100 的比例研细,混合均匀,贮于棕色瓶中
碘化钾-亚硫酸钠液		将 50g KI 和 200g Na$_2$SO$_3$·7H$_2$O 溶于 1L 水中
醋酸联苯胺		50mL 联苯胺溶于 10mL 冰醋酸,100mL 水中
硝胺指示剂	0.1％	1g 硝胺溶于 1L 60％的乙醇中
邻菲罗啉	0.25％	0.25g 邻菲罗啉加几滴溶于 6mol·L^{-1}H$_2$SO$_4$ 100mL 水中
喹钼柠酮混合液		溶液 1:70g 钼酸钠,溶于 150mL 水中。 溶液 2:60g 柠檬酸溶于 150mL 水和 85mL 浓硝酸的混合溶液中。 溶液 3:在搅拌下将溶液 1 小心倒入溶液 2 中。 溶液 4:将喹啉 5mL 溶于 35mL 浓硝酸和 100mL 水的混合液中,在不断搅拌下将溶液 4 缓慢加至溶液 3 中,放置暗处 24h 后过滤。在溶液中加入丙酮 280mL,用水稀释至 1L,混匀贮于聚乙烯瓶中,放置暗处备用
磺基水杨酸	10％	10g 磺基水杨酸溶于 65mL 水中,加入 35mL 2mol·L^{-1}NaOH 溶液,摇匀

------------ 附录 **14** 常见离子和化合物的颜色 ------------

(1) 离子

1) 无色离子

Ag^+，Cd^{2+}，K^+，Ca^{2+}，Pb^{2+}，Zn^{2+}，Na^+，Sr^{2+}，Hg_2^{2+}，Bi^{3+}，NH^{4+}，Ba^{2+}，Hg^{2+}，Mg^{2+}，Al^{3+}，Sn^{2+}，Sn^{4+}，As^{3+}（在溶液中主要以 AsO_3^{3-} 存在），As^{5+}（在溶液中几乎全部以 AsO_4^{3-} 存在），Sb^{3+} 或 Sb^{5+}（主要以 $SbCl_6^{3-}$ 或 $SbCl_6^-$ 存在）等阳离子。

SO_4^{2-}，PO_4^{3-}，F^-，SCN^-，$C_2O_4^{2-}$，MoO_4^{2-}，SO_3^{2-}，BO_2^-，Cl^-，NO_3^-，S^{2-}，WO_4^{2-}，$S_2O_3^{2-}$，$B_4O_7^{2-}$，Br^-，NO_2^-，ClO_3^-，VO_3^-，CO_3^{2-}，SiO_3^{2-}，I^-，Ac^-，BrO_3^- 等阴离子。

2) 有色离子

$[Cu(H_2O)_4]^{2+}$ 浅蓝色，$[Cu(NH_3)_4]^{2+}$ 深蓝色，$[CuCl_4]^{2-}$ 黄色；

$[Ti(H_2O)_6]^{3+}$ 紫色，$[TiCl(H_2O)_5]^{2+}$ 绿色，$[TiO(H_2O_2)]^{2+}$ 橘黄色；

$[V(H_2O)_6]^{2+}$ 紫色，$[V(H_2O)_6]^{3+}$ 绿色，VO^{2+} 蓝色，VO_2^+ 浅黄色，$[VO_2(O_2)_2]^{3-}$ 黄色，$[V(O_2)]^{3+}$ 深红色；

$[Cr(H_2O)_6]^{2+}$ 蓝色，$[Cr(H_2O)_6]^{3+}$ 紫色，$[Cr(NH_3)_2(H_2O)_4]^{3+}$ 暗绿色，$[Cr(NH_3)_3(H_2O)_3]^{3+}$ 浅红色，$[Cr(NH_3)_4(H_2O)_2]^{3+}$ 橙红色，$[Cr(NH_3)_5H_2O]^{3+}$ 橙黄色，$[Cr(NH_3)_6]^{3+}$ 黄色，$[Cr(H_2O)_5Cl]^{2+}$ 浅绿色，$[Cr(H_2O)_4Cl_2]^+$ 暗绿色，CrO_2^- 绿色，CrO_4^{2-} 黄色，$Cr_2O_7^{2-}$ 橙色；

$[Mn(H_2O)_6]^{2+}$ 肉色，MnO_4^{2-} 绿色，MnO_4^- 紫红色；

$[Fe(H_2O)_6]^{2+}$ 浅绿色（稀溶液无色），$[Fe(H_2O)_6]^{3+}$ 淡紫色〔因为水解生成 $[Fe(H_2O)_5OH]^{2+}$ 等离子而使溶液呈黄棕色。未水解 $FeCl_3$ 溶液呈黄棕色是由于生成了 $[FeCl_4]^-$ 的缘故〕，$[Fe(CN)_6]^{4-}$ 黄绿色，$[Fe(CN)_6]^{3-}$ 浅橘黄色，$[Fe(SCN)_n]^{3-n}$ 血红色；

$[Co(H_2O)_6]^{2+}$ 粉红色，$[Co(NH_3)_6]^{2+}$ 黄色，$[Co(NH_3)_6]^{3+}$ 橙黄色，$[CoCl(NH_3)_5]^{2+}$ 红紫色，$[Co(NH_3)_5H_2O]^{3+}$ 粉红色，$[Co(NH_3)_4CO_3]^+$ 紫红色，$[Co(CN)_6]^{3-}$ 紫色，$[Co(SCN)_4]^{2-}$ 蓝色；

$[Ni(H_2O)_6]^{2+}$ 亮绿色，$[Ni(NH_3)_6]^{2+}$ 蓝色；

I_3^- 浅黄棕色。

(2) 化合物

1) 氧化物　CuO 黑色，Cu_2O 暗红色，Ag_2O 棕黑色，ZnO 白色，CdO 棕红色，Hg_2O 黑色，HgO 红色或黄色，TiO_2 白色，VO 亮灰色，V_2O_3 黑色，VO_2 深蓝色，V_2O_5 红棕色，Cr_2O_3 绿色，CrO_3 红色，MnO_2 棕褐色，MoO_2 铅灰色，WO_2 棕红色，FeO 黑色，Fe_2O_3 砖红色，Fe_3O_4 黑色，CoO 灰绿色、黑色，NiO 暗绿色，Ni_2O_3 黑色，Pb_3O_4 红色，PbO 低温黄色高温红色，PbO_2 棕黑色，As_2O_3 白色，As_2O_5 白色，Sb_2O_3 白色，Sb_2O_5 淡黄色，Bi_2O_3 淡黄色，Bi_2O_5 红棕色，SeO_2 白色（易挥发），TeO_2 白色，SeO_3 无色（易潮解），TeO_3 橙色，Na_2O_2 浅黄色，K_2O 黄色。

2) 氢氧化物　H_4SiO_4（H_2SiO_3）白色胶状，$Cu(OH)_2$ 蓝色絮状，$CuOH$ 浅黄色，

$Fe(OH)_3$ 红褐色絮状，$Fe(OH)_2$ 白色或苍绿色絮状（不稳定），$Al(OH)_3$ 白色絮状，$Zn(OH)_2$ 白色絮状，$Mg(OH)_2$ 白色，$AgOH$ 白色（不稳定，分解成棕色 Ag_2O 沉淀），$Pb(OH)_2$ 白色，$Sn(OH)_2$ 白色，$Sn(OH)_4$ 白色，$Mn(OH)_2$ 白色，$Cd(OH)_2$ 白色，$Bi(OH)_3$ 白色，$Sb(OH)_3$ 白色，$Ni(OH)_2$ 浅绿色，$Ni(OH)_3$ 黑色，$Co(OH)_2$ 粉红色，$Co(OH)_3$ 棕褐色，$Cr(OH)_3$ 灰绿色。

3）氯化物　$AgCl$ 白色，Hg_2Cl_2 白色，$Hg(NH_2)Cl$ 白色，$PbCl_2$ 白色，$BiCl_3$ 白色，$CuCl$ 白色，$CuCl_2$ 棕色，$CuCl_2 \cdot 2H_2O$ 蓝色，$CoCl_2$ 蓝色，$CoCl_2 \cdot H_2O$ 蓝紫色，$CoCl_2 \cdot 2H_2O$ 紫红色，$CoCl_2 \cdot 6H_2O$ 粉红色，$FeCl_3 \cdot 6H_2O$ 黄棕色，$TiCl_2$ 黑色，$TiCl_3 \cdot 6H_2O$ 紫色或绿色。

4）溴化物　$AgBr$ 淡黄色，$AsBr$ 浅黄色，$CuBr_2$ 黑紫色，$BiBr_3$ 黄色，$SeBr_2$ 红色，$SeBr_4$ 黄色，$TeBr_2$ 棕色，$TeBr_4$ 橙色。

5）碘化物　AgI 黄色，Hg_2I_2 黄绿色，$HgCl_2$ 红色，PbI_2 黄色，CuI 白色，BiI_3 绿黑色，SbI_3 红黄色，TeI_4 灰黑色，TiI_4 暗黑色，AsI_3 红色。

6）卤酸盐　$AgBrO_3$ 白色，$AgIO_3$ 黄色，$Ba(IO_3)_2$ 白色，$KClO_4$ 白色。

7）硫化物　ZnS 白色，MnS 肉红色，FeS 棕黑色，Fe_2S_3 黑色，PbS 黑色，CdS 黄色，SnS 褐色，SnS_2 金黄色，HgS 黑色或红色，Ag_2S 黑色，Cu_2S 黑色，CuS 黑色，As_4S_4 红色（雄黄），As_2S_3 黄色（雌黄），As_2S_5 淡黄色，Sb_2S_3 橘红色，Sb_2S_5 橙黄色，Bi_2S_3 黑褐色，CoS 黑色，NiS 黑色。

8）硫酸盐　Ag_2SO_4 白色，Hg_2SO_4 白色，$PbSO_4$ 白色，$CaSO_4 \cdot 2H_2O$ 白色，$SrSO_4$ 白色，$BaSO_4$ 白色，$CuSO_4 \cdot 5H_2O$ 蓝色，$Cu_2(OH)_2SO_4 \cdot 5H_2O$ 浅蓝色，$CoSO_4 \cdot 7H_2O$ 红色，$Cr_2(SO_4)_3 \cdot 18H_2O$ 蓝紫色，$Cr_2(SO_4)_3 \cdot 6H_2O$ 蓝色，$Cr_2(SO_4)_3$ 紫色或红色，$KCr(SO_4)_2 \cdot 12H_2O$ 紫色，$[Fe(NO)]SO_4$ 深棕色。

9）碳酸盐　$Cu_2(OH)_2CO_3$ 暗绿色，Ag_2CO_3 白色，$ZnCO_3$ 白色，$CaCO_3$ 白色，$BaCO_3$ 白色，$MgCO_3$ 白色，$SrCO_3$ 白色，$MnCO_3$ 白色，$CdCO_3$ 白色，$BiOHCO_3$ 白色，$Co_2(OH)_2CO_3$ 红色，$Zn_2(OH)_2CO_3$ 白色，$Hg_2(OH)_2CO_3$ 红褐色，$Ni_2(OH)_2CO_3$ 浅绿色。

10）磷酸盐　$Ca_3(PO_4)_2$ 白色，$CaHPO_4$ 白色，$Ba_3(PO_4)_2$ 白色，Ag_3PO_4 黄色，$FePO_4$ 浅黄色，NH_4MgPO_4 白色。

11）铬酸盐　Ag_2CrO_4 砖红色，$BaCrO_4$ 黄色，$PbCrO_4$ 黄色，$CaCrO_4$ 黄色，$FeCrO_4 \cdot 2H_2O$ 黄色。

12）硅酸盐　$BaSiO_3$ 白色，$CuSiO_3$ 蓝色，$CoSiO_3$ 紫色，$Fe_2(SiO_3)_3$ 棕红色，$MnSiO_3$ 肉色，$NiSiO_3$ 翠绿色，$ZnSiO_3$ 白色。

13）草酸盐　$Ag_2C_2O_4$ 白色，CaC_2O_4 白色，$FeC_2O_4 \cdot 2H_2O$ 黄色。

14）类卤化合物　$AgCN$ 白色，$Ni(CN)_2$ 浅绿色，$Cu(CN)_2$ 浅棕黄色，$CuCN$ 白色，$AgSCN$ 白色，$Cu(SCN)_2$ 黑绿色。

15）其他含氧酸盐　NH_4MgAsO_4 白色，Ag_3AsO_4 红褐色，$Ag_2S_2O_3$ 白色，$BaSO_3$ 白色，$SrSO_3$ 白色。

16）其他化合物　$K_3[Co(NO_2)_6]$ 黄色，$K_2Na[Co(NO_2)_6]$ 黄色，$(NH_4)_2Na[Co(NO_2)_6]$ 黄色，$Cu_2[Fe(CN)_6]$ 红褐色，$Ag_3[Fe(CN)_6]$ 橙色，$Zn_3[Fe(CN)_6]_2$ 黄褐色，$Co_2[Fe(CN)_6]$ 绿色，$Ag_4[Fe(CN)_6]$ 白色，$Zn_2[Fe(CN)_6]$ 白色，$K_2[PtCl_6]$ 黄色，$KHC_4H_4O_6$ 白色，$Na[Sb(OH)_6]$ 白色，$Na_2[Fe(CN)_5NO] \cdot 2H_2O$ 红色，$NaAc \cdot ZnAc_2 \cdot 3[UO_2Ac_2] \cdot 2H_2O$ 黄色，$(NH_4)_2MoS_4$ 血红色，$[Hg_2O(NH_2)]I$ 红棕色。

附录 15 危险化学品的分类、性质及管理

（1）危险品

具有燃烧、爆炸、腐蚀、毒害、放射射线等性质，能引起人身伤亡、人民财产受到毁损的物质，均属危险品。

危险品按其性质和运输贮存要求分为：爆炸品、氧化剂、压缩气体和液化气体、自燃物质、遇水燃烧的物质、易燃液体、易燃固体、毒害品、腐蚀物品、放射性物品等 10 类，其主要性质及安全管理注意事项如下。

1）爆炸品　这类物质具有猛烈的爆炸性，当受到高温、摩擦、震动等外力作用或与其他物质接触后能在瞬间发生剧烈反应，产生大量的热量和气体，引起爆炸。

这类物质中本身就是炸药或极易爆炸的有硝化纤维、苦味酸、三硝基甲苯、叠氮或重氮化合物、雷酸盐等；着火点低，受摩擦、冲击或与氧化剂接触就能引起剧烈燃烧甚至爆炸的物质有硫化磷、赤磷、镁粉、锌粉、铝粉、萘、樟脑等。

这类药品的存放处要求室内温度不超过 30℃，理想温度在 20℃ 以下，并均应与易燃物、氧化剂隔离放置。最好用防爆料架存放，料架用砖和水泥制成，有槽，槽内铺消防砂，药品瓶置于砂中。

2）氧化剂　氧化剂具有强烈氧化性，按其不同的性质，在遇酸、碱，受潮、强热、摩擦、冲击或与易燃物、有机物、还原剂等物质接触时能发生分解，引起燃烧和爆炸。对这类物质可分为以下几种。

① 一级无机氧化剂。性质不稳定，容易引起燃烧和爆炸，如碱金属和碱土金属的氯酸盐、硝酸盐、过氧化物、高氯酸及其盐、高锰酸钾等。

② 一级有机氧化剂。具有强烈氧化性又具有易燃性，如过氧化二苯甲酰、硝酸脲、硝酸胍、过蚁酸、过苯甲酸等；

③ 二级无机氧化剂。性质较一级氧化剂稳定，如铬酐（四氧化铬）、重铬酸盐、亚硝酸盐、过硫化铵、碘酸钠等；

④ 二级有机氧化剂。如过乙酸、过氧化环己酮等。这类药品存放处要求通风，室内温度不超过 30℃，理想温度在 20℃ 以下，要求与酸类、木屑、炭粉、硫化物等易燃物、可燃物或易被氧化的物质进行隔离。

3）压缩气体和液化气体　气体经压缩后贮存于耐压钢瓶内，便都具有了危险性，如钢瓶在太阳下暴晒或受热，瓶内压力升高至大于容器耐压时，即能发生爆炸。瓶内气体可分为 4 类：a.剧毒气体如液氯、液氨等；b.易燃气体如乙炔、氢气等；c.助燃气体如氧气、一氧化二氮等；d.不燃气体如氮、氩、氦等。

4）自燃物质　此类物质暴露在空气中，依靠自身的分解、氧化产生热量，使其温度升高达到自燃点，即能发生燃烧，如黄磷、白磷、三乙基铝、三丁基硼等。

5）遇水燃烧的物质　此类物质遇水或在潮湿的空气中能迅速分解产生高热，并放出易燃易爆气体，引起爆炸和燃烧，如金属锂、钠、钾、钙和碳化钙、磷化钙、碳化铝、钠汞齐等。

6）易燃液体　这类液体极易挥发成气体，遇明火即燃烧，闪点越低危险性越大，闪点在 45℃ 以下的称为易燃液体，在 45℃ 以上的称为可燃液体（可燃液体不纳入危险品管理），易燃液体根据其危险程度分为两级。

① 一级易燃液体。极易燃烧和挥发，闪点在28℃以下（包括28℃），如乙醚、石油醚、汽油、甲醇、乙醇、苯、甲苯、乙酸乙酯、丙酮、二硫化碳、硝基苯等。

② 二级易燃液体。容易燃烧和挥发，闪点在28～45℃（包括45℃），如煤油、（正）丙醇、环己胺、苯乙烯等。

对易燃液体的存放处，要求阴凉通风，最高室温不得超过30℃，并且要同其他可燃性物质和易发生火花的器物隔离放置。库房内应准备好消防器材。

7）易燃固体　此类物质着火点低，如受热、遇火星、受撞击、摩擦或遇氧化剂作用等能引起急剧的燃烧和爆炸，同时放出大量毒害气体，如赤磷、硝化纤维素、重氮氨基苯、硫磺、萘、镁粉、铝粉等。

8）毒害品　这类物品具有强烈的毒害性，少量进入人体或接触皮肤即能造成中毒甚至死亡。毒害品分为剧毒品和有毒品。生物试验半数致死量（LD_{50}）在50mg/kg以下者称为剧毒品，如氰化钾、氰化钠、其他剧毒氰化物，三氧化二砷及其他剧毒砷化物，二氯化汞及其他汞盐，硫酸二甲酯，某些生物碱和毒甙等。

有毒品如氟化钠、一氧化铅、四氯化碳、三氯甲烷等。

对这类物品的存放处，要求阴凉、干燥，与酸类隔离并应专柜加锁，由专人负责保管，对剧毒品还应建立发放使用记录。

9）腐蚀物品　这类物品具有强腐蚀性，与其他物质如木材、金属等接触能使其受腐蚀引起破坏。对人体皮肤、黏膜、眼、呼吸器官等有极强的腐蚀性，如硫酸、盐酸、硝酸、氢氟酸、氢溴酸、氯磺酸、氯化砜、一氯乙酸、甲酸、乙酸、某些有机硅烷氯化物、三氯化磷、氯化氧磷、无水三氯化铝、溴、氢氧化钾、氢氧化钠、硫化钠等。

有的腐蚀性物品有双重性和多重性，如苯酚既有腐蚀性又有毒性和燃烧性。

对这类物品的存放处要求通风，并与其他物品隔离放置。应选用耐酸水泥和耐酸陶瓷制成仪器架子来放置这类药品，架子不宜过高，以保证存取安全。

10）放射性物品　此类物品具有放射性，能放射出穿透力很强、人体感觉器官不能觉察到的射线，人体受到过量照射或吸入放射性粉尘能引起放射病。如硝酸钍及含有放射性同位素的酸、碱、盐类和有机化合物等。这类试剂的内容器大都为磨口玻璃瓶，还需要用不同厚度和不同材料对射线起屏蔽的作用和对内容器起保护作用的外容器包装。存放处要远离易燃易爆等危险品，存取要具备防护设备、操作器、操作服（或铅围裙等）以保证人体安全。

（2）剧毒药品的分类

中华人民共和国公安部1993年发布并实施了中华人民共和国公共安全行业标准GA 58—93。将剧毒药品分为A、B两级。

剧毒物品急性毒性分级标准

级别	口服剧毒物品的半致死量/(mg/kg)	皮肤接触剧毒物品的半致死量/(mg/kg)	吸入剧毒物品粉尘、烟雾的半致死浓度/(mg/L)	吸入剧毒物品液体的蒸汽或气体的半致死浓度/(mL/m³)
A	≤5	≤40	≤0.5	≤1000
B	5～50	40～200	0.5～2	≤3000（A级除外）

A 级无机剧毒物品

氰化钠(A1001)	亚砷酸钠(A1025)	氟(A1101 压缩的)
氰化钾(A1002)	亚砷酸钾(A1026)	氯(A1102 液化的)
氰化钙(A1003)	五氧化(二)砷(A1027)	磷化氢(A1103)
氰化钡(A1004)	三氯化砷(A1028)	砷化氢(A1104)
氰化钴(A1005)	亚硒酸钠(A1029)	硒化氢(A1105)
氰化亚钴(A1006)	亚硒酸钾(A1030)	锑化氢(A1106)
氰化钴钾(A1007)	硒酸钠(A1031)	一氧化氮(A1107)
氰化镍(A1008)	硒酸钾(A1032)	四氧化二氮(A1108 液化的)
氰化镍钾(A1009)	氧氯化硒(A1033)	二氧化硫(A1109 液化的)
氰化铜(A1010)	氯化汞(A1034)	二氧化氯(A1110)
氰化银(A1011)	氰氧化汞(A1035)	二氟化氧(A1111)
氰化银钾(A1012)	氧化镉(A1036)	三氟化氯(A1112)
氰化锌(A1013)	羰基镍(A1037)	三氟化磷(A1113)
氰化镉(A1014)	五羰基铁(A1038)	四氟化硫(A1114)
氰化汞(A1015)	叠氮(化)钠(A1039)	四氟化硅(A1115)
氰化汞钾(A1016)	叠氮(化)钡(A1040)	五氟化氯(A1116)
氰化铅(A1017)	叠氮酸(A1041)	五氟化磷(A1117)
氰化铈(A1018)	氟化氢(A1042 无水)	六氟化硒(A1118)
氰化亚铜(A1019)	黄磷(A1043)	六氟化碲(A1119)
氰化金钾(A1020)	磷化钠(A1044)	六氟化钨(A1120)
氰化溴(A1021)	磷化钾(A1045)	氯化溴(A1121)
氰化氢(A1022 液化的)	磷化镁(A1046)	氯化氰(A1122)
氢氰酸(A1023)	磷化铝(A1047)	溴化氰(A1123)
三氧化(二)砷(A1024)	磷化铝农药(A1048)	氰(A1124 液化的)

B 级无机剧毒物品

碘化氰(B1001)	亚砷酸锌(B1009)	砷酸钠(B1017)
砷(B1002)	亚砷酸铅(B1010)	偏砷酸钠(B1018)
亚砷酸钙(B1003)	亚砷酸锑(B1011)	砷酸氢二钠(B1019)
亚砷酸锶(B1004)	乙酰亚砷酸铜(B1012)	砷酸氢二钠(B1019)
亚砷酸钡(B100S)	砷酸(B1013)	砷酸二氢钠(B1020)
亚砷酸铁(B1006)	偏砷酸(B1014)	砷酸钾(B1021)
亚砷酸铜(B1007)	焦砷酸(B1005)	砷酸二氢钾(B1022)
亚砷酸银(B1008)	砷酸铵(B1016)	砷酸镁(B1023)

续表

砷酸钙(B1024)	硒化镉(B1051)	氟铍酸铵(B1078)
砷酸钡(B1025)	硒化铅(B1052)	氟铍酸钠(B1079)
砷酸铁(B1026)	氯化硒(B1053)	四氧化锇(B1080)
砷酸亚铁(B1027)	四氯化硒(B1054)	氯锇酸铵(B1081)
砷酸铜(B1028)	溴化硒(B1055)	五氧化二钒(B1082)
砷酸银(B1029)	四溴化硒(B1056)	(三)氯化钒(B1083)
砷酸锌(B1030)	氯化钡(B1057)	钒酸钾(B1084)
砷酸汞(B1031)	铊(B1058)	偏钒酸钾(B1085)
砷酸铅(B1032)	氧化亚铊(B1059)	偏钒酸钠(B1086)
砷酸锑(B1033)	氧化铊(B1060)	偏钒酸铵(B1087)
三氟化砷(B1034)	氢氧化铊(B1061)	聚钒酸铵(B1088)
三溴化砷(B1035)	氯化亚铊(B1062)	钒酸铵钠(B1089)
三碘化砷(B1036)	溴化亚铊(B1063)	砷化汞(B1090)
二氧化硒(B1037)	碘化亚铊(B1064)	硝酸汞(B1091)
亚硒酸(B1038)	三碘化铊(B1065)	氟化汞(B1092)
亚硒酸氢钠(B1039)	硝酸铊(B1066)	碘化汞(B1093)
亚硒酸镁(B1040)	硫酸亚铊(B1067)	氧化汞(B1094)
亚硒酸钙(B1041)	碳酸(亚)铊(B1068)	亚碲酸钠(B1095)
亚硒酸钡(B1042)	磷酸亚铊(B1069)	硝普钠(B1096)
亚硒酸铝(B1043)	铍(B1070 粉末)	磷化锌(B1097)
亚硒酸铜(B1044)	氧化铍(B1071)	溴(B1098)
亚硒酸银(B1045)	氢氧化铍(B1072)	溴化氢(B1099)
亚硒酸铈(B1046)	氯化铍(B1073)	锗烷(B1100)
硒酸钡(B1047)	碳酸铍(B1074)	三氟化硼(B1101)
硒酸铜(B1048)	硫酸铍(B1075)	三氯化硼(B1102 液化的)
硒化铁(B1049)	硫酸铍钾(B1076)	
硒化锌(B1050)	铬酸铍(B1077)	

（3）化学实验室危险化学品管理规定

① 对危险化学品的保管、使用和废弃处置，必须按照危险化学品安全管理的有关法规执行，危险化学品专用铁皮橱要设置明显标志，设备和安全设施应当定期检测。

② 储存、使用危险化学品，应当根据危险化学品的种类、特性，在实验室、库房等场所设置相应的监测、通风、防晒、调温、防火、灭火、防爆、泄压、防毒、消毒、中和、防潮、防雷、防静电、防腐、防渗漏、防护围堤或者隔离操作等安全设施、设备，并按照国家标准和国家有关规定进行维护、保养，保证符合安全运行规定。

③ 剧毒化学品的储存、使用单位应当对剧毒化学品的储存量和用途如实记录，并采取必要的安全措施，防止剧毒化学品被盗、丢失或者错发误用。发现剧毒化学品被盗、丢失或者错发误用时，必须立即向学校报告。

④ 剧毒化学品以及储存数量构成重大危险源的其他危险化学品实现三人管理制度。

⑤ 使用危险品时要有借出和归还登记。

⑥ 对危险品，要做定期检查，要求包装完好，标签齐全，标志明显。实验中的废水、废液、废包装，以及其他残存物，应做妥善处理，不要乱扔乱放，以防发生事故。

参 考 文 献

[1] 北京师范大学，等.无机化学实验.第 4 版.北京：高等教育出版社，2014.

[2] 宋天佑，徐家宁，程功臻，等.无机化学.第 3 版.北京：高等教育出版社，2014.

[3] 北京师范大学编写组.化学实验规范.北京：北京师范大学出版社，2015.

[4] 刘约权，李贵深.实验化学（上、下）.北京：高等教育出版社，2005.

[5] 袁天佑，吴文伟，王清.无机化学实验.上海：华东理工大学出版社，2005.

[6] 武汉大学.分析化学实验.第 5 版.北京：高等教育出版社，2011.

[7] 宋光泉.通用化学实验技术.广州：广东高等教育出版社，1998.

[8] 山东大学，山东师范大学，等.基础化学实验（Ⅰ）.第 2 版.北京：化学工业出版社，2009.

[9] 张谋真，刘启瑞.无机化学实验.西安：西安地图出版社，2003.

[10] 徐家宁，张寒琦.基础化学实验（上）.北京：高等教育出版社，2006.

[11] 丁敬敏.化学实验技术.北京：化学工业出版社，2007.

[12] 沈君朴.实验无机化学.天津：天津大学出版社，1992.

[13] 陈虹锦.实验化学.北京：科学出版社，2003.

[14] 崔爱莉.基础无机化学实验.1 版.北京：高等教育出版社，2007.